HERZLICHEN GLÜCKWUNSCH

Und Dankeschön für den Kauf dieses Buches. Als besonderes Schmankerl* finden Sie unten Ihren persönliche Code, mit dem Sie das Buch exklusiv und kostenlos als eBook erhalten.

Systemvoraussetzungen für eBook-Inside:
Adobe Reader/Acrobat Version 6 oder 7
(kompatibel mit Windows ab Windows 2000
oder Mac ab OS X)

70183-r65p6-
va101-51gda

Registrieren Sie sich einfach in nur zwei Schritten unter **www.hanser.de/ciando** und laden Sie Ihr eBook direkt auf Ihren Rechner.

KOMPETENZ · HANSER · GEWINNT

* Bayrisch für eine leckere Kleinigkeit; ein Leckerbissen

Lämmel / Cleve

Künstliche Intelligenz

Uwe Lämmel / Jürgen Cleve

Künstliche Intelligenz

3., neu bearbeitete Auflage

Mit 160 Bildern, 50 Tabellen, 43 Beispielen, 208 Aufgaben, 89 Kontrollfragen und Referatsthemen

HANSER

Autoren:
Prof. Dr.-Ing. Uwe Lämmel
Prof. Dr. rer. nat. Jürgen Cleve
Hochschule Wismar, Fachbereich Wirtschaft

Bibliografische Information Der Deutschen Nationalbibliothek
Die Deutsche Nationalbibliothek verzeichnet diese Publikation in der Deutschen Nationalbibliografie; detaillierte bibliografische Daten sind im Internet über http://dnb.d-nb.de abrufbar.

Lektorat: Dipl.-Ing. Erika Hotho
Herstellung: Dipl.-Ing. Franziska Kaufmann
Covergestaltung: Stephan Rönigk
Datenbelichtung, Druck und Bindung: Kösel, Krugzell
Ausstattung patentrechtlich geschützt. Kösel FD 351, Patent-Nr. 0748702
Printed in Germany

ISBN 978-3-446-41398-6

www.hanser.de/computer

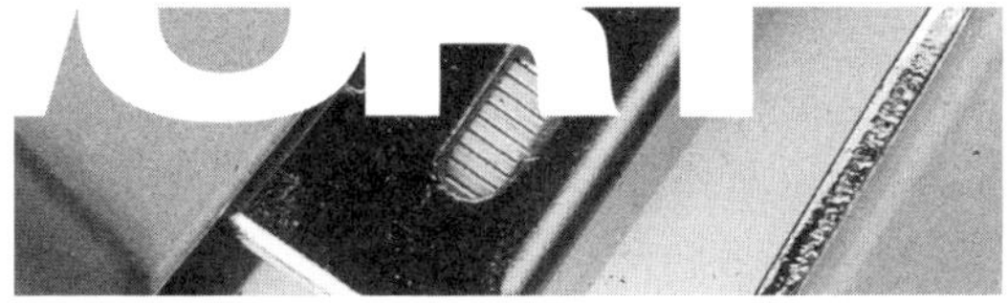

Vorwort

Dieses Buch über künstliche Intelligenz richtet sich an Leser mit natürlicher Intelligenz. Es ist ausdrücklich ein Lehrbuch und kein allumfassendes Fachbuch. Das Buch bietet einen Einstieg in grundlegende Konzepte der künstlichen Intelligenz. Dabei werden sowohl die klassische Symbol verarbeitende künstliche Intelligenz als auch konnektionistische Ansätze wie die künstlichen neuronalen Netze behandelt.
Das Buch wendet sich an Einsteiger, die sich in das Gebiet der künstlichen Intelligenz einarbeiten wollen, sei es nun im Rahmen einer Lehrveranstaltung oder als Autodidakt.
Das Buch kann als Grundlage für eine einführende Lehrveranstaltung in das Gebiet der künstlichen Intelligenz verwendet werden. Der Schwerpunkt liegt hier auf „einführend“; für angehende Spezialisten hoffen wir, die eine oder andere Anregung zur einfachen Darstellung des einen oder anderen Sachverhaltes geben zu können.
Studenten an Fachhochschulen und Universitäten, die sich der Informatik widmen, sei es im Hauptfach, im Nebenfach oder in der Magisterausbildung, möge dieses Buch als Lektüre zur Wissensaneignung dienen.
Wir wenden uns auch an Informatik-Lehrer der Gymnasien. Das Gebiet der künstlichen Intelligenz bietet zahlreiche Ansätze, die durchaus mit interessierten Schülern in Angriff genommen werden können. Wir würden es sehr begrüßen, wenn bereits in der Schule eine Einführung in die (Aussagen-)Logik im Rahmen des Mathematik-, des Informatik- oder des Philosophie-Unterrichts erfolgen würde.

Seit dem Erscheinen der ersten Auflage sind nun schon sieben Jahre vergangen, sieben erfolgreiche Jahre für dieses Buch. Unser Konzept, die Techniken der klassischen künstlichen Intelligenz gemeinsam mit künstlichen neuronalen Netzen in einem Buch darzustellen, ist aufgegangen und hat mittlerweile Nachahmer gefunden.
Wir haben etwas aufgeräumt. So sind aus neun Kapiteln zum Thema künstliche neuronale Netze nun fünf geworden, wobei der Inhalt nicht gekürzt wurde. Im Gegenteil, die Datenvorverarbeitung wird nun gemäß ihrer Bedeutung für die Arbeit mit neuronalen Netzen weit ausführlicher behandelt. Neben dem Stuttgarter Neuronale Netze Simulator (SNNS) wird seit einigen Jahren der JavaNNS erfolgreich eingesetzt, so dass wir diesem sehr guten Werkzeug einen eigenen Abschnitt im Kapitel 9 gewidmet haben.
Einige klassische Techniken der künstlichen Intelligenz sind in jüngster Zeit wieder in den Blickpunkt gerückt: Unter der Bezeichnung Business Rules (Geschäftsregeln) wird die regelbasierte Wissensdarstellung und -verarbeitung in betrieblichen Anwendungssystemen mit dem Ziel eingesetzt, die Geschäftslogik sowie die Kundenbeziehungen flexibler hand-

haben zu können. Für die Entwicklung und den Einsatz derartiger intelligenter Komponenten stehen Business Rules Management Systeme zur Verfügung, die als moderne Expertensysteme angesehen werden können. Grund genug also, einen neuen Abschnitt zu dieser Thematik hinzuzufügen.
Wissensmanagement ist bereits längere Zeit ein Thema und das nicht nur im betriebswirtschaftlichen Umfeld. Wissensnetze mit dem Ziel, durch eine inhaltliche semantische Suche Wissen schnell verfügbar zu machen, basieren auf den Techniken der Frames und der semantischen Netze. Leistungsfähige Produkte nutzen darüber hinaus das Konzept der Topic Maps, Wissen und Information anschaulich in ihren Beziehungen darzustellen – für uns ebenso eine Entwicklung, die eines eigenen Abschnitts würdig ist.

Ein Semantic Wiki zu diesem Buch ersetzt die WWW-Seiten und ist zugleich praktische Anwendung von Wissensnetzen: www.wi.hs-wismar.de/ki-buch .
Dort findet der Leser Programmtexte und Lösungen zu den Beispielen, Verweise auf verwendete frei verfügbare Software sowie einige Demo-Programme. Zahlreiche Verweise auf andere Quellen zum Thema künstliche Intelligenz erleichtern die vertiefende Beschäftigung mit der Thematik.
Den Wunsch nach Musterlösungen werden wir auch diesmal nur zum Teil auf den WWW-Seiten zum Buch erfüllen. Nach wie vor stehen wir gern für Fragen und für die Bewertung von Lösungen oder Lösungsansätzen zur Verfügung. Scheuen Sie sich nicht, mit uns in Kontakt zu treten. Wir halten dieses Vorgehen für erfolgreicher als das schnelle Nachschlagen einer Musterlösung.

Wir möchten uns bei allen bedanken, die uns auf Fehler aufmerksam gemacht oder Hinweise gegeben haben. Uns ist bewusst, dass es wohl wieder oder immer noch den einen oder anderen Fehler zu entdecken gibt. Seien Sie also weiter so schön kritisch wie bisher.

Die Umstellung auf das neue Layout – insbesondere unter Nutzung einer nicht immer funktionierenden WORD-Vorlage – hat etwas mehr Zeit erfordert, als ursprünglich geplant. Dank der wieder sehr guten und angenehmen Zusammenarbeit mit dem Fachbuchverlag Leipzig haben wir aber letztendlich alle Klippen gemeistert. Ein besonderer Dank gilt Frau Hotho.

Wismar, August 2008 Uwe Lämmel, Jürgen Cleve

Inhalt

1

Künstliche Intelligenz

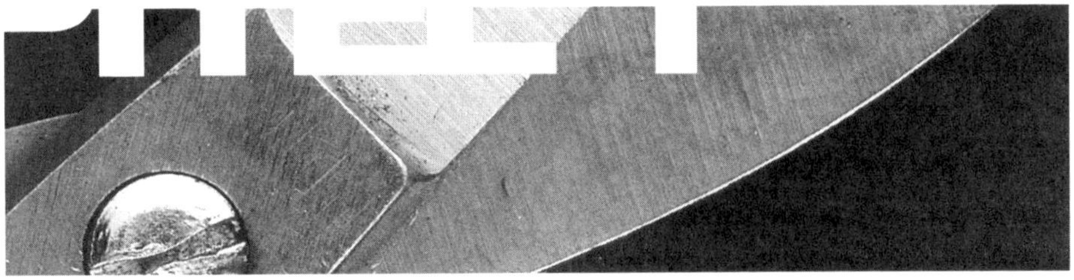

1 Künstliche Intelligenz

1.1 Was ist, was kann künstliche Intelligenz?

Kein anderes Gebiet der Informatik hat so häufige, zum Teil emotionsgeladene Debatten ausgelöst wie das Gebiet mit dem Namen „künstliche Intelligenz". Schuld daran ist die Wortwahl im Amerikanischen „Artificial Intelligence" und insbesondere deren Übertragung ins Deutsche. Vielleicht hätte man mit der Übersetzung „gekünstelte Intelligenz" oder „synthetische Intelligenz" die Inhalte besser getroffen, dann wohl aber mit erheblich weniger Werbewirkung.

Der Begriff „künstliche Intelligenz" führt sehr schnell zu der Frage: „Können Maschinen denken?" oder „Werden Maschinen eines Tages denken können?". Will man sich mit dieser Thematik beschäftigen, wird man zuerst die Grundbegriffe klären müssen:

- Was ist eine Maschine?
- Was bedeutet Denken?

Bereits Anfang der 50er-Jahre stellte Alan Turing einen Test vor, mit dem das intelligente Verhalten eines Computers geprüft werden sollte. Zur Erläuterung wird das Experiment zunächst von drei Menschen durchgeführt, die räumlich voneinander getrennt sind, aber mittels Rechnernetz miteinander kommunizieren können.

„Wir betrachten drei Spieler, einen Mann (A), eine Frau (B) und einen männlichen oder weiblichen Fragesteller (C). Der Fragesteller sei allein in diesem Raum. Das Ziel des Fragestellers ist es zu entscheiden, welche der beiden anderen Personen der Mann bzw. die Frau ist. Er kennt sie zunächst als X bzw. Y, und das Spiel endet damit, dass er sagt »X ist A und Y ist B« oder »X ist B und Y ist A«." (Alan Turing in [ZiWo94], S. 39–40).

Zusätzlich erschwert wird die Situation dadurch, dass der Mann A verhindern will, dass C ihn erkennt. Die Spielerin B will dagegen dem Fragesteller C helfen, die richtige Antwort zu geben.

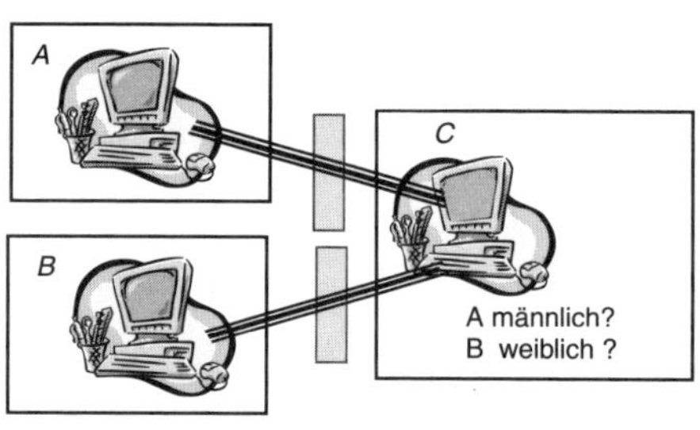

Abbildung 1.1 Der Turing Test

Wird nun die Person A durch ein Computerprogramm ersetzt, so wird dieses Experiment nach seinem Erfinder **Turing-Test** genannt. Kann sicher entschieden werden, ob X oder Y der Computer ist? Falls dies nicht möglich ist, muss man dem Computerprogramm wohl ein gewisses intelligentes Verhalten bescheinigen.

Bereits mit der nach ihm benannten **Turing-Maschine** war Alan Turing Mitte der 30er-Jahre der tatsächlichen Entwicklung weit voraus. Mit Hilfe seines theoretischen Maschinenmodells konnte der Begriff **Berechenbarkeit** definiert werden, bevor die ersten programmierbaren Rechenautomaten überhaupt begannen, tatsächlich etwas zu berechnen.

Ähnlich vorauseilend ist der Turing-Test geeignet, einen Zusammenhang zwischen Intelligenz und Maschine zu testen, lange bevor die ersten Computer in der Lage sein werden, diesen zu Test bestehen. Seit Anfang der 90er Jahre ist ein Preis ausgeschrieben, der im Rahmen eines Wettbewerbs das beste Programm eines Turing-Tests auszeichnet. [Loebner97]

Abbildung 1.2 Die Medaille des Turing-Test-Wettbewerbs

Die an diesem Test teilnehmenden Programme sind auf das Sprachverstehen, konkreter auf das Verstehen geschriebener Worte, und ein allgemeines Weltwissen spezialisiert, wie man den veröffentlichten Dialogen entnehmen kann.

Eine Diskussion über Zusammenhang und Zusammenspiel zwischen Mensch, Intelligenz und Computer aus philosophischer Sicht wäre sehr anregend, geht jedoch über den Rahmen dieses Buches hinaus. Der interessierte Leser sei z. B. auf die Bücher verwiesen: „Künstliche Intelligenz – Philosophische Probleme“, [ZiWo94], „Weizenbaum contra Haefner: Sind Computer die besseren Menschen?“, [Haller90] sowie „Natürliche und künstliche Intelligenz“, [Lenzen02].

Ebenfalls philosophischen Zusammenhängen ist D. R. Hofstadter in seinem Buch „Gödel – Escher – Bach“ auf der Spur [Hofstadter99]. In unterhaltsamer Art und Weise stellt er Strukturen aus der Informatik und Mathematik (Gödel) in Beziehung zu denen aus der darstellenden Kunst (Escher) ùnd der Musik (Bach). Da einige Grundlagen der Informatik wie Information, Rekursion, Logik anschaulich dargestellt werden, sollte das Buch zur Pflichtlektüre eines jeden Informatikers gehören.

In unserem Buch wird die Ingenieur-Seite der künstlichen Intelligenz betrachtet, die sich mit der Entwicklung von Softwarelösungen befasst.

Versuche, den Begriff **künstliche Intelligenz (KI)** zu definieren, lassen zwei unterschiedliche Herangehensweisen erkennen:

Zum einen zieht man den *Menschen* als Vergleich heran:

- „Die KI hat sich zum Ziel gesetzt, Aufgaben, die nach allgemeinem Verständnis Intelligenz erfordern, vom Computer erledigen zu lassen.“ [KaReWo91]

- „the theory and development of computer systems able to perform tasks normally requiring human intelligence, ..." [OxfDic98]

Es sind bereits eine ganze Reihe von Computerprogrammen bekannt, die Aufgaben, für deren Lösung im Allgemeinen Intelligenz notwendig ist, besser und schneller lösen können als ein Mensch: Ein Beispiel ist die Routenplanung unter Berücksichtigung von Randbedingungen (wie keine Autobahn) und Zielkriterien (wie die kürzeste Verbindung). Derartige Programme enthalten Suchstrategien, die dem Gebiet der künstlichen Intelligenz entstammen.

So einleuchtend die Definition klingen mag, so leicht kann sie angegriffen werden. Die Multiplikation von Zahlen, insbesondere von mehrstelligen Zahlen im Kopf, ist nach allgemeiner Einschätzung an eine gehörige Portion Denkvermögen gebunden. Schaffen Sie es 324 x 175 im Kopf zu lösen? Die Multiplikation zweier Zahlen gehört dennoch wahrlich nicht zu den KI-Problemen.

Um diesen Diskussionen aus dem Weg zu gehen, wird die künstliche Intelligenz alternativ durch das Aufzählen der Arbeitsgebiete charakterisiert:

- „Teildisziplin der Informatik, die so unterschiedliche Problembereiche wie Bildverarbeitung, Robotik, Fließtext- und Spracherkennung, mechanische Beweise und anderes umfasst und auch die Konstruktion von wissensbasierten Systemen einschließt." [HeRo92]

Hier steht die Assistenzfunktion der künstlichen Intelligenz für den Menschen im Mittelpunkt.

Einem Vergleich des Begriffs „Künstliche Intelligenz" mit menschlichen Fähigkeiten kann man aber wohl nicht aus dem Wege gehen. Allgemein unterstützen Computerprogramme den Menschen bei der Bewältigung seiner Aufgaben, sie müssen folglich an seine Forderungen und Wünsche angepasst werden. In vielen Anwendungen wird mit der Untersuchung der menschlichen Tätigkeit begonnen, um diese dann durch den Einsatz von Hard- und Software effizienter oder angenehmer zu gestalten.

Das Messen am Menschen ist somit keine Besonderheit der künstlichen Intelligenz. Die Besonderheit liegt darin, dass man die Fähigkeiten des Menschen zum Denken, zum Lernen aus Beispielen oder allgemein die Fähigkeiten zum Problemlösen nachbilden will, um eine Leistungssteigerung des Computers zu erzielen.

Definition 1.1 Künstliche Intelligenz

Teilgebiet der Informatik, welches versucht, menschliche Vorgehensweisen der Problemlösung auf Computern nachzubilden, um auf diesem Wege neue oder effizientere Aufgabenlösungen zu erreichen.

Im vorliegenden Buch werden für den KI-Einsteiger die grundlegenden Techniken vorgestellt und Anwendungen anhand einfacher und nachvollziehbarer Problemstellungen aufgezeigt. Behandelt werden dabei sowohl die klassische künstliche Intelligenz als auch konnektionistische Herangehensweisen wie die neuronalen Netze.

Die klassische **künstliche Intelligenz**, auch **Symbol verarbeitende KI** genannt, geht immer von einer expliziten Darstellung des Wissens im Allgemeinen unter Nutzung logischer Konzepte aus. Dieser Teil der künstlichen Intelligenz wird als *Symbol verarbeitend* bezeichnet, da Objekte und Subjekte benannt werden. Sie werden auf dem Computer durch Symbole repräsentiert. Auch ihre Eigenschaften, Beziehungen zwischen ihnen oder Ereignisse werden durch Symbole dargestellt. Das Wissen über ein Spezialgebiet und die Strategien zur Lösungsfindung werden vom Menschen (Entwickler) in das KI-System eingearbeitet. Das Programm kann dann durch die Verarbeitung des beschriebenen Wissens, durch eine Symbolverarbeitung, zu neuen Aussagen gelangen.

Die klassische KI enthält eine Vielzahl von Teilgebieten. Im Zentrum dieses Buches stehen die allgemeinen Techniken aus den Bereichen der Wissensdarstellung und Wissensverarbeitung. Es werden das Problemlösen durch Suchen sowie eine Programmiersprache der KI behandelt.

Die im Buch behandelten Themen decken bei weitem nicht das gesamte Gebiet der künstlichen Intelligenz ab. Spezielle Teilgebiete wie beispielsweise das maschinelle Lernen oder die Verarbeitung natürlicher Sprache greifen über die hier dargestellten Methoden hinaus auf spezielle Formen der Wissensdarstellung wie beispielsweise verschiedene Grammatikarten zurück. Der interessierte Leser sei auf die Fachliteratur verwiesen, einen tiefer gehenden Überblick findet man in [Görz03].

Knobelaufgaben, wie sie in Büchern oder Zeitschriften gestellt werden, können sehr gut zur Veranschaulichung der Vorgehensweise der klassischen KI herangezogen werden. Das zu lösende Problem bezieht sich auf einen kleinen Ausschnitt der realen Welt, der allen geläufig ist und keine Einführung in ein Spezialgebiet erfordert. Die Aufgabenstellung enthält üblicherweise Informationen in Form von Aussagen, die auf den ersten Blick unzureichend erscheinen. Aufgrund logischer Überlegungen, Schlussfolgerungen aus den Aussagen, erkennt man dann mehr oder weniger schnell unter Nutzung von Allgemeinwissen des Rätsels Lösung. Probieren wir es:

Beispiel 1.1 Eine Knobelaufgabe

In einer Firma arbeiten drei Freunde: ein C++-Programmierer, ein Java-Programmierer und ein Pascal-Programmierer. Ihre Namen sind Otto, Paul und Heinz. Der C++-Programmierer hat keine Geschwister (*A*); er ist der jüngste der Freunde (*B*). Heinz, der mit der Schwester von Otto verheiratet ist (*C*), ist älter als der Java-Programmierer (*D*).
Wer programmiert in welcher Sprache?

Derartige Knobelaufgaben sind sehr gute Trainingssituationen für die Anwendung von Mitteln und Methoden der KI. Darüber hinaus sind sie praxisnäher, als sie auf den ersten Blick erscheinen:

Auch eine praktische Aufgabenstellung bezieht sich stets auf einen kleinen Weltausschnitt. Das Wissen liegt häufig verbal formuliert vor und muss in eine formale Repräsentation übertragen werden, damit eine Wissensverknüpfung stattfinden kann. Zur Lösung ist neben dem vorhandenen Fachwissen auch Allgemeinwissen zu berücksichtigen und zu modellieren. Das Fachwissen ergibt sich aus der Aufgabenstellung. Bei Knobelaufgaben sind es die Aussagen des Aufgabentextes. Das Allgemeinwissen wird nicht formuliert, sondern beim Leser vorausgesetzt. In unserem Beispiel gehört das Wissen über die Altersrelation dazu: „älter“, „der jüngste“.

Nun kann man mit logischem Sachverstand an die Lösung des Problems herangehen. Im Kapitel 2 wird dargestellt, wie eine Lösung durch ein Computer-Programm ermittelt werden kann.

Beispiel 1.2 Wissensverknüpfung einer Knobelaufgabe

Als Kurznotation wollen wir das Gleichheitszeichen = als „programmiert in der Sprache“ interpretieren. Somit besagt die Relation $X = Y$, dass die Person X in der Sprache Y programmiert. Analog versteht sich das Zeichen $\neq$.

Aus D folgt:	Heinz ≠ Java.	(E)
Aus B und D folgt:	Heinz ≠ C++	(F),
Aus E und F folgt:	Heinz = Pascal	(G).
Aus C und D folgt	Otto ≠ C++	(H)
Aus G und H folgt:	Otto = Java	(I)

Somit ist bekannt, dass Heinz in Pascal (G) und Otto in Java (I) programmiert. Damit bleibt für Paul die Programmiersprache C++ übrig.

Nach der Lektüre dieses Buches sollte der Leser in Zukunft Knobelaufgaben als Herausforderung betrachten, diese mittels der dargestellten KI-Techniken zu lösen. Das Wissen muss dabei so formalisiert und dargestellt werden, dass ein geeignetes Programm zur Wissensverarbeitung die Lösung bestimmen kann.

Es fällt vielen Menschen nicht leicht, derartige Aufgaben zu lösen. Umso mehr wird ein entsprechendes Programm einen Eindruck hinterlassen. Dagegen können alle Menschen eine Reihe von Aufgaben sehr schnell und gut lösen, die nur sehr schwer oder noch gar nicht mit einem Computer bearbeitet werden können. Dazu gehören die selbstverständlichen Dinge des täglichen Lebens wie die Gesichtserkennung, das Halten des Gleichgewichtes beim Gehen oder Radfahren, oder auch das Sprechen und Verstehen von gesprochenen oder gelesenen Worten.

Die vorher angedeutete Vorgehensweise der Wissensrepräsentation, wie sie die klassische KI verfolgt, hilft hier meist nicht weiter. Ein Versuch, Wissen zur Wiedererkennung einer bekannten Person zusammenzutragen, wird sehr schnell scheitern:

rotes Haar, kurzes Haar, Bartstoppeln, rundes Gesicht,

sind Eigenschaften, die auf Tausende Menschen zutreffen, so dass daraus die Erkennung von Boris Becker kaum nachvollziehbar sein dürfte. Außerdem setzt man dabei voraus, dass die Eigenschaften wie rundes Gesicht von einem Computer bereits erfolgreich erkannt wurden. Wie erkennt ein Programm dieses aber aus einem Bild?

Mittels **neuronaler Netze** wird versucht, derartige Tätigkeiten, die uns Menschen leicht fallen, im Computer nachzubilden, um diese zur Problemlösung einsetzen zu können. Neuronale Netze erzielen ein gewünschtes Verhalten durch das Zeigen und Verarbeiten von Beispielen.

Das Wissen über das Reagieren auf Eingangsinformationen wird aus Beispielen, somit implizit und induktiv, erlernt. Ist ein Muster erst einmal gelernt und gespeichert, kann sich ein neuronales Netz sehr schnell daran „erinnern". Innerhalb kurzer Zeit kann es eine Ähnlichkeit zwischen einem Bild und dem gespeicherten Muster erkennen.

Beide Gebiete, die klassische, Symbol verarbeitende KI und die konnektionistischen Ansätze, zu denen die neuronale Netze zählen, haben in der Vergangenheit nicht immer gleichberechtigt nebeneinander existiert, wie der folgende Rückblick von Seymour Papert in [Kurzweil93] aus dem Jahre 1988 zeigt:

„Ich steige nicht als neutraler Beobachter in die Debatte um den Konnektionismus ein. Nach der Standardversion über die Ursprünge dieser Theorie habe ich bereits eine gewisse Rolle in einer romantischen Geschichte, deren märchenhafte Züge sicherlich nicht wenig zu der abenteuerlichen Aura des Konnektionismus beigetragen haben.

Es war einmal eine neue Mutterwissenschaft, die Kybernetik, und sie gebar zwei Töchter. Die eine Tochter, die natürliche, erbte viele Eigenschaften von der Hirnforschung, von der Art, wie die Natur die Dinge tut. Die andere, die künstliche, war von Anfang an mit der Computerei verbandelt. Jede der beiden Schwesterwisssenschaften versuchte, Modelle für Intelligenz zu bauen, doch sie taten es mit sehr unterschiedlichen Materialien. Die natürliche Schwester baute Modelle (neuronale Netze genannt) aus mathematisch gereinigten Neuronen. Die künstliche Schwester baute ihre Modelle aus Computerprogrammen.

In der ersten Blüte ihrer Jugend waren beide Schwestern gleichermaßen erfolgreich und gleichermaßen umworben von Verehrern aus anderen Wissensgebieten. Sie kamen sehr gut miteinander aus. Ihr Verhältnis wandelte sich Anfang der sechziger Jahre. Damals tauchte nämlich ein neuer König auf, und er kam mit den größten Schatztruhen, die man im Königreich der Wissenschaft je gesehen hatte: König DARPA, die Behörde für Forschungsprojekte des amerikanischen Verteidigungsministeriums. Die künstliche Schwester wurde eifersüchtig, und sie wollte allein Zugang zu den Forschungsgeldern von König DARPA haben. Deshalb musste die natürliche Schwester sterben. Zwei treue Anhänger der künstlichen Schwester, Marvin Minsky und Seymour Papert, machten sich ans blutige Werk. Ihnen fiel die Aufgabe des Jägers zu: Sie sollten Schneewittchen töten und als Beweis der Tat ihr Herz zurückbringen. Ihre Waffe war nicht der Dolch, sondern die mächtigere Feder. Mit ihr schrieben sie das Buch Perceptrons, in dem sie zu beweisen versuchten, dass man mit neuronalen Netzen niemals Versprechen halten und Modelle des Geistes bauen könnte: Nur Computerprogramme könnten das. Die künstliche Schwester schien den Sieg schon in der Tasche zu haben. Und tatsächlich, zehn Jahre lang ging aller Lohn des Königreichs an ihre Nachkommenschaft, wobei die Familie der Expertensysteme den dicksten Batzen und den größten Ruhm einheimste.

Doch Schneewittchen war nicht tot. Was Minsky und Papert der Welt als Beweis vorgelegt hatten, war nicht das Herz der Prinzessin gewesen, sondern ein Schweineherz."

Wir hoffen mit diesem Buch, in dem beide „Schwestern" gleichermaßen behandelt werden, einen Beitrag zum nun schon seit einigen Jahren friedlichen Nebeneinander beider Gebiete zu leisten.

Beide Teilgebiete der künstlichen Intelligenz verkörpern gemeinsam ein aus der Biologie und auch aus der Mathematik bekanntes Prinzip:

Fehlertoleranz ist erfolgreicher als Exaktheit.

Die Mathematik hat lange Zeit versucht, für die Lösung von Problemen einzig exakte Lösungen zu ermitteln. Die numerische Mathematik hat diesen Vorsatz bewusst aufgegeben und offeriert Methoden zur näherungsweisen Berechnung von Lösungen. Damit sind vorher gar nicht oder schwer lösbare Probleme, wie z. B. große Gleichungssysteme und Differenzialgleichungen einer praktisch verwertbaren Lösung zugänglich gemacht worden. Im Automobilbau, Schiffbau, Maschinenbau sind derartige Methoden zur Lösung von Gleichungssystemen und Differenzialgleichungen täglich im Einsatz.

Von Lebewesen, insbesondere vom Menschen ist bekannt, dass seine enormen Erfolge nur dadurch möglich sind, dass diese „Systeme" sehr fehlertolerant sind und auch mit unvollständigen Informationen ein erfolgreiches Verhalten ermöglichen.

Sollten Studenten Zweifel anmelden, ob Hochschullehrer auch fehlertolerant sind, so mögen sie die Bewertung der letzten Programmieraufgabe in einer Klausur mit der Antwort eines Compilers für diesen Quelltext vergleichen. Hochschullehrer sind in der Regel wohlgesonnen und können im Gegensatz zu Computerprogrammen über eine ganze Reihe „kleiner" Fehler, wie ein vergessenes Semikolon oder einen Schreibfehler im Variablennamen, hinwegsehen und den guten Kern einer Lösung entdecken.

Im Gebiet der künstlichen Intelligenz finden wir die Abkehr von der hundertprozentig exakten Lösung wieder. Das bedeutet aber nicht Verzicht auf die Exaktheit, wo immer diese möglich und erträglich realisierbar ist. Probleme, die sich einer algorithmischen Lösung verschließen oder deren algorithmische Lösung zu aufwendig ist, werden „näherungsweise" gelöst, indem Wissen wie beispielsweise menschliche Erfahrung über einen Problemraum benutzt wird.

Die Autoren hoffen, dass auch die Einrichtungen, die mit ständig steigender Regelungsdichte und damit ständig steigenden Aufwendungen nach hundertprozentiger Exaktheit streben, das Prinzip „Fehlertoleranz" zur Steigerung ihrer Effizienz eines Tages für sich entdecken werden.

1.2 Struktur des Buches

Die Kapitelstruktur sowie die wesentlichen Beziehungen zwischen den einzelnen Kapiteln sind im Bild 1.3 unter Verwendung der UML-Anwendungsfall-Notation [Forbrig07] dargestellt. Das Buch kann in zwei Teile mit einer gemeinsamen Einführung in die Thematik unterteilt werden.

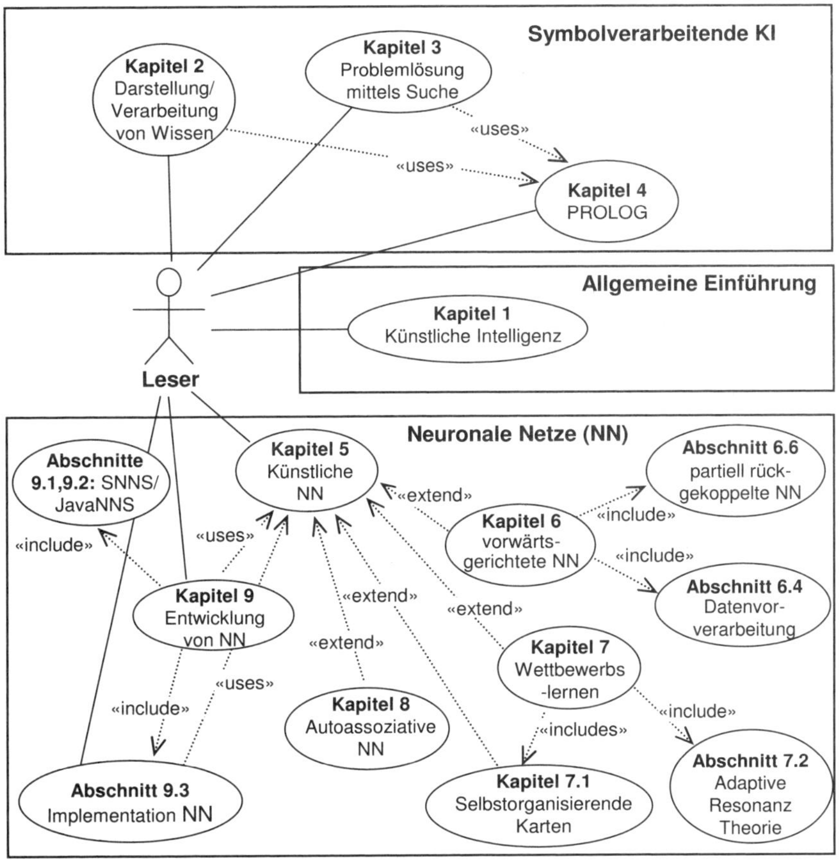

Abbildung 1.3 Use-Case-Diagramm für dieses Buch

Beide Teile des Buches sind relativ unabhängig voneinander. Man kann sowohl mit den klassischen Methoden als auch den konnektionistischen Ansätzen beginnen. Querverweise zwischen beiden Teilen werden immer dann gegeben, wenn unterschiedliche Herangehensweisen für die Lösungen ein und derselben Problemstellung möglich sind.

Der erste Teil des Buches befasst sich mit der **Symbol verarbeitende künstlichen Intelligenz**. Zunächst wird im Kapitel 2 auf grundsätzliche Konzepte wie das Trennen der Wissensdarstellung von der Verarbeitung eingegangen. Es werden Konzepte für die explizite Darstellung von Wissen und die Verarbeitung des Wissens behandelt. Hier erfolgt auch eine Einführung in die Aussagen- und Prädikatenlogik. Im Kapitel 2 findet man auch Informationen zu den Gebieten der Topic Maps und der Business Rules, zwei altbekannte KI-Themen im neuen Gewand. Das dritte Kapitel widmet sich den Suchverfahren als eine mögliche Problemlösungstechnik. Der erste Teil des Buches endet mit einer Einführung in die Programmiersprache PROLOG im Kapitel 4.

Die Kapitel sind voneinander weitgehend unabhängig. Da einige Beispiele in den Kapiteln über die Wissensrepräsentation und die Suchverfahren in PROLOG dargestellt werden, ist es hilfreich, sich zumindest die einleitenden Abschnitte des Kapitels 4 über PROLOG vorher anzuschauen, um mit der Syntax und Struktur dieser Programmiersprache vertraut zu sein.

Um die PROLOG-Beispiele nachvollziehen zu können, ist ein Prolog-System wünschenswert. SWI-PROLOG [Wielemaker94] kann sowohl unter Windows als auch Linux für nichtkommerzielle Zwecke kostenlos genutzt werden.

Der zweite Teil des Buches gibt eine Einführung in das Konzept der **neuronalen Netze**. Kapitel 5 stellt grundlegende Bestandteile neuronaler Netze vor. Nach einer Einführung in den Umgang mit neuronalen Netzen werden unterschiedliche Architekturen sowie Lernverfahren und Einsatzgebiete behandelt. Dabei können die Kapitel 6 bis 8 weitgehend unabhängig voneinander gelesen werden.

Die Abschnitte des Kapitels 6 über vorwärts gerichtete Netze bauen unmittelbar aufeinander auf. Zum Verständnis der partiell rekurrenten Netze sind Kenntnisse über vorwärts gerichtete Netze notwendig. Eine Ausnahme bildet der Abschnitt 6.4 der Datenvorverarbeitung, dieser ist allgemein für die Behandlung von Daten für alle Netze relevant. Das Kapitel 7 zum Wettbewerbslernen fasst unterschiedliche Architekturen neuronaler Netze zusammen. Diese Netze setzen in unterschiedlicher Weise das Konzept des Wettbewerbslernens ein, bei dem ein Gewinner-Neuron bestimmt wird. Die autoassoziativen Netze des Kapitels 8 folgen weniger dem Vorbild der neuronalen Netze, sondern basieren auf einem Teilchen-Paradigma.

Die Entwicklung künstlicher neuronaler Netze mit Hilfe einer Software oder die eigene Implementation neuronaler Netze mittels der Programmiersprache Java werden im abschließenden Kapitel 9 diskutiert. Dem Leser wird damit eine ganz konkrete Hilfestellung beim Aufbau eigener neuronaler Netze gegeben.

Für die Einführung in das Konzept neuronaler Netze werden einfache Beispiele benutzt, die mittels **Tabellenkalkulation** implementiert wurden und deren Nachbau zum Erlernen der Prinzipien empfohlen wird. Kenntnisse im Umgang mit derartigen Systemen sind hilfreich, aber nicht notwendig.

Beispiele im Buch werden mit dem **Stuttgarter Neuronale Netze Sim**ulator (SNNS, [Zell98]) sowie dem JavaNNS bearbeitet. Der SNNS-Kern wird auch von der JavaNNS-Oberfläche benutzt. Die Systeme können aus dem WWW bezogen werden:

- www-ra.informatik.uni-tuebingen.de/SNNS
- www-ra.informatik.uni-tuebingen.de/software/JavaNNS/.

Eine Einführung in die Arbeit mit dem SNNS wird im Abschnitt 9.1 gegeben. Dieser Abschnitt ist auch als Nachschlagewerk für den Umgang mit dem System und insbesondere für die Handhabung des Netz-Editors einsetzbar.

Mit Hilfe des SNNS oder des JavaNNS kann mit unterschiedlichen Netzarchitekturen und Lernfunktionen experimentiert werden. Die mittels der grafischen Oberfläche erarbeiteten Netze lassen sich später auch ohne diese direkt in eine Applikation einbinden.

Im Abschnitt 9.3 werden Ansätze für die Implementation neuronaler Netze aufgezeigt. Die Darstellung greift dabei auf die Programmiersprache Java zurück. Kenntnisse in der objektorientierten Programmierung sind zum Verständnis dieses Abschnitts notwendig.

Grundlegende Programmiererfahrungen mit einer Programmiersprache sind zum Verständnis beider Teile des Buches erforderlich. Algorithmen werden vorzugsweise in einer selbsterklärenden Pseudonotation angegeben, die leicht in eine konkrete Implementierung übertragen werden kann.

1.3 Intelligente Agenten

Seit Mitte der 90er-Jahre taucht der Begriff des Agenten immer häufiger in der Informatik-Literatur auf. Dabei werden oft Zusätze wie autonom, mobil oder intelligent genannt. In Lexika wird der Begriff Agent wie folgt definiert:

> „**agent**: a person who acts for another in business etc. (literary agent);
> a person or company that acts as broker and provides a specified service (estate agent) …“

> *„**Agent**: jeder im Auftrag oder Interesse eines anderen Tätige“*

Sicher denkt jeder Leser bei dem Begriff Agent nicht zuerst an eine Lexikon-Erklärung, sondern an James Bond 007, den Agenten seiner Majestät der britischen Königin. Sowohl die Erklärungen aus den Nachschlagewerken als auch die mit der Filmfigur 007 verbundenen Eigenschaften können für die Charakterisierung eines Informatik-Agenten mit herangezogen werden.

Übertragen auf die Informatik ist ein Agent ein Programm, welches im Auftrag anderer selbstständig eine Aufgabe erfüllt. Auftraggeber können dabei sowohl der Mensch als auch ein anderes Programm, möglicherweise ein anderer Agent sein.

Betrachtet man die Forderung „selbstständig eine Aufgabe erfüllen“ genauer, so kann das im einfachsten Fall eine Reaktion auf einzelne Informationen aus der Umgebung sein. Ein Regler in einem Regelkreis erfüllt zwar eine bestimmte Aufgabe relativ selbstständig, nur ist man damit noch weit von einem wirklichen Agenten entfernt. Agenten können nicht nur ihre Umgebung **wahrnehmen** und darauf **reagieren**, sondern sind in der Lage, ihr **Agieren** zu **planen**, zu **kommunizieren** und aus Erfahrung zu **lernen**.

In der Literatur wird die Definition des Agentenbegriffs auch heute noch diskutiert. Obwohl sich bisher keine einheitliche Definition entwickelt hat, kann der Begriff Agent durch eine Reihe von Anforderungen charakterisiert werden:

Tabelle 1.1 Eigenschaften von Agenten

Eigenschaft	Erklärung
autonom	Ein Agent handelt selbstständig bei der Erfüllung der übertragenen Aufgabe. Es werden eigenständige Entscheidungen bezüglich der im Einzelnen auszuführenden Aktionen getroffen.
reaktiv	Ein Agent reagiert auf seine Umwelt. Er nimmt Daten aus seiner Umwelt auf und leitet daraus eigene Aktionen ab. Die Umgebung kann dabei rein aus Software bestehen oder auch Teil unserer natürlichen Umwelt sein.
zielorientiert	Die Aktivitäten eines Agenten sind auf die Erfüllung eines Ziels ausgerichtet. Der Weg zum Ziel ist dabei nicht im Einzelnen vorgegeben, sondern wird durch den Agenten im Laufe seiner Tätigkeit neu bestimmt.
kontinuierlich	Zumindest für eine gewisse Zeit ist der Agent ein kontinuierlich aktiver Prozess. Agenten können durchaus potenziell unendlich aktiv sein.
kommunikativ	Ein Agent ist nie allein in "seiner" Welt. Zumindest existiert (s)ein Auftraggeber, mit dem über Auftrag, Ergebnis und über Teilergebnisse kommuniziert werden muss. Zur Lösung einer Aufgabe können weitere Agenten einbezogen werden, mit denen ebenfalls kommuniziert und kooperiert wird. Über die reine Kommunikationsfähigkeit hinaus wird auch eine Art soziales Verhalten des Agenten erwartet.
lernend	Implizit ist die Lernfähigkeit in den anderen Eigenschaften enthalten, zumindest aber notwendig, um diese wirklich mit Leben zu erfüllen.
mobil	Von Mobilität wird gesprochen, falls ein Agent sich an einen anderen Ort bewegen kann. Für Roboter, Hardware-Agenten, ist dies leicht einsehbar. Für Software-Agenten verbindet sich damit die Forderung, dass ein Agent sich über ein Computernetz von einem Rechner zu einem anderen bewegen kann.
Persönlichkeit	Agenten, die in den direkten Kontakt mit den Menschen treten und für die ein „menschliches“ Auftreten erwünscht ist, sollten diese Eigenschaft haben (engl. „character“).

Die aufgeführten Eigenschaften sind der Arbeit von Franklin und Grasser aus dem Jahre 1996 [FraGra96] entnommen, die auch heute noch eine gültige Fassung darstellen.

Eine weniger ausführliche Charakterisierung ist die der so genannten **BDI-Agenten**:

- belief
- desire
- intention

BDI-Agenten haben eine gewisse Sicht, eine gewisse Vorstellung von ihrer Umwelt, im Englischen **beliefs** genannt. Agenten haben Wünsche. Man versteht darunter, dass sie bestimmte Aktionen durchführen möchten. Wünsche oder Bedürfnisse, englisch **desires**, sind Ausdruck der unmittelbar anstehenden Handlungen des Agenten. Sowohl die beliefs als auch die desires sind Mittel auf dem Weg zum Erreichen eines langfristigen Ziels. Die Agenten verfolgen bestimmte Absichten, englisch **intentions**.

Versucht man diese drei genannten Begriffe zu konkretisieren, so wird man auf die vorher aufgezählten Eigenschaften zurückkommen. Die Entwicklung des Internet trug maßgeblich zur Entwicklung des Agenten-Paradigmas, insbesondere des Software-Agenten bei, da das Internet eine ideale Plattform für eine echte Mobilität von Software-Agenten bietet.

1.3.1 Agenten und künstliche Intelligenz

Betrachtet man die Liste der wünschenswerten Eigenschaften eines Agenten, so ist festzustellen, dass viele, wenn nicht alle Teilgebiete der Informatik in die Entwicklung eines Agenten einzubeziehen sind.

Die Beziehungen zwischen Agenten und der künstlichen Intelligenz sind allerdings besonders eng. Viele der genannten Eigenschaften können nur mittels Methoden der künstlichen Intelligenz umgesetzt werden. Die Verarbeitung natürlicher Sprache, das Verstehen sowie das Formulieren, spielen bei der Kommunikationsfähigkeit und der Ausprägung eines „Charakters“ eine große Rolle.

Das zielgerichtete Reagieren auf Einflüsse aus der Umwelt setzt das Folgern aus Erkenntnissen und Daten voraus, um die nächsten Aktionen planen zu können. Hier sind Planungstechniken gefragt; sie sind unmittelbarer Gegenstand der künstlichen Intelligenz. Den Einsatz neuronaler Netze kann man sich zum Beispiel bei der Erkennung der Agenten-Umgebung in Form einer Mustererkennung vorstellen.

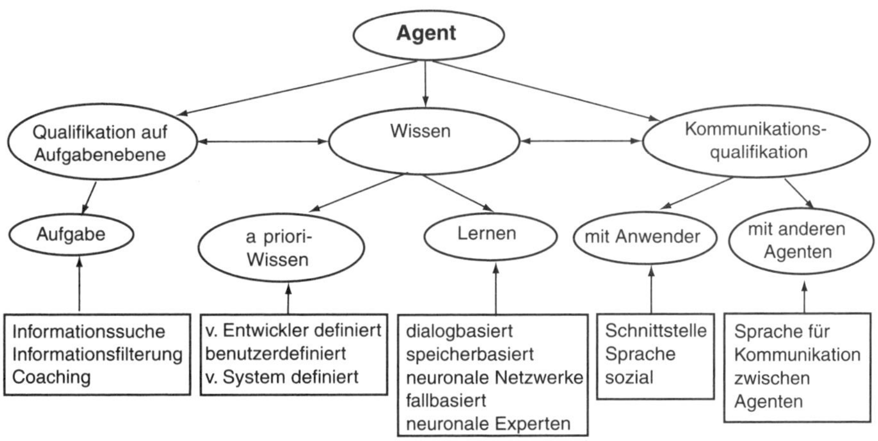

Abbildung 1.4 Agenten-Modell [CaHa98]

Um die unmittelbaren Verknüpfungen zwischen Agenten und KI-Techniken zu unterstreichen, wird die Struktur eines Agenten herangezogen. Bild 1.4 beschreibt ein Agenten-Modell und entstammt [CaHa98]. Im Mittelpunkt steht in diesem Modell die Kommunikationsfähigkeit und die Zielstrebigkeit in der Aufgabenlösung auf der Basis von Wissen.

Das Schema aus [BrZaWi98] (Bild 1.5) geht bezüglich der Aufgabenverteilung innerhalb eines Agenten noch mehr ins Detail. Diesen beiden schematischen Darstellungen eines Agenten sei das Bild 1.6 der klassischen Struktur eines Expertensystems gegenübergestellt.

Vergleicht man die Struktur eines Agenten mit der eines Expertensystems, so sind die Ähnlichkeiten auffällig. Salopp formuliert könnte man einen Agenten als ein mobiles Expertensystem mit mehr oder weniger menschlicher Ausprägung betrachten.

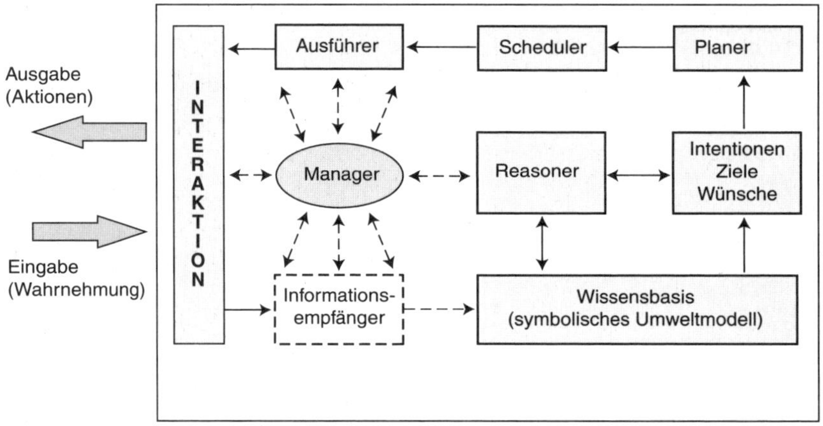

Abbildung 1.5 Agenten-Modell [BrZaWi98]

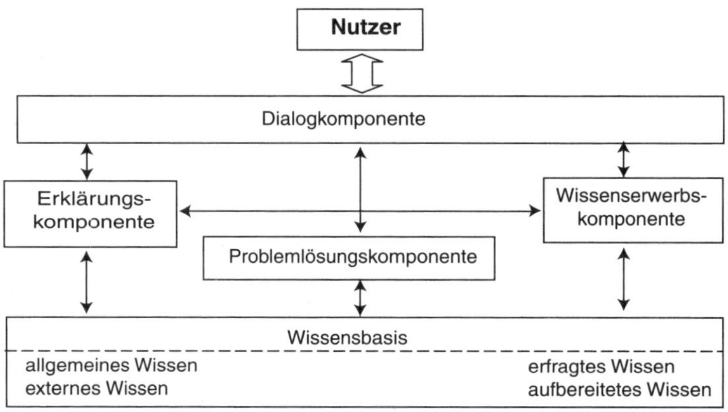

Abbildung 1.6 Struktur eines Expertensystems

In einigen Büchern zur künstlichen Intelligenz wird der Versuch unternommen, die KI-Techniken unter dem Begriff Agent neu zu strukturieren [Nilsson98], [Perlowsky01]. Gemäß der gewünschten Intelligenz eines bestimmten Agenten-Modells, werden die dafür notwendigen Konzepte, sei es die Regelverarbeitung oder ein neuronales Netz, vorgestellt. Diese aufgabenorientierte Darstellung führt auf den ersten Blick zu einer kompakten und einheitlichen Darstellung des Gebietes der künstlichen Intelligenz.

Die Techniken der Regelverarbeitung haben jedoch wenig mit dem Verarbeitungsprozess in einem neuronalen Netz gemeinsam. Aus diesem Grund halten die Autoren für eine Einführung in die Thematik eine Trennung nach den Inhalten für den leichter verständlichen Weg. Die Diskussion von Konzepten, die unmittelbar inhaltlich aufeinander aufbauen, sollte dem Leser die Einarbeitung erleichtern. Man beachte, dass aktuelle Anwendungen, insbesondere Agenten, den Einsatz mehrerer auch äußerst unterschiedlicher Techniken erfordern.

1.3.2 Anwendungen

Mit einigen Ansätzen der Agenten-Technik, die sicher noch nicht voll den Namen Agenten verdienen, werden wir bereits heute täglich konfrontiert. Suchmaschinen liefern Ergebnisse, die aufgrund der automatischen Recherchen von Software-Agenten im Internet (**Internet-Agenten**) zustande kommen.

Jeder, der bereits mehr oder weniger erfolgreich derartige Suchmaschinen benutzt hat, wird sich schon ein intelligenteres Verhalten dieser Programme gewünscht haben.

Andere Internet-Agenten benachrichtigen den Nutzer über sich ändernde Seiten im World-Wide-Web, wie zum Beispiel der WebInspektor [DVZSN99]. Auch der Einkauf im World-Wide-Web kann durch die Nutzung von Agenten unterstützt werden, indem nach den günstigsten Angeboten gesucht wird. Ein „richtiger" Agent wird dann zukünftig wohl auch die Einkaufsentscheidungen treffen. Selbst Agenten für Auktionen sind mittlerweile im Einsatz.

Eine andere Gruppe sind die so genannten **Desktop-Agenten**. Die guten alten MS-Office-Assistenten, wie Karl Klammer, sind Agenten-Ansätze, die häufig zu finden sind. Sie wirk(t)en einerseits schon recht personifiziert, sind aber andererseits noch weit von wirklicher Intelligenz entfernt. In [Gates95] wird ein Agent als Berater bezeichnet und der Begriff der **sozialen Benutzungsoberfläche** geprägt.

„Wenn Sie einen Berater verwenden, befinden Sie sich im Dialog mit einem Programm, das sich bis zu einem gewissen Grad wie ein Mensch verhält. Möglicherweise ahmt die Software das Verhalten einer berühmten Persönlichkeit oder einer Comicfigur nach, während Sie Ihnen hilft. Wenn ein Berater eine solche Persönlichkeit annimmt, sorgt er für eine »soziale Benutzeroberfläche«." ([Gates95], S.129)

Die Hilfe-Assistenten des Microsoft-Office-Systems waren nicht sehr erfolgreich, so dass diese Desktop-Agenten in neueren MS-Office-Versionen nicht mehr enthalten sind.

In Informatiker-Kreisen recht bekannt sind die Versuche, eine menschliche Kommunikation mit einem Programm nachzubilden. Dies reicht bis zu dem Thema des Turing-Tests. Programme wie **Julia** [Mauldin94] (siehe auch [Foner97]) wurden in den Multi-User-Dungeon-Räumen des Internets eingesetzt und nahmen darüber hinaus an Turing-Test-Wettbewerben teil. Man kann Julia als einen recht kommunikativen, sozialen Agenten mit einer gewissen Personalität betrachten, dessen Zweck die Unterhaltung anderer Teilnehmer ist. Unter den WWW-Seiten des Loebner-Preises www.loebner.net/Prizef/loebner-prize.html findet man die sozialen Agenten, die in den vergangenen Jahren im Turing-Test gut abgeschnitten haben und den Loebner-Preis gewinnen konnten. Gute Unterhaltung!

Der klassische Vorgänger **Eliza** von Weizenbaum aus den 60er-Jahren sollte dagegen gerade zeigen, wie leicht sich Benutzer durch „dumme" Software täuschen lassen. Falls Sie es noch nicht versucht haben, sollten Sie Eliza einmal ausprobieren. Das Programm ist Bestandteil des Emacs-Editors unter Unix/Linux und kann dort mittels *<ESC>-x doctor* gestartet werden.

Beispiel 1.3 Ein Gespräch mit Eliza

Patient: I am so sad.
Eliza: Why do you say you are so sad?
Patient: My mother is ill.
Eliza: Tell me something about your family.
Patient: My father is a teacher, my mother too.
Eliza: You seem to dwell on your family.
Patient: My mother is in a hospital.
Eliza: Are you hung up on your family?
Patient: No, I tell you, why I'm sad.
Eliza: Is it because you are sad that you came to me?
Patient: I hope you can help me.
Eliza: Earlier you said you are sad?

Die Eingabe deutscher Sätze macht den Spuk deutlich. Man beachte, dass das System stets mit kleingeschriebenen Worten antwortet:

Patient: Meine Mutter ist krank.
Eliza: Why do you say meine mutter ist krank?
Patient: Sie liegt im Krankenhaus.
Eliza: Is it because of your plans that you say sie liegt im krankenhaus?

Es ist zu erwarten, dass in den nächsten Jahren Desktop-Agenten verfügbar werden, die erheblich intelligenter mit uns umgehen können.

Durch den RoboCup (www.robocup.org), der Fußballweltmeisterschaft für Roboter, hat die Entwicklung von Fußball spielenden Robotern, **Hardware-Agenten**, riesige Fortschritte gemacht. In mehreren Ligen wird in jedem Jahr um die Meisterschaft gekämpft. Natürlich geht es hierbei nicht nur um Fußball allein. Die Ergebnisse sind allgemein für Agenten einsetzbar und lassen bereits für die nahe Zukunft interessante und auch spektakuläre Anwendungen erwarten.

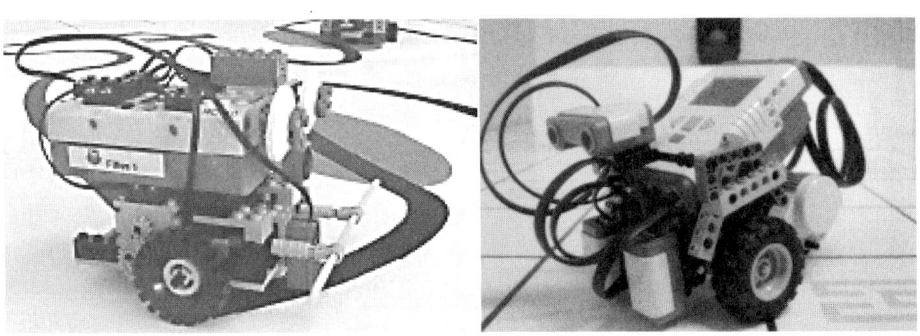

Abbildung 1.7 LEGO-Roboter

Für den absoluten Einsteiger in die Entwicklung autonom handelnder Roboter ist der programmierbare LEGO-Baustein Lego-RCX beziehungsweise der LEGO-NXT-Roboter ein gutes Spielzeug und realer Lerngegenstand. Die LEGO-Roboter können neben der für Kinder entwickelten grafischen Programmmiersprache auch in einer Reihe von anderen Sprachen wie zum Beispiel der speziellen Sprache NQC Not Quite C [Baum00] programmiert werden. Eine Programmierung in Java ist ebenso möglich (lejos.sourceforge.net).

Die Aktualität des Agenten-Ansatzes wird durch die Tatsache untermauert, dass es mittlerweile eine Reihe von Frameworks für Agentensysteme gibt. Exemplarisch sei hier das *Java Agent DEvelopment Framework* (jade.tilab.com) genannt. JADE ist speziell auf Multi-Agenten-Systeme ausgerichtet und erlaubt folglich verteiltes Rechnen. Unter dem angegebenen Link findet man eine Reihe von Anwendungen, in denen JADE genutzt wird. JADE hält sich an die FIPA-Standards. Die *Foundation for Intelligent Physical Agents* (FIPA, www.fipa.org) ist eine IEEE Computer Society Standards Organisation, die Standards für Agenten-basierte Technologien und die Schnittstellen zu anderen Technologien erarbeitet. Jedoch stellt JADE nur eine Umgebung für die Programmierung und die Kommunikation von Agenten zur Verfügung. Techniken der KI sind nicht Bestandteil des JADE-Frameworks, können aber eingebunden werden.

1.4 Künstliche Intelligenz und Wissensmanagement

Seit einigen Jahren ist das Thema Wissensmanagement für viele Firmen ein zentrales Feld ihrer Firmenpolitik. Viele Firmen – gerade in Deutschland – sind äußerst Technologie- und damit Wissen-orientiert. Im internationalen Wettbewerb ist es ein expliziter Wettbewerbsvorteil, wenn man die Ressource Wissen als solche erkennt und auch so behandelt.

Und da kommt natürlich sofort die KI ins Spiel. Auch wenn der Begriff Wissensmanagement gegenwärtig noch recht heterogen – insbesondere vielfach losgelöst von KI – benutzt wird, so wird man kein echtes Wissensmanagement betreiben können, ohne auf KI-Techniken zurückzugreifen. Dies betrifft sowohl die Wissensrepräsentation – wie speichert man das im Unternehmen verfügbare Wissen – als auch die automatische Wissensverarbeitung, d.h. wie arbeitet man mit dem vorhandenen Wissen, wie leitet man Schlussfolgerungen aus dem gegebenen Wissen ab. Wichtig ist in diesem Kontext, dass beim Wissensmanagement eine reine Datenbank-Sicht nicht ausreichen wird, vielmehr muss man deduktiv oder induktiv das vorhandene Wissen verarbeiten können. In [KaTe01] wird auf Wissensmanagement und KI eingegangen. Die in unserem Buch neu aufgenommenen Themen **Business Rules** und **Wissensnetze** sind alte KI-Techniken, die im Kontext des Wissensmanagements oder der Business Intelligence neu entstanden sind.

In diesem einleitenden Kapitel wird ein Überblick über das Gebiet der künstlichen Intelligenz gegeben. Unterschiedliche Ansätze verfolgen das gleiche Ziel: Computer erbringen Leistungen, die mittels traditioneller, algorithmischer Lösungen nicht erzielt werden können.

In vielen Anwendungsbereichen werden Software-Systeme eingesetzt, die Methoden und Techniken der künstlichen Intelligenz integrieren. Die Entwicklung von sowohl Hardware-

als auch Software-Agenten wird weiterhin eines der wesentlichen Anwendungsgebiete für KI-Techniken sein. Hier treffen verschiedene Lösungen zur Bild- bzw. Spracherkennung, zur Orientierung und Kommunikation sowie zum Planen und Handeln aufeinander.

Wir können im vorliegenden Buch nur Teilaspekte der künstlichen Intelligenz betrachten. Viele Themen, wie z.B. Sprach- und Bildverarbeitung oder Robotik, bleiben außen vor. Wir konzentrieren uns in diesem Buch auf grundlegende Techniken, die in den verschiedenen Anwendungsfeldern der KI genutzt werden. In den folgenden Kapiteln werden einige Grundtechniken vorgestellt. Darüber hinaus finden sich auf den zum Buch gehörenden WWW-Seiten eine Vielzahl von Verweisen auf weiterführende Arbeiten, KI-Systeme und Anwendungen.

1.5 Übungen

Fragen

1.1 Was versteht man unter künstlicher Intelligenz?

1.2 Wie verläuft ein Turing-Test?

1.3 Was ist ein Agent aus Sicht der Informatik?

1.4 Erläutern Sie Unterschiede und Gemeinsamkeiten von Agenten und Expertensystemen.

1.5 Können Sie einen Software- oder Hardware-Agenten aus Ihrem unmittelbaren Umfeld nennen?

Aufgaben

1.6 Führen Sie den Turing-Test in seiner menschlichen Variante durch.

1.7 Ermitteln Sie die Gewinner des Turing-Test-Wettbewerbs der letzten Jahre.

1.8 Machen Sie sich mit dem PROLOG-Programm Eliza.pl vertraut und versuchen Sie eine deutsche Fassung von Eliza zu entwickeln.

Referate

1.9 Geben Sie einen Überblick über die Entwicklung der Fußball spielenden Roboter. Zeigen Sie auf, welche anfänglichen Probleme mittlerweile gelöst wurden und wo derzeit noch die größten Herausforderungen liegen.

1.10 Versuchen Sie anhand eines Agenten den Einsatz von Mitteln der künstlichen Intelligenz aufzuzeigen.

2

Darstellung und Verarbeitung von Wissen

2 Darstellung und Verarbeitung von Wissen

Die Repräsentation und die Verarbeitung von Wissen sind Kernthemen der künstlichen Intelligenz. Wissen wird dabei im Folgenden als Information verstanden, die in bestimmten Situationen nützlich oder wertvoll sein kann. Wissen ist Information, die für die Lösung eines Problems hilfreich ist.

Um dem Computer Wissen zugänglich zu machen, ist eine Repräsentation in einer Form nötig, die der Computer „versteht“. Mit „Verstehen“ ist nicht gemeint, dass er tatsächlich weiß, was Begriffe wie *weiß*, *1 kg* oder *GmbH* bedeuten. Er muss diese Information nur in geeigneter Weise verarbeiten können.

Der Wunsch nach der Möglichkeit einer formalisierten und automatisierten Wissensdarstellung und Wissensverarbeitung ist sehr alt. Bereits Aristoteles entwickelte mit seiner **Syllogistik** eine Form der formalisierten Wissensverarbeitung.

Gottfried Wilhelm Leibniz (1646–1716), der auf sowohl philosophischen als auch mathematischen Gebieten tätig war, entwickelte ein Konzept, mit dem man im Prinzip alles ausrechnen kann. Das leibnizsche Programm sah vor, dass man sämtliches Wissen, was man über einen Problembereich hat, formalisiert. Man benötigt dazu eine Sprache, in der dieses Wissen formuliert werden kann. Anschließend sollte es möglich sein, mit diesem Wissen zu „rechnen“. Dies erfordert einen Mechanismus, der Informationen in dieser Sprache verarbeiten kann. Leibniz bezeichnete dies als:

- lingua characteristica
- calculus ratiocinator.

Mit den Worten der KI aus heutiger Sicht benötigt man

- eine formale Sprache zur **Wissensrepräsentation (WR)**,
- einen Verarbeitungsmechanismus zum automatischen Schließen **(Wissensverarbeitung, WV)**.

Um ein Problem zu lösen, wird typischerweise in diesen Schritten vorgegangen:

1. Charakterisierung des Gegenstandsbereiches
2. Symbolische Repräsentation der Objekte
3. Eingabe des Wissens in den Computer
4. Fragen stellen
5. Interpretieren der Antworten

Zunächst wird das Wissen über einen Gegenstandsbereich gesammelt. Dabei muss darauf geachtet werden, dass nur problemrelevantes Wissen herangezogen wird. Soll ein Kunde bezüglich seiner Kreditwürdigkeit betrachtet werden, dürfte seine Haarfarbe völlig uninteressant sein. Relevant ist ebenfalls der *Detaillierungsgrad* einer Information. Will man die Sicherheiten eines Kunden beurteilen, spielen Besitzgüter unterhalb einer bestimmten Grenze keine Rolle.

Der zweite Schritt ist die *formale Darstellung* des gesammelten Wissens in einer geeigneten Sprache. Geeignete Darstellungsformen können beispielsweise mathematische Relationen, eine Logik, aber natürlich auch eine passende Programmiersprache sein.

Das Wissen über den Problem- oder Gegenstandsbereich wird nun dem Computer übergeben. Darauf aufbauend erfolgt die Lösung des Problems, indem beispielsweise Fragen über die Kreditwürdigkeit eines Kunden X gestellt werden. Dabei wird versucht, eine zu prüfende Annahme aufgrund des vorhandenen Wissens nachzuweisen.

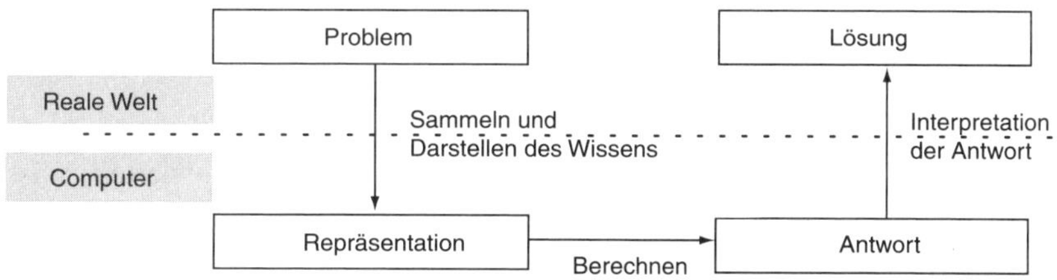

Abbildung 2.1 Vorgehen bei einer Problemlösung

Dieses Vorgehen ist zunächst nicht KI-spezifisch. In der klassischen Programmentwicklung wird das Wissen über ein Problem direkt in den Lösungsalgorithmus hineinprogrammiert. In der KI dagegen wird das Wissen *getrennt* von der Verarbeitungskomponente dargestellt. Ein ähnliches Konzept findet man bei den Datenbanken, wo Information (Datensätze) und Verarbeitung getrennt verwaltet werden.

Auf eine typische Architektur eines wissensbasierten Systems am Beispiel eines Expertensystems wurde bereits im Abschnitt 1.3 eingegangen:

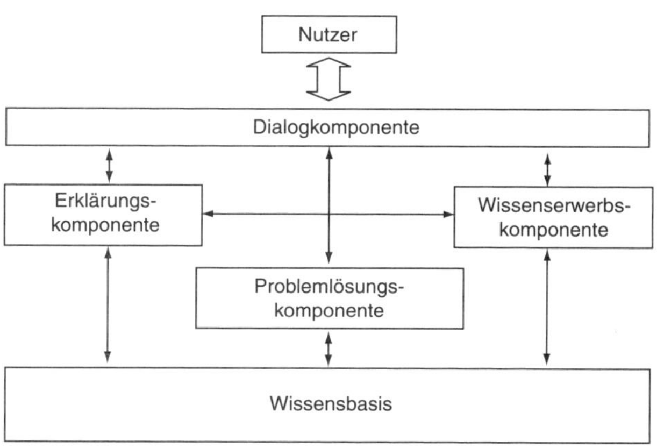

Abbildung 2.2 Struktur eines Expertensystems

Hier findet man das Architekturprinzip der **Trennung von Wissen und Verarbeitung** wieder. Wählt man beispielsweise die Logik als Wissensrepräsentations-Sprache, so besteht die Wissensbasis aus logischen Aussagen. Die Problemlösungskomponente muss dann einen Logik-Beweiser enthalten.

Welche Vorteile bietet eine solche Architektur? Warum ist die Trennung von Problemlösungskomponente und Wissensbasis sinnvoll?

Es kann durchaus der Fall eintreten, dass das Wissen im Laufe der Zeit revidiert werden muss, beispielsweise dadurch, dass ein Zusammenhang, eine bestimmte logische Regel als nicht korrekt erkannt wird. Betrachtet man ein System zur Kreditwürdigkeitsprüfung, so kann es passieren, dass eine Person als kreditwürdig bewertet wurde, was sich – leider erst später – als falsch herausstellte. Hat man beispielsweise die Kreditwürdigkeit nur davon abhängig gemacht, dass ein regelmäßiges Einkommen in einer bestimmten Mindesthöhe vorliegt:

regelmäßiges_Einkommen $\rightarrow$ *kreditwürdig*

so stellt man schnell fest, dass zumindest eventuelle Schulden geprüft werden müssen:

regelmäßiges_Einkommen und geringe_Schulden $\rightarrow$ *kreditwürdig*

In einem konventionellen Programm muss nun die entsprechende Stelle im Programm gefunden und modifiziert werden. Anschließend muss das System vollständig oder teilweise neu erstellt werden. Hat man das Wissen aber *explizit* und von der Verarbeitung getrennt repräsentiert, so muss nur die entsprechende Regel ergänzt oder modifiziert werden. Die Verarbeitungskomponente ist davon nicht betroffen. Die *Modifikation* kann sogar zur Laufzeit automatisch geschehen.

Da eine Änderung der Wissensbasis die Verarbeitungskomponente nicht betrifft, lässt sich sogar die gesamte Wissensbasis auswechseln. Das gleiche Programm kann also für unterschiedliche Anwendungen verwendet werden. Entfernt man die Wissensbasis eines Expertensystems, so spricht man in diesem Zusammenhang auch von einer **Expert system shell** (ESS). Die Verwendung einer ESS für unterschiedliche Anwendungen setzt natürlich voraus, dass die gewählte Sprache zur Wissensrepräsentation für beide Anwendungen gleich ist.

Ein weiterer Vorteil der expliziten Darstellung des Wissens ist die damit verbundene Erhöhung der *Transparenz*. Es ist wesentlich leichter möglich, das benutzte Wissen zu verstehen. Es ist ebenfalls einfacher, den Ablauf einer Verarbeitung zu verfolgen.

Man beachte, dass eine Problemlösung immer von dem vorhandenen, *expliziten* Wissen ausgeht. Aufgrund dieses Wissens wird versucht, eine Hypothese zu überprüfen.

Beispiel 2.1 Kreditwürdigkeit

Seien diese Aussagen bekannt:

regelmäßiges_Einkommen und geringe_Schulden $\rightarrow$ *kreditwürdig*
regelmäßiges_Einkommen
geringe_Schulden

Neben der bereits diskutierten Regel ist auch bekannt, dass ein regelmäßiges Einkommen gegeben ist und nur geringe Schulden vorliegen. Man sieht sofort, dass die Kreditwürdigkeit gemäß der Regel erfüllt ist. Implizit steckt also die Kreditwürdigkeit in den gegebenen Aussagen.

Aufgabe einer Wissensverarbeitung ist es nun, dieses implizite Wissen abzuleiten. Problemlösen ist das *Explizieren von implizitem Wissen*. Die gewählte **Wissensrepräsentationssprache** und der zugehörige **Verarbeitungsmechanismus** müssen gewissen Kriterien genügen:

- Die WR-Sprache muss die Darstellung des Wissens ermöglichen.
  Will man darstellen, dass es morgen *eventuell* regnet, reicht eine WR-Sprache, die klassische Logik unterstützt, nicht aus. Stattdessen muss eine Sprache gewählt werden, die unsichere Aussagen darstellen kann.
- Der Verarbeitungsmechanismus muss das Wissen verarbeiten können. Wählt man als WR-Sprache die Aussagenlogik, so braucht man einen aussagenlogischen Beweiser.
- Die Verarbeitung muss effizient möglich sein. Ein aussagenlogischer Beweiser muss eine Antwort nicht irgendwann, sondern innerhalb akzeptabler Zeiten liefern.
- Die Qualität der Antwort muss den Erfordernissen des Problems entsprechen. Vielfach genügt eine suboptimale Lösung, eine Lösung, die „gut genug" ist.

Im Folgenden werden Konzepte zur Darstellung von Wissen auf einem Computer behandelt. Dies wird immer in Zusammenhang mit möglichen Verarbeitungsmechanismen geschehen.

In welcher Form kann man Wissen auf einem Rechner repräsentieren? Die von uns Menschen hauptsächlich genutzte WR-Sprache ist die natürliche Sprache. Allerdings ist sie wenig geeignet, als Sprache zur Repräsentation von Wissen auf dem Computer zu dienen. Dies liegt im Wesentlichen an der großen Vielfalt, die unsere Sprachen bieten. Ein und derselbe Sachverhalt lässt sich im Deutschen auf unterschiedlichste Art darstellen. Die Aussagen „Heute ist Montag", „Montag ist heute", „Der heutige Tag ist Montag" und „Heute ist der Tag vor dem Dienstag" sind alle äquivalent. Dies ist für eine effiziente Verarbeitung sehr ungünstig, da vor der eigentlichen Verknüpfung des Wissens eine Normalisierung der Aussagen erfolgen muss. Dies ist eines der Probleme, die bei der automatischen Verarbeitung natürlicher Sprache gelöst werden müssen.

Bevor auf einige WR-Formalismen, die in diesem Kapitel ausführlicher behandelt werden, eingegangen wird, sollen zunächst entsprechende Wissensarten betrachtet werden, die wir Menschen benutzen.

Beziehungs-Wissen spielt in unserem Alltag eine große Rolle. Beziehungen zwischen Personen (X ist mit Y verheiratet) oder zwischen Objekten (der Motor ist ein Teil vom Auto) sind typische Vertreter. Man bezeichnet dies auch als **relationales Wissen**. Es widerspiegelt einfache Beziehungen zwischen Objekten. Relationales Wissen kann beispielsweise in relationalen Datenbanken dargestellt werden. Ein Nachteil ist, dass im Allgemeinen nur Fakten, aber keine logischen Abhängigkeiten abgebildet werden können.

Im Alltagswissen arbeiten wir häufig mit der **Vererbung von Eigenschaften**. Weiß man, dass ein Auto einen Motor hat und dass der Trabant ein Auto ist, so schließen wir sofort, dass der Trabant einen Motor hat. Die Eigenschaft „hat Motor" wird vom Oberbegriff Auto auf den Unterbegriff Trabant vererbt.

Obwohl wir nicht explizit gesagt haben, dass der Trabant einen Motor hat, wissen wir es, da der Trabant eine spezielle Form eines Autos ist und jedes Auto einen Motor hat.

Prozedurales Wissen ist Wissen, das in bestimmten Situationen Aktionen vorschreibt. Viele Eröffnungen beim Schach können prozedural dargestellt werden. Das Tanken eines Autos oder das Betreten eines Restaurants sind ebenfalls feste Abfolgen von Aktionen.

Häufig arbeiten wir auch mit **logischem Wissen**. Wird der FC Hansa Rostock mindestens Tabellenvierter in der 1. Fußballbundesliga, so ist er für einen internationalen Wettbewerb qualifiziert. Dies ist eine logische Implikation. Aus A folgt B: $A \rightarrow B$. Wird Rostock Tabellendritter (A), so kann geschlossen werden, dass B gilt.

In diesem Kapitel werden ausgewählte Wissensrepräsentationsformalismen behandelt, die die obigen Wissensarten in unterschiedlicher Art umsetzen.

Die am besten untersuchte Form der Wissensrepräsentation ist die **Logik**. Es werden zwei Formen betrachtet: die **Aussagenlogik** und die **Prädikatenlogik erster Stufe**.

Semantische Netze und **Frames** sind spezielle Formen einer grafisch bzw. objektorientierten Darstellung für Objekte und deren Eigenschaften. Diese Formen der Wissensrepräsentation beinhalten Vererbungstechniken.

Regel-basierte Sprachen setzen das Konzept der bedingten Ausführung von Aktionen um:

WENN in einem Zustand bestimmte Bedingungen erfüllt sind, DANN führe eine Aktion aus.

Im letzten Abschnitt wird auf **vage Aussagen**, deren Darstellung und Verarbeitung eingegangen. Vage Aussagen sind Aussagen wie: „Es ist hell", „Morgen wird es mindestens zehn Stunden Sonnenschein geben".

Für das Studium von weiterführenden Konzepten sei auf die Literatur verwiesen ([HeSoBo07], [Ginsberg93], [Görz03]). Diese Konzepte befassen sich beispielsweise mit:

- zeitlichem Wissen,
- unvollständigem Wissen,
- Constraints (Wissensdarstellung mittels einschränkender Bedingungen),
- Fall-basiertem Schließen.

2.1 Darstellung von Wissen mit Hilfe von Logik

Logik ist nach [Brockhaus]

> *... die Lehre vom schlüssigen und folgerichtigen Denken, v. a. vom richtigen Schließen, welches dadurch gekennzeichnet ist, dass es zu wahren Voraussetzungen wahre Schlüsse liefert.*

Die Logik spielt im menschlichen Alltag eine große Rolle. Wissen in Form von logischen Zusammenhängen nimmt einen zentralen Platz ein.

Zunächst wird die Aussagenlogik eingeführt und gezeigt, wie Aussagen automatisch, also durch einen Computer verarbeitet werden können.

Danach wird die Prädikatenlogik erster Stufe betrachtet. Der in Wismar geborene Mathematiker und Philosoph Gottlob Frege (1848-1925) gilt als der Begründer der modernen Logik. Mit seiner Begriffsschrift [Frege93] legte er 1878 die Grundlage für den Prädikatenkalkül erster Stufe. Frege baute die Logik auf den drei Operationen *Implikation*, *Negation* und *Allquantifizierung* auf und stellte Aussagen grafisch dar.

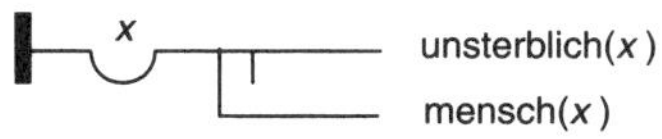

Die Aussage wird interpretiert als:

Für alle x gilt: Wenn x ein Mensch ist, dann ist x nicht unsterblich.

Die grafische Notation hat sich nicht durchgesetzt, da sie beispielsweise für eine maschinelle Verarbeitung von Wissen nicht geeignet ist. Dennoch hat Frege mit dieser Formalisierung einen, wenn nicht *den* entscheidenden Schritt getan, um die Logik einer automatischen Verarbeitung zugänglich zu machen.

2.1.1 Aussagenlogik

Aussagen der folgenden Form werden von uns im Alltag häufig benutzt:

- *Es regnet.*
- *Die Firma hat Gewinn erwirtschaftet.*
- *Der deutsche Fußballmeister 2012 heißt Hansa Rostock.*

Solche Aussagen können nur wahr oder falsch sein, sie sind nicht halbwahr oder wahrscheinlich. Dagegen ist bei der Aussage:

Er ist groß.

durchaus nicht klar, ob sie wahr oder falsch ist. Dies hängt zumeist von der beurteilenden Person ab.

Die klassische Logik betrachtet nur zweiwertige Aussagen:

- Jede Aussage ist entweder wahr oder falsch.
- Es gibt keine Aussage, die sowohl falsch als auch wahr ist.

Man bezeichnet diese Annahmen als den *Satz vom ausgeschlossenen Dritten* bzw. vom *ausgeschlossenen Widerspruch.*

Es werden nur Aussagen betrachtet, die wahr oder falsch sind. Man muss aber nicht unbedingt den Wahrheitswert kennen. Die GOLDBACHsche Vermutung:

Jede gerade natürliche Zahl lässt sich darstellen als Summe zweier Primzahlen.

ist bis heute nicht bewiesen oder widerlegt. Diese Aussage ist aber in jedem Fall entweder wahr oder falsch.

In der Aussagenlogik werden elementare Aussagen durch **aussagenlogische Variablen** dargestellt.

Man kann Aussagen aber auch verknüpfen.

Sei A diese Aussage:

„Die BMW-Aktie ist um 10 % gestiegen."

Sei B die Aussage

„Der Dollar ist um 1 % gefallen.",

so steht die Formel $A \wedge B$ für die Verknüpfung der beiden Aussagen A und B:

„Die BMW-Aktie ist um 10 % gestiegen und der Dollar ist um 1 % gefallen."

Die Aussagen A und B sind **elementare** oder **atomare Aussagen**. Man bezeichnet A und B als **aussagenlogische Variablen**. Die Aussage $A \wedge B$ ist eine **zusammengesetzte Aussage**.

Neben dem logischen Und gibt es weitere Möglichkeiten der Kombination von Aussagen. Sie sind in Tabelle 2.1 dargestellt.

Tabelle 2.1 Aussagenlogische Verknüpfungen

Symbol	Bezeichnung	Beispiel	Aussage ist wahr, falls ....
$\wedge$	Und	$X \wedge Y$	X und Y wahr sind
$\vee$	Oder	$X \vee Y$	X oder Y wahr sind
$\neg$	Negation	$\neg X$	X falsch ist
$\rightarrow$	Implikation	$X \rightarrow Y$	Y wahr ist, falls X wahr ist
$\leftrightarrow$	Äquivalenz	$X \leftrightarrow Y$	X genau dann wahr ist, wenn Y wahr ist

Die Definition der Verknüpfungen kann mit Hilfe einer Wahrheitswerttabelle erfolgen (Tabelle 2.2). Als Symbol für **wahr** wird W und als Symbol für **falsch** F verwendet.

Man beachte, dass das logische Oder das *einschließende Oder* darstellt. $A \vee B$ ist auch wahr, falls beide Teilaussagen A und B wahr sind. Das ausschließende Oder (exclusive or, XOR) entspricht dem Entweder-Oder. Das XOR ist insbesondere falsch, wenn beide Teilaussagen A und B wahr sind.

Tabelle 2.2 Wahrheitswerttabelle aussagenlogischer Verknüpfungen

A	B	$\neg$ A	A $\wedge$ B	A $\vee$ B	A $\rightarrow$ B	A $\leftrightarrow$ B	A XOR B
W	W	F	W	W	W	W	F
W	F	F	F	W	F	F	W
F	W	W	F	W	W	F	W
F	F	W	F	F	W	W	F

Die Aussage $A \rightarrow B$ steht für:

Wenn A wahr ist, dann ist B zwingend auch wahr.

Man beachte, dass keine Aussage über den Fall, dass A falsch ist, gemacht wurde! In diesem Fall betrachtet man die Aussage folglich als wahr.

Dies kann anhand der Regel

Wenn Hansa Rostock Meister ist, dann spielt Hansa Rostock in der Champions League.

illustriert werden. Diese Aussage ist auch wahr, falls Hansa (leider) nicht Meister ist.

Die Aussage $A \leftrightarrow B$ steht für

A ist genau dann wahr, wenn B wahr ist.

Diese Aussage ist wahr, wenn A, B beide wahr bzw. beide falsch sind.

Aussagen können beliebig wieder miteinander verknüpft werden. Die Verknüpfungsoperatoren können nicht nur auf elementare Aussagen angewendet werden, sondern auch auf bereits zusammengesetzte Aussagen. Damit kann man den Begriff einer aussagenlogischen Formel definieren.

Definition 2.1 Aussagenlogische Formeln

Alle Aussagenvariablen sind Formeln.

Sind A und B aussagenlogische Formeln, dann auch:

$A \wedge B$

$A \vee B$

$\neg A$

$A \rightarrow B$

$A \leftrightarrow B$

Wird die Aussagenlogik als Wissensrepräsentationssprache verwendet, interessiert die Frage, ob eine Aussage **wahr** oder **falsch** ist.

Es gibt zum einen Aussagen, die *immer wahr* bzw. *immer falsch* sind; zum anderen gibt es auch Aussagen, deren Wahrheitswert von dem der *Teilaussagen* abhängt.

Die Aussage:

Die SAP-Aktie steigt oder die SAP-Aktie steigt nicht.

ist eine *immer wahre* Aussage, da genau eine der Teilaussagen wahr ist.

Die Aussage:

Die SAP-Aktie steigt und die SAP-Aktie steigt nicht.

ist *immer falsch*, denn keine Aktie – auch nicht die SAP-Aktie – kann gleichzeitig steigen UND nicht steigen.

Es gilt generell, dass

$A \wedge \neg A$

immer falsch ist. Unabhängig davon, welche Aussage A darstellt, eine der beiden Teilaussagen ist immer falsch. Und damit ist auch die Und-Verknüpfung falsch. Analog ist die Aussage

$A \vee \neg A$

immer wahr.

Dagegen kann über den Wahrheitswert der Aussage

Die IBM-Aktie steigt

oder

mehr als 50 % der Abiturienten in Deutschland studieren.

keine Aussage getroffen werden, so lange die Wahrheitswerte der beiden Teilaussagen nicht bekannt sind.

Wovon hängt der Wahrheitswert der Formel $A \vee B$ ab? Offensichtlich muss der Wahrheitswert der aussagenlogischen Variablen A und B bekannt sein. Ist nur eine von beiden wahr, ist die gesamte Aussage wahr.

Dies gilt allgemein: Kennt man den Wahrheitswert der atomaren Aussagen, der aussagenlogischen Variablen, so ist der Wahrheitswert einer Aussage definiert. Um ihn zu berechnen, muss man folglich untersuchen, was die aussagenlogischen Variablen in einer realen Welt bedeuten.

Tabelle 2.3 Interpretation

	Interpretation der Aussage A	Interpretation der Aussage B	A ∧ B
Welt 1	5 > 4	1 = 2	F
Welt 2	2 = 2	7 > 4	W

Man bezeichnet die Zuordnung von Ereignissen aus einer realen Welt zu den aussagenlogischen Variablen als **Interpretation**.

Definition 2.2 Interpretation

Sei M die Menge aller aussagenlogischen Formeln. Eine Funktion

$I: M \rightarrow \{ W, F \}$

heißt **Interpretation**.

Eine Interpretation ordnet jeder aussagenlogischen Variablen einen Wahrheitswert zu. Mit Hilfe der Wahrheitswerttabellen kann man den Wahrheitswert einer zusammengesetzten aussagenlogischen Formel bestimmen.

Die Funktion I widerspiegelt den Bezug zur realen Welt. Der Wahrheitswert einer Aussage hängt im Allgemeinen von der Interpretation I ab.

Definition 2.3 allgemeingültig, falsch, erfüllbar, falsifizierbar

Eine aussagenlogische Formel heißt

- *erfüllbar*, falls eine Interpretation existiert, so dass die Formel *wahr* wird,
- *falsifizierbar*, falls eine Interpretation existiert, so dass die Formel *falsch* wird,
- *allgemeingültig* oder **wahr**, falls die Formel unter jeder Interpretation *wahr* wird; eine allgemeingültige Formel wird auch **Tautologie** genannt,
- *unerfüllbar* oder **falsch**, falls die Formel unter jeder Interpretation *falsch* ist. Es existiert keine Interpretation, so dass die Formel wahr wird.

Für aussagenlogische Formeln gelten diese Sätze:

Satz 2.1 Allgemeingültigkeit und Unerfüllbarkeit

Eine Formel X ist allgemeingültig, gdw. $\neg X$ unerfüllbar ist.

Satz 2.2 Mengenbeziehungen aussagenlogische Formeln

1. Die erfüllbaren und die falschen Formeln sind komplementär: Die erfüllbaren und die falschen Formeln ergeben die Menge aller Formeln, es gibt keine Formel, die sowohl erfüllbar als auch falsch ist.
2. Die allgemeingültigen Formeln sind eine Teilmenge der erfüllbaren, die falschen eine Teilmenge der falsifizierbaren Formeln.
3. Der Durchschnitt der erfüllbaren mit den falsifizierbaren Formeln vereinigt mit den allgemeingültigen Formeln ergibt die erfüllbaren Formeln.
4. Der Durchschnitt der erfüllbaren mit den falsifizierbaren Formeln vereinigt mit den falschen Formeln ergibt die falsifizierbaren Formeln.

Die Menge aller Formeln kann – wie in Abbildung 2.3 dargestellt – aufgeteilt werden in die Mengen:

- T – Tautologien
- F – falsche Formeln
- $T \cup M$ – erfüllbare Formeln
- $M \cup F$ – falsifizierbare Formeln

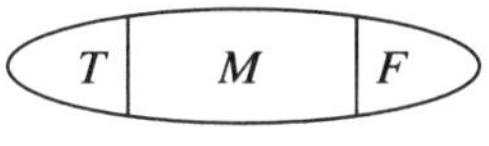

Abbildung 2.3 Tautologien, falsche, erfüllbare, falsifizierbare Formeln

Die Menge M ist offensichtlich die Menge der Aussagen, die sowohl erfüllbar als auch falsifizierbar sind. Die Wahrheit einer Aussage hängt für diese Aussagen von der Bezugswelt, der Interpretation ab.

Definition 2.4 Modell

Sei I eine Interpretation und X eine aussagenlogische Formel. Ist X unter I wahr, so bezeichnet man I als **Modell** von X.

Die KI hat natürlich zum Ziel, Logik zur **Wissensrepräsentation** zu nutzen. Um **Wissensverarbeitung** mit Aussagenlogik zu realisieren, muss es folglich gelingen, mit logischen Formeln automatisch umzugehen. Vorhandene Aussagen müssen durch ein Computerprogramm zu neuen Aussagen verknüpft werden können. Hypothesen sollen bewiesen oder widerlegt werden können. Es muss Gegenstand der Untersuchungen sein, wie man aussagenlogische Formeln verarbeiten und logische Schlüsse ziehen kann.

Dabei interessiert im Allgemeinen nicht, ob eine Aussage wahr oder falsch ist, sondern ob aus einer gegebenen Menge von Aussagen eine Behauptung zwingend folgt oder nicht. Soll beispielsweise untersucht werden, ob ein Kunde (bezüglich einer Hausfinanzierung) kreditwürdig ist, hat man logische Aussagen der Form:

$$Festes\_Einkommen \wedge Eigenkapital\_mindestens\_50\% \rightarrow Kunde\_kreditwürdig \quad (1)$$

Verfügt man nun noch über die Information, dass der Kunde ein festes Einkommen und mehr als 50% der Bausumme als Eigenkapital hat:

$$Festes\_Einkommen \quad (2)$$

$$Eigenkapital\_mindestens\_50\% \quad (3)$$

so kann man daraus schließen, dass der Kunde kreditwürdig ist. Es geht also nicht darum zu beweisen, dass die Aussage

$$Kunde\_kreditwürdig$$

wahr oder falsch ist, sondern dass sie wahr ist unter der Voraussetzung, dass die Aussagen (1), (2) und (3) wahr sind. Dabei werden die gegebenen Aussagen, die alle als wahr vorausgesetzt werden, als mit UND verknüpft betrachtet.

Wie beweist man, dass aus den Aussagen:

$$A$$

$$A \rightarrow B$$

$$B \rightarrow C$$

folgt, dass dann auch C gilt?

Zu prüfen ist, ob die Aussage C wahr ist, vorausgesetzt, obige Aussagen sind wahr. Folgt C aus den gegebenen Aussagen?

Eine mögliche Form eines Beweises ist die Berechnung mittels **Wahrheitswerttabellen**. Obige Aufgabe kann umformuliert werden. Die Überprüfung, ob aus obigen Aussagen die Aussage C folgt, ist äquivalent zum Beweis, dass die Aussage:

$$A \wedge (A \rightarrow B) \wedge (B \rightarrow C) \quad \rightarrow \quad C$$

eine Tautologie ist. Es muss bewiesen werden, dass diese Formel immer wahr ist. Dies kann mit einer Wahrheitswerttabelle geschehen:

Tabelle 2.4 Beweis mittels Wahrheitswerttabelle

A	B	C	A → B	B → C	A ∧ (A → B) ∧ (B → C) → C
W	W	W	W	W	W
W	W	F	W	F	W
W	F	W	F	W	W
W	F	F	F	W	W
F	W	W	W	W	W
F	W	F	W	F	W
F	F	W	W	W	W
F	F	F	W	W	W

Die Formel ist eine Tautologie. Aus den gegebenen Aussagen folgt also immer, dass dann auch *C* gilt.

Alternativ kann man die Wahrheitswerttabelle auch nur nach den Zeilen durchsuchen, wo die gegebenen drei Aussagen wahr sind. In allen diesen Zeilen muss die Aussage C auch wahr sein. Die relevante Zeile ist in Tabelle 2.5 aufgeführt.

Tabelle 2.5 Relevante Zeile in Wahrheitswerttabelle

A	*B*	*C*	*A* → *B*	*B* → *C*	*A* ∧ (*A* → *B*) ∧ (*B* → *C*) → *C*
W	W	W	W	W	W

Der Zusammenhang von Formeln kann durch den Begriff der **semantischen Folgerung** dargestellt werden.

Definition 2.5 Semantische Folgerung

Sei X eine Menge von aussagenlogischen Formeln, Y eine aussagenlogische Formel.

Y ist eine **semantische Folgerung** von X

falls jedes Modell von X auch Modell von Y ist. Man schreibt dafür $X \models Y$ und sagt auch Y **folgt aus** X.

An einem Beispiel soll das Vorgehen illustriert werden. Dazu wird eine elektronische Schaltung betrachtet. Diese Schaltung ist durch aussagenlogische Formeln beschreibbar (Wissensrepräsentation). Das Überprüfen von Eigenschaften der Schaltung kann nun durch einen aussagenlogischen Beweis erfolgen (Wissensverarbeitung).

Beispiel 2.2 Elektronische Schaltung

Sei die folgende Schaltung gegeben:

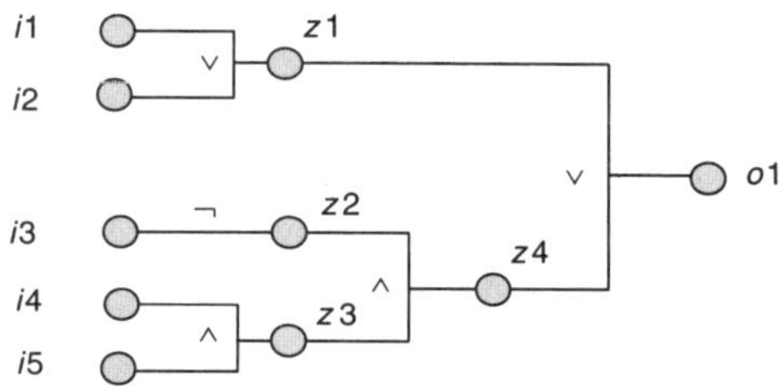

Abbildung 2.4 Elektronische Schaltung

An den fünf Eingabepunkten können Signale (0 oder 1) angelegt werden. Diese werden durch die Verknüpfungen Und, Oder und Negation in ein Ausgabesignal umgewandelt.

Die Schaltung kann durch aussagenlogische Formeln beschrieben werden.

$$
\begin{array}{rcll}
i1 \lor i2 & \leftrightarrow & z1 & (1)\\
i3 & \leftrightarrow & \neg z2 & (2)\\
i4 \land \neg i5 & \leftrightarrow & z3 & (3)\\
z2 \land z3 & \leftrightarrow & z4 & (4)\\
z1 \lor z4 & \leftrightarrow & o1 & (5)
\end{array}
$$

Es wird behauptet, dass das Ausgabesignal immer 1 ist, wenn das Eingabesignal $i1=1$ ist:

$$i1 \rightarrow o1$$

Dies kann man mit einer Wahrheitswerttabelle beweisen. Die Formel

$$(i1 \lor i2 \leftrightarrow z1) \land (i3 \leftrightarrow \neg z2) \land (i4 \land \neg i5 \leftrightarrow z3) \land (z2 \land z3 \leftrightarrow z4) \land (z1 \lor z4 \leftrightarrow o1) \rightarrow (i1 \rightarrow o1)$$

muss eine Tautologie sein.

Dies bedeutet, dass 2^n Zeilen zu untersuchen sind, wenn n die Anzahl der aussagenlogischen Variablen ist. In diesem Beispiel sind dies 1024 Kombinationsmöglichkeiten.

Bei genauerer Betrachtung stellt man natürlich fest, dass in diesem Beispiel nur 32 Möglichkeiten zu untersuchen sind, da sich die Werte der Zwischenknoten aus den Eingabesignalen berechnen lassen und folglich ein direkter Zusammenhang zwischen den Eingabesignalen und dem Ausgabesignal hergestellt werden kann.

Tabelle 2.6 Wahrheitswerttabelle elektronische Schaltung

i1	…	*i5*	*z1*	*z2*	*z3*	*z4*	*o1*	*i1* → *o1*
W		W	W	W	W	W	W	W
W		W	W	W	W	W	F	W
W		W	W	W	W	F	W	W
W		W	W	W	W	F	F	W

i1	...	*i5*	*z1*	*z2*	*z3*	*z4*	*o1*	*i1* → *o1*
				....				
F		F	F	F	F	W	W	W
F		F	F	F	F	W	F	W
F		F	F	F	F	F	W	W
F		F	F	F	F	F	F	W

Was passiert aber, wenn man nicht nur fünf Eingabesignale hat, sondern 10, 20 oder mehr? Reale Beispiele arbeiten mit einer Vielzahl von aussagenlogischen Variablen, so dass Wahrheitswerttabellen im Allgemeinen nicht mehr praktikabel sind. Sie haben den Nachteil, dass man mit exponentiellem Aufwand arbeiten muss.

Deshalb hat man nach Alternativen für dieses Verfahren gesucht.

Gegeben seien die Aussagen:

Gesellschafter_hat_25000€ → *Gründung_GmbH_möglich*

Gesellschafter_hat_25000€

Wir können daraus sofort schließen, dass die Gründung einer GmbH möglich ist. Was liegt diesem logischen Schluss zugrunde? Man hat eine Implikation der Form:

$A \rightarrow B$

Weiterhin ist gegeben, dass die Voraussetzung der Implikation gilt:

A

Man sieht sofort, dass das Schließen auf B unabhängig davon, was sich hinter A und B verbirgt, erfolgen kann. Dies stellt eine universelle **Schlussregel** dar, die unabhängig vom jeweiligen Problem angewandt werden kann.

Modus ponens

$$\frac{\begin{array}{l} A \rightarrow B \\ A \end{array}}{B}$$

Nun ist die Idee nahe liegend, mit Hilfe dieser Schlussregel gegebene Formeln zu neuen zu verknüpfen, bis die zu beweisende Behauptung entsteht. Im Beispiel

A

$A \rightarrow B$

$B \rightarrow C$

kann der Modus ponens zunächst auf die ersten beiden Formeln angewandt werden, dabei entsteht die Aussage B. Anschließend kann diese mit der dritten Formel wiederum per Modus ponens verknüpft werden, wobei die zu beweisende Aussage C entsteht.

Man bezeichnet solche Schlussregeln wie den Modus ponens auch als **Inferenzregeln**.

Eine weitere Schlussregel ist der:

Modus tollens

$$\frac{\begin{array}{l}A \rightarrow B \\ \neg B\end{array}}{\neg A}$$

Man beachte, dass das Ziel nach wie vor ist, auf der Basis der Aussagenlogik **Wissensverarbeitung** durchzuführen. Hat man Wissen X über einen Problembereich gegeben, so möchte man wissen, ob aus X zwingend folgt, dass dann auch eine Aussage Y wahr ist, somit eine bestimmte Eigenschaft erfüllt ist.

Dies wurde als **semantische Folgerung** $X \models Y$ in Definition 2.5 eingeführt.

Nun wurden aber in Form der Inferenzregeln Muster definiert, mit deren Hilfe aussagenlogische Formeln zu neuen verknüpft werden können. Natürlich sollen die Inferenzregeln zum Beweis der ursprünglichen Frage

Stimmt es, dass aus X immer Y folgt, also $X \models Y$ *?*

benutzt werden. Man kann aber beliebige Inferenzregeln definieren, was dazu führen kann, dass man auch Formeln berechnen kann, die nicht gelten. Die Schlussregel

$$\frac{\begin{array}{l}A \rightarrow B \\ B\end{array}}{A}$$

ist offensichtlich wenig hilfreich, da man mit ihr auch Dinge berechnen kann, die nicht folgen. Aus den Formeln

$A \rightarrow B$

B

folgt nicht, dass A gilt.

Demzufolge ist es erforderlich, dass das *Folgern* von Formeln auf der Ebene der *Gültigkeit* von der *Berechnung* von Formeln auf der *Inferenzebene* unterschieden wird. Dies wird mit dem Begriff des **Ableitens** getan.

Definition 2.6 Ableitbarkeit

Y ist aus X **ableitbar**,

$X \vdash Y$

wenn eine endliche Folge von Inferenzschritten existiert, so dass man von X zu Y gelangt.

Der Begriff Ableitbarkeit $\vdash$ hängt offensichtlich von den zugrunde liegenden Schlussregeln ab.

Damit sind zwei unterschiedliche Begriffe für Zusammenhänge von Formeln gegeben:

- semantische Folgerung: $X \models Y$
- Ableitbarkeit: $X \vdash Y$

Der Bezug zwischen beiden Begriffen wird durch die Begriffe der **Korrektheit** und der **Vollständigkeit** hergestellt. Diese Eigenschaften sind für die **Wissensverarbeitung** von essenzieller Bedeutung. Zum einen muss man die Frage stellen, ob mit Hilfe der Schlussregeln nur Formeln berechnet werden können, die auch folgen. Dies ist die Frage, ob eine Formel, die man ausgerechnet hat, auch wirklich zwingend aus den Formeln folgt. Wird ein Kunde als kreditwürdig charakterisiert, so soll dies auch aus dem vorhandenen Wissen folgen. Man bezeichnet diese Eigenschaft als *Korrektheit*.

Der Begriff der *Vollständigkeit* dreht die Fragestellung gewissermaßen um. Kann jede Formel, die aus einer gegebenen Formelmenge folgt, auch wirklich berechnet werden? Ist ein Kunde gemäß dem vorhandenen Wissen kreditwürdig, so soll unser Programm auch in der Lage sein, dies zu berechnen. Damit wird die Leistungskraft der Schlussregeln charakterisiert.

Definition 2.7 Korrektheit und Vollständigkeit

Ein Beweis-Verfahren heißt **korrekt**, wenn für beliebige Formeln X, Y gilt:

Falls $X \vdash Y$ gilt, dann gilt auch $X \models Y$.

Ein Beweis-Verfahren heißt **vollständig**, wenn für beliebige Formeln X, Y gilt:

Falls $X \models Y$ gilt, dann gilt auch $X \vdash Y$.

Baut man ein Beweisverfahren allein auf dem Modus ponens auf, so stellt man schnell fest, dass dieser allein nicht ausreicht. Aus den Formeln

$A \rightarrow B$

$\neg B$

kann man nicht ableiten, dass $\neg A$ gilt. Nimmt man weitere Inferenzregeln wie den Modus tollens hinzu, so ergeben sich aufgrund der kombinatorischen Vielfalt – da man in ein und derselben Situation verschiedene Inferenzregeln anwenden kann – Komplexitätsprobleme.

Resolution

Resolution ist ein Beweisverfahren, welches sich für das automatische Beweisen besonders eignet, da es allein auf einer einzigen Inferenzregel aufbaut. Resolution wurde 1965 von J. A. Robinson eingeführt.

Resolution hat zwei wesentliche Charakteristika:

1. Es wird eine „einheitliche“ Darstellung, eine **Normalform** von aussagenlogischen Formeln verwendet.
2. Resolution führt einen **Widerspruchsbeweis**.

Die Beschränkung auf Widerspruchsbeweise lässt vermuten, dass dies eine drastische Einschränkung sein könnte. Man kann jedoch „positive“ Beweise stets auf Widerspruchsbeweise zurückführen, wie im Folgenden erläutert wird.

Welche Form der *einheitlichen* Darstellung von aussagenlogischen Formeln wird von der Resolution vorausgesetzt? Es gibt eine Reihe von gleichwertigen Aussagen, beispielsweise die Aussagen

$$A \rightarrow B$$

und

$$\neg A \lor B.$$

Es gibt eine Vielzahl von weiteren unterschiedlichen Formulierungen für denselben logischen Zusammenhang. Dies ist sehr ungünstig, da ein **automatischer Beweiser** mit unterschiedlichsten Formeln, die alle das Gleiche bedeuten, umgehen können muss. Man ist folglich aus der Sicht des automatischen Beweisens an einer möglichst *einheitlichen* Darstellung von Formeln interessiert.

Definition 2.8 Semantische Äquivalenz

Zwei aussagenlogische Formeln X und Y heißen äquivalent,

$$X \equiv Y,$$

falls für jede beliebige Interpretation gilt:

Die Interpretation ist Modell für X genau dann, wenn sie auch Modell für Y ist.

In Tabelle 2.7 sind Äquivalenzen von aussagenlogischen Formeln aufgeführt. Klammern wurden, falls dies nicht missverständlich ist, weggelassen.

Tabelle 2.7 Aussagenlogische Äquivalenzen

Bezeichnung	**Äquivalenz**
Implikation	$X \rightarrow Y \equiv \neg X \lor Y$
logische Äquivalenz	$X \leftrightarrow Y \equiv X \rightarrow Y \land Y \rightarrow X$
De Morgan	$\neg(X \lor Y) \equiv \neg X \land \neg Y$
De Morgan	$\neg(X \land Y) \equiv \neg X \lor \neg Y$
Distributivität	$X \lor (Y \land Z) \equiv (X \lor Y) \land (X \lor Z)$
Distributivität	$X \land (Y \lor Z) \equiv (X \land Y) \lor (X \land Z)$
Idempotenz	$X \lor X \equiv X$
Idempotenz	$X \land X \equiv X$
Kommutativität	$X \lor Y \equiv Y \lor X$
Kommutativität	$X \land Y \equiv Y \land X$
Assoziativität	$X \lor (Y \lor Z) \equiv (X \lor Y) \lor Z$
Assoziativität	$X \land (Y \land Z) \equiv (X \land Y) \land Z$
Absorption	$X \lor (X \land Y) \equiv X$
Absorption	$X \land (X \lor Y) \equiv X$
Doppelte Negation	$\neg\neg X \equiv X$

Bezeichnung	Äquivalenz
	$X \wedge W \equiv X$
	$X \wedge F \equiv F$
	$X \vee W \equiv W$
	$X \vee F \equiv X$

Aus Tabelle 2.7 ist ersichtlich, dass man die logische Äquivalenz $\leftrightarrow$ und die logische Implikation $\rightarrow$ nicht unbedingt benötigt, da sich beide mit Hilfe der Verknüpfungen $\wedge$, $\vee$ und $\neg$ darstellen lassen. Dies reduziert die Vielfalt der aussagenlogischen Formeln, was für die automatische Verarbeitung von Vorteil ist.

Die Idee ist nun, bestimmte Formeln aus der Menge der zueinander äquivalenten Formeln auszuwählen. So muss in einem Beweis nur noch mit diesen umgegangen werden. Man versucht, äquivalente Formeln in eine Standardform, eine Normalform umzuwandeln. Die hier dargestellte Normalform enthält als kleinste Bestandteile Literale (vgl. Kapitel 4).

Definition 2.9 Literal

Ein Literal ist eine aussagenlogische Variable oder deren Negation.

Eine aussagenlogische Variable bezeichnet man als **positives Literal**, die Negation einer aussagenlogischen Variablen als **negatives Literal**.

Nun wird eine mögliche Normalform definiert:

Definition 2.10 Konjunktive Normalform

Hat eine Formel die Struktur:

$$(A \vee ... \vee B) \wedge ... \wedge (X \vee ... \vee Y)$$

und sind A, B, ... Literale, so ist die Formel in **konjunktiver Normalform**.

Eine Formel in konjunktiver Normalform besteht aus Teilformeln K_i, die durch das logische Und verknüpft sind:

$$K_1 \wedge K_2 \wedge ... \wedge K_n$$

Die Teilformeln K_i bestehen aus Literalen, die durch das logische Oder verknüpft sind:

$$K_i = (A \vee ... \vee B)$$

Die Teilformeln K_i nennt man **Klauseln**.

Die *konjunktive Normalform* (KNF) wird auch als **Klausel-Normalform** bezeichnet.

Es ist offensichtlich, dass eine KNF nicht eindeutig sein kann, da sowohl die Oder- als auch die Und-Verknüpfung kommutativ sind. In jedem Fall existiert aber zu jeder aussagenlogischen Formel mindestens eine Formel in konjunktiver Normalform.

Jede Formel hat mindestens eine äquivalente KNF. Der in Listing 2.1 dargestellte Algorithmus beschreibt die Transformation in eine äquivalente KNF:

Listing 2.1 Transformation auf Klauselnormalform (Aussagenlogik)

```
PROCEDURE KLAUSELNORMALFORM
  Ersetze alle Äquivalenzen A ↔ B durch (A → B) ∧ (B → A);
  Ersetze alle Implikationen A → B durch ¬A ∨ B;
  Verschiebe die Negation bis zu den aussagenlogischen Variablen;
  Entferne doppelte Negationen;
  Transformiere auf KNF durch Ausmultiplizieren;
END
```

Bei der Transformation auf Klausel-Normalform werden die in Tabelle 2.7 aufgeführten Äquivalenzen von Formeln benutzt. Zunächst wird die logische Äquivalenz $\leftrightarrow$, danach die Implikation $\rightarrow$ ersetzt. Dann werden die Negationen „nach innen" (bis zu den atomaren Formeln, also den Variablen) geschoben, wobei gleichzeitig die doppelten Negationen eliminiert werden. Anschließend wird durch „Ausmultiplizieren", das heißt die Anwendung der Distributivgesetze, die KNF hergestellt.

Die für den Algorithmus relevanten Äquivalenzen wurden im oberen Teil der Tabelle 2.7 aufgeführt. Man kann bei der Transformation auf KNF gleichzeitig die im unteren Teil der Tabelle aufgeführten Äquivalenzen berücksichtigen. Das sofortige Anwenden beispielsweise der Idempotenz

$$A \vee A \equiv A$$

sorgt für eine Vereinfachung der Formeln. Ziel ist die automatische Verarbeitung von Wissen. Jede unnötig große Formel erschwert die Arbeit des Beweisers.

Da sowohl $\wedge$ als auch $\vee$ assoziativ sind, können an den entsprechenden Stellen Klammern weggelassen werden. Beispielsweise kann

$(A \vee B) \vee C$ als $A \vee B \vee C$

dargestellt werden.

Beispiel 2.3 Transformation auf Klauselnormalform

Es wird die Formel $\neg(A \vee B) \leftrightarrow C$ in die konjunktive Normalform überführt. In Tabelle 2.8 ist das schrittweise Vorgehen gemäß dem Algorithmus aus Listing 2.1 dargestellt.

Tabelle 2.8 Transformation auf KNF – Beispiel

Formel	ausgeführte Transformation
$\neg(A \vee B) \leftrightarrow C$	
$(\neg(A \vee B) \rightarrow C) \wedge (C \rightarrow \neg(A \vee B))$	Ersetzen der Äquivalenz $\leftrightarrow$
$(\neg\neg(A \vee B) \vee C) \wedge (\neg C \vee \neg(A \vee B))$	Ersetzen der Implikation $\rightarrow$
$((\neg\neg A \vee \neg\neg B) \vee C) \wedge (\neg C \vee (\neg A \wedge \neg B))$	Negation zu den Variablen
$((A \vee B) \vee C) \wedge (\neg C \vee (\neg A \wedge \neg B))$	Doppelte Negation löschen
$(A \vee B \vee C) \wedge (\neg C \vee \neg A) \wedge (\neg C \vee \neg B)$	Ausmultiplizieren gemäß Distributivgesetze

Damit sind wir dem Ziel der Wissensverarbeitung auf der Basis der Aussagenlogik einen großen Schritt näher gekommen. Es wurde eine einheitliche Darstellung, eine Normalform für aussagenlogische Formeln definiert und die Transformation auf KNF erläutert.

Es fehlt nur noch das Verfahren, welches das „Rechnen" mit Formeln in Klausel-Normalform erlaubt.

Wie eingangs angeführt, beruht Resolution auf dem Prinzip des **Widerspruchsbeweises**. Der folgende Satz gibt die Rechtfertigung dafür, dass man die Überprüfung, ob eine Formel wahr ist, auf die Untersuchung, ob ihre Negation falsch (widersprüchlich) ist, zurückführt.

Satz 2.3 Äquivalenz von semantischer Folgerung und Widerspruchsbeweis

Folgende Aussagen sind äquivalent:

$X \models Y$

$X \wedge \neg Y$ ist widersprüchlich

Es genügt also, sich auf Methoden, die **Widersprüche** aufdecken, zu beschränken. Resolution ist ein solches Verfahren.

Folgt aus einer gegebenen Menge von Formeln X eine Behauptung Y ? X stellt das Wissen dar, welches über einen Gegenstands- oder Problembereich bekannt ist. Es muss bewiesen werden, dass aus diesem Wissen (X) folgt, dass eine Hypothese Y wahr ist, beispielsweise, dass ein Kunde kreditwürdig ist. Gemäß Satz 2.3 wird die *Negation der Behauptung* $\neg X$ zum gegebenen Wissen X hinzugenommen und anschließend versucht, daraus einen Widerspruch herzuleiten. Gelingt dies, ist die ursprüngliche Aussage bewiesen.

Im Folgenden wird die **konjunktive Normalform (KNF)** vorausgesetzt:

$$(A \vee \ldots \vee B) \wedge \ldots \wedge (X \vee \ldots \vee Y)$$

Zur Vereinfachung kann alternativ auf eine Mengenschreibweise für die KNF zurückgegriffen werden:

$$\{ \{ A, \ldots, B \}, \ldots, \{ X, \ldots, Y \} \}$$

Man kann die **Klauseln** auch ohne die Verknüpfung durch das Und aufzählen:

$\{ A, \ldots, B \}$

...

$\{ X, \ldots, Y \}$

Da alle gegebenen Formeln als wahr, das heißt mit Und verknüpft vorausgesetzt werden, ist dies korrekt.

Die Mengenschreibweise hat den Vorteil, dass man Vereinfachungen, die sich aus Assoziativität, Kommutativität und Idempotenz ergeben, sofort berücksichtigt.

Beispiel 2.2 kann nun fortgesetzt werden. Die Schaltung wurde beschrieben durch die Formeln:

$$i1 \lor i2 \leftrightarrow z1 \quad (1)$$
$$i3 \leftrightarrow \neg z2 \quad (2)$$
$$i4 \land \neg i5 \leftrightarrow z3 \quad (3)$$
$$z2 \land z3 \leftrightarrow z4 \quad (4)$$
$$z1 \lor z4 \leftrightarrow o1 \quad (5)$$

Die Klausel-Normalformen für die Formeln sind in Tabelle 2.9 aufgeführt:

Tabelle 2.9 Klausel-Normalform für Schaltungsbeispiel

Formel	Klausel	
$i1 \lor i2 \leftrightarrow z1$	$\neg i1 \lor z1$	(1)
	$\neg i2 \lor z1$	(2)
	$\neg z1 \lor i1 \lor i2$	(3)
$i3 \leftrightarrow \neg z2$	$\neg i3 \lor \neg z2$	(4)
	$i3 \lor z2$	(5)
$i4 \land i5 \leftrightarrow z3$	$\neg i4 \lor \neg i5 \lor z3$	(6)
	$\neg z3 \lor i4$	(7)
	$\neg z3 \lor i5$	(8)
$z2 \land z3 \leftrightarrow z4$	$\neg z2 \lor \neg z3 \lor z4$	(9)
	$\neg z4 \lor z2$	(10)
	$\neg z4 \lor z3$	(11)
$z1 \lor z4 \leftrightarrow o1$	$\neg z1 \lor o1$	(12)
	$\neg z4 \lor o1$	(13)
	$\neg o1 \lor z1 \lor z4$	(14)

Die Resolutionsregel hat die Form:

Definition 2.11 Resolutionsregel Aussagenlogik

Seien C_1, C_2 Klauseln und L ein positives Literal. Es gelte:

$$L \in C_1,$$
$$\neg L \in C_2.$$

Dann heißt die Klausel

$$(C_1 \setminus \{L\}) \cup (C_2 \setminus \{\neg L\})$$

Resolvente von C_1 und C_2.

In der Definition der Resolutionsregel bezeichnet \ die Mengendifferenz.

Die Resolutionsregel ist anwendbar auf Klauseln, die komplementäre Literale enthalten. Hat man zwei Klauseln der Form:

$$C_1 = \{L_1, L_2, L_3, \dots, L_n\}$$
$$C_2 = \{\neg L_1, K_2, K_3, \dots, K_m\}$$

so werden die beiden komplementären Literale L_1 und $\neg L_1$ gelöscht und die restlichen Literale zusammengefügt:

Resolvente = $\{L_2, L_3, \ldots, L_n, K_2, K_3, \ldots, K_m\}$

Zu klären ist noch, woran man den Widerspruch erkennt. Wendet man die Resolutionsregel auf die widersprüchlichen Klauseln

$\{\neg A\}$ und $\{A\}$

an, so ergibt sich die **leere Klausel** { }, die offensichtlich den **Widerspruch** repräsentiert.

Welche Eigenschaften hat die Resolutionsregel? Ist sie *korrekt*, folgt jede Formel, die man mit Resolution berechnen kann, auch aus den Formeln? Ist Resolution *vollständig*, kann man jede Formel, die folgt, auch *berechnen* (vgl. Definition 2.7)?

Satz 2.4 Korrektheit Resolutionsregel

Die Resolutionsregel ist **korrekt**. Ist X eine Klauselmenge und Y eine Resolvente von zwei Klauseln aus X, so sind X und $X \cup \{Y\}$ äquivalent.

Resolution ist aber **nicht vollständig**. Man kann beispielsweise aus den beiden Klauseln

$\{A\}$

$\{B\}$

nicht ableiten, dass $A \vee B$:

{A, B}

gilt.

Das war aber auch nicht das Ziel. Ziel war es, Widersprüche aufzudecken. Und diesbezüglich ist die Resolution vollständig:

Satz 2.5 Widerlegungsvollständigkeit Resolution

Ist die Klauselmenge widersprüchlich, so existiert eine endliche Folge von Resolutionsschritten, die zum Widerspruch führt.

Wie beweist man, dass aus A und B die Aussage $A \vee B$ folgt? Die Behauptung $A \vee B$ wird negiert und zu den gegebenen Aussagen A und B hinzugefügt. Anschließend wird der Widerspruch abgeleitet:

$A \vee B$ ergibt negiert: $\neg A \wedge \neg B$.

Somit ergeben sich die Klauseln:

$\{A\}$

$\{B\}$

$\{\neg A\}$

$\{\neg B\}$

Damit erhält man unmittelbar den Widerspruch.

Man beachte, dass immer nur jeweils *ein* Paar von komplementären Literalen gelöscht wird. Seien diese Klauseln gegeben:

$\{A, B\}$

$\{\neg A, \neg B\}$

Wäre das gleichzeitige Löschen von komplementären Literalen möglich, käme man direkt auf die leere Klausel, den Widerspruch. Die beiden Klauseln widersprechen sich aber nicht. Ist A wahr und B falsch, so sind beide Klauseln gleichzeitig wahr, somit liegt also kein Widerspruch vor.

Das Beispiel der elektronischen Schaltung veranschaulicht die Resolution:

Beispiel 2.4 Elektronische Schaltung – Resolution

Klausel:

$\neg i1 \vee z1$	(1)
$\neg i2 \vee z1$	(2)
$\neg z1 \vee i1 \vee i2$	(3)
$\neg i3 \vee \neg z2$	(4)
$i3 \vee z2$	(5)
$\neg i4 \vee \neg i5 \vee z3$	(6)
$\neg z3 \vee i4$	(7)
$\neg z3 \vee i5$	(8)
$\neg z2 \vee \neg z3 \vee z4$	(9)
$\neg z4 \vee z2$	(10)
$\neg z4 \vee z3$	(11)
$\neg z1 \vee o1$	(12)
$\neg z4 \vee o1$	(13)
$\neg o1 \vee z1 \vee z4$	(14)

Die zu beweisende Aussage $i1 \rightarrow o1$ wird negiert $\neg(i1 \rightarrow o1)$, in Klauselnormalform umgewandelt und hinzugefügt:

$i1$ (15)

$\neg o1$ (16)

Der Widerspruch wird mittels Resolution gesucht:

Verknüpfte Klauseln	**neue Klausel**	
1 + 15	$z1$	(17)
12 + 16	$\neg z1$	(18)
17 + 18	{ } Widerspruch	(19)

Damit ist die Behauptung bewiesen.

Die Vorgehensweise wird anhand eines weiteren Beispiels illustriert. Interessant ist in diesem Beispiel insbesondere die Übersetzung der umgangssprachlichen Sätze in aussagenlogische Formeln.

Beispiel 2.5 Logelei

Inspektor Craig hat einen Fall zu lösen. Er hat drei Personen im Verdacht, die Tat begangen zu haben. Als Täter kommen nur A, B und C in Frage. Inspektor Craig hat diese Informationen:

1. Wenn A schuldig und B unschuldig ist, so ist C schuldig.
2. C arbeitet niemals allein.
3. A arbeitet niemals mit C.
4. Nur A, B oder C kommen als Täter in Frage.

Mit Hilfe der Aussagenlogik kann der Fall gelöst werden. Zunächst müssen die drei Informationen aussagenlogisch formuliert werden. Die aussagenlogische Variable A wird als „A war der Täter" interpretiert. Analog werden B und C interpretiert. Damit ergibt sich für den Kriminalfall diese aussagenlogische Repräsentation des Wissens:

1. $A \wedge \neg B \rightarrow C$
2. $C \rightarrow A \vee B$
3. $\neg (A \wedge C)$
4. $A \vee B \vee C$

Diese vier Aussagen werden in Klauselnormalform gebracht:

$\neg A \vee B \vee C$	(1)
$\neg C \vee A \vee B$	(2)
$\neg A \vee \neg C$	(3)
$A \vee B \vee C$	(4)

Inspektor Craig behauptet, dass B ein/der Täter war. Dies wird negiert hinzugenommen.

$\neg B$	(5)

Mit Hilfe der Resolution wird der Widerspruch hergeleitet.

5 + 1	$\neg A \vee C$	(6)
5 + 4	$A \vee C$	(7)
2 + 3	$\neg C \vee B$	(8)
8 + 5	$\neg C$	(9)
6 + 7	C	(10)
9 + 10	{ } Widerspruch	(11)

Damit ist beweisen, dass B ein Täter war.

Über eine eventuelle Mittäterschaft von A oder C wurde bisher keine Aussage getroffen. Gegenstand der Untersuchung war nur, ob B ein/der Täter ist. Nur dies wurde bewiesen.

An Beispiel 2.4 und Beispiel 2.5 wurde klar, dass das Führen eines Beweises nun einem Rechnerprogramm übertragen werden kann. Der Algorithmus zur Transformation auf KNF ist in Listing 2.1 dargestellt. Das Suchen eines Widerspruchs reduziert sich auf das permanente Suchen von zwei Klauseln, die komplementäre Literale enthalten. Beide Aufgaben sind auf einen Rechner übertragbar.

Unter der das Buch ergänzenden WWW-Seite www.wi.hs-wismar.de/ki-buch findet man einen aussagenlogischen Resolutionsbeweiser sowie eine Reihe von Beispielen.

2.1.2 Prädikatenlogik

Will man das in Kapitel 1 angegebene einführende Beispiel mit Hilfe der Aussagenlogik und Resolution lösen, so stellt man fest, dass dies leider nicht sehr elegant geht.

Beispiel 2.6 Drei Programmierer

In einer Firma arbeiten drei Freunde: ein C++-, ein Java- und ein Pascal-Programmierer. Sie heißen Otto, Paul und Heinz. Der C++-Programmierer hat keine Geschwister. Er ist der jüngste. Heinz, der mit der Schwester von Otto verheiratet ist, ist älter als der Java-Programmierer.

Wie stellt man dar, dass der C++-Programmierer keine Geschwister hat? Dies geht beispielsweise in Form einer logischen Implikation:

$$cplus\_programmierer\_otto \rightarrow keine\_geschwister\_otto.$$

Da nicht bekannt ist, ob Otto der C++-Programmierer ist, muss eine derartige Regel für alle drei Personen formuliert werden:

$$cplus\_programmierer\_paul \rightarrow keine\_geschwister\_paul.$$

$$cplus\_programmierer\_heinz \rightarrow keine\_geschwister\_heinz.$$

Analog muss für die Beziehung, dass der C++-Programmierer der Jüngste ist, verfahren werden. Dies ist relativ aufwändig und führt zu einer Vielzahl von logischen Formeln. Es widerspricht aber auch der kompakten Darstellung:

Der C++-Programmierer hat keine Geschwister.

Formuliert man diese Aussage etwas um, so erhält man:

Wenn eine Person X der C++-Programmierer ist, so hat X keine Geschwister.

Oder:

Wenn für X die Eigenschaft C++-Programmierer wahr ist, so ist für X zwingend auch die Eigenschaft keine_Geschwister erfüllt.

Dies legt eine logische Beschreibung nahe:

$$cplus\_programmierer(X) \rightarrow keine\_geschwister(X)$$

Man kann den Eigenschaften Objekte zuordnen, für die diese Eigenschaften erfüllt sind. Verwendet man an Stelle fester Objekte Variablen, so muss noch klargestellt werden, wie diese Variablen zu verstehen sind.

Dazu stehen zwei Möglichkeiten zur Verfügung:

- Für alle .... gilt ...
- Es existiert (mindestens) ein ... so dass gilt .....

Man bezeichnet dies als **Quantifizierung der Variablen**. Für die All-Quantifizierung wird das Zeichen ∀, für die Existenz-Quantifizierung das Symbol ∃ verwendet.

Damit sind nun die Aussagen aus Beispiel 2.6 besser formulierbar:

$\forall X \; cplus\_programmierer(X) \rightarrow keine\_geschwister(X)$

$\forall X \; cplus\_programmierer(X) \rightarrow jüngster(X)$

Die Aussage

Heinz, der mit der Schwester von Otto verheiratet ist, ist älter als der Java-Programmierer.

wird sofort in die für das Beispiel wichtigen Informationen übersetzt:

$\neg \, keine\_geschwister(otto)$

$\neg \, jüngster(heinz)$

$\neg \, java\_programmierer(heinz)$

Die Eigenschaften *jüngster*, *java_programmierer*, die erfüllt sein können oder nicht, werden auch Prädikate genannt. Die im Beispiel eingeführte Logik wird **Prädikatenlogik** genannt. Sie stellt eine Erweiterung der Aussagenlogik dar:

- Den Elementaraussagen können Objekte zugeordnet werden, für die die entsprechende Eigenschaft gilt oder nicht.
- Man kann an Stelle der Objekte Variablen verwenden, die existenz- bzw. all-quantifiziert sein müssen.

In Tabelle 2.10 wird eine Übersicht über die in der Aussagenlogik und in der Prädikatenlogik verfügbaren Ausdrucksmittel gegeben.

Tabelle 2.10 Aussagen- und prädikatenlogische Verknüpfungen

Bezeichnung	**Aussagenlogik**	**Prädikatenlogik**
Elementare Aussagen	*jüngster_heinz*	*jüngster(heinz)*
∧ Und	$X \wedge Y$	$X \wedge Y$
∨ Oder	$X \vee Y$	$X \vee Y$
¬ Negation	$\neg X$	$\neg X$
→ Implikation	$X \rightarrow Y$	$X \rightarrow Y$
↔ Äquivalenz	$X \leftrightarrow Y$	$X \leftrightarrow Y$
Existenzquantifizierung	--	$\exists Z$ *jüngster(Z)*
Allquantifizierung	--	$\forall Z$ *jüngster(Z)*

Die in Tabelle 2.10 verwendeten Variablen X und Y dürfen jeweils beliebige aussagenlogische bzw. prädikatenlogische Formeln sein. Z muss eine prädikatenlogische Variable sein.

In Definition 2.13 werden prädikatenlogische Formeln definiert. Dazu wird zunächst der Begriff eines *Terms* eingeführt. Terme kann man als beliebig zusammengesetzte Objekte interpretieren. Im Kontext der Arithmetik sind Terme: 5, minus(7, 2), mal(minus(5, 1), 4).

Definition 2.12 Terme

1. Jede Konstante ist ein Term.
2. Jede Variable ist ein Term.
3. Sind $t_1, ..., t_n$ Terme und f ein n-stelliges Funktionssymbol, so ist auch $f(t_1, ..., t_n)$ ein Term.

Definition 2.13 Prädikatenlogische Formeln

1. Ist p ein n-stelliges Prädikatsymbol und sind $t_1, ... , t_n$ Terme, dann ist $p(t_1, ... , t_n)$ eine (atomare) Formel.
2. Sind A und B Formeln, dann sind auch $A \wedge B$, $A \vee B$, $\neg A$, $A \rightarrow B$ und $A \leftrightarrow B$ Formeln.
3. Ist x eine Variable und F eine Formel, so sind $\forall\, x\, F$ und $\exists\, x\, F$ Formeln.

Man beachte, dass ein Quantifizieren nur über Objekt-Variablen möglich ist. Nicht zulässig ist eine Quantifizierung der Form:

$\forall\, X\;\; X(heinz)$

Prädikatenlogische Aussagen dürfen nur Variablen enthalten, wenn diese quantifiziert werden. Folglich werden nur Formeln betrachtet, die ausschließlich *quantifizierte Variablen* enthalten. Man bezeichnet solche Formeln als **geschlossene Formeln**.

Die Prädikatenlogik erlaubt auch die Verwendung von Funktionen (vgl. Definition 2.12). Auf diese wird in diesem Abschnitt nicht näher eingegangen.

Interpretation, Erfüllbarkeit, Falsifizierbarkeit, Tautologien

Analog zur Aussagenlogik hängt auch hier der Wahrheitswert eine Formel vom Wahrheitswert der Teilformeln ab. In der Aussagenlogik musste man nur untersuchen, wie der Wahrheitswert einer Formel von den Wahrheitswerten der Aussagenvariablen abhängt. Da nun Objekte, die Argumente der Prädikate sind, sowie Quantifizierungen hinzukommen, muss das in der Aussagenlogik verwendete Vorgehen erweitert werden.

Es wird im Folgenden skizziert, wie man die Bedeutung von Formeln in der Prädikatenlogik 1. Stufe definiert.

Die Prädikatenlogik 1. Stufe ist aufgebaut aus

- K ... Menge der Konstanten
- V ... Menge der Variablen
- P ... Menge der Prädikate

Der Wahrheitswert einer Formel wird wie folgt definiert. Man gibt sich analog der Aussagenlogik eine reale Welt vor und bildet die Formeln in diese Welt ab. Diese Abbildung heißt *Interpretation*.

Man überprüft Aussagen, indem man sie in die reale Welt abbildet und dort prüft, ob sie gelten oder nicht.

Zunächst gibt man sich einen Gegenstandsbereich G (in der Bezugswelt) vor. Die Menge G enthält die realen Bezugsobjekte:

$$I_{\text{obj}} : K \to G$$

Zusätzlich braucht man in der Bezugswelt eine Menge R von Relationen. Die Prädikate werden auf Relationen der Bezugswelt abgebildet:

$$I_{\text{prädikat}} : P \to R$$

Der Wahrheitswert einer variablenfreien Formel wird dann wie folgt bestimmt:

Sei $p(a,b,c)$ die prädikatenlogische Formel. Man sucht die entsprechenden Objekte in der Bezugswelt. Die Objekte a, b, c werden mittels I_{obj}, in die Bezugswelt abgebildet:

$$a' = I_{\text{obj}}(a), \quad b' = I_{\text{obj}}(b), \quad c' = I_{\text{obj}}(c)$$

Entsprechend sucht man die zu p gehörende Relation:

$$p' = I_{\text{prädikat}}(p)$$

Man definiert nun, dass $p(a,b,c)$ wahr ist, genau dann, wenn gilt:

$$(a', b', c') \in p'$$

Man sagt: Die Formel ist *wahr unter der Interpretation I.*

Wie geht man mit den Quantifizierungen um? Man nimmt in die Interpretation I_{obj} die Menge der Variablen auf. Sie werden wie die Konstanten nach G abgebildet:

$$I_{\text{obj}} : K \cup V \to G$$

Sei die zu untersuchende Formel $\forall x\ p(x)$. Sie ist wahr unter der Interpretation I genau dann, wenn $p(x)$ für *jede* beliebige Interpretation I' wahr ist, wobei sich I' von I nur an der Stelle x unterscheiden darf.

Existenzquantifizierte Formeln werden analog behandelt. Es muss dann allerdings nur *mindestens eine* Interpretation I' geben.

Die Begriffe **Erfüllbarkeit**, **Falsifizierbarkeit**, **Tautologie**, **Widerspruch** (falsche Formeln) können analog der Definition 2.3 auch für die Prädikatenlogik eingeführt werden. Die in Satz 2.1 und Satz 2.2 hergestellten Beziehungen zwischen falschen, allgemeingültigen, erfüllbaren und falsifizierbaren Formeln gelten analog.

Analog wird der Begriff der semantischen Folgerung eingeführt. Der Modellbegriff wird wie in Definition 2.4 formuliert.

Definition 2.14 Semantische Folgerung

Sei X eine Menge von prädikatenlogischen Formeln, Y eine prädikatenlogische Formel.

Y ist eine **semantische Folgerung** von X

oder

Y **folgt aus** X

falls jedes Modell von X auch Modell von Y ist. Man schreibt dafür $X \models Y$.

Automatische Verarbeitung prädikatenlogischer Formeln

Die Prädikatenlogik ist ausdrucksstärker als die Aussagenlogik. Dies ist für die **Wissensrepräsentation** günstig. Man kann nun auch Sachverhalte wie All-Quantifizierungen repräsentieren, die man aussagenlogisch nicht darstellen konnte.

Im Folgenden wird untersucht, wie Wissen in Form von prädikatenlogischen Aussagen *automatisch verarbeitet* werden kann.

Die Methode der Wahrheitswerttabellen (Aussagenlogik) ist aufgrund der Quantifizierungen in der Prädikatenlogik nicht anwendbar. Das in Abschnitt 2.1.1 erläuterte Vorgehen zum Aufbau von aussagenlogischen „Rechenregeln" kann auf die Prädikatenlogik übertragen werden. **Inferenzregeln** werden eingeführt, um prädikatenlogische Formeln zu neuen Formeln verknüpfen zu können, bis man zu einer zu beweisenden Aussage gelangt.

Die Inferenzregel des

Modus ponens

$$\begin{array}{l} A \rightarrow B \\ \underline{A \qquad\quad} \\ B \end{array}$$

ist in dieser Form auf prädikatenlogische Formeln nicht ohne weiteres anwendbar. Aus den Aussagen

$\forall X \;\; ist\_GmbH(X) \rightarrow ist\_Firma(X)$

$ist\_GmbH(aker\_mtw)$

ist mit Hilfe des aussagenlogischen Modus ponens nicht ableitbar, dass

$ist\_Firma(aker\_mtw)$

gilt. Man braucht eine Inferenzregel, die aus der Aussage

$\forall X \;\; ist\_GmbH(X) \rightarrow ist\_Firma(X)$

die Aussage

$ist\_GmbH(aker\_mtw) \rightarrow ist\_Firma(aker\_mtw)$

ableitet:

All-Instantiierung

$$\begin{array}{ll} \underline{\forall x \;\; p(x) \qquad} & \\ p(a) & a \text{ ist eine beliebige Konstante.} \end{array}$$

In dieser Weise kann man mit weiteren Inferenzregeln einen Berechnungsapparat aufbauen.

Stellt man die Frage nach der Vollständigkeit und Korrektheit (vgl. Definition 2.7) eines solchen Verfahrens und betrachtet die Komplexitätsprobleme, die erst recht bei prädikatenlogischen Formeln auftreten (vgl. Abschnitt 2.1.1), so ist der Wunsch nahe liegend, das Resolutionsverfahren auf prädikatenlogische Formeln zu erweitern.

Resolution

Was muss modifiziert werden, damit das Resolutionsverfahren (für aussagenlogische Aussagen) auf die Prädikatenlogik übertragen werden kann?

Das Grundprinzip des Resolutionsverfahrens bleibt erhalten:

- einheitliche Darstellung der Formeln (**Normalform**)
- **Widerspruchsbeweis**

Als einheitliche Darstellung soll analog der Aussagenlogik die **konjunktive Normalform** (vgl. Definition 2.10) verwendet werden. Sie baut auf den in Tabelle 2.7 aufgeführten Äquivalenzen für aussagenlogische Formeln auf. Diese Äquivalenzen gelten auch für prädikatenlogische Formeln. Zusätzlich gelten die in Tabelle 2.11 aufgeführten Äquivalenzen von prädikatenlogischen Formeln.

Tabelle 2.11 Äquivalenzen von prädikatenlogischen Formeln

Bezeichnung	Äquivalenz
Negierter All-Quantor	$\neg \forall x\ Y \equiv \exists x \neg Y$
Negierter Existenz-Quantor	$\neg \exists x\ Y \equiv \forall x \neg Y$

Die Aussage

Es gilt nicht, dass für alle Studenten gilt, dass sie fleißig sind.

ist äquivalent zur Aussage

Es gibt (mindestens) einen Studenten, der nicht fleißig ist.

Die Transformation einer prädikatenlogischen Formel auf KNF kann analog zu dem in Listing 2.1 dargestellten Algorithmus erfolgen. Zusätzlich muss man mit den Quantoren $\forall$ und $\exists$ umgehen. Zunächst soll exemplarisch das Eliminieren des Existenz-Operators erläutert werden.

In der Formel

$$\forall x \exists y \quad p(x, y)$$

kann der Existenzoperator dadurch eliminiert werden, dass y durch $f(x)$ ersetzt wird. Dies ist dadurch motiviert, dass in obiger Aussage steht:

Für alle x gibt es ein y, so dass p(x, y) gilt.

Offensichtlich gibt es nicht einen bestimmten y-Wert, für den die Aussage gilt, sondern der y-Wert kann mit x variieren. Folglich gibt es einen funktionalen Zusammenhang, der durch $f(x)$ ausgedrückt wird. Das Funktionssymbol muss ein neues Symbol sein, es darf in keiner anderen Formel benutzt werden.

Dieses Verfahren zur Eliminierung wurde von dem norwegischen Mathematiker Albert Thoralf Skolem entwickelt und wird als **Skolemisierung** bezeichnet.

Man ersetzt die existenzquantifizierten Variablen durch eine *neue* Funktion, wobei alle Variablen, von denen die existenzquantifizierte Variable abhängt, berücksichtigt werden müssen.

In Tabelle 2.12 sind Beispiele für die Skolemisierung angegeben.

Tabelle 2.12 Skolemisierung

	Formel	**skolemisierte Formel**
1.	$\forall x \exists y \ p(x, y)$	$\forall x \ p(x, f_1(x))$
2.	$\forall x \forall y \exists z \ p(x, y, z)$	$\forall x \forall y \ p(x, y, f_2(x, y))$
3.	$\exists y \forall x \ p(x, y)$	$\forall x \ p(x, a_1)$

Man beachte, dass die Konstante a_1 sowie die Funktionssymbole f_1 und f_2 neue Symbole sein müssen. In der 3. Formel muss y nur durch eine Konstante ersetzt werden, da y nicht von x abhängt. Die Aussage

Es gibt ein y, so dass für alle x gilt p(x, y).

bezieht sich auf *ein y*. Mit diesem y gilt dann für alle $x : p(x,y)$.

Die Aussage „Zu jeder Vorlesung gehört ein Dozent“ kann prädikatenlogisch formuliert werden:

$$\forall x \ vorlesung(x) \rightarrow \exists y \ dozent(x, y)$$

Der Name des Dozenten (y) hängt von der jeweiligen Vorlesung x ab. Folglich wird y durch $f_3(x)$ ersetzt:

$$\forall x \ vorlesung(x) \rightarrow dozent(x, f_3(x)).$$

Die Skolemisierung verändert zwar die Formel, sie ist aber ausreichend zum Finden eines Widerspruchs. Existiert ein Widerspruch, so findet man diesen auch mit der skolemisierten Formel. Somit kann Resolution verwendet werden.

Listing 2.2 Transformation auf Klauselnormalform (Prädikatenlogik)

```
PROCEDURE KLAUSELNORMALFORM
  Ersetze alle Äquivalenzen A↔B durch (A→B)∧(B→A);
  Ersetze alle Implikationen A→B durch ¬A∨B;
  Verschiebe die Negation bis zu atomaren Formeln;
  Entferne doppelte Negationen;
  Entferne Existenzquantoren (Skolemisierung);
  Entferne All-Quantoren;
  Transformiere durch Ausmultiplizieren auf KNF;
END
```

In den Formeln sind nur noch Variablen enthalten, die allquantifiziert sind. Folglich lässt man den All-Quantor in allen Formeln weg.

Die Transformation auf Konjunktive Normalform (Klauselnormalform) wird gegenüber Listing 2.1 um die Skolemisierung und das Entfernen der All-Quantoren erweitert. Sie ist in Listing 2.2 dargestellt.

Man beachte, dass man gegebenenfalls die Variablen umbenennen muss, bevor die All-Quantoren weggelassen werden. Die folgende Formel – die Variable x sei beschränkt auf die natürlichen Zahlen – ist falsch:

$$\forall x\ gerade\_zahl(x) \quad \vee \quad \forall x\ ungerade\_zahl(x)$$

Würde man bei der Transformation auf KNF die Quantoren einfach weglassen, entstünde die Formel

$$gerade\_zahl(x) \vee ungerade\_zahl(x)$$

Diese entspricht aber der wahren Aussage

$$\forall x\ gerade\_zahl(x) \vee ungerade\_zahl(x).$$

Folglich muss zunächst das doppelte Verwenden der Variablen x durch Umbenennen aufgelöst. Erst dann kann man die All-Quantoren weglassen.

$$gerade\_zahl(x) \vee ungerade\_zahl(y)$$

Ausgangspunkt ist auch für prädikatenlogische Formeln die Frage (vgl. Definition 2.5), ob

$$X \models Y$$

gilt. Dies kann wieder auf die Frage zurückgeführt werden, ob

$$X \wedge \neg Y$$

widersprüchlich ist (vgl. Satz 2.3). Man nimmt folglich die Negation der Behauptung, das heißt der zu beweisenden Aussage, hinzu und sucht nach einem **Widerspruch**.

Im Folgenden wird die **konjunktive Normalform (KNF)** vorausgesetzt:

$$(A \vee \ldots \vee B) \wedge \ldots \wedge (X \vee \ldots \vee Y)$$

Analog zur Aussagenlogik wird alternativ die Mengenschreibweise verwendet:

$$\{ \{ A , \ldots , B \} , \ldots , \{ X , \ldots , Y \} \}$$

Man kann auch die **Klauseln** – ohne die Verknüpfung durch das Und – aufzählen:

$\{ A , \ldots , B \}$

...

$\{ X , \ldots , Y \}$

Die A, B, X sind **Literale**, also atomare prädikatenlogische Formeln oder deren Negation.

Die aussagenlogische Resolutionsregel ist auf prädikatenlogische Formeln nur mit einer Modifikation übertragbar.

Auf die Klauseln

$\{ \neg\ ist\_GmbH(X) ,\ ist\_Firma(X) \}$

$\{ ist\_GmbH(aker\_mtw) \}$

kann die aussagenlogische Resolution nicht angewendet werden, da die Literale *ist_GmbH(X)* und *ist_GmbH(aker_mtw)*

nicht identisch sind. Da X eine Variable ist, kann sie aber mit dem Wert *aker_mtw* belegt werden. Nun sind beide Literale identisch.

Die Resolutionsregel muss folglich um den Freiheitsgrad erweitert werden, dass Variablen belegt werden können.

Definition 2.15 Unifizierbarkeit

Zwei Literale L_1 und L_2 heißen **unifizierbar**, wenn es eine Variablensubstitution s gibt, so dass gilt:

$$s(L_1) = s(L_2)$$

Die Variablensubstitution heißt **Unifikator** von L_1 und L_2.

Unifikation sucht nach einer Belegung der Variablen, so dass beide Objekte danach identisch sind. Für die Resolution benötigt man einen allgemeinsten, schwächsten **Unifikator** (**most general unifier, mgu**). Der schwächste Unifikator ist dadurch ausgezeichnet, dass sich jeder beliebige Unifikator aus ihm ableiten lässt (vgl. Kapitel 4).

Die Resolutionsregel für prädikatenlogische Formeln ist in Definition 2.16 formuliert. Es wird die Mengenschreibweise verwendet.

Definition 2.16 Resolutionsregel Prädikatenlogik

Seien C_1, C_2 Klauseln, L_1 und L_2 positive Literale. Es gelte:

$$L_1 \in C_1,$$

$$\neg L_2 \in C_2$$

Sei s ein allgemeinster Unifikator für die Literale L_1 und L_2: $s(L_1) = s(L_2)$.

Dann heißt die Klausel

$$s(\ (C_1 \setminus \{L_1\}) \ \cup \ (C_2 \setminus \{\neg L_2\})\ )$$

Resolvente von C_1 und C_2.

Die Resolutionsregel kann alternativ wie folgt dargestellt werden:

$$\begin{array}{ll} L_1 \vee L_2 \vee \ldots. \vee L_m & L_1 \text{ und } M_1 \text{ sind unifizierbar} \\ \neg M_1 \vee M_2 \vee \ldots. \vee M_n & \text{mit dem mgu } s. \\ \hline s(L_2 \vee \ldots. \vee L_m \vee M_2 \vee \ldots. \vee M_n) & \end{array}$$

Hier muss die Idempotenz des logischen Oder berücksichtigt werden, doppelte Literale können entfernt werden.

Beispiel 2.7 Faktorisierung

In einem Dorf gibt es genau einen Barbier. Über die Bewohner des Dorfes ist bekannt, dass der Barbier genau die Personen rasiert, die sich nicht selbst rasieren:

$\forall x \quad rasiert(x, x) \vee rasiert(barbier, x)$

$\neg \exists y \quad rasiert(y, y) \wedge rasiert(barbier, y)$

In Klauselform erhält man:

$\{ rasiert(x, x) , rasiert(barbier, x) \}$

$\{\neg rasiert(y, y) , \neg rasiert(barbier, y) \}$

Diese Klauseln sind offensichtlich widersprüchlich. Dies kann man mit der Resolutionsregel aber nicht beweisen. Man muss **Unifizierbarkeit** innerhalb einer Klausel zulassen. In beiden Klauseln sind die jeweils enthaltenen zwei Literale unifizierbar. Man erhält unter Beachtung der Idempotenz des Oder die Klauseln:

$\{ rasiert(barbier, barbier) \}$

$\{ \neg rasiert(barbier, barbier)\}$

Mit diesen Klauseln findet Resolution den Widerspruch.

Die in Beispiel 2.7 motivierte Inferenzregel wird **Faktorisierung** genannt.

$$\frac{\{ L_1, L_2 , \dots , L_m \}}{s \{L_2 , \dots , L_m \}} \qquad \begin{array}{l} L_1 \text{ und } L_2 \text{ sind unifizierbar} \\ \text{mit dem mgu } s. \end{array}$$

Die Aussagen über die Korrektheit und Widerlegungsvollständigkeit können auch für die prädikatenlogische Resolution formuliert werden (vgl. Satz 2.4 und Satz 2.5).

Satz 2.6 Korrektheit Resolutionsregel Prädikatenlogik

Die Resolutionsregel ist *korrekt*. Ist Φ eine Klauselmenge und φ eine Resolvente von zwei Klauseln aus Φ, so sind

Φ und $\Phi \cup \{\varphi\}$ äquivalent.

Satz 2.7 Widerlegungsvollständigkeit Resolution Prädikatenlogik

---

Ist die Klauselmenge widersprüchlich, so existiert eine endliche Folge von Resolutions- oder Faktorisierungsschritten, die zum Widerspruch führt.

Beispiel 2.8 Beweisen mittels Resolution

Gegeben sind die Aussagen:

1. Politiker mögen niemanden, der knausrig ist.
2. Jeder Politiker mag eine Firma.
3. Es gibt Politiker.

Es soll bewiesen werden, dass es eine Firma gibt, die nicht knausrig ist. Die Aussagen werden in prädikatenlogische Formeln übersetzt.

1. $\forall x, y \ \ politiker(x) \land knausrig(y) \ \rightarrow \neg\, mag(x, y)$
2. $\forall x \ \ politiker(x) \rightarrow \exists y \ firma(y) \land mag(x, y)$
3. $\exists x \ \ politiker(x)$

Die zu beweisende Aussage wird negiert hinzugenommen.

4. $\neg\ [\exists x \ firma(x) \land \neg\, knausrig(x)\ ]$

Diese Formeln werden in KNF überführt:

1. $\neg\, politiker(x) \lor \neg\, knausrig(y) \ \lor \neg\, mag(x, y)$
2. $\neg\, politiker(x) \lor \ firma(f(x))$
3. $\neg\, politiker(x) \lor \ mag(x, f(x))$
4. $politiker(a)$
5. $\neg\, firma(x) \lor \ knausrig(x)$

Das Funktionssymbol f und die Konstante a wurden durch die Skolemisierung eingeführt. Der Verlauf des Resolutionsbeweises ist in Tabelle 2.13 dargestellt.

Tabelle 2.13 Resolutionsbeweis – Beispiel

Verwendete Klauseln	Klausel	Nr.
1+4	$\neg\, knausrig(y) \ \lor \neg\, mag(a, y)$	6
2+4	$firma(f(a))$	7
3+4	$mag(a, f(a))$	8
6+8	$\neg\, knausrig(f(a))$	9
5+9	$\neg\, firma(f(a))$	10
7+10	Widerspruch	

Die Variablen x und y wurden in allen Klauseln wieder verwendet. Die Variablen sind aber stets lokal, gleiche Variablen in unterschiedlichen Klauseln sind nicht identisch.

Mit dem Finden des Widerspruchs ist die Hypothese, dass es Firmen gibt, die nicht knausrig sind, bewiesen.

Strategien

Man beachte, dass Satz 2.7 nur eine Aussage über die Existenz eines endlichen Weges zum Widerspruch trifft. Dies ist nur eine qualitative Aussage.

Da unser Ziel die automatische **Wissensverarbeitung**, das Beweisen einer Aussage mittels eines Computerprogramms ist, muss die Komplexität des Verfahrens berücksichtigt werden. Hierüber wird im Satz 2.7 keine Aussage getroffen. Ohne auf theoretische Resultate einzugehen: Resolutionsbeweise weisen im Allgemeinen einen hohen Verzweigungsgrad auf, da in jedem Schritt viele Alternativschritte zur Verfügung stehen. Folglich hat man sich frühzeitig mit Strategien beschäftigt, die die Anwendung der Resolutionsregel einschränken oder steuern, ohne dass die Widerlegungsvollständigkeit verloren geht.

Man kann Überlegungen zur zielgerichteten Suche (vgl. Kapitel 3) auf das Resolutionsverfahren anwenden. Beispielsweise eignet sich die Bestensuche zur Steuerung des Resolutionsverfahrens. Ziel des Resolutionsbeweises ist das Finden der leeren Klausel, der Klausel mit 0 Literalen. Folglich ist es sinnvoll, möglichst „kurze" Klauseln zu bevorzugen. Als Maß für die Güte einer Klausel kann ihre Länge verwendet werden.

Eine weitere Strategie ist die **Set-Of-Support-Strategie** (SOS). Diese erlaubt Resolution nur, wenn mindestens eine Elternklausel einen direkten Bezug zur zu beweisenden Formel hat. Nur die zu beweisenden Aussagen (in ihrer negierten Form) gehören zunächst zur *Set of Support* (Trägermenge). In jedem Resolutionsschritt muss mindestens eine Eltern-Klausel aus der SOS kommen. Die Resolvente wird in die SOS aufgenommen.

Die Effizienz des Resolutionsverfahrens kann auch verbessert werden, indem man nutzlose Klauseln erkennt und löscht. Dies ist für die automatische Verarbeitung sehr wichtig, da unnötige Schritte vermieden werden.

Die aussagenlogische Klausel $\{L, \neg L\}$ wird zum Finden des Widerspruchs keinen Beitrag leisten können, denn ein beliebiger Resolutionsschritt mit dieser Klausel und einer Klausel K erzeugt exakt die Klausel K. Die Klausel $\{L, \neg L\}$ ist eine Tautologie. Man kann generell Klauseln löschen, die **Tautologien** sind. Diese sind für einen Resolutionsbeweis unnötig.

Vergleicht man die Klauseln $\{L_1\}$ und $\{L_1, L_2\}$, so stellt man fest, dass die Klausel $\{L_1\}$ „stärker" als die Klausel $\{L_1, L_2\}$ ist. Sie enthält mehr Information, denn wenn L_1 gilt, dann gilt auch $L_1 \vee L_2$. Man bezeichnet dies als **Subsumption**. Eine Klausel K_1 subsumiert eine Klausel K_2, wenn gilt $K_1 \subseteq K_2$. Auch subsumierte Klauseln kann man in einem Resolutionsbeweis vernachlässigen. Die Widerlegungsvollständigkeit bleibt erhalten.

Resümee

Logik ist eine sehr ausdrucksstarke Form der **Wissensrepräsentation**. Mit Hilfe der **Resolution** können Beweise automatisiert werden. Damit ist Wissensverarbeitung – die Verarbeitung von logischen Aussagen durch ein Programm – möglich.

Unter www.wi.hs-wismar.de/ki-buch findet man einen prädikatenlogischen Resolutionsbeweiser sowie eine Reihe von Beispielen und ergänzende Informationen.

2.1.3 Logik und PROLOG

Die Logik ist für die Wissensverarbeitung von immenser Bedeutung. Für viele Anwendungsbereiche ist allerdings die volle Ausdrucksmächtigkeit der Prädikatenlogik nicht erforderlich. Ausreichend sind häufig Formeln der Form:

- **Regeln**: Wenn B_1 und B_2 und ... und B_n gelten, dann gilt auch K. Dies entspricht der logischen Formel $B_1 \wedge B_2 \wedge \ldots \wedge B_n \rightarrow K$.
  In Klauselschreibweise: $\{\neg B_1, \neg B_2, \ldots, \neg B_n, K\}$.
- **Fakten**: $\{C\}$
- **Anfragen** der Form: „Folgt aus dem gegebenen Wissen, dass $H_1 \wedge H_2 \wedge \ldots \wedge H_m$ gilt?". Entsprechend des Vorgehens beim Resolutionsbeweis wird die Anfrage negiert: $\{\neg H_1, \neg H_2, \ldots, \neg H_m\}$.

Alle drei Formen enthalten maximal ein positives Literal. Man bezeichnet diese Klauseln als **Horn-Klauseln**. Eine **Zielklausel** (Anfrage) unterscheidet sich von den anderen beiden Formen dadurch, dass sie *kein* positives Literal enthält. Regeln und Fakten enthalten exakt *ein* positives Literal.

Die in Kapitel 4 eingeführte Programmiersprache PROLOG basiert auf dieser speziellen Menge von Klauseln. In Tabelle 2.14 sind PROLOG-Formeln sowie ihre entsprechende Klauselschreibweise aufgeführt.

Tabelle 2.14 Prolog und Hornklauseln

	PROLOG	**Horn-Klausel**
Regel	Kopf :- B1, B2, ... , Bn.	{Kopf, ¬B1, ¬B2, ... , Bn}
Fakt	Literal.	{Literal}
Anfrage (Ziel)	:- A1, ... , Am.	{¬A1, ... , ¬Am}

PROLOG benutzt eine spezielle Form der Resolution, die **SLD-Resolution**. Die Abkürzung SLD steht für *Linear Resolution with Selection Function for Definite Clauses.*

SLD-Resolution zeichnet sich durch diese Charakteristika aus:

- SLD-Resolution geht linear vor. Die gerade erzeugte Resolvente wird sofort wieder zur Resolution benutzt, sie ist eine der „Elternklauseln" für den nächsten Resolutionsschritt.
- Die andere Elternklausel ist stets eine Klausel aus der gegebenen Wissensbasis.
- Ausgangspunkt des Beweises ist die Zielklausel.
- In jedem Resolutionsschritt wird das erste der noch zu beweisenden Literale bearbeitet.

SLD-Resolution schränkt die Vielfalt der möglichen Resolutionsschritte deutlich ein. Die Widerlegungsvollständigkeit bleibt dennoch erhalten. Dies ist im Wesentlichen darin begründet, dass auch nur eine eingeschränkte Teilmenge der Prädikatenlogik betrachtet werden muss.

Beispiel 2.9 PROLOG und SLD-Resolution

Gegeben seien die Aussagen:

PROLOG	**Klauselschreibweise**	
kreditwuerdig(X) :- geringe_Schulden(X), sicheres_Einkommen(X).	{kreditwuerdig(X), ¬geringe_Schulden(X), ¬sicheres_Einkommen(X)}	1
geringe_Schulden(schneider).	{geringe_Schulden(schneider)}	2
sicheres_Einkommen(X) :- hohes_Einkommen(X).	{sicheres_Einkommen(X), ¬hohes_Einkommen(X)}	3
hohes_Einkommen(schneider).	{hohes_Einkommen(schneider)}	4

Der Beweis, dass Schneider kreditwürdig ist, ist in Tabelle 2.15 dargestellt.

Tabelle 2.15 Resolutionsbeweis und PROLOG-Abarbeitung

PROLOG	Klauselschreibweise		
:- kreditwuerdig(schneider).	{¬ kreditwuerdig(schneider)}		5
:- geringe_Schulden(schneider), sicheres_Einkommen(schneider).	{¬geringe_Schulden(schneider), ¬sicheres_Einkommen(schneider}	5+1	6
:- sicheres_Einkommen(schneider).	{¬sicheres_Einkommen(schneider}	6+2	7
:- hohes_Einkommen(schneider).	{¬hohes_Einkommen(schneider)}	7+3	8
:-	{}	8+4	

Zusammenfassung

Sowohl **Aussagenlogik** als auch **Prädikatenlogik** sind formale Sprachen zur **Wissensrepräsentation**. Mit dem Resolutionsverfahren ist ein leistungsstarkes Verfahren zum automatischen Beweisen gegeben. PROLOG ist eine Programmiersprache, die auf einer Teilmenge der Prädikatenlogik, den Horn-Klauseln aufbaut.

Die klassische Logik ist zweiwertig. Jede Aussage ist wahr oder falsch. Mit unsicheren Aussagen wie „Morgen wird es regnen" oder unscharfen Aussagen „Der Mann ist groß" kann die klassische Logik nicht adäquat umgehen.

Auf die Abarbeitung, die Reihenfolge der Beweisschritte hat man im klassischen Resolutionsverfahren keinen Einfluss. Die in PROLOG implementierte SLD-Resolution dagegen erlaubt durch eine geeignete Reihenfolge der Klauseln oder durch eine adäquate Reihenfolge der Literale in einer Klausel eine Einflussnahme auf die Abarbeitung.

Es gibt eine Reihe von Erweiterungen der klassischen Logik. In Abschnitt 2.4 wird gezeigt, wie mit vagem Wissen umgegangen werden kann. Bezüglich weiterer Erweiterungen der klassischen Logik wie Default-Logiken oder modale Logiken sei auf die Literatur verwiesen [Görz03], [FaHaMoVa95].

2.1.4 Übungen

Fragen

2.1 Wie drückt man $\wedge$ mit Hilfe von $\rightarrow$ aus?

2.2 Kann man A $\leftrightarrow$ B mit Hilfe der Implikation $\rightarrow$ und der Konjunktion $\wedge$ äquivalent darstellen?

Aufgaben

2.3 Vereinfachen Sie die Formel: $(A \vee \neg(B \wedge A)) \wedge (C \vee (D \vee C))$.

2.4 Wandeln Sie die Formel $\neg((A \wedge B) \vee (C \wedge \neg D))$ in die konjunktive Normalform um.

2.5 Beweisen Sie mittels Resolution, dass B gilt, falls
$(B \rightarrow (A \vee C)) \wedge (B \vee C) \wedge (A \rightarrow C) \wedge \neg(\neg B \wedge C)$ gilt.

2.6 Beweisen Sie mittels Resolution, dass
$((A \leftrightarrow (B \rightarrow C)) \wedge (A \rightarrow B) \leftrightarrow (A \leftrightarrow \neg C))$ falsch ist.

2.7 Seien die Aussagen gegeben:

- Die Mitglieder des Clubs sind Joe, Sally, Bill und Ellen.
- Joe und Sally sind verheiratet.
- Bill und Ellen sind Geschwister.
- Ist ein Clubmitglied verheiratet, dann ist automatisch auch der Ehepartner Clubmitglied.
- Das letzte Treffen fand im Haus von Joe statt.

Beweisen Sie, dass

- das letzte Treffen in Sallys Haus stattfand,
- Ellen nicht verheiratet ist.

Ergänzen Sie dabei die fehlenden Zusammenhänge.

2.8 Bernd, Lutz und Jochen werden verdächtigt, einen Hoteldiebstahl begangen zu haben. Bekannt ist:

- Genau einer der drei ist der Täter.
- Der Dieb muss im Hotel gewesen sein.
- Keiner der drei sagt die Wahrheit.
- Lutz sagt: Ich war es nicht, Bernd war es, ich war nicht im Hotel.
- Bernd sagt: Ich war es nicht. Alles was Lutz gesagt hat, ist gelogen. Jochen ist auch unschuldig.
- Jochen sagt: Ich war es nicht. Es stimmt, dass Lutz im Hotel war. Bernds zweite Aussage ist gelogen.

Finden Sie den Schuldigen. Verwenden Sie dazu auch den unter www.wi.hs-wismar.de/ki-buch verfügbaren Beweiser.

2.9 Beweisen Sie mit Hilfe einer Wahrheitswerttabelle, dass $\neg A \vee B$ äquivalent zu $A \rightarrow B$ ist.

2.10 Berechnen Sie alle Resolventen aus $\{A, B\}$ und $\{\neg A, \neg B\}$. Verwenden Sie dabei auch die Resolventen wieder zur Resolution.

2.11 Übersetzen Sie folgende Sätze in prädikatenlogische Formeln:

- Alle Informatiker können programmieren.
- Jeder Bundesbürger verhält sich einer Partei gegenüber loyal.
- Jede Firma zahlt Steuern.
- Jede GmbH ist eine Firma.

2.12 Gegeben seien die Aussagen:

- Pferde sind schneller als Hunde.
- Es gibt einen Windhund, der schneller als jeder Hase ist.

- Fury ist ein Pferd.
- Bunny ist ein Hase.

Beweisen Sie mittels Resolution, dass Fury schneller als Bunny ist.

2.13 Sind die Formeln $\forall x\ (p(x) \wedge q(x))$ und $\neg\exists\ x\ (\neg p(x) \vee \neg q(x))$ äquivalent? Begründen Sie Ihre Vermutung. Kann man Ihre Vermutung mittels Resolution beweisen?

2.14 Lösen Sie das Logelei-Problem über die drei Programmierer. Ergänzen Sie die fehlenden Formeln und beweisen Sie Ihre Vermutung mittels Resolution.

2.15 Stellen Sie das in Kapitel 6 behandelte Problem über die Kreditwürdigkeit als logische Regeln dar. Wie viele Regeln benötigen Sie?

2.16 Hatte der Täter B in Beispiel 2.5 einen Komplizen? Begründen Sie Ihre Vermutung.

Referate

2.17 Untersuchen Sie, wann es sinnvoll ist, mit Aussagenlogik zu arbeiten. Wann ist es erforderlich, Prädikatenlogik zu verwenden?

2.18 Die Prädikatenlogik geht auf den in Wismar geborenen Gottlob Frege und den Italiener Peano zurück, die die Grundlagen für die Prädikatenlogik in der heutigen Form schufen. Vergleichen Sie die von Frege und Peano geleisteten Beiträge mit der heutigen Form der Aussagen- und Prädikatenlogik.

2.19 Stellen Sie die von Aristoteles eingeführten Syllogismen vor. Finden Sie die entsprechenden prädikatenlogischen Formulierungen.

2.2 Regelbasierte Wissensdarstellung

Eine Form der Wissensdarstellung, die insbesondere bei der Entwicklung von Expertensystemen eingesetzt wurde und wird, sind Regeln. Allerdings sind hiermit nicht nur logische Abhängigkeiten gemeint, sondern auch Regeln, wie sie in der täglichen Sprache häufig verwendet werden:

- Wenn die Geschwindigkeit zu hoch ist, dann bremse.
- Wenn eine Aktie zu fallen droht, dann verkaufe sie.

Dies sind Regeln, die Aktionen oder Schlussfolgerungen von bestimmten Voraussetzungen abhängig machen.

Regeln können also diese Gestalt haben:

WENN Bedingungen DANN Schlussfolgerung

WENN Bedingungen DANN Aktion

Der Bedingungsteil kann dabei aus mehreren Teilbedingungen bestehen.

Diese Darstellungsform hat sich als vorteilhaft herausgestellt, da sie im Alltag häufig benutzt wird und folglich auf eine für uns natürliche Weise Zusammenhänge oder auszuführende Aktionen beschreibt.

Beispiel 2.10 Containerlager

In einem Lager sind Container umzuschlagen.

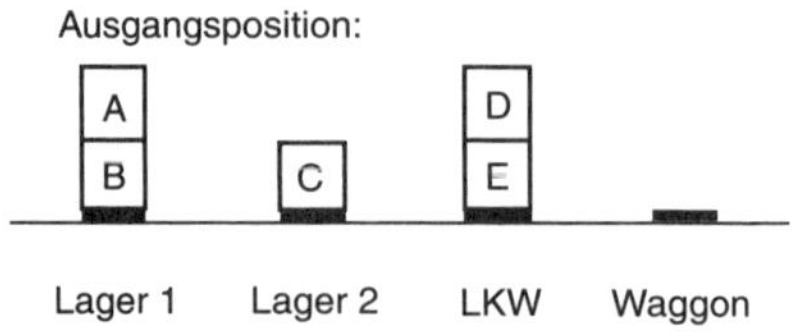

Die Container sollen so umgestapelt werden, dass sich folgende Situation ergibt.

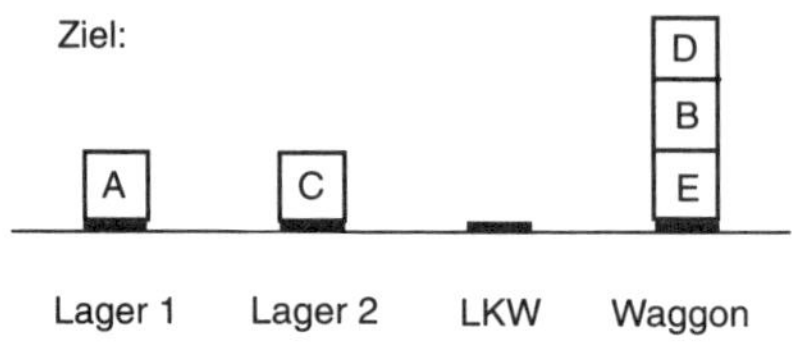

Die Containerbrücke kann jeweils nur einen Container versetzen. Wann kann ein Container transportiert werden? Der Container muss oben stehen, das heißt es darf kein weiterer auf ihm stehen. Dies kann in Form einer Regel formuliert werden.

WENN Container steht auf PlatzX UND Container steht oben
DANN Setze Container von PlatzX nach PlatzY

In Beispiel 2.10 ist in der einzigen erforderlichen Regel die Ausführung des Umsetzens eines Containers von Vorbedingungen abhängig. Diese Regel ist eine Aktionsregel. Natürlich wird es mit dieser einen Regel nicht möglich sein, eine effiziente Folge von Aktionen zur Erreichung des Ziels zu bestimmen. Diese Regel benutzt keine Informationen über das zu erreichende Ziel.

In Beispiel 2.11 werden logische Zusammenhänge in Regelform dargestellt.

Beispiel 2.11 Firmengründung

Es soll eine Firma gegründet werden. Dabei sind eine Reihe von Aspekten zu berücksichtigen. Es wird nur auf einen Ausschnitt der Kriterien eingegangen.

1. Haftung: Haftet der Unternehmer bzw. der Gesellschafter oder die Gesellschaft? Soll die Haftung beschränkt oder unbeschränkt sein?
2. Steuerliche Aspekte: Sollen die Personen oder das Unternehmen besteuert werden?
3. Gründungsmitglieder: Wie viele Gründungsmitglieder sind beteiligt?
4. Vertrag: Mit welcher Vertragsform soll die Firmengründung erfolgen?

Die folgenden Regeln widerspiegeln einen Teil der Kriterien und deren Verknüpfung:

WENN Einpersonen_Gesellschaft UND Person_besteuert UND volle_Haftung
DANN Einzelunternehmen_gründen

WENN beliebige_Gesellschaft UND Unternehmen_besteuert
UND beschränkte_Haftung UND Sacheinlage_25T€
DANN GmbH_gründen

WENN beliebige_Gesellschaft UND Unternehmen_besteuert
UND Haftung_mit_Stammeinlage UND Sacheinlage_50T€
DANN AG_gründen

Die Gründung eines Einzelunternehmens wird aufgrund dieser Regeln empfohlen, falls genau eine Person an der Firmengründung beteiligt ist, die Person besteuert werden soll sowie die volle Haftung übernommen wird.

In Beispiel 2.11 wird ein Ausschnitt aus einer Wissensbasis dargestellt, die Regeln für die Firmengründung enthält. In diesem Beispiel werden beide Typen von zulässigen Regeln verwendet. Die Regel

WENN Anzahl_der_Personen = 1 DANN Einpersonen_Gesellschaft

kann als **Schlussfolgerung** interpretiert werden, die Regel

WENN Einpersonen_Gesellschaft UND Person_besteuert UND volle_Haftung
DANN Einzelunternehmen_gründen

als **Aktionsregel**.

Ein Regel-basiertes System besteht aus zwei Komponenten:

1. **Wissensbasis**
2. **Verarbeitungskomponente**

Die **Wissensbasis** besteht aus:

1. **Regelbasis**
2. **Fakten / Datenbasis**

Die Regeln beschreiben die möglichen Schlussfolgerungen oder Aktionen. Die Fakten beschreiben die vorausgesetzten Tatsachen oder den aktuellen Zustand des Systems.

Regeln und Fakten beschreiben unterschiedliche Sachverhalte. Regeln stellen allgemeine Zusammenhänge dar, die unabhängig von der jeweiligen Situation gelten. In Beispiel 2.11 gelten die Regeln unabhängig davon, ob in einem konkreten Fall die Haftung unbeschränkt sein oder das Unternehmen besteuert werden soll. Fakten dagegen beschreiben einen speziellen Anwendungsfall.

Anzahl_der_Personen = 3

Unternehmen_besteuert

Anfragen, die das zu lösende Problem darstellen, werden durch die Verarbeitungskomponente bearbeitet. Dabei werden die gegebenen Fakten und Regeln verknüpft.

Die Verarbeitung in einem regelbasierten System kann auf unterschiedliche Art und Weise erfolgen.

Zum einen kann man von den vorhandenen Fakten ausgehen. Mittels der Anwendung von Regeln werden Schlussfolgerungen gezogen bzw. Aktionen ausgeführt, die den Zustand des Systems modifizieren. Dies wird wiederholt, bis man einen gewünschten Zielzustand erreicht. Dieses Vorgehen nennt man **Vorwärtsverkettung**.

Man kann aber auch von der gestellten Anfrage ausgehen, beispielsweise ob ein Einzelunternehmen gegründet werden sollte. Dann sucht man eine entsprechende Regel, die auf ein Einzelunternehmen schließen lässt.

WENN Einpersonen_Gesellschaft UND Person_besteuert UND volle_Haftung
DANN Einzelunternehmen_gründen

Die Bedingungen müssen überprüft werden: Soll es eine Einpersonen-Gesellschaft sein, soll die Person besteuert werden und soll die Haftung unbeschränkt sein? Sind für diese Bedingungen keine Fakten vorhanden, wird nach entsprechenden Regeln für die Bedingungen gesucht. Dieses Vorgehen wird als **Rückwärtsverkettung** bezeichnet.

Es gibt zwei grundsätzliche Vorgehen bei der Verarbeitung von Regel-Systemen:

1. **unwiderrufliche Strategien**
2. **versuchsweise Strategien**

Unwiderrufliche Strategien wählen aus der Menge aller anwendbaren Regeln eine Regel aus und führen sie aus. Dies birgt in sich die Gefahr, dass diese Regel nicht zum Erfolg führt und damit keine Lösung gefunden wird.

Strategien, die versuchsweise vorgehen, wählen eine mögliche Regel aus und wenden diese an. Sie merken sich aber gleichzeitig alternative Regeln. Führt die Regelanwendung nicht zum Ziel, werden Alternativen versucht.

2.2.1 Vorwärtsverkettung

Die Abarbeitung in einem vorwärts verkettenden System ist in Abbildung 2.5 dargestellt.

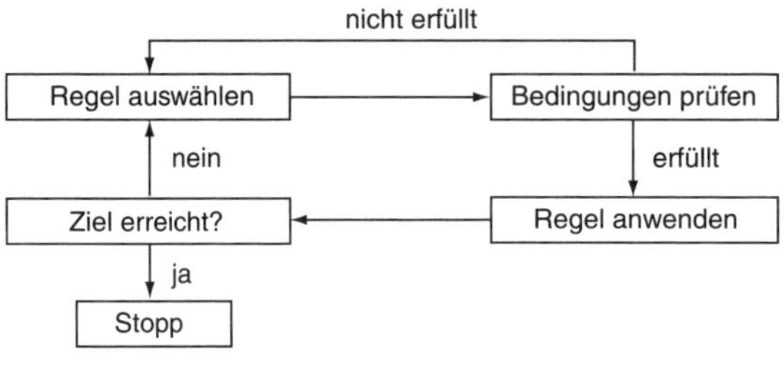

Abbildung 2.5 Regelverarbeitung – Vorwärtsverkettung

Bei der Vorwärtsverkettung wird von den vorhandenen Fakten ausgegangen. Es wird eine Regel ausgewählt. Die Bedingungen der Regel werden überprüft. Sind sie nicht erfüllt, wird nach einer weiteren anwendbaren Regel gesucht. Sind die Bedingungen erfüllt, wird die Regel angewendet. Dies wird wiederholt, bis ein Zielkriterium erfüllt ist.

Die Regelverarbeitung enthält also Komponenten zur:

- Auswahl einer geeigneten Regel,
- Überprüfung der Bedingungen,
- Anwendung der Regel.

Eine einfache Variante eines vorwärts verkettenden Systems in PROLOG in Anlehnung an [BöChFu88] basiert auf den folgenden Regeln:

```
ausfuehren_regel_system(Pfad,Loesung) :-
        ziel_erreicht,!,Loesung=Pfad.
ausfuehren_regel_system(Pfad, Loesung) :-
        Name : Bedingungen => RHS,
        bedingungen_erfuellt(Bedingungen),
        ausfuehren_rhs(RHS),
        ausfuehren_regel_system([Name|Pfad],Loesung).
```

In der ersten PROLOG-Regel wird überprüft, ob die Zielsituation erreicht wurde. Falls dies nicht der Fall ist, wird eine Regel gesucht, deren Bedingungen erfüllt sind. Diese Regel wird ausgeführt. Anschließend geht die Regelanwendung in den nächsten Zyklus. Als Lösung interessiert im Allgemeinen nur, in welcher Reihenfolge welche Regeln angewendet werden müssen, um ein bestimmtes Ziel zu erreichen. Deshalb wurden die Regeln benannt, die Folge der Regelnamen bildet die Lösung.

Die zwei Arten von Regeln (Schlussfolgerungsregeln, Aktionsregeln) müssen unterschiedlich behandelt werden. Aus der Anwendung einer Schlussfolgerungsregel entsteht (mindestens) ein neuer Fakt, der dann als „neues" Wissen zur Verfügung steht.

Beispiel 2.12 Vorwärtsverkettung

1. WENN ist_Elefant(X) DANN ist_Säugetier(X)
2. WENN ist_Katze(X) DANN ist_Säugetier(X)
3. WENN ist_Pinguin(X) DANN ist_Vogel(X)
4. WENN ist_Säugetier(X) DANN ist_Lebewesen(X)
5. WENN ist_Vogel(X) DANN ist_Lebewesen(X)
6. ist_Elefant(Clyde)
7. ist_Pinguin(Tweety)

Die **Vorwärtsverkettung** ist in Tabelle 2.16 dargestellt. Jede Schlussfolgerung wird als Fakt in die Wissensbasis aufgenommen und kann verwendet werden.

Tabelle 2.16 Vorwärtsverkettung

Regel	Neuer Fakt	
1	ist_Säugetier(Clyde)	8
3	ist_Vogel(Tweety)	9
4	ist_Lebewesen(Clyde)	10
5	ist_Lebewesen(Tweety)	11

Das Anwenden einer Aktionsregel stellt dagegen eine Modifikation dar, die den Zustand unseres Systems verändert. Im Beispiel 2.10 ist eine solche Aktion das Versetzen eines Containers. Transportiert man den Container D vom LKW auf das Lager 1, so muss die Information, dass Container D auf dem LKW liegt, gelöscht werden und durch die Information, dass Container D auf dem Lager 1 liegt, ersetzt werden.

Die universelle Regel für das Verschieben eines Containers sieht folgendermaßen aus:

```
container-Cont-von-PlatzX-nach-PlatzY:
        [oben(Cont), steht_auf(Cont, PlatzX),
        platz(PlatzY), PlatzX \== PlatzY]
        =>
        [entfernen(Cont, PlatzX), setzen(Cont, PlatzY)].
```

Ein Container Cont kann von PlatzX nach PlatzY umgesetzt werden, wenn

- der Container Cont auf PlatzX steht,
- der Container Cont ganz oben steht, also auf ihm kein weiterer Container steht,
- PlatzX und PlatzY nicht identisch sind.

Die veränderte Situation nach dem Umsetzen muss sich in der rechten Seite der Regel wiederfinden.

- Der Container Cont muss vom PlatzX entfernt werden.
- Der Container Cont steht auf PlatzY.

Die Aktion führt zu einer Veränderung der Faktenbasis.

Es ist offensichtlich, dass die universelle Regel für das Umsetzen eines Containers relativ blind agieren wird, da kein Wissen über den zu erreichenden Zielzustand verwendet wird.

Beispiel 2.13 Containerlager (fortgesetzt)

Die einzige Regel

WENN Container steht auf PlatzX UND Container steht oben
DANN Setze Container von PlatzX nach PlatzY

soll ergänzt werden, um ein zielgerichtetes Vorgehen zu ermöglichen.

Da die Zielplätze für die Container bekannt sind, kann diese Information genutzt werden.

Steht ein Container auf PlatzX oben, und ist der zugehörige Zielplatz frei,
so setze den Container dorthin.

Als Regel in der PROLOG-Implementierung:

```
container-Cont-von-PlatzX-nach-Ziel:
        [oben(Cont), zielplatz(Cont, Ziel),
        steht_auf(Cont, PlatzX), PlatzX \== Ziel]
        =>
        [entfernen(Cont ,PlatzX), setzen(Cont, Ziel)].
```

Das Prädikat zielplatz/2 muss nicht nur überprüfen, ob beispielsweise der Container B auf den Waggon gestellt werden soll. Es muss auch kontrolliert werden, ob dort bereits E (und nur E) liegt.

Nimmt man diese zweite Regel hinzu, so wird eine Aktionsfolge, die zum Ziel führt, gefunden:

container - a - von - lager1 - nach - waggon
container - b - von - lager1 - nach - lager2
container - a - von - waggon - nach - lager1
container - d - von - lkw - nach - lager1
container - e - von - lkw - nach - waggon
container - b - von - lager2 - nach - waggon
container - d - von - lager1 - nach – waggon

Die optimale Aktionsfolge benötigt weniger Aktionen, und zwar sechs. Dies ist aber weniger ein Problem der Regelverarbeitung. Vielmehr ist dies in dem von uns zur Verfügung gestellten Wissen über den Gegenstandbereich begründet. Eine unzureichende Spezifikation verursacht ineffiziente oder suboptimale Lösungen. Nimmt man zusätzliches Wissen hinzu, lässt sich das Verhalten verbessern. Beispielsweise steht hier im Vordergrund, dass der Waggon beladen wird. Dies kann in die Regeln aufgenommen werden, um so das Verhalten zielgerichteter zu gestalten.

Man beachte, dass in den Regeln Variablen enthalten sind. Diese Variablen können belegt werden. Man bezeichnet die durch die Variablenbelegung entstehende Regel als **Instanz** der Regel. Das Belegen der Variablen passend zu den vorhandenen Fakten wird als **Matching** bezeichnet.

Die am Beispiel des Containerproblems getroffene Beobachtung gilt allgemein für vorwärts verkettende Regelsysteme. In einer speziellen Situation werden mehrere Regeln anwendbar sein. Im Containerbeispiel gab es zunächst nur eine Regel. Diese steht aber aufgrund der enthaltenen Variablen für eine Vielzahl von Regeln.

In der Ausgangssituation sind gemäß der Regel neun verschiedene Aktionen möglich. Dies setzt sich fort. Man erhält einen großen Verzweigungsgrad. Insbesondere läuft man auch Gefahr, durch ständiges Bewegen eines Containers zwischen zwei Plätzen in einen unendlichen Zyklus zu geraten. Man findet hier ähnliche Probleme wie bei den in Kapitel 3 (Suche) behandelten Verfahren und kann folglich die dort diskutierten Vorgehensweisen anwenden. In Beispiel 2.13 wurde dies bereits berücksichtigt, indem das zweimalige Versetzen eines Containers (in zwei aufeinander folgenden Aktionen) ausgeschlossen wird.

Regelauswahl

Da im Allgemeinen mehrere Regeln anwendbar sein werden, ist die Auswahl einer **geeigneten Regel** von ganz entscheidender Bedeutung.

Beispielsweise ist es sinnvoll, die Anwendung von Regeln zu protokollieren und gegebenenfalls in Abhängigkeit davon die wiederholte Anwendung einer Regel zu unterbinden. Zur Vermeidung von Schleifen kann man beispielsweise verbieten, dass eine Regel mit ein und derselben Instantiierung mehrmals verwendet wird.

Man kann die Regeln auch mit einer **Spezifität** versehen. Wenn zwei Regeln anwendbar sind, wird die Regel gewählt, die spezifischer ist. Im Beispiel 2.13 ist die hinzugefügte Regel spezifischer als die allgemeine Regel. Sie sollte folglich immer der allgemeineren Regel vorgezogen werden.

Man kann die **Aktualität** der Fakten der Faktenbasis in die Auswahl der Regeln einbeziehen. Bevorzugt man Regeln, die ältere Fakten benutzen, erzielt man damit ähnliche Effekte wie die Breitensuche (vgl. Kapitel 3). Wendet man Regeln an, die aktuellere Fakten benutzen, erhält man ein zur Tiefensuche analoges Verhalten.

Da sich in jedem Zyklus in der Faktenbasis nur wenig ändert, kann man durch ein Protokollieren dieser Veränderungen eine Effizienzsteigerung erreichen. Wird durch Anwendung einer Regel ein neuer Fakt für eine Eigenschaft p hinzugefügt, müssen im nächsten Zyklus nur die Regeln untersucht werden, die p als Vorbedingung enthalten. An der Anwendbarkeit der anderen Regeln ändert sich nichts.

Ergänzend sei darauf hingewiesen, dass in den Bedingungen einer Regel durchaus auch **negative Bedingungen** enthalten sein können, das heißt, dass eine Bedingung nicht erfüllt sein darf.

Liegt der Container A nicht an oberster Position, das heißt, auf ihm liegt ein weiterer Container, so wird nicht explizit gespeichert, dass er nicht oben liegt, da dies implizit aus der Tatsache, dass er einen weiteren Container trägt, folgt. Die Bedingung

```
nicht (oben(a))
```

wird nicht ohne weiteres zu beantworten sein, da nur Informationen über oben vorliegen. Man löst dies dadurch, dass

```
oben(a)
```

untersucht wird. Trifft dies zu, so ist die Bedingung `nicht(oben(a))` nicht erfüllt. Umgekehrt wird `nicht(oben(a))` als erfüllt betrachtet, wenn `oben(a)` nicht erfüllt ist.

Man bezeichnet diese Art der Negation als **Negation as failure** (vgl. Kapitel 4).

2.2.2 Rückwärtsverkettung

Rückwärtsverkettung geht zielorientiert vor. In Beispiel 2.11 wird man nicht die Vorwärtsverkettung verwenden, wenn man daran interessiert ist, zu untersuchen, ob eine GmbH gegründet werden kann. In diesem Fall ist das ziellose Vorgehen der Vorwärtsverkettung nicht sinnvoll.

Stattdessen sucht man nach einer Regel für *GmbH_gründen* und überprüft dann sukzessive die Bedingungen.

Das Vorgehen bei der rückwärts verkettenden Abarbeitung ist in Listing 2.3 dargestellt. Man beachte die indirekte Rekursion, die durch den gegenseitigen Aufruf der Funktionen entsteht.

Listing 2.3 Algorithmus Rückwärtsverkettung

```
FUNCTION GÜLTIG(Hypothese)
  IF Hypothese in Faktenbasis
     OR
     Rückwärtsverkettung(Hypothese)
  THEN
    Füge Hypothese in Faktenbasis ein;
    RETURN true;
  ELSE RETURN false;
  ENDIF;
END
FUNCTION Rückwärtsverkettung(Hypothese)
  IF Existiert ein Regel : WENN Bedingungen DANN Hypothese
     AND
     FORALL B aus Bedingungen : GÜLTIG(B)
  THEN RETURN true;
  ELSE RETURN false;
  ENDIF;
END
```

Beispiel 2.14 Rückwärtsverkettung

Seien folgende Regeln gegeben (vgl. Beispiel 2.12):

```
1   WENN ist_Elefant(X)   DANN ist_Säugetier(X)
2   WENN ist_Katze(X)     DANN ist_Säugetier(X)
3   WENN ist_Pinguin(X)   DANN ist_Vogel(X)
4   WENN ist_Säugetier(X) DANN ist_Lebewesen(X)
5   WENN ist_Vogel(X)     DANN ist_Lebewesen(X)
6   ist_Elefant(Clyde)
7   ist_Pinguin(Tweety)
```

Es soll überprüft werden, ob Tweety ein Lebewesen ist. Das Vorgehen der Rückwärtsverkettung ist in Abbildung 2.6 dargestellt.

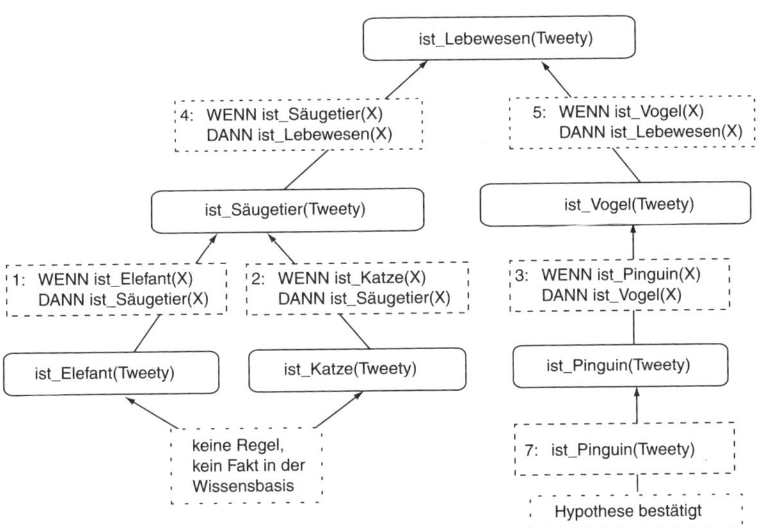

Abbildung 2.6 Rückwärtsverkettung

Auch für die Rückwärtsverkettung gelten die in Abschnitt 2.2.1 getroffenen Aussagen bezüglich der Regelanwendung. Im Allgemeinen werden mehrere Regeln anwendbar sein, so dass auch hier Strategien wie Prioritätensetzung, Spezifität zur Auswahl einer geeigneten Regel erforderlich sind.

2.2.3 Regelverarbeitung und Prolog

Die Programmiersprache PROLOG wird in Kapitel 4 eingeführt. Die Abarbeitung einer Anfrage erfolgt in PROLOG mittels Rückwärtsverkettung. Dies soll an folgendem Beispiel (vgl. Kapitel 4) erläutert werden.

Beispiel 2.15 Rückwärtsverkettung und PROLOG

Es werden Regeln mit den bedeutungslosen Prädikaten p, q, r, s und den Konstanten a, b betrachtet.

```
p(X) :- q(X), r(X).     (1)
q(X) :- s(X).           (2)
s(a).                   (3)
s(b).                   (4)
r(b).                   (5)
```

Es wird die Anfrage ?-p(X) gestellt.

Die Abarbeitung dieser Anfrage ist in Abbildung 2.7 dargestellt.

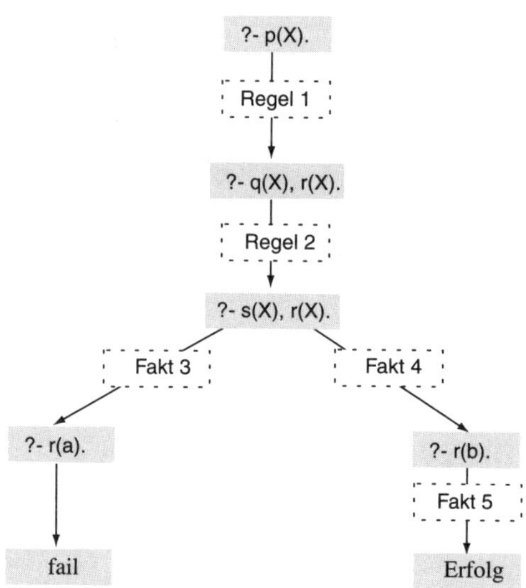

Abbildung 2.7 Rückwärtsverkettung in PROLOG

Dies entspricht exakt dem Vorgehen bei der Rückwärtsverkettung. PROLOG erlaubt Backtracking, das Suchen nach alternativen Lösungen. In PROLOG wird folglich eine **versuchsweise Strategie** verfolgt. Der Ablauf der Rückwärtsverkettung ist in Tabelle 2.17 dargestellt:

Tabelle 2.17 Rückwärtsverkettung in PROLOG

Schritt	Zu prüfende Hypothese	Ausgewählte Hypothese	Mögliche Regeln	Angewandte Regeln	Variablen-Zuweisung	Bemerkung
1	1 p(X)	1 p(X)	1	1	–	
2	1 q(X) 2 r(x)	1 q(x)	2	2	–	
3	1 s(X) 2 r(X)	1 s(X)	3, 4	3	X=a	
4	1 r(a)	1 r(a)	–	–		Fehlschlag, Backtracking
3	1 s(X) 2 r(X)	1 s(X)	3, 4	4	X=b	
4	1 r(b)	1 r(b)	5	5	–	Erfolg

Zusammenfassung

Es gibt zwei Arten von Regel-Systemen.

- vorwärts verkettende Systeme
- rückwärts verkettende Systeme

Vorwärtsverkettung ist sinnvoll, wenn kein klar formuliertes Ziel im Sinne einer Anfrage vorliegt. Hat man beispielsweise ein System zur Verkehrsfluss-Steuerung, so ist zwar das Ziel – optimaler Verkehrsfluss – klar. Dies ist aber keine mögliche Anfrage an ein Regel-System. Vielmehr müsste man fragen, ob eine bestimmte Ampelphase verlängert werden soll. Hier ist es sinnvoller, vorwärts verkettend zu arbeiten, um so einen Aktionsvorschlag zu erhalten. Ist im Beispiel 2.11 unklar, welche Firmenform angestrebt wird, so ist Vorwärtsverkettung sinnvoll. Will man dagegen nur überprüfen, ob man eine GmbH gründen kann, ist das zielgerichtete Vorgehen der **Rückwärtsverkettung** adäquat.

Die Auswahl von Regeln kann mittels

- unwiderruflicher Strategien oder
- versuchsweiser Strategien

erfolgen.

Die Darstellung von Wissen mittels WENN-DANN-Regeln hat eine Reihe von Vorteilen:

- Wissen kann modular aufgebaut werden.
- Regeln sind im Allgemeinen leicht verständlich.
- Regelsysteme sind damit durch einen leichten und verständlichen Aufbau gekennzeichnet.

- Damit ergibt sich auch eine gute Erklärbarkeit der gezogenen Schlüsse.
- Regeln sind gut geeignet für die Darstellung empirischen Wissens.

Als Nachteile sind zu nennen:

- Die Abarbeitung kann aufwendig sein, da stets alle Bedingungsliterale geprüft werden müssen. Ein Ausweg wurde bereits skizziert. Man kann durch Prüfung der Veränderungen in der Faktenbasis die Regeln eingrenzen, deren Anwendbarkeit sich geändert haben kann.
- Die Auswahl einer anwendbaren Regel muss bei größeren Problemen geeignet gesteuert werden.

Im Gegensatz zur Wissensverarbeitung mit Logik hat man bei Regelsystemen die Möglichkeit, die Abarbeitung stärker zu beeinflussen. Das Resolutionsverfahren wählt in einem gewissen Sinn beliebig die zu resolvierenden Klauseln aus. Bei Regelsystemen kann man beispielsweise durch die Reihenfolge der Regeln oder die Reihenfolge von Bedingungen in einer Regel eine Effizienzsteigerung der Verarbeitung bewirken.

Auf der WWW-Seite www.wi.hs-wismar.de/ki-buch findet man die vorgestellten sowie weitere Beispiele.

2.2.4 Business Rules

Die explizite Darstellung in Form von Regeln wird in Expertensystemen eingesetzt. Expertensysteme erlebten eine Phase der Euphorie in den 80er Jahren. Da die hochgesteckten Erwartungen nicht erfüllt werden konnten, bekam der Begriff der Expertensysteme einen

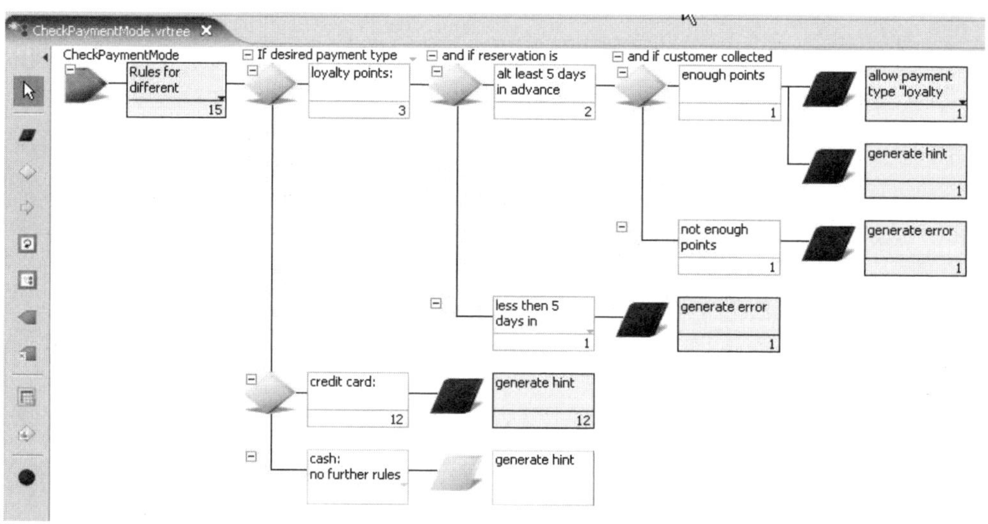

Abbildung 2.8 Grafischer Editor für Business Rules[1]

[1] Screenshot aus der Visual Rules Demo: www.visual-rules.de/en/media_en/viewlet_en_swf.html

faden Beigeschmack. Ungeachtet dieser Entwicklung werden regelbasierte Wissenskomponenten heute weltweit in der Diagnose oder auch der Produktionssteuerung eingesetzt. Die Liste der Referenzanwendungen von Firmen wie LPA aus England, G2 aus Amerika oder Visual Rules aus Deutschland sind beredter Ausdruck hierfür. Aktuell erzielt die regelbasierte Wissensdarstellung verstärkte Aufmerksamkeit in betriebswirtschaftlichen Anwendungen. Eine der Ursachen ist in den sich rasant ändernden Märkten zu sehen, die beispielsweise eine flexible und kundenbezogene Preispolitik für die angebotenen Produkte und Dienstleistungen erfordern. Total neue Tarifstrukturen sowie die Vielfalt unterschiedlicher Tarifangebote verursachen immer wieder teure Anpassungen und Erweiterungen vorhandener betrieblicher Standardsoftware.

Durch den Einsatz von Geschäftsregeln, englisch Business Rules, wird es den Anwendern ermöglicht, das Wissen über Abläufe und Bedingungen im Unternehmen explizit darzustellen und dieses Wissen einer automatisierten Verarbeitung zugänglich zu machen. Die Vorteile einer expliziten, deklarativen Wissensrepräsentation werden hier besonders deutlich: Neue Angebote oder neue Ideen für die Gestaltung von Kundenbeziehungen werden durch neue zusätzliche Regeln beschrieben, eine programmtechnische Änderung der Software erübrigt sich. Diese Regeln werden als Geschäftsregeln (**Business Rules**) bezeichnet. Geschäftsregeln genügen der üblichen Regelstruktur: Die Wenn-Dann-Aussagen besitzen einen Bedingungsteil sowie einen Aktions- oder Schlussfolgerungsteil. Das Beispiel zeigt den Regelaufbau und illustriert das Einsatzgebiet. Für die Überprüfung des Bedingungsteils wird auf eine Faktenbasis und /oder eine Datenbank zugegriffen.

Beispiel 2.16 Preisgestaltung mittels Business Rules

```
WENN Kunde=Neukunde UND Warenkorb≤20€              DANN Lieferkosten=5,95€
WENN Warenkorb>20€ UND Lieferkosten>3,95€          DANN Lieferkosten=3,95€
WENN Warenkorb>100€                                DANN Kundenrabatt=+5%
WENN Tag.heute=Samstag ODER Tag.heute=Sonntag
 UND Warengruppe_in_Warenkorb=CD                   DANN Rabatt=+5%
WENN 24h-Lieferung=true                            DANN Zuschlag=+6,00€
WENN Zahlungsart=Nachnahme                         DANN Zuschlag=+2,50€
WENN offeneRechnung_in_KundenDB>2                  DANN Bestellung_nicht_möglich
```

Die Verarbeitung der Geschäftsregeln wird von einer so genannten Rule Engine übernommen. Diese ist Teil einer Software für das Management von Geschäftsregeln: **Business Rules Management System** (BRMS).

Der Geschäftsregel-Ansatz wird eingesetzt für:

- die flexible Preis- und Tarifgestaltung,
- die Gestaltung der Kundenbeziehungen,
- die Validierung und Verifikation von Daten,
- die Definition von Workflows.

Im Gegensatz zum herkömmlichen Programm-Code erheben Geschäftsregeln den Anspruch, auch für Nichtinformatiker verständlich zu sein. Somit wird gleichzeitig das Niveau der Dokumentation der Geschäftspolitik deutlich verbessert. Hinweise für die Entwicklung und den Einsatz von Geschäftsregeln gibt die Business Rules Group. In einem Manifest, dem Business Rules Manifesto [BRGroup06], werden Grundsätze für die Entwicklung und den Einsatz von Geschäftsregeln dargelegt. Business Rules Management Systeme werden mittlerweile von mehreren Firmen weltweit angeboten, siehe dazu auch [Lämmelua07].

2.2.5 Übungen

Fragen

2.20 Worin unterscheiden sich Vorwärts- und Rückwärtsverkettung?

2.21 Wie erfolgt die Abarbeitung in PROLOG, wenn man PROLOG als regelverarbeitendes System auffasst?

2.22 Wo sehen Sie Bezüge zwischen der in Kapitel 3 behandelten Suche und der Regelverarbeitung?

Aufgaben

2.23 Komplettieren Sie das Beispiel für die Firmengründung. Entwickeln Sie Regeln für andere Firmenformen.

2.24 Lösen Sie das Wasserproblem (vgl. Kapitel 3) mit Hilfe eines regelbasierten Systems. Untersuchen Sie, wie sich Vorwärts- und Rückwärtsverkettung verhalten.

2.25 Lösen die das Käfig-Problem (vgl. Kapitel 3) mit Hilfe eines regelbasierten Systems. Untersuchen Sie, wie sich Vorwärts- und Rückwärtsverkettung verhalten.

2.26 Ein Farmer möchte einen Kohlkopf, einen Wolf und eine Ziege mit einem Boot über einen Fluss bringen (vgl. Kapitel 3). Allerdings ist das Boot so klein, dass er jeweils nur den Kohlkopf oder ein Tier mitnehmen kann. Die Ziege mit dem Kohlkopf unbeaufsichtigt zu lassen, ist ebenso unzweckmäßig, wie den Wolf mit der Ziege allein zu lassen. Wie bekommt er doch alle drei über den Fluss? Lösen Sie das Problem mit einem Regelsystem.

2.27 Vier Personen wollen nachts eine Hängebrücke benutzen. Aus Sicherheitsgründen muss dabei eine Taschenlampe benutzt werden. Die Batterie der Lampe reicht genau für 60 Minuten. Außerdem dürfen höchstens zwei Personen gleichzeitig auf der Hängebrücke sein. Die Lampe kann nicht zurück geworfen werden, sie muss übergeben werden. Die Personen sind unterschiedlich schnell. Anna benötigt nur fünf Minuten, um die Brücke zu überqueren, Boris 10, Clara 20, Dirk 25. Lösen Sie das Problem mit einem Regel-System.

Referate

2.28 Beschreiben Sie PROLOG im Kontext der Regel-Verarbeitung. Erläutern Sie die Form der Abarbeitung, die in PROLOG erfolgt.

2.29 Erläutern Sie, wie überprüft wird, ob eine Regel anwendbar ist. Wie wird mit in den Bedingungen enthaltenen Variablen umgegangen. Welche Techniken der Regelauswahl bieten regelbasierte Expertensysteme an?

2.3 Semantische Netze und Frames

Semantische Netze und Frames zählen zu den klassischen Wissensrepräsentationsformen. Im Unterschied zu Regeln, die Zusammenhänge, logische Abhängigkeiten, bedingte Aktionen darstellen, stehen bei den semantischen Netzen und den Frames Objekte im Vordergrund. Frames und semantische Netze unterstützen die Darstellung von Objekten mit ihren Eigenschaften und von Beziehungen zwischen Objekten und Klassen von Objekten.

2.3.1 Semantische Netze

Zur Veranschaulichung der Konzepte, die den semantischen Netzen zugrunde liegen, wird ein Ausschnitt eines semantischen Netzes zur Darstellung von Unternehmensformen betrachtet.

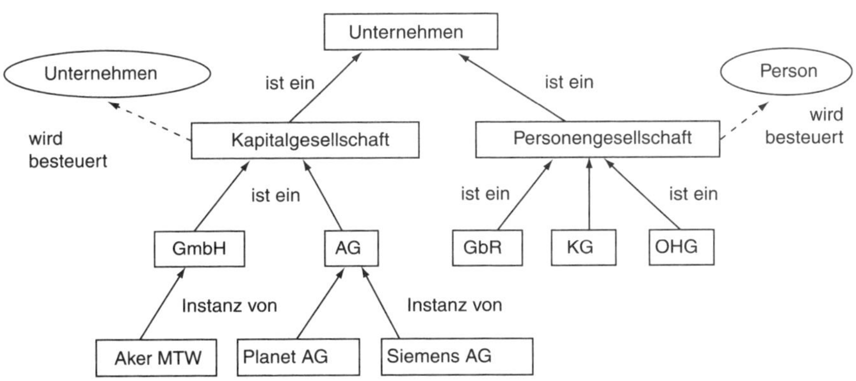

Abbildung 2.9 Rechtsformen von Unternehmen

Begriffe wie Unternehmen, AG oder OHG bezeichnen keine Objekte. Sie sind Oberbegriffe, bezeichnen also **Klassen**. Die Siemens AG dagegen ist keine Klasse, sondern eine existierende Firma, ein **Objekt**.

Zwischen diesen Klassen und Objekten kann man in semantischen Netzen Beziehungen definieren. Die Kapitalgesellschaft ist eine spezielle Form eines Unternehmens, die GmbH ist eine Form einer Kapitalgesellschaft. Man bezeichnet diese Form der Beziehung als eine **ist-ein-Relation**. Diese Beziehungen können unterschiedlich interpretiert werden. Im Sinne der Logik kann die Beziehung zwischen der Klasse *Kapitalgesellschaft* und der Klasse *Unternehmen* aufgefasst werden als:

Jedes Objekt, welches eine Kapitalgesellschaft ist, ist ein Unternehmen.

Man kann diesen Zusammenhang auch als Teilmengenbeziehung auffassen:

Die Menge der Kapitalgesellschaften ist eine Teilmenge der Menge aller Unternehmen.

Die Klasse *Unternehmen* wird folglich auch als **Oberklasse** von *Kapitalgesellschaft* bezeichnet, *Kapitalgesellschaft* entsprechend als **Unterklasse**.

Ein Objekt stellt eine Instanz einer Klasse dar. Diese Beziehung wird folglich als **Instanz-von-Relation** bezeichnet.

Den Klassen und Objekten können **Eigenschaften** zugeordnet werden. Eine Kapitalgesellschaft wird als Unternehmen besteuert. Bei den Personengesellschaften werden die Personen besteuert.

In der grafischen Darstellung eines semantischen Netzes sind enthalten:

- Knoten
- Kanten

Die Knoten sind *Klassen*, *Objekte* oder *Werte*. Die Kanten können zum einen *Beziehungen* zwischen Klassen oder Objekten darstellen. Sie definieren aber auch *Eigenschaften* von Objekten oder Klassen.

Semantische Netze wurden entwickelt, um eine dem menschlichen Gedächtnis adäquate Form zur Verfügung zu haben. Sie wurden zunächst für die Analyse von Wörtern in Sätzen benutzt [Quillian68]. Seitdem haben die semantischen Netze als Konzept zur Wissensrepräsentation Eingang in viele Anwendungen gefunden.

Man beachte, dass in dem Beispiel über mögliche Rechtsformen eines deutschen Unternehmens nicht explizit dargestellt werden muss, dass die Siemens AG ein Unternehmen ist. Diese Eigenschaft ist gegeben, da die Beziehungen *ist-ein* und *Instanz-von* in semantischen Netzen als transitiv betrachtet werden.

Gilt A ist-ein B und B ist-ein C, so gilt auch A ist-ein C.

Des Weiteren muss ebenfalls nicht explizit angegeben werden, dass die Siemens AG als Unternehmen besteuert wird. Eigenschaften werden auf Unterklassen oder Objekte vererbt.

Obwohl sich die semantischen Netze für etliche Anwendungen eignen, haben sie ihre Grenzen. Insbesondere sind bestimmte Ausdrucksformen, wie sie beispielsweise aus der Prädikatenlogik bekannt sind, in semantischen Netzen nicht verfügbar. Existenzaussagen oder Oder-Aussagen können beispielsweise nicht formuliert werden.

Eine Eigenschaft der semantischen Netze ist, dass im Prinzip nur *zweistellige* Beziehungen dargestellt werden können. Man kann aber durchaus komplexere Zusammenhänge darstellen. Dazu wird der Vorgang der Übergabe eines Buches von einer Person an eine weitere Person betrachtet. Er ist charakterisiert durch eine handelnde Person (*Agent*), einen *Empfänger* sowie ein *Objekt*, welches übergeben wird. Um zu charakterisieren, dass es sich um eine Übergabe handelt, wird eine Klasse *Geben* eingeführt. Jede Übergabe, jedes

„Geben" ist eine Instanz dieser Klasse. Die Klasse *Geben* ist selbst wieder Unterklasse der Klasse *Aktion*. Nun kann man ein Objekt *Ereignis3* als eine Instanz von *Geben* einführen.

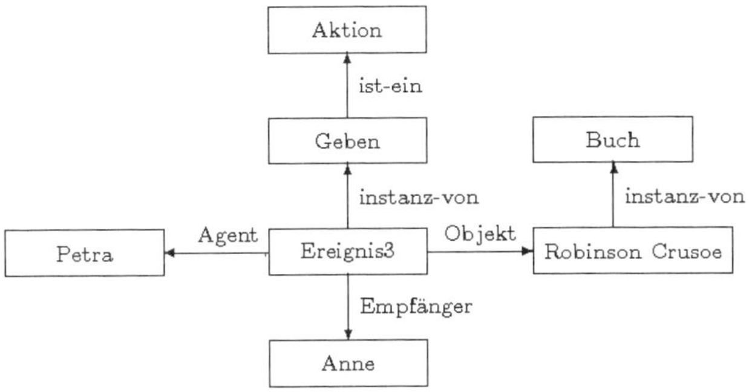

Abbildung 2.10 Semantisches Netz für eine Aktion

Kanten in semantischen Netzen stellen Beziehungen zwischen Klassen oder Objekten her. Beziehungen sind:

- **Unterklasse**: Eine Klasse ist ein Unterklasse einer anderen Klasse.
- **Instanz**: Ein Objekt ist eine Instanz einer Klasse.
- **Unterobjekt**: Ein Objekt ist Unterobjekt eines Objektes.
- **Eigenschaften** von Objekten.

2.3.2 Frames

Das Konzept der Frames [Minsky75] hat seine Wurzeln in der Psychologie. Frames bauen auf der Beobachtung auf, dass der Mensch Objekte einer Klasse durch bestimmte Eigenschaften beschreibt und diese in uniformen Schemata speichert.

Dieses Vorgehen wurde aufgegriffen. Ein Objekt wird durch wesentliche Charakteristika beschrieben. Diese Eigenschaften werden in einem Objekt, einem Frame zusammengefasst. Frames kann man von der Grundstruktur her mit dem Datentyp Record vergleichen.

Ein Auto lässt sich durch die Angabe von bestimmten Charakteristika beschreiben:

Frame `HWI-JD85`

```
Instanz-von    Auto
Hersteller     Opel
Typ            Kadett E
Motor          Viertakt
Farbe          weinrot
Karosserie     Metall
```

HWI-JD85 ist ein Objekt, es gehört zur Klasse Auto. Hersteller, Typ bezeichnen Eigenschaften. Die zugehörigen Werte sind Opel, Kadett E.

Frames sind im Allgemeinen nicht so einfach wie das angegebene Beispiel. Sie nutzen analog zu den semantischen Netzen das Konzept der *Hierarchie* und *Vererbung* und können auch generische Informationen wie Standard-Werte oder Wertebeschränkungen enthalten:

```
Frame Auto
        Ist-ein         Fahrzeug
        Räder           default=4
        Motor           Wertebereich=(Viertakt, Zweitakt, Diesel)
        Karosserie      Wertebereich=(Metall, Kunststoff)
```

Für das Objekt HWI-JD85 muss nicht mehr angegeben werden, dass es vier Räder hat, da diese Eigenschaft von der Klasse Auto ererbt wird.

Man bezeichnet die „Wertezellen" eines Frames als **Slots**. Die Slots

- sind benannt (Räder, Motor etc.).

Sie können gefüllt sein mit:

- Werten (weinrot)
- Restriktionen (Wertebereich= ...)
- Default-Werten (Standard-Wert, der genommen wird, falls kein Wert angegeben wurde).

Es gibt eine Vielzahl von Frame-Implementierungen mit unterschiedlichen Eigenschaften. Viele Systeme erlauben, dass man den Objekten Prozeduren zuordnet, die beim Zugriff auf diese Objekte aktiviert werden. Man unterscheidet zwischen Prozeduren, die aktiviert werden, wenn das Objekt angelegt, gelesen oder gelöscht werden soll.

LPA-PROLOG (www.lpa.co.uk) enthält eine Frame-Komponente. Ein Ausschnitt des Auto-Frames wird in Listing 2.4 gegeben.

Listing 2.4 Frame Auto in LPA-PROLOG

```
frame Auto is a Fahrzeug ;
    default raeder are 4
instance 'HWI-JD85' is a kind of Auto ;
    hersteller is opel
    and typ is kadett_e
    and motor is viertakt
    and karosserie is metal
    and farbe is weinrot .
constraint motoren
    when the motor of an Auto changes to X
    then check that X is { zweitakt or viertakt or diesel }
    otherwise write( 'Der Motor des Autos wurde nicht geaendert' )
    and nl.
constraint karosserien
    when the karosserie of an Auto changes to X
    then check that X is { metall or kunststoff }
    otherwise write('Karosserie des Autos wurde nicht geaendert')
    and nl.
```

In Listing 2.4 sind zwei Restriktionen angegeben, die den Wertebereich der Slots `motor` und `karosserie` einschränken und Änderungen auch kontrollieren.

Man kann nach der Anzahl der Räder von HWI-JD 85 fragen und erhält den von der Klasse Auto ererbten Wert 4.

```
?- lookup(raeder,'HWI-JD85', M).
            M = 4
```

Frames und semantische Netze können in andere WR-Konzepte eingebunden werden. Beispielsweise kann auf die Frames aus Listing 2.4 in PROLOG-Regeln zurückgegriffen werden.

Frames und **semantische Netze** haben den Vorteil, dass ihre Struktur einfach und die zugrunde liegenden Konzepte leicht verständlich sind. Semantische Netze eignen sich zur *Darstellung von Klassen* und deren *Beziehungen*. Es können *Hierarchien* dargestellt werden, in denen Eigenschaften vererbt werden.

Hierarchien werden auch in Frames dargestellt. Frames sind eine Form der Wissensrepräsentation, die Wissen in festen Schemata ablegt. Eigenschaften eines Objektes oder einer Klasse werden zusammengefasst.

Die der objektorientierten Programmierung zugrunde liegenden Konzepte findet man in Frames und den semantischen Netzen. Korrekterweise muss man diese Aussage umdrehen: Die Konzepte der semantischen Netze und der Frames haben auf die Programmiersprachen ausgestrahlt und die Entwicklung der objektorientierten Programmierung beeinflusst.

Weitere Beispiele sind unter www.wi.hs-wismar.de/ki-buch zu finden.

2.3.3 Wissensnetze

Im betrieblichen Umfeld besteht die Aufgabe, das Firmenwissen, welches sich aus dem Wissen der Mitarbeiter sowie dem Wissen aus den vielen Dokumenten zusammensetzt, allen Mitarbeitern jederzeit – wenn benötigt – zur Verfügung zu stellen. *„Wenn Siemens wüsste, was Siemens weiß"*, ist zu einem geflügelten Wort für die Notwendigkeit eines umfassenden **Wissensmanagements** im Unternehmen geworden. Hierbei wird Management von Wissen nicht immer im Sinne der künstlichen Intelligenz gesehen. Techniken der Wissensdarstellung aus der künstlichen Intelligenz können jedoch viel zur Lösung des Problems beitragen. Unter dem Begriff des **Wissensnetzes** wird eine Wissensrepräsentation verstanden, die auf das Konzept der semantischen Netze zurückgreift. Eine objektorientierte oder Frame-Darstellung des Wissens wird integriert, und die anschauliche grafische Darstellung erfolgt mittels **Topic Maps**, auch **Wissenslandkarte** genannt.

In einer Wissenslandkarte repräsentiert die Entfernung zweier Begriffe oder Wissensinhalte deren inhaltliche Nähe zueinander. Ein Wissensnetz ist somit ein Informationssystem, in dem zusätzlich die semantischen Beziehungen der Begriffe untereinander verwaltet werden. Diese Meta-Ebene ermöglicht eine **semantische Suche** – eine Suche, die über das Auffinden reiner Zeichenketten weit hinausgeht.

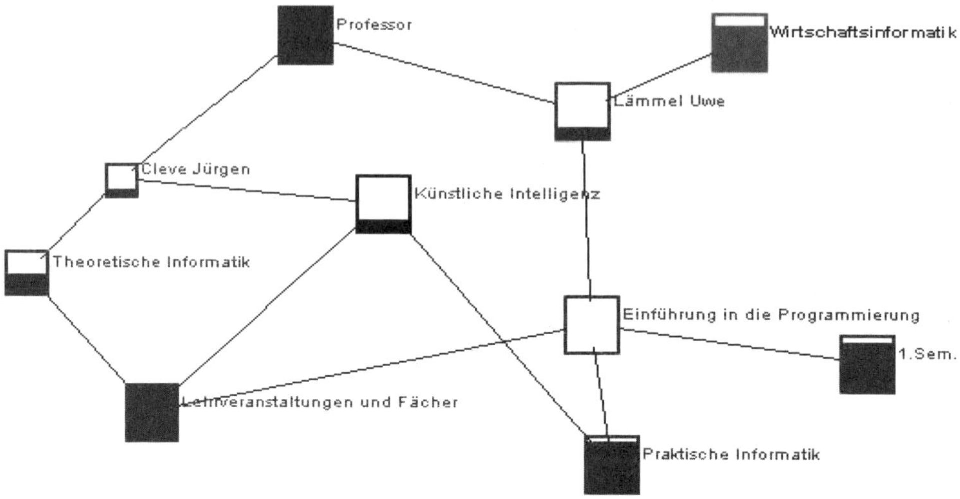

Abbildung 2.11 Ein Wissensnetz zum Thema Wirtschaftsinformatik-Studium, dargestellt als Topic Map, erzeugt mit K-Infinity der Firma intelligent-views

Bei einer Suche nach einem bestimmten Begriff wird im Ergebnis ein Ausschnitt des gesamten Wissensnetzes grafisch dargestellt (Abbildung 2.11). Die unterschiedlichen Füllstände der Knoten geben darüber Auskunft, ob noch weitere Verbindungen existieren: Für das Fach „Einführung in die Programmierung" werden alle Beziehungen angezeigt, wogegen fast alle Verbindungen des Knotens „Lehrveranstaltungen" verborgen sind.

Im Sinne der Objektorientierung stellt jeder Knoten im Netz entweder eine *Klasse*, zum Beispiel „Lehrveranstaltungen" oder eine *Instanz*, zum Beispiel „Künstliche Intelligenz" dar. Um die Probleme zu umgehen, die mit einer Mehrfachvererbung einhergehen, werden andere Konzepte, wie zum Beispiel das der „Rolle", eingeführt. Klassen werden erweitert, so dass den Instanzen dann unterschiedliche „Rollen" zugewiesen werden können: Einige bestimmte Instanzen der Klasse Person füllen die Rolle „Professor" aus.

Wissensnetze bieten ein großes Potenzial für ein effektives Wissensmanagement. Der Erfolg dieser Technik hängt wesentlich davon ab, ob das gespeicherte Wissen stets umfassend und aktuell ist.

2.3.4 Übungen

Aufgaben

2.30 Semantische Netze wurden mittels einer grafischen Darstellung eingeführt. Entwickeln Sie Datenstrukturen, die eine Darstellung eines semantischen Netzes erlauben. Konzipieren Sie ein Programm, welches Wissen – dargestellt in semantischen Netzen – verarbeitet.

2.31 Erweitern Sie das semantische Netz über die Rechtsformen eines deutschen Unternehmens hinsichtlich der Haftung.

2.32 Entwickeln Sie einen Algorithmus, mit dessen Hilfe nach einer Eigenschaft eines Objektes oder einer Klasse gesucht wird.

Referat

2.33 Stellen Sie Probleme vor, die mit semantischen Netzen und Frames gelöst worden sind.

2.34 Untersuchen Sie das Problem der Mehrfachvererbung: Welchen Wert erbt eine Klasse, wenn sie Unterklasse von zwei Klassen ist. Stellen Sie Lösungen für dieses Problem vor.

2.4 Vages Wissen

Der Mensch benutzt häufig vage Aussagen wie:

- Der Mann ist groß.
- Das Auto ist teuer.
- Die Studenten lernen effizient.
- Morgen wird es regnen.

Im Gegensatz zur klassischen zweiwertigen Logik – jede Aussage ist entweder wahr oder falsch – hat man es hier mit Aussagen zu tun, deren Wahrheitswert nicht klar zu bestimmen ist oder deren Wahrheitswert noch nicht bekannt ist.

Ein gutes Beispiel für solche Aussagen findet man in unseren Sinneswahrnehmungen. Begriffe wie *salzig*, *kalt* oder *scharf* für unsere geschmacklichen Empfindungen zeigen, dass wir Wahrnehmungen nicht quantitativ messen, sondern sofort abstrahieren und eine qualitative Einordnung vornehmen. Wir messen also nicht den Salzgehalt einer Speise. Stattdessen unterteilen wir in *salzig*, *versalzen*, *fade* usw.

Dies ist Grundlage dafür, dass wir in bestimmten Situationen sehr schnell reagieren können. Die Regel

Wenn das Essen zu heiß ist, dann warte.

kann durch uns schnell verarbeitet werden, da wir eine Kategorie für *heiß* zur Verfügung haben.

Man bezeichnet diese Form von Aussagen als **unscharf**, da die Einschätzung, ob etwas heiß ist, ob das uns entgegenkommende Auto sehr nah ist, von Situation zu Situation variieren kann. Einige Studenten (hoffentlich viele) empfinden dieses Buch als gut lesbar, andere möglicherweise nicht.

Dagegen bezeichnet man Aussagen wie

- Mindestens 50 % der Studenten bestehen die Klausur mit einer guten Note.
- Der Kurs der Aktie steigt morgen auf über 20 Euro.

als **unsichere** Aussagen. Diese Aussagen sind zwar objektiv überprüfbar, aber nicht zum jetzigen Zeitpunkt. Es handelt sich bei beiden Aussagen um Vorhersagen, so dass erst zu einem späteren Zeitpunkt festgestellt werden kann, ob sie wahr oder falsch sind. Wollen wir entscheiden, ob wir eine bestimmte Aktie kaufen oder nicht, müssen wir solche, mit Unsicherheiten behaftete Aussagen benutzen, da wir den zukünftigen Kursverlauf der Aktie nicht kennen.

In den folgenden Abschnitten wird auf Methoden der Verarbeitung von vagem Wissen eingegangen werden.

Dazu werden Methoden vorgestellt, die

- vage Aussagen mathematisch darstellen,
- Schlussfolgerungen über vage Aussagen ziehen können.

Diese Techniken werden eingesetzt, um Entscheidungsprozesse **symbolisch** zu modellieren.

Vage Aussagen werden unterteilt in:

- **unsicher**
- **unscharf**

2.4.1 Unsicheres Wissen

Es werden unsichere Aussagen wie

- Es regnet morgen.
- Der Kurs des Euro wird steigen.

betrachtet. Diese Aussagen sind mit einer Unsicherheit behaftet. Es ist klar, dass sie wahr oder falsch sind. Allerdings ist zum gegenwärtigen Zeitpunkt nicht klar, ob wahr zutreffen wird.

Die klassische zweiwertige Logik kann hier nicht angewandt werden. Stattdessen muss die klassische Logik erweitert werden.

Man muss sich von den Wahrheitswerten W (1) und F (0) lösen und Werte auch zwischen 0 und 1 zulassen. Der klassische Ansatz ist das Verwenden von **Wahrscheinlichkeiten**. Eine Wahrscheinlichkeit drückt aus, mit welchem Maß man davon ausgehen kann, dass ein Ereignis eintritt. Das Ereignis

Es wird eine ungerade Zahl gewürfelt.

ist mit einer Wahrscheinlichkeit von 0,5 behaftet, vorausgesetzt der Würfel wurde nicht manipuliert.

Im Folgenden wird nur auf wesentliche Aussagen und Formeln der Wahrscheinlichkeitsrechnung eingegangen. Für eine ausführliche Darstellung sei auf [EiVi07] verwiesen.

Man kann Wahrscheinlichkeiten unterschiedlich interpretieren:

1. Sie können ein Maß für eine **Häufigkeit von Ereignissen** sein. Beim Würfeln steht das Ereignis *„Es wird eine ungerade Zahl gewürfelt."* dafür, dass eine 1, 3 oder 5 gewür-

felt wird. Da alle Elementarereignisse beim Würfeln gleich wahrscheinlich sind, kann bei diesem Ereignis die Wahrscheinlichkeit mit 0,5 berechnet werden.

Die Wahrscheinlichkeit der Aussage *„Die Siemens-Aktie steigt morgen um 5 %."* kann nicht wie beim Würfeln analytisch bestimmt werden, sondern nur empirisch. Man untersucht einen zurückliegenden Zeitraum und vergleicht positive Beispiele – an wie vielen Tagen ist der Kurs um 5% gestiegen – mit dem gesamten Ereignisraum, d.h. der Anzahl aller betrachteten Tage.

2. Man kann Wahrscheinlichkeiten aber auch als **subjektive Maßzahlen** für das Eintreffen von Ereignissen verwenden. Ausgehend von Erfahrungen schätzt man, mit welcher Wahrscheinlichkeit ein Ereignis eintrifft.

Zunächst wird der Begriff einer **Wahrscheinlichkeit** genauer betrachtet. Sei mit Ω der Ereignisraum bezeichnet. Wenn man würfelt, können nur sechs Ereignisse eintreten. Der Ereignisraum ist gegeben durch

$$\Omega = \{ 1 , 2 , 3 , 4 , 5 , 6 \}$$

Dies sind die so genannten **elementaren Ereignisse**. Jede **Aussage**, die man über das Würfeln trifft, lässt sich darstellen als:

$$A \subseteq \Omega$$

Die Aussage: *„Es wird eine ungerade Zahl gewürfelt."* wird repräsentiert durch:

$$A = \{ 1 , 3 , 5 \}$$

Eine Aussage A heißt **wahr**, wenn das tatsächlich eingetretene Ereignis in A enthalten ist.

Die Menge aller möglichen Aussagen ist gegeben durch die Menge aller Teilmengen von Ω : 2^{Ω}. Ω stellt das **sichere Ereignis** dar, da alle Elementarereignisse in Ω enthalten sind, folglich für eine beliebiges eingetroffenes Ereignis die Zugehörigkeit zu Ω erfüllt ist. $\emptyset$ ist das **unmögliche Ereignis**, da die leere Menge kein Elementarereignis enthält.

Ereignisse kann man nun verknüpfen. Sind X und Y Ereignisse über dem Ereignisraum Ω, so sind auch $X \cup Y$ und $X \cap Y$ wieder Ereignisse über Ω. Auch die Komplementbildung X^C ist wieder ein Ereignis.

Das Ereignis $X \cap Y$ tritt genau dann ein, wenn sowohl X als auch Y eintritt. Dies entspricht folglich der Aussage $X \wedge Y$. Analog entspricht das Ereignis $X \cup Y$ der Aussage $X \vee Y$. Die Komplementbildung X^C entspricht der Negation.

Diesen Ereignissen sollen Zahlen zugewiesen werden, die einen „Erwartungswert" für deren Eintreffen darstellen, eine Wahrscheinlichkeit. Dazu wählt man den Zahlenbereich der reellen Zahlen zwischen 0 und 1.

Definition 2.17 Wahrscheinlichkeitsfunktion

Sei Ω ein endlicher Ereignisraum. Eine Funktion $P : 2^{\Omega} \rightarrow [0,1]$ heißt **Wahrscheinlichkeitsfunktion**, wenn folgende Bedingungen erfüllt sind:

$$P(\Omega) = 1$$

$$P(X \cup Y) = P(X) + P(Y) \quad \text{für } X, Y \subseteq \Omega, \text{ wobei } X \cap Y = \emptyset$$

Eine solche Wahrscheinlichkeitsfunktion erfüllt eine Reihe von Eigenschaften. Für beliebige $X, Y \subseteq \Omega$ gilt:

unmögliches Ereignis	$P(\emptyset) = 0$
Monotonie	$X \subseteq Y \rightarrow P(X) \leq P(Y)$
Subtraktivität	$X \subseteq Y \rightarrow P(Y \cap X^C) = P(Y) - P(X)$
Subadditivität	$P(X \cup Y) \leq P(X) + P(Y)$
Additivität	$P(X \cup Y) = P(X) + P(Y) - P(X \cap Y)$
Komplement	$P(X^C) = 1 - P(X)$

Bedingte Wahrscheinlichkeiten

Im Allgemeinen hat man nicht nur Aussagen wie *„Morgen steigt der DAX um 5 %.“*, sondern Aussagen der Form:

> *Wenn die Telekom eine positive Jahresbilanz meldet, dann steigt die Telekom-Aktie um 5 %.*

Diese Aussage muss mit einer Wahrscheinlichkeit versehen werden, da nicht sicher ist, dass die Aktie wirklich um 5 % steigt, wenn das Jahresergebnis positiv ist.

Was bedeutet ein Wert von 0.8 für die Aussage? Betrachtet man diese Aussage als logische Implikation $A \rightarrow B$, so entspricht dies der Aussage $\neg A \vee B$. Folglich bedeutet der Wert 0.8, dass in 80 % der Fälle die Telekom keine positive Jahresbilanz vermeldet oder die Aktie um 5 % steigt.

Eine zweite Interpretation ist:

Wenn eine positive Bilanz gemeldet wird, dann steigt die Aktie mit einer Wahrscheinlichkeit von 0.8 um 5 %. Dies bezeichnet man als **bedingte Wahrscheinlichkeit**.

Der Unterschied zwischen beiden Interpretationen ist signifikant. Betrachtet man den Fall, dass in sieben Fällen eine nicht positive Bilanz vermeldet wird. In drei Fällen wird eine positive Bilanz gemeldet, die Aktie steigt aber nur in einem von diesen drei Fällen um 5 %. Unter der ersten Interpretation wären die 0.8 erfüllt, da für acht von zehn Fällen die logische Implikation zutrifft. Fasst man den Zusammenhang als bedingte Wahrscheinlichkeit auf, so sind die 0.8 nicht erfüllt, da nur in einem von drei Fällen die Aktie gestiegen ist.

Definition 2.18 Bedingte Wahrscheinlichkeit

Sei Y ein Ereignis mit $P(Y) > 0$. Dann heißt

$$P(X \mid Y) = \frac{P(X \cap Y)}{P(Y)}$$

bedingte Wahrscheinlichkeit von X unter der Bedingung Y. Falls $P(Y)=0$, so ist die bedingte Wahrscheinlichkeit nicht definiert.

Die bedingte Wahrscheinlichkeit berechnet sich relativ zum Ereignis Y. Es werden nur die Fälle betrachtet, wo Y eintritt. Diese werden in Relation zu dem Ereignis, wo sowohl Y als auch X eintreten, gesetzt.

Beispiel 2.17 Würfeln

Welchen Wahrscheinlichkeitswert muss die Aussage:

Wenn eine gerade Zahl gewürfelt wird, dann ist dies eine 2.

bekommen? Die Wahrscheinlichkeit für das Ereignis $G = \{ 2 , 4 , 6 \}$ beträgt:

$P(G)=0.5$.

Die Wahrscheinlichkeit für das Ereignis $Z = \{ 2 \}$ beträgt:

$P(Z) = 1/6$.

Die bedingte Wahrscheinlichkeit beträgt:

$P(Z|G) = 1/3$.

Stellt man die Formel für die bedingte Wahrscheinlichkeit um, so erhält man

$P(X \cap Y) = P(Y) * P(X \mid Y)$.

Betrachtet man die bedingte Wahrscheinlichkeit von Y bezüglich X, so ergibt sich analog:

$P(Y \cap X) = P(X) * P(Y \mid X)$.

Da der Mengendurchschnitt kommutativ ist, gilt:

$P(Y) * P(X \mid Y) = P(X) * P(Y \mid X)$.

Somit erhält man die **Bayes'sche Formel**

$$P(X \mid Y) = \frac{P(Y \mid X) * P(X)}{P(Y)}$$

Beispiel 2.18 Auto

Seien diese Aussagen gegeben:

Aussage X: Der Motor des Autos macht seltsame Geräusche.

Aussage Y: Der Motor braucht einen Ölwechsel.

Es seien folgende Wahrscheinlichkeiten gegeben:

$P(X)=0.08$

$P(Y)=0.06$

Weiterhin sei gegeben, dass ein dringend erforderlicher Ölwechsel in 60 % der Fälle dafür sorgt, dass der Motor seltsame Geräusche verursacht:

$P(X \mid Y)=0.6$

Mit Hilfe der Bayes'schen Formel kann nun berechnet werden, mit welcher Wahrscheinlichkeit ein seltsames Motorgeräusch auf einen dringend erforderlichen Ölwechsel schließen lässt:

$$P(X \mid Y) = \frac{0.6 \cdot 0.06}{0.08} = 0.45$$

In vielen praktischen Anwendungen ist es problematisch, die wahrscheinlichkeitstheoretischen Voraussetzungen zu erfüllen. Hat man analytische Wahrscheinlichkeiten wie beim Würfeln oder auf gesicherten statistischen Erhebungen basierende Wahrscheinlichkeiten, so sind wahrscheinlichkeitstheoretisch fundierte Ansätze zweckmäßig. Baut man dagegen auf rein subjektiven Einschätzungen von Experten auf, so kann ein mit Wahrscheinlichkeiten arbeitender Ansatz schnell zu Inkonsistenzen führen.

Betrachtet man in obigem Beispiel den Fall, dass die gegebenen Wahrscheinlichkeiten subjektiv ermittelt wurden, und setzt man $P(X)$=0.03, so ergäbe sich als bedingte Wahrscheinlichkeit $P(Y \mid X)$=1.2. Die Ursache für diesen Fehler liegt in den bereits widersprüchlichen subjektiven Werten.

Häufig ist es auch unmöglich, die Wahrscheinlichkeit von Ereignissen wie $X \wedge Y$ zu berechnen, wenn nicht genügend Informationen bereitstehen. Um diese Wahrscheinlichkeit berechnen zu können, würde man die Information benötigen, inwieweit X und Y miteinander verknüpft sind.

Betrachtet werden die Ereignisse:

Im ersten Wurf wird eine gerade Zahl gewürfelt. $\wedge$

Im zweiten Wurf wird eine ungerade Zahl gewürfelt.

Die Wahrscheinlichkeit, dass beide Ereignisse eintreten, beträgt 0.25, da die Wahrscheinlichkeiten jeweils 0.5 betragen und in diesem Fall miteinander multipliziert werden können.

Betrachtet man dagegen die Ereignisse:

Im ersten Wurf wird eine gerade Zahl gewürfelt. $\wedge$

Im ersten Wurf wird eine ungerade Zahl gewürfelt.

so stellt man fest, dass die Wahrscheinlichkeit, dass beide Ereignisse eintreten, 0 beträgt, da die Ereignisse nicht gleichzeitig eintreten können. Die Ereignisse sind nicht voneinander *unabhängig*.

Genau betrachtet ist es nicht korrekt, bei subjektiven Maßzahlen von Wahrscheinlichkeiten im Sinne des Wissens um die Häufigkeit des Eintretens eines Ereignisses zu sprechen. Der Begriff **Glauben** ist hier eher angebracht.

Im Folgenden soll deshalb ein einfaches, heuristisches Prinzip der Verarbeitung von Unsicherheit erläutert werden. Es geht auf das medizinische Expertensystem MYCIN zurück.

Sicherheitsfaktoren

Sicherheitsfaktoren (**Certainty Factor**, **CF**) sind eine quantitative Bewertung von Aussagen. Man verwendet Zahlen zwischen –1 und 1. Die Zahl –1 bedeutet falsch, 1 steht für wahr. Die Sicherheitsfaktoren werden mit $CF(H|E)$ bezeichnet.

Eine Bewertung der Sicherheit eines Ereignisses H basiert im Allgemeinen auf Erfahrung oder Hintergrundwissen. Dies wird als **Evidenz** bezeichnet und mit E abgekürzt. Ein „Fakt" *Es stürmt*, der mit einem CF-Wert von 0.7 angegeben wird, wird in der Form

$$CF(\text{ Es stürmt } | E) = 0.7$$

geschrieben. E steht hier für unsere Beobachtung, unsere Überzeugung (Evidenz).

Sicherheitsfaktoren können auch Regeln zugewiesen werden. Sie sind als unsicherer Zusammenhang zwischen Aussagen zu interpretieren.

Betrachten wir folgendes Beispiel:

Regel 1: *Es regnet.* $\xrightarrow{0.9}$ *Es ist schlechtes Wetter.*

Regel 2: *Es stürmt.* $\xrightarrow{0.7}$ *Es ist schlechtes Wetter.*

Regel 3: *Die Sonne scheint.* $\xrightarrow{-0.9}$ *Es ist schlechtes Wetter.*

Die Regeln 1 und 2 drücken aus, welche Argumente es für schlechtes Wetter gibt. Wenn es regnet, kann man mit großer Sicherheit (0.9) davon ausgehen, dass schlechtes Wetter ist. Stürmt es, geht man mit einer Sicherheit von 0.7 davon aus, dass schlechtes Wetter ist. Sonnenschein dagegen spricht gegen die Vermutung, dass schlechtes Wetter ist.

In der ersten Regel ist der Sicherheitsfaktor 0.9 eine Maßzahl für das Vertrauen in das Eintreten des Ereignisses *„Es ist schlechtes Wetter"* unter der Voraussetzung *„Es regnet"*. Dies wird mit **CF(Es ist schlechtes Wetter | Es regnet)** bezeichnet. Die Schreibweise

$$CF(\text{Es ist schlechtes Wetter} \mid \text{Es regnet}) = 0.9.$$

ist eine andere Form der Darstellung der Regel 1.

Wie kann man mit diesen Werten schließen?

Fall 1: Weiß man, dass es regnet, kann man mit einer Sicherheit von 0.9 darauf schließen, dass schlechtes Wetter ist.

$$CF(\text{Es regnet} \mid E) = 1$$

$$CF(\text{Es ist schlechtes Wetter} \mid \text{Es regnet}) = 0.9$$

Es soll *Es ist schlechtes Wetter geschlossen* werden. Dies entspricht im Prinzip dem Modus ponens:

$$\frac{\begin{array}{l} A \rightarrow B \\ A \end{array}}{B}$$

Wie berechnet man den Sicherheitsfaktor von *Es ist schlechtes Wetter*?

$$\begin{aligned} &CF(\text{Es ist schlechtes Wetter}) = \\ &\quad = CF(\text{Es regnet} \mid E) * CF(\text{Es ist schlechtes Wetter} \mid \text{Es regnet}) \\ &\quad = 1 * 0.9 = 0.9 \end{aligned}$$

Man multipliziert den Sicherheitsfaktor der Voraussetzung *„Es regnet"* mit dem Sicherheitsfaktor der Regel.

Fall 2: Was kann man schließen, wenn zusätzlich bekannt ist, dass es stürmt?

$$CF(\text{Es stürmt} \mid E) = 1$$

Offensichtlich gibt es zwei Argumente, die dafür sprechen, dass schlechtes Wetter ist. In geeigneter Weise muss man die beiden CF-Werte 0.9 und 0.7 miteinander verknüpfen.

Seien

$a = CF(\textit{Es ist schlechtes Wetter} \mid \textit{Es regnet}) = 0.9$ und

$b = CF(\textit{Es ist schlechtes Wetter} \mid \textit{Es stürmt}) = 0.7,$

dann ist

$CF(\textit{Es ist schlechtes Wetter} \mid \textit{Es regnet} \wedge \textit{Es stürmt}) = a + b - a*b = 0.97.$

Das Vertrauen in „schlechtes Wetter" wird verstärkt.

Man beachte, dass diese Formel aus der Wahrscheinlichkeitsrechnung übernommen wurde. Sie ist dort allerdings nur dann korrekt, wenn es sich um *unabhängige* Ereignisse handelt.

Fall 3: Es stürmt und die Sonne scheint. Man könnte annehmen, dass die einfache Addition der *CF*-Werte eine vernünftige Kombination des positiven und negativen Argumentes für schlechtes Wetter darstellt. Es ergibt sich –0.2.

Fall 4: Was ergibt sich aber, wenn es sowohl stürmt und regnet als auch die Sonne scheint? Entsprechend Fall 2 ergibt sich als positives Argument für schlechtes Wetter 0.97, das Gegenargument ergibt –0.9. Man hätte einen Wert von 0.07, obwohl zwei Regeln *dafür* sprechen, nur eine *dagegen*.

Als Verknüpfung für *CF*1 und *CF*2 wählt man deshalb in diesem Fall:

$$CF = \frac{CF1 + CF2}{1 - \min\{|CF1|, |CF2|\}}$$

Mit dieser Verknüpfung erhält man 0.7 .

Im Allgemeinen können unsichere Aussagen die Verknüpfungen $\wedge$, $\vee$, $\neg$ und $\rightarrow$ enthalten. Anhand des Wetter-Beispiels wurde bereits veranschaulicht, wie mit den *CF*-Werten gerechnet werden kann.

Für eine systematische Betrachtung seien folgende Regeln gegeben:

Regel 1: $X \wedge Y \xrightarrow{0.9} H$

Regel 2: $M \vee N \xrightarrow{0.7} H$

Regel 3: $A \xrightarrow{-0.9} H$

Diese *CF*-Werte seien bekannt:

	X	*Y*	*M*	*N*	*A*
CF	0.7	1	–0.2	1	0.6

Der Sicherheitswert für komplexe Prämissen wie in Regel 1 und 2 wird durch Maximum- bzw. Minimum-Bildung bestimmt:

$CF(a \wedge b \mid E) = \min(CF(a|E), CF(b|E))$

$CF(a \vee b \mid E) = \max(CF(a|E), CF(b|E))$

Es ergibt sich:

$CF(X \wedge Y \mid E) = 0.7$

$CF(M \vee N \mid E) = 1$

Betrachtet man die Regel $P \xrightarrow{CF} H$

und sei $CF(P \mid E)$ gegeben, so berechnet sich der Sicherheitsfaktor $CF(H \mid E)$ durch:

$CF(H \mid E) = CF(P \mid E) * CF(H \mid P)$

Man beachte, dass dies nur dann sinnvoll ist, wenn

$CF(P \mid E) \geq 0$

gilt. Ist der Wert negativ, so benötigt man eine Regel der Form:

$\neg P \xrightarrow{CF(H|\neg P)} H$

Unter Beachtung der Gleichung:

$CF(\neg P \mid E) = -CF(P \mid E)$

erhält man:

$CF(H \mid E) = CF(\neg P \mid E) * CF(H \mid \neg P) = -CF(P \mid E) * CF(H \mid \neg P)$

Der Schluss von P auf H entspricht dem *Modus ponens*. Ist der Sicherheitswert negativ und ist keine Regel für den komplementären Fall gegeben, so ist die Anwendung des Modus ponens nicht sinnvoll. In diesem Fall wird man folglich den *CF*-Wert auf null setzen.

In obigem Beispiel erhält man mit Regel 1:

$CF(H_1 \mid E_1) = CF(H_1 \mid X \wedge Y) * CF(X \wedge Y \mid E_1) = 0.63$

Analog ergibt sich mit Regel 2 und 3:

$CF(H_2 \mid E_2) = 0.7$

$CF(H_3 \mid E_3) = -0.54$

Die Verknüpfung erfolgt wie bereits im Wetterbeispiel motiviert.

Seien die Regeln

Regel 1: $P \xrightarrow{CF(H|P)} H$

Regel 2: $Q \xrightarrow{CF(H|Q)} H$

gegeben. Seien $x = CF(H|E_1)$ und $y = CF(H|E_2)$ die sich aus beiden Regeln ergebenden Sicherheitsfaktoren. Dann berechnet sich der kombinierte Sicherheitsfaktor durch:

$$CF(H \mid E_1, E_2) = \begin{cases} x + y - x * y & \text{falls } x, y \geq 0 \\ x + y + x * y & \text{falls } x, y < 0 \\ \text{undefiniert} & \text{falls } x * y = -1 \\ \dfrac{x + y}{1 - \min(|x|, |y|)} & \text{sonst} \end{cases}$$

Der Fall, dass sowohl x als auch y positiv sind, entspricht dem Fall, dass zwei bestärkende Aussagen für H vorliegen. Analog wird verfahren, wenn beide Informationen gegen H sprechen. Sind bestärkende und Gegenargumente bezüglich H bekannt, so erfolgt die Verknüpfung entsprechend der im Wetter-Beispiel motivierten Formel.

Der Fall

$$x * y = -1$$

muss gesondert betrachtet werden, da offensichtlich zwei widersprüchliche Informationen vorliegen. Es ist im Allgemeinen nicht sinnvoll, hier ein Resultat zu definieren.

Die *CF*-Funktion ist kommutativ und insbesondere auch assoziativ, so dass die Reihenfolge der Anwendung keine Rolle spielt.

Für unser Beispiel ergibt sich mit den bereits berechneten Werten:

$$CF(H_1 \mid E_1) = 0.63$$

$$CF(H_2 \mid E_2) = 0.7$$

$$CF(H_3 \mid E_3) = -0.54$$

$$CF(H_{12} \mid E_1, E_2) = 0.63 + 0.7 - 0.63*0.7 = 0.889$$

$$CF(H \mid E_1, E_2, E_3) = (0.889 - 0.54) / (1 - 0.54) = 0.759$$

Die Verknüpfungen sind zusammenfassend in Tabelle 2.18 dargestellt:

Tabelle 2.18 Verknüpfung von CF-Werten

Verknüpfung		**CF-Wert**	**Bedingung**
Und	$CF(a \wedge b \mid E)$	$\min(CF(a \mid E), CF(b \mid E))$	
Oder	$CF(a \vee b \mid E)$	$\max(CF(a \mid E), CF(b \mid E))$	
Negation	$CF(\neg P \mid E)$	$-CF(P \mid E)$	
Regel	$CF(H \mid E)$	$CF(P \mid E) * CF(H \mid P)$	
zwei *CF* für H	$CF(H \mid E_1, E_2)$	$CF_1 + CF_2 - CF_1 * CF_2$	CF_1 und CF_2 positiv
		$CF_1 + CF_2 + CF_1 * CF_2$	CF_1 und CF_2 negativ
		$(CF_1 + CF_2) / (1 - \min(\lvert CF_1 \rvert, \lvert CF_2 \rvert)$	$-1 < CF_1 * CF_2 < 0$
		undefiniert	$CF_1 * CF_2 = -1$

Bemerkung

Wie bekommt man die *CF*-Werte für die Fakten wie *Es stürmt* oder *Es regnet*? Analog zu den Regeln kann auch bei Elementaraussagen die Wahrscheinlichkeit *für* oder *gegen* ein Ereignis sprechen.

Man bezeichnet die Glaubwürdigkeit einer Aussage *H* unter der Annahme einer Beobachtung oder Überzeugung *E* als **Measure of belief** *MB*(*H,E*). Spricht eine Evidenz *E* gegen das Zutreffen einer Aussage *H*, so spricht man von **Measure of disbelief** *MD*(*H,E*). Beide Werte müssen zwischen 0 und 1 liegen.

Was spricht gegen, was spricht für die Aussage, dass Rostock an der Ostsee liegt? Rostock ist eine Hafenstadt. Dies spricht uneingeschränkt dafür:

MB(*Rostock liegt an der Ostsee* | *E*) = 1.0

Dagegen spricht, dass man vom Stadtzentrum immerhin ca. 15 km zurücklegen muss, um an die Ostsee zu kommen.

$MD(\,Rostock\ liegt\ an\ der\ Ostsee \mid E) = 0.2$

Aus diesen beiden Werten kann man durch Differenzbildung den Sicherheitsfaktor bestimmen:

$CF(H \mid E) = MB(H \mid E) - MD(H \mid E) = 1.0 - 0.2 = 0.8$

Dieses Konzept wurde in MYCIN verwendet. Sicherheitsfaktoren basieren auf Erfahrungen, die für ein Ereignis sprechen und auf Erfahrungen, die gegen ein Ereignis sprechen.

Es gibt eine Reihe von weiterführenden Konzepten, die auf den Sicherheitsfaktoren oder auf den Wahrscheinlichkeiten aufbauen. Zu nennen sind die Inferenznetzwerke [DuGaHa76], die auf der Bayesschen Formel bzw. auf deren Modifikationen basieren. In [HeSoBo07] sind die Bayesschen Netze, die auf den Konzepten der Unabhängigkeit bzw. Abhängigkeit von Aussagen beruhen, erklärt. Durch Dempster und Shafer wurden Vertrauensintervalle eingeführt, die auf Vertrauen und Plausibilität basieren [HeSoBo07].

2.4.2 Fuzzy-Mengen

Nach der Betrachtung von unsicheren Aussagen wird im Folgenden die Behandlung von **unscharfen** Eigenschaften untersucht. Zunächst soll dargestellt werden, wie man unscharfe Begriffe modellieren kann.

Die Eigenschaft, dass die Schweriner Firma PlanetIC eine GmbH ist, kann durch die logische Aussage

firma(PlanetIC, GmbH)

dargestellt werden. Dies ist keine vage Aussage, sondern eine Aussage, die wahr ist. Man hätte dies auch in Form einer relationalen Datenbank darstellen können:

Tabelle 2.19 Firmen und ihre Rechtsformen in einer Datenbank-Tabelle

Firma	Rechtsform
...	...
Planet IC	GmbH
Siemens	AG
...	...

Dies sind typische Darstellungsformen für Eigenschaften oder Zusammenhänge:

- Relationen, Mengen und Teilmengen
- Prädikate, Wahrheitswerte

Beide Darstellungsformen erlauben jedoch nicht die Darstellung unscharfer Aussagen. Dazu eignen sich die Fuzzy-Mengen. Die Grundlage der Fuzzy-Mengen bilden die so genannten charakteristischen Funktionen, die die Zugehörigkeit zu einer Klasse beschreiben. Die **charakteristische Funktion**, die die Zugehörigkeit der natürlichen Zahlen zur Menge der geraden Zahlen beschreibt, ist in Abbildung 2.12 dargestellt.

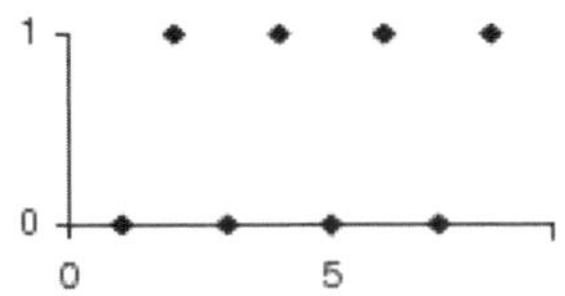

Abbildung 2.12 Charakteristische Funktion für die geraden Zahlen

Dieses Konzept kann man auf unscharfe Aussagen übertragen. Dazu wird der Begriff *groß* betrachtet. Wann bezeichnet man eine Person als groß? Die Antwort wird zum einen davon abhängen, wen wir befragen. Zum anderen werden die meisten Befragten bei der Bewertung einer Körpergröße von 1.70 m nicht mit einem klaren *nicht groß* oder *groß* antworten.

- Man kann davon ausgehen, dass eine Person, die 2.10 m groß ist, von allen als groß angesehen wird. Ein Säugling hingegen wird von allen als nicht groß angesehen.
- Ein Basketballspieler einer Größe von 2.20 m wird eine Person von 1.80 m wohl kaum als groß bezeichnen. Für Kinder ist eine 1.80 m große Person aber sehr wohl groß.

Dies führt zu der Überlegung, dass man das Konzept der charakteristischen Funktion auf den Begriff **groß** anpasst. Man lässt auch Zugehörigkeitswerte zwischen 0 und 1 zu:

- Personen, die kleiner als 1 m sind, sind nicht groß (Zugehörigkeitswert 0).
- Personen, die über 2 m sind, sind groß (Zugehörigkeitswert 1).
- Personen zwischen 1 und 2 m bekommen einen Zugehörigkeitswert zwischen 0 und 1.

Eine mögliche Zugehörigkeitsfunktion ist in Abbildung 2.13 dargestellt:

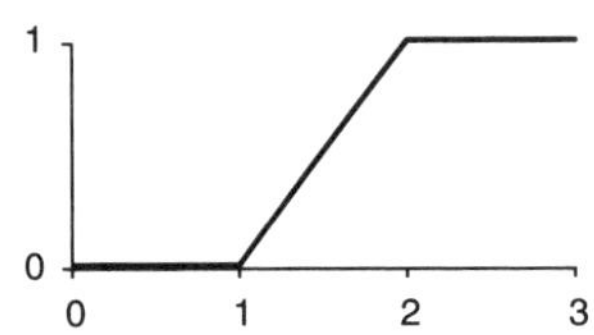

Abbildung 2.13 Zugehörigkeitsfunktion für *groß*

Folglich hat man es hier mit einer Abbildung zu tun, die beschreibt, mit welchem Wert man davon ausgehen kann, dass ein bestimmtes Objekt eine Eigenschaft erfüllt.

Definition 2.19 Fuzzy-Menge

Eine **Fuzzy-Menge** Z über einer Referenzmenge X ist eine Teilmenge aus $X \times [0,1]$. Z wird beschrieben durch die Zugehörigkeitsfunktion

$$\mu_Z : X \rightarrow [0,1]$$

$z = (x, s)$ ist in der Fuzzy-Menge Z enthalten genau dann, wenn gilt:

$$\mu_Z(x) = s$$

Mit $F(X)$ sei die Menge aller Fuzzy-Mengen über X bezeichnet.

In vielen Büchern wird die Fuzzy-Menge kommentarlos mit der Zugehörigkeitsfunktion gleichgesetzt. Beide sind nicht identisch. Die Zugehörigkeitsfunktion ist aber eine effektive Beschreibungsmöglichkeit für eine Fuzzy-Menge, so dass im Rahmen dieses Abschnitts ebenfalls auf die Zugehörigkeitsfunktion als Darstellung für eine Fuzzy-Menge zurückgegriffen wird.

Die in Abbildung 2.13 dargestellte Zugehörigkeitsfunktion ist so zu interpretieren, dass eine Person mit der Größe

- 0.90 m nicht groß,
- 2.10 m groß,
- 1.50 m groß mit einer Zugehörigkeit von 0.5 ist.

Die Zahl 1 steht dafür, dass man mit Sicherheit davon ausgeht, dass die Eigenschaft erfüllt ist. Die Zahl 0 steht dafür, dass die Eigenschaft nicht erfüllt ist. Eine Bewertung von 0.5 bedeutet, dass man zu 50 % davon ausgeht, dass die Eigenschaft erfüllt ist.

Analog zur Darstellung von *groß* kann eine Fuzzy-Menge für *klein* entwickelt werden.

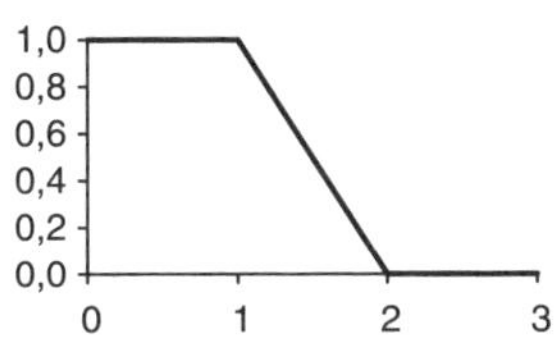

Abbildung 2.14 Zugehörigkeitsfunktion für *klein*

Bei der Definition von Fuzzy-Mengen kann man sich von der Abbildung auf das Intervall [0,1] lösen und **endliche Mengen** zulassen. Für die Häufigkeit von Ereignissen kann eine **diskrete** Beschreibung durch Begriffe wie *selten*, *wahrscheinlich*, *sicher* erfolgen. Die Bewertungsgrößen sind in diesem Fall sogar total geordnet:

unmöglich < *äußerst selten* < *sehr selten* < *selten* <
< *unwahrscheinlich* < *manchmal* < *Chance ist 50:50* <
< *wahrscheinlich* < *oft* < *meistens* < *fast immer* <
< *so gut wie sicher* < *sicher*

Im Folgenden werden nur Fuzzy-Mengen betrachtet und die diskreten Darstellungsformen außer Acht gelassen, da diese nur ein Spezialfall der Fuzzy-Mengen sind. Die folgenden Ausführungen lassen sich folglich auf den diskreten Fall übertragen.

Rechnen mit Fuzzy-Mengen

Das Ziel der Überlegungen ist auch hier die Automatisierung der **Wissensverarbeitung**. Will man Fuzzy-Mengen zur Wissensrepräsentation nutzen, so muss überlegt werden, wie mit ihnen gerechnet werden kann.

Dazu müssen zwei Fragen beantwortet werden:

1. Wie repräsentiert man Fuzzy-Mengen? Insbesondere steht hier natürlich die Frage der **endlichen** Repräsentation im Vordergrund.
2. Wie verknüpft man Fuzzy-Mengen? Wie berechnet man den Durchschnitt, die Vereinigung von zwei Fuzzy-Mengen?

Da Fuzzy-Mengen auf einem Computer dargestellt werden sollen, muss die Darstellung *endlich* erfolgen. Die endliche Repräsentation einer Fuzzy-Menge ist kein Problem, wenn

- die Referenzmenge X endlich ist oder
- die Zugehörigkeitsfunktion μ als analytischer Ausdruck vorliegt.

Ist die Referenzmenge endlich, so stellt man eine Fuzzy-Menge als die Menge aller Paare dar. Ist die Referenzmenge nicht endlich, so muss man eine endliche Darstellung der Zugehörigkeitsfunktion μ finden. Klassische Vertreter sind die stückweise linearen Funktionen. Eine **stückweise lineare Funktion** liegt vor, wenn

- die Referenzmenge X in endlich viele Intervalle aufgeteilt werden kann, so dass
- sich die Zugehörigkeitsfunktion μ in jedem Intervall linear verhält.

Man setzt bei stückweise linearen Funktionen im Allgemeinen Stetigkeit voraus, d.h. die Funktion enthält keine Sprünge. Man kann stückweise lineare Funktionen dann durch die Angabe der Anfangs- bzw. Endpunkte der entsprechenden Intervalle darstellen.

Die Zugehörigkeitsfunktion $\mu_{\text{groß}}$ ist eine stückweise lineare Funktion. Sie lässt sich darstellen durch:

$$[(0, 0)\ , (1, 0), (2, 1)\ , (3, 1)]$$

Um mit Fuzzy-Mengen rechnen zu können, muss man die klassischen Mengenoperationen auf Fuzzy-Mengen anwenden können. Es muss möglich sein, folgende Fragen zu beantworten:

- Wie sieht der Durchschnitt der Fuzzy-Mengen *groß* und *klein* aus?
- Ist die Fuzzy-Menge *manchmal* enthalten in der Fuzzymenge *oft*?

Definition 2.20 Teilmengenbeziehung zwischen Fuzzy-Mengen

Seien Z und Z' zwei Fuzzy-Mengen über X.

Z heißt **Teilmenge** von Z', $Z \subseteq Z'$ genau dann, wenn für alle $x \in X$ gilt:

$$\mu_Z(x) \leq \mu_{Z'}(x)$$

Die Fuzzy-Menge Z ist Teilmenge der Fuzzy-Menge Z', wenn für jedes Objekt aus der Bezugsmenge X die Zugehörigkeit zu Z kleiner (oder gleich) ist als die Zugehörigkeit zu Z'.

Analog führt man die Berechnung des Durchschnitts und die Berechnung der Vereinigung von Fuzzy-Mengen auf das Verknüpfen der jeweiligen Zugehörigkeitswerte zurück.

Will man die Zugehörigkeit von x zur Menge *groß* $\cap$ *klein* berechnen, so verknüpft man in geeigneter Weise die Zugehörigkeitswerte $\mu_{\text{groß}}(x)$ und $\mu_{\text{klein}}(x)$. In Anlehnung an die Wahrscheinlichkeitsrechnung kann man dies durch die Multiplikation tun.

Diese Verknüpfungsfunktion wird mit S bezeichnet und muss eine Reihe von Eigenschaften erfüllen.

Definition 2.21 Durchschnitt von Fuzzy-Mengen

Sei S: $[0,1] \times [0,1] \rightarrow [0,1]$ eine Funktion mit diesen Eigenschaften:

$S(a, 1) = a$	für $a \in [0, 1]$	
$a \leq b \rightarrow S(a, c) \leq S(b, c)$	für $a, b, c \in [0, 1]$	Monotonie
$S(a, b) = S(b, a)$	für $a, b \in [0, 1]$	Kommutativität
$S(a, S(b, c)) = S(S(a, b), c)$	für $a, b, c \in [0, 1]$	Assoziativität

Der **Durchschnitt** von zwei Fuzzy-Mengen Z_1 und Z_2 wird definiert durch die Zugehörigkeitsfunktion: $\mu_{Z1 \cap Z2}(x) = S(\mu_{Z1}(x), \mu_{Z2}(x))$

Man bezeichnet eine solche Funktion S als **t-Norm**.

- $S(a, 1) = a$ für $a \in [0, 1]$
  Da der Zugehörigkeitswert 1 dafür steht, dass das Element mit Sicherheit zur Fuzzy-Menge Z_2 gehört, ist plausibel, dass der Zugehörigkeitswert des Durchschnitts dem Zugehörigkeitswert zur Menge Z_1 entsprechen muss.
- $a \leq b \rightarrow S(a, c) \leq S(b, c)$ für $a, b, c \in [0, 1]$ (Monotonie)
  Ist der Zugehörigkeitswert zur Menge Z_1 nicht größer als der Zugehörigkeitswert zur Menge Z_2, so sollte dieser Größenvergleich bei der Durchschnittsbildung mit einer beliebigen anderen Fuzzy-Menge erhalten bleiben.
- $S(a, b) = S(b, a)$ für $a, b \in [0, 1]$ (Kommutativität)
  $S(a, S(b, c)) = S(S(a, b), c)$ für $a, b, c \in [0, 1]$ (Assoziativität)
  Ob man Z_1 und Z_2 verknüpft oder Z_2 und Z_1, darf keine Rolle spielen, die Reihenfolge darf keine Auswirkung auf das Resultat haben. Verknüpft man mehrere Fuzzy-Mengen, so darf das Resultat nicht davon abhängen, mit welchen Mengen man beginnt.

Beispiel 2.19 t-Normen

Folgende Funktionen sind t-Normen:

1. $S(a, b) = \min(a, b)$
2. $S(a, b) = \max(0, a + b - 1)$
3. $S(a, b) = a * b$

Man beachte, dass durch die Multiplikation von zwei stückweise linearen Funktionen im Allgemeinen eine Zugehörigkeitsfunktion entsteht, die nicht mehr stückweise linear ist.

Wählt man als t-Norm das Minimum, so entsteht für den Durchschnitt von *groß* und *klein* folgende Zugehörigkeitsfunktion:

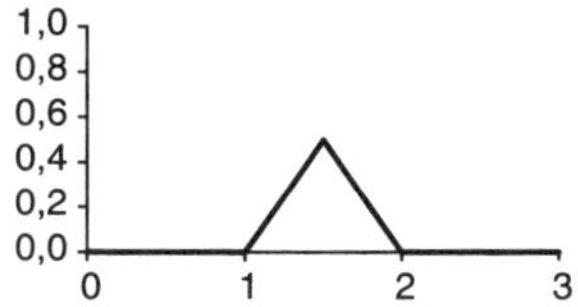

Abbildung 2.15 Zugehörigkeitsfunktion für *„groß und klein"*

Die entstandene Fuzzy-Menge widerspiegelt, dass kleine Personen bzw. große Personen nicht gleichzeitig groß und klein sind. Mittelgroße Personen dagegen können bis zu einem gewissen Grade *gleichzeitig* als groß und klein angesehen werden.

Definition 2.22 Vereinigung von Fuzzy-Mengen

Sei V: $[0,1] \times [0,1] \rightarrow [0,1]$ eine Funktion mit diesen Eigenschaften:

$V(a, 0) = a$	für $a \in [0, 1]$	
$a \leq b \rightarrow V(a, c) \leq V(b, c)$	für $a, b, c \in [0, 1]$	(Monotonie)
$V(a, b) = V(b, a)$	für $a, b \in [0, 1]$	(Kommutativität)
$V(a, V(b, c)) = V(V(a, b), c)$	für $a, b, c \in [0, 1]$	(Assoziativität)

Die **Vereinigung** von zwei Fuzzy-Mengen Z_1 und Z_2 wird definiert durch die Zugehörigkeitsfunktion: $\mu_{Z1 \cup Z2}(x) = V(\mu_{Z1}(x), \mu_{Z2}(x))$

Man bezeichnet eine solche Funktion als **t-CoNorm**.

Beispiel 2.20 t-CoNormen

Folgende Funktionen sind t-CoNormen:

4. $V(a, b) = \max(a, b)$
5. $V(a, b) = \min(1, a+b)$
6. $V(a, b) = a + b - a * b$

Wählt man als t-CoNorm das Maximum, so entsteht für die Vereinigung von *groß* und *klein* folgende Zugehörigkeitsfunktion:

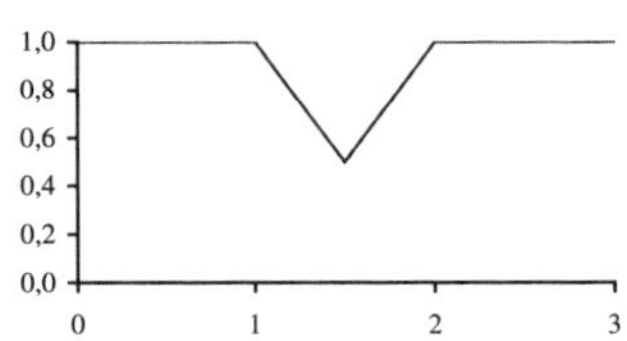

Abbildung 2.16 Zugehörigkeitsfunktion für *„groß oder klein"*

Für kleine Personen bzw. große Personen gilt mit Sicherheit, dass sie groß oder klein sind. Die mittelgroßen Personen gehören nicht mit Sicherheit zu dieser Menge.

Analog kann man das Komplement einer Fuzzy-Menge definieren.

Definition 2.23 Komplement einer Fuzzy-Menge

Sei Z eine Fuzzy-Menge. Das **Komplement** Z^c wird durch folgende Zugehörigkeitsfunktion definiert: $\mu_{Z^c}(x) = 1 - \mu_Z(x)$

In Abbildung 2.17 ist die Fuzzy-Menge für *nicht klein* dargestellt.

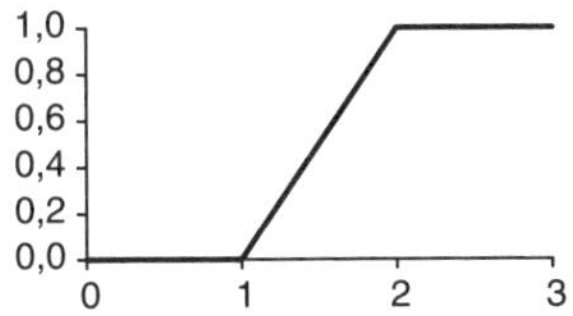

Abbildung 2.17 Zugehörigkeitsfunktion für *„nicht klein"*

2.4.3 Fuzzy-Logik

Im Abschnitt 2.1 wurde die Logik als Wissensrepräsentationssprache behandelt. In der klassischen Logik arbeitet man nur mit den Wahrheitswerten 0 und 1. Wie kann man dieses Konzept erweitern, so dass auch mit Eigenschaften wie *schnell* oder *groß* umgegangen werden kann? Das „Aufweichen" dieses Konzeptes kann mit Fuzzy-Mengen geschehen. Eine atomare Aussage ist im Folgenden keine Aussage, die entweder wahr oder falsch ist, sondern eine Fuzzy-Menge.

Wie kann man Aussagen verknüpfen? Was bedeutet die Aussage:

$$A \wedge B,$$

wenn A und B unscharfe Begriffe sind?

Wie berechnet man die logischen Verknüpfungen $\wedge$, $\vee$, $\rightarrow$? Für die Negation, das Oder und das Und können die Mengenverknüpfungen des vorigen Abschnitts verwendet werden.

Tabelle 2.20 Logische Verknüpfungen und zugehörige Mengenoperationen

Verknüpfung	Mengenoperation
$\wedge$	Durchschnitt
$\vee$	Vereinigung
$\neg$	Komplement

Für die Berechnung des logischen Und wird eine t-Norm verwendet, für die Berechnung des logischen Oder eine t-CoNorm.

Man beachte, dass die gewählte t-Norm und die gewählte t-CoNorm zueinander passen müssen, um in der klassischen Logik geltende Aussagen auch hier zu erfüllen. Wählt man als t-Norm das Minimum, als t-CoNorm das Maximum, so gilt auch in der Fuzzy-Logik die Aussage:

$$A \vee (A \wedge B) = A$$

Denn es gilt:

$$\mu_{A \vee (A \wedge B)}(x) = \max(\mu_A(x), \min(\mu_A(x), \mu_B(x))) = \mu_A(x)$$

Für die Implikation können folgende Verknüpfungen verwendet werden:

Tabelle 2.21 Logische Implikation

Name	$\mu_{A\rightarrow B}(x)$
Lukasiewicz	$\min(1, 1 - \mu_A(x) + \mu_B(x))$
Kleene-Dienes	$\max(1 - \mu_A(x), \mu_B(x))$
Zadeh	$\max(1 - \mu_A(x), \min(\mu_A(x), \mu_B(x)))$
Reichenbach	$1 - \mu_A(x) + \mu_A(x) * \mu_B(x)$

Beispiel 2.21 Ferien-Planung

Wir wollen in den Urlaub fahren. Wichtige Kriterien sind für uns:

- Der Urlaub soll möglichst in die Ferienzeit 20. Juni – 10. August fallen.
- Wir wollen an die See.
- Die Reise soll preiswert oder der Urlaubsplatz „sonnensicher" sein.

Uns liegen drei Angebote vor.

Reiseziel	Zeitraum	Preis
Wismar	19.6. –2.7	1000
Bordeaux	1.7. –14.7.	2000
Mallorca	30.7. –12.8.	1800

Aus diesen Angeboten wollen wir mit Hilfe der Fuzzy-Logik das Angebot auswählen, welches am besten auf unsere Anforderungen passt.

Die Fuzzy-Werte für die Bewertung, ob der Ferienplatz an der See liegt oder der Urlaubsplatz „sonnensicher" ist, werden empirisch festgelegt. Als Zugehörigkeitsfunktion für die Fuzzy-Menge „preiswert" nehmen wir die stückweise lineare Funktion:

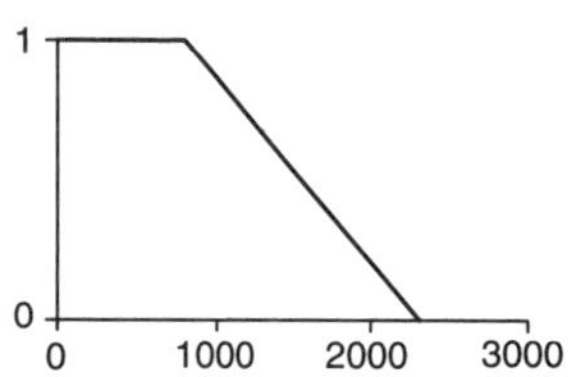

Abbildung 2.18 Zugehörigkeitsfunktion für *„preiswert"*

Da wir eigentlich in der Ferienzeit verreisen wollten, zwei Angebote aber nicht vollständig in dieser Zeit liegen, bewerten wir die Angebote auch bezüglich ihrer Überdeckung mit der geforderten Zeit. Die Bewertung wird als Quotient aus der Zahl der Tage innerhalb des Zeitraum und der Gesamtzahl von 14 Tagen berechnet.

Die Berechnung erfolgt in drei Varianten für die t-Norm und t-CoNorm (vgl. Beispiele 2.19 und 2.20).

Für Variante 1 ergibt sich z.B. für den Urlaubsplatz Wismar:

$Sonne \vee preiswert$: max(0.9, 0.8) = 0.9

$Zeitraum \wedge See \wedge (Sonne \vee preiswert)$: min(0.929, 0.95, 0.9) = 0.9

Die komplette Übersicht ist in Tabelle 2.22 enthalten:

Tabelle 2.22 Ferienplanung mit Fuzzy-Logik

Reiseziel	Wann	Fuzzy Zeitraum	Fuzzy Preis	Fuzzy Sonne	Fuzzy See	Var. 1	Var. 2	Var. 3
Wismar	19.6. –2.7.	0.93	0.9	0.8	0.95	0.9	0.88	0.86
Bordeaux	1.7. –14.7.	1	0.4	0.9	0.8	0.8	0.8	0.75
Mallorca	30.7. –12.8.	0.86	0.5	0.95	0.99	0.86	0.85	0.83

Für die Inferenz mit Fuzzy-Mengen kann auch die **Resolutionsregel** auf Fuzzy-Mengen verallgemeinert werden.

$$\begin{array}{ll} A \vee B & z_1 \\ \underline{\neg A \vee C} & z_2 \\ B \vee C & \min(z_1, z_2) \end{array}$$

Man beachte, dass durch die Verwendung des Minimums die Fuzzy-Funktion einer Resolvente immer kleiner (oder gleich) als die Eltern-Fuzzy-Funktionen ist. Die Gefahr besteht, dass bei einer langen Schlusskette der Widerspruch zwar gefunden wird, die zugehörige Fuzzy-Funktion aber relativ nahe bei null ist.

Fuzzy-Logik und Prolog

Prolog-Programme bestehen aus Regeln:

H ←B1 ∧ B2 ∧ … ∧ Bn

und Fakten:

H ←

Man kann Prolog mit Hilfe der Fuzzy-Resolutionsregel oder mit Hilfe einer Fuzzy-Modus-ponens-Regel auf Fuzzy-Logik-Ebene „liften“. Der Modus ponens sieht in der Fuzzy-Logik wie folgt aus:

$$\begin{array}{ll} A \rightarrow B & z_1 \\ \underline{A \qquad} & z_2 \\ B & z_1 * z_2 \end{array}$$

2.4.4 Fuzzy-Regler

In Kapitel 5 wird anhand des Fahrradfahrens gezeigt, dass wir Menschen bestimmte Fähigkeiten haben, die nicht ohne weiteres auf einen Computer übertragbar sind, da der Mensch bestimmte Fähigkeiten erlernt und Aufgaben erfüllt, ohne dass er darüber „nachdenkt“.

Typische Verhaltensregeln des Menschen sind:

- Wenn die Gefahr groß, dann laufe schnell.
- Wenn das Motorengeräusch laut ist, dann ist das Fahrzeug nah.
- Wird das Motorengeräusch lauter, so kommt das Fahrzeug näher.
- Wenn das Ziel nah und die Geschwindigkeit groß ist, dann muss man stark bremsen.

Diese unscharfen Regeln und die erlernten Assoziationen zu den unscharfen Begriffen wie nah, laut, groß erlauben es uns Menschen, in bestimmten Situationen sehr schnell zu reagieren.

Im Folgenden soll gezeigt werden, wie man Fuzzy-Mengen benutzen kann, um mit solchen Regeln arbeiten zu können. Dies wird am Beispiel einer zum Fahrradfahren analogen Aufgabe erläutert.

Das Inverse Pendel

Ein Stab soll balanciert werden. Es darf nur das untere Ende des Stabes bewegt werden.

Die zur Verfügung stehenden Messgrößen sind der Winkel γ sowie die Winkelgeschwindigkeit γ'. Die einzige Möglichkeit der Einflussnahme ist es, eine horizontale Kraft am unteren Ende des Stabes anzulegen.

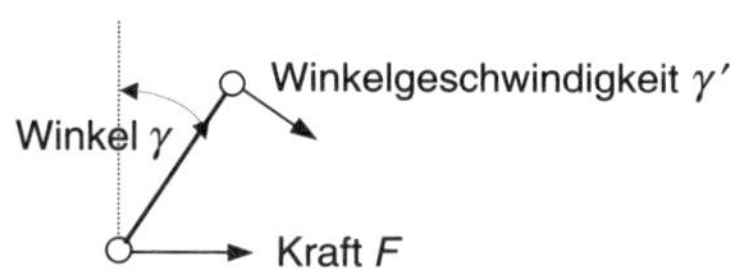

Abbildung 2.19 Messgrößen am inversen Pendel

Im Gegensatz zur klassischen Lösung, wo über eine numerische Modellierung die anzulegende Kraft bestimmt wird, soll hier über einfache Regeln ein Balancieren erreicht werden.

Der Wertebereich für den Winkel beträgt [–90, 90], gemessen in Grad. Die Winkelgeschwindigkeit ist die erste Ableitung des Winkels nach der Zeit und hat einen Wertebereich von [–50, 50], gemessen in Grad pro Sekunde. Der Wertebereich für die Kraft F sei [–10, 10], gemessen in Newton.

Eine Regel zur Steuerung des Pendels ist:

WENN γ ist positiv klein UND γ' ist etwa null DANN F ist positiv klein.

Sie ist zu lesen als: Wenn das Pendel einen kleinen positiven Ausschlag hat und die Winkelgeschwindigkeit ungefähr null ist, dann muss eine geringe, positive Kraft angelegt werden.

Man hat auf der einen Seite **Messgrößen**, auf der anderen Seite **Stellgrößen**.

- Linke Seite einer Regel: Messgrößen
- Rechte Seite einer Regel: Stellgrößen

Im Folgenden gehen wir davon aus, dass n Messgrößen

$$x_1 \in Y_1, x_2 \in Y_2, \ldots, x_n \in Y_n$$

sowie eine Stellgröße

$$z \in Z$$

vorliegen. Regeln haben dann die Form:

$$\text{Regel}_j: \quad \text{WENN } Y_1 \text{ IST } x_{1j} \text{ UND } \dots \text{ UND } Y_n \text{ IST } x_{nj} \text{ DANN } Z \text{ IST } z_j$$

Fuzzy-Regeln haben die gleiche Struktur wie die in Abschnitt 2.2 eingeführten Regeln.

Offen ist hier die Modellierung der Begriffe „etwa null", „positiv klein". Dazu kann man die Fuzzy-Mengen verwenden. Die Begriffe „etwa null" und „positiv klein", bezogen auf den Winkel γ, können durch die in Abbildung 2.20 dargestellten Dreiecksfunktionen charakterisiert werden.

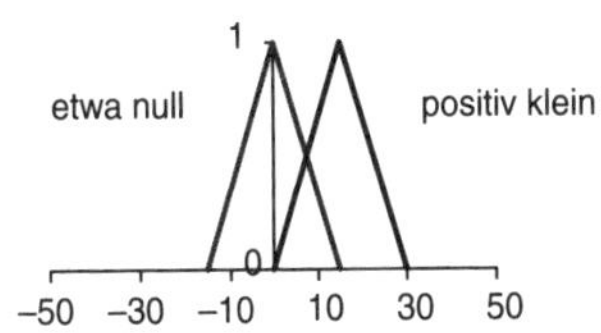

Abbildung 2.20 Zugehörigkeitsfunktion für *„etwa null", „positiv klein"*

Die Zuordnung eines Messwertes zu den Fuzzy-Mengen bezeichnet man als **Fuzzyfizierung**. Die Regeln für die Kontrolle des Pendels werden in einer Matrix dargestellt.

Tabelle 2.23 Fuzzy-Regler für inverses Pendel

		γ:						
		ng	**nm**	**nk**	**en**	**pk**	**pm**	**pg**
γ':	**ng**				ng			
	nm				nm			
	nk			nm	nk	en		
	en	ng	nm	nk	en	pk	pm	pg
	pk			en	pk	pm		
	pm				pm			
	pg				pg			

Dabei bedeutet ein positiver Winkel γ einen Ausschlag des Pendels nach rechts. Eine positive Kraft wirkt nach rechts.

Die Bezeichnungen für die unscharfen Werte positiv, negativ, klein, mittel, groß wurden abgekürzt, „pg" steht für „positiv groß", „en" für „etwa null".

In der Tabelle wurden nur einzelne Felder ausgefüllt. Zum einen ist es in bestimmten Extrem-Situationen sinnlos, einen Rettungsversuch zu starten. Ist der Winkel schon sehr groß, und ist die Winkelgeschwindigkeit ebenfalls „in die gleiche Richtung" groß, wird der Versuch ohnehin scheitern, den Stab wieder in das Gleichgewicht zu bringen. Zum anderen sollte nicht die Lösung einer Übungsaufgabe vorweggenommen werden.

Wie kann mit diesen Regeln der Stab balanciert werden? Im allgemeinen kommen mehrere Regeln in Frage.

Es wird der Fall $\gamma = 0$, $\gamma' = -3$ betrachtet. Der Stab befindet sich zwar im Gleichgewicht, bewegt sich aber nach links. Definiert man die Fuzzy-Mengen für γ gemäß Abbildung 2.20, kommen nur Regeln, die den Winkel γ mit „etwa null" einstufen, in Betracht. Sind die Fuzzy-Mengen für die Winkelgeschwindigkeit wie in Abbildung 2.21 definiert, so kommen zwei Regeln in Frage.

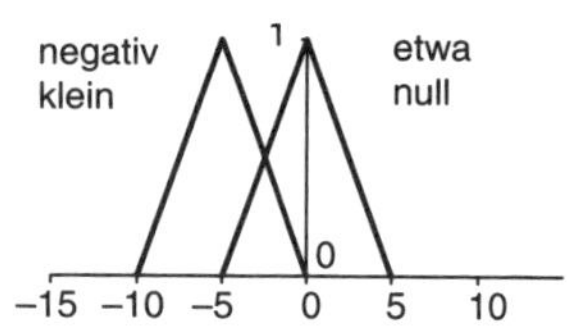

Abbildung 2.21 Fuzzy-Mengen *„negativ klein"* und *„etwa null"*

WENN γ IST etwa null UND γ' IST etwa null DANN F IST etwa null

WENN γ IST etwa null UND γ' IST negativ klein DANN F IST negativ klein

Das Minimum der Zugehörigkeitswerte der Bedingungen ergibt für die beiden Regeln:

$c_1 = \min(b_{11}, b_{21}) = \min(1, 0.4) = 0.4$

$c_2 = \min(b_{12}, b_{22}) = \min(1, 0.6) = 0.6$

Für alle anderen Regeln gilt $c_i = 0$.

Jede Regel liefert eine Fuzzy-Menge, die zur Anwendung kommen könnte. Eine Fuzzy-Menge ist aber wenig hilfreich. Man braucht einen exakten Wert für die anzulegende Kraft. Wie wird die anzulegende Kraft berechnet? Zunächst beschränkt man die Zugehörigkeitsfunktion für „F etwa null" auf den Zugehörigkeitswert $c_1 = 0.4$.

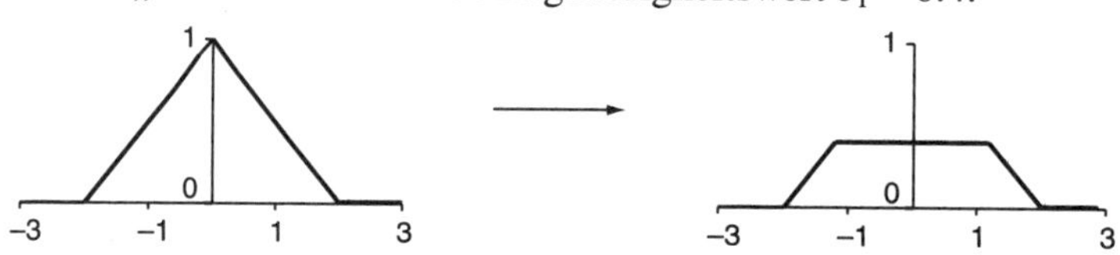

Analog beschränkt man die Zugehörigkeitsfunktion für „F negativ klein" auf $c_2 = 0.6$.

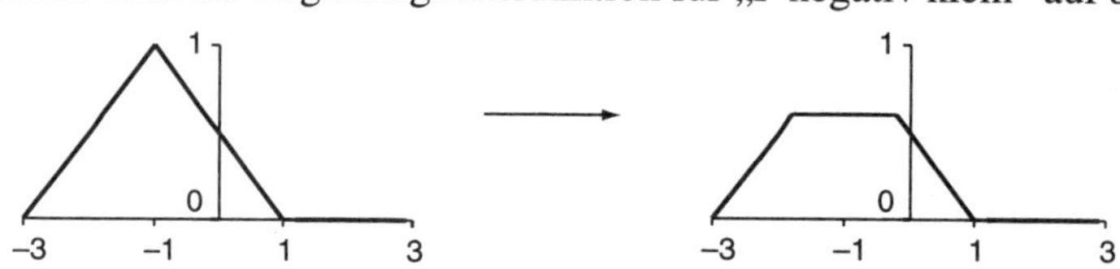

Es wird der Schwerpunkt der aus beiden Flächen entstehenden gemeinsamen Fläche berechnet.

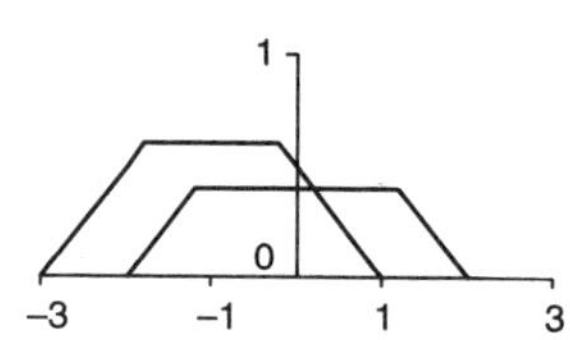

Der x-Wert unter diesem Schwerpunkt wird als Stellwert genommen. Es wird eine Kraft von ca. –0.57 N angelegt.

Dieses Vorgehen wird **Schwerpunktmethode** genannt. Man bezeichnet das Berechnen eines exakten Wertes aus einer Fuzzy-Menge als **Defuzzyfizierung**.

Die allgemeine Architektur eines Fuzzy-Reglers ist in Abbildung 2.22 dargestellt.

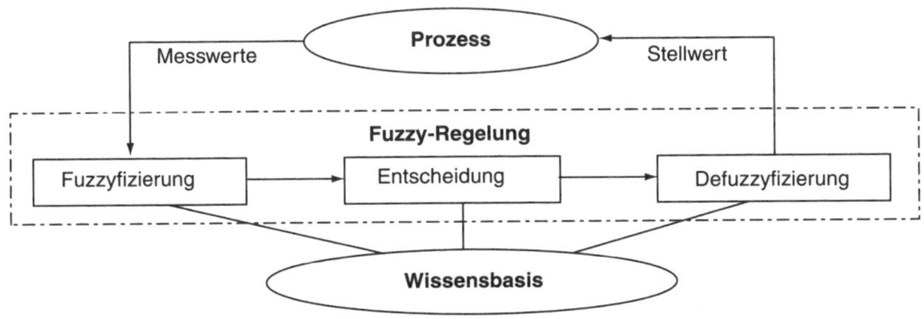

Abbildung 2.22 Architektur eines Fuzzy-Reglers

Die Wissensbasis besteht aus Regeln und Fuzzy-Mengen. Für alle Messwerte wird ihr Zugehörigkeitswert zu den Fuzzy-Mengen bestimmt. Mit diesen Werten werden alle Bedingungen aller Regeln überprüft. Mit der Schwerpunktmethode wird der Stellwert berechnet.

Im WWW stehen unter der Adresse www.wi.hs-wismar.de/ki-buch weitere Beispiele und Informationen. Dort sind auch Hinweise zu anderen Logiken verfügbar, beispielsweise zum Umgang mit unvollständigem Wissen.

2.4.5 Übungen

Aufgaben

2.35 Beweisen Sie die Gültigkeit von $P(A \mid A \cap B) = 1$.

2.36 Seien folgende Werte gegeben: $MB(x_1)$=0.4, $MB(x_2)$=0.8, $MD(x_1)$=0.1, $MD(x_2)$=0.4. Berechnen Sie $CF(x_1 \vee x_2)$ und $CF(x_1 \wedge x_2)$.

2.37 Gegeben seien die Regeln:

Regel 1: $A \vee B \vee C \xrightarrow{0.6} Z$

Regel 2: $D \xrightarrow{0.8} Z$

Regel 3: $M \wedge N \xrightarrow{0.4} H$

Regel 4: $Z \xrightarrow{0.6} H$

Berechnen Sie den Sicherheitsfaktor für H, wenn $MB(A)$=0, $MB(B)$=0.7, $MB(C)$=$MB(D)$=0.4, $MB(M)$=0.3, $MB(N)$=0.8, $MD(B)$=0.1 und alle anderen MD gleich 0 sind.

2.38 Marianne möchte sich eine neue Festplatte kaufen. Sie betrachtet dazu drei verschiedene Produkte A, B und C. Seien die Wahrscheinlichkeiten dafür, dass Marianne A, B oder C wählt, sowie dafür, dass eine bestimmte Marke innerhalb von 1 Jahr defekt ist, gegeben:

Marke	Wahrscheinlichkeit, dass Marianne diese Marke wählt	Wahrscheinlichkeit, dass die Marke innerhalb eines Jahres defekt ist
A	0.4	0.05
B	0.5	0.02
C	0.1	0.01

Wenn die gekaufte Festplatte tatsächlich innerhalb des ersten Jahres defekt ist, wie groß ist die Wahrscheinlichkeit dafür, dass es sich um Marke A handelt?

2.39 Entwickeln Sie mögliche Fuzzy-Mengen für die Begriffe:

- hoher Umsatz
- wenig Mitarbeiter
- hoher Altersdurchschnitt.

2.40 Finden Sie stückweise lineare Funktionen für die Fuzzy-Mengen:

- schwer
- ungefähr 10 Stück.

Geben Sie die Repräsentation der stückweise linearen Funktionen an?

2.41 Überprüfen Sie, ob die angegebenen Beispiele für t-Normen und t-CoNormen die für den Durchschnitt und die Vereinigung geforderten Eigenschaften erfüllen.

2.42 Berechnen Sie für die Fuzzy-Mengen *groß* und *klein* den Durchschnitt und die Vereinigung. Verwenden Sie dabei die Funktionen min/max .

2.43 Entwickeln Sie einen Algorithmus zur Berechnung der Mengenoperationen auf Fuzzy-Mengen, wobei stückweise lineare Funktionen als Zugehörigkeitsfunktionen vorausgesetzt werden.

2.44 Entwickeln Sie Fuzzy-Mengen für die fehlenden Kategorien für den Ausschlagswinkel und die Winkelgeschwindigkeit. Ergänzen Sie die fehlenden Einträge in der Regeltabelle. Wie verhält sich der Fuzzy-Regler, wenn der Winkel 20° beträgt und die Winkelgeschwindigkeit –10°/s ist?

Referate

2.45 Finden Sie weitere Beispiele für unsichere und unscharfe Aussagen. Begründen Sie, warum es sich um unscharfe bzw. unsichere Aussagen handelt.

2.46 Fuzzy-Regler in der Praxis: Geben Sie einen Überblick über Einsatzgebiete von Fuzzy-Reglern und stellen Sie Anwendungen zusammen.

2.47 Geben Sie einen Überblick über Konzepte zur Verarbeitung von unvollständigem Wissen.

3

Problemlösung mittels Suche

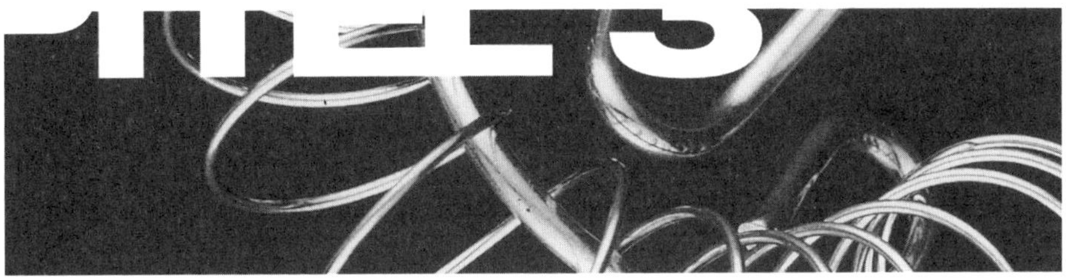

3 Problemlösung mittels Suche

Sehr viele Probleme lassen sich auf Suche zurückführen. Aufgaben wie beispielsweise die Tourenplanung können mittels Suche gelöst werden. Aber auch in den KI-Techniken selbst findet man Suchprobleme. In Kapitel 2 wurden Logik und Regelsysteme behandelt. Sowohl beim Finden eines Beweises als auch bei der Verarbeitung von Regeln hat man es mit *Suche* zu tun.

Beispiel 3.1 Containerlager

In einem Containerlager sollen Container umgestapelt werden. Dafür stehen drei Stellplätze zur Verfügung. Die Container A und B sollen vom linken auf den rechten Stellplatz transportiert werden, wobei der mittlere benutzt werden kann. Die Container können immer nur einzeln transportiert werden.

Wie kann ein Agent, z. B. eine automatische Containerbrücke, das Problem lösen?

Es gibt mehrere Aktionen, die ausgeführt werden könnten. Im ersten Schritt könnte man den Container A auf den mittleren oder den rechten Platz legen. Im zweiten Schritt kann man Container B auf A legen oder B auf den freien Platz verschieben oder auch A zurück auf B stellen. Abbildung 3.1 enthält einen Ausschnitt der Möglichkeiten:

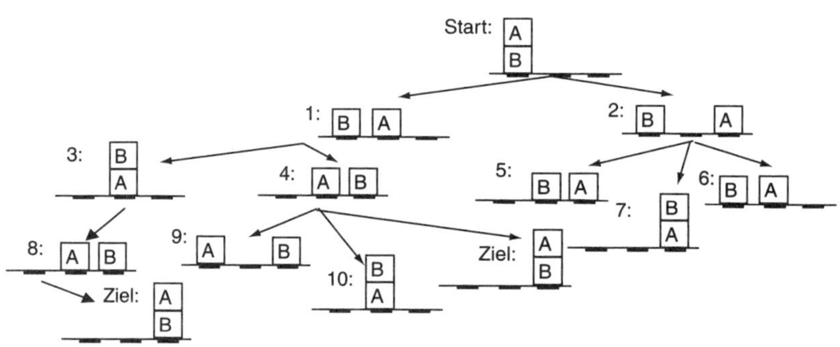

Abbildung 3.1 Container-Problem – Ausschnitt

Wie findet man eine Folge von Aktionen, die zum Ziel führt? Bei zwei Containern ist das noch kein Problem. Man legt den Container A auf den mittleren Platz, transportiert dann B zum Zielplatz und platziert A auf B.

Das Beispiel wurde bewusst einfach gewählt. Ziel ist es, Software zu entwickeln, die uns die Lösung des Problems abnimmt. Aus dem Zwei-Container-Beispiel lässt sich sofort ein reales Problem entwickeln. Wie geht man vor, wenn nicht nur zwei Container übereinander gestapelt sind, sondern 10 oder mehr?

Eine mögliche Lösung wäre das systematische Durchprobieren aller Möglichkeiten. Man startet beim Startzustand und untersucht, welche Aktionen möglich sind. Von den so erreichbaren Zuständen sucht man weiter, bis der Zielzustand erreicht wird.

Es gibt zahlreiche Probleme, deren Lösung man nicht durch ein zielgerichtetes, deterministisches Vorgehen findet. Man kennt den Weg zu einer Lösung nicht und versucht demzufolge, durch Probieren und Verwerfen eine Lösung zu finden. Allerdings müssen Aktionen oder Schritte bekannt sein, die zum Ziel führen könnten.

Für die Bestimmung des kleinsten gemeinsamen Vielfachen zweier natürlicher Zahlen ist ein Algorithmus bekannt. Hätte man diesen nicht, könnte man aber durch sukzessives Ausprobieren aller Zahlen – beginnend bei 1 – die Lösung finden.

Häufig lassen sich Probleme, für die kein Lösungsalgorithmus bekannt ist, als **Suchproblem** wie im Containerbeispiel darstellen.

Wodurch ist das Containerproblem ausgezeichnet?

1. Es gibt einen definierten **Ausgangszustand**.
2. Der gewünschte **Zielzustand** ist vorgegeben.
3. Die möglichen **Aktionen** zum Übergang von einem Zustand zum nächsten sind bekannt.

Man kann das Containerproblem folglich als Suchproblem in einem gerichteten Graphen betrachten. Die Knoten sind die Zustände. Die Wurzel des Graphen ist der Ausgangszustand. Die Kanten sind die Zustandsübergänge.

Definition 3.1 Graph

Ein Graph besteht aus einer Menge N von Knoten und einer Menge E von Kanten: $G = (N, E)$, dabei besteht E aus Paaren von Knoten: $E \subseteq N \times N$.

In diesem Kapitel werden verschiedene Verfahren zur Problemlösung mittels Suche als Verfahren zur Suche in einem Graphen vorgestellt.

Definiton 3.2 Suchproblem

Ein Suchproblem $S = (z_1, N, E, ziel)$ ist definiert durch:

- Sei (N, E) ein Graph.
- $z_1 \in N$
- $ziel : N \rightarrow \{\mathsf{W}, \mathsf{F}\}$

Gesucht ist eine Folge von Knoten $k_0, k_1, \ldots, k_n$ mit den Eigenschaften:

1. $z_1 = k_0$
2. $(k_i, k_{i+1}) \in E$ für $i = 0, \ldots, n-1$
3. $ziel(k_n) = \mathrm{W}$

Ein Suchproblem besteht darin, einen Weg von einem Startzustand z_1 zu einem Zielzustand zu finden. Die boolesche Funktion *ziel* überprüft das Erreichen eines Zielzustandes. Die möglichen Zustandsübergänge sind durch den Graphen (N, E) vorgegeben.

Folgen von Zustandsübergängen lassen sich als Listen von Zuständen darstellen. Ein Zustand kann dabei durchaus selbst wieder eine Liste sein. Für das Containerbeispiel sieht eine Zustandsfolge zum Zielzustand wie folgt aus:

$$[[A, B], [\,], [\,]] \rightarrow [[B], [A], [\,]] \rightarrow [[\,], [A], [B]] \rightarrow [[\,], [\,], [A, B]]$$

Bevor auf verschiedene Suchstrategien eingegangen wird, sollen zunächst zwei wichtige Kriterien für das Suchen betrachtet werden.

Im Allgemeinen ist es nicht sinnvoll, mehrmals durch den gleichen Zustand zu laufen. Zur Motivation wird Beispiel 3.2 betrachtet.

Beispiel 3.2 Wassergefäße

Wir sind im Urlaub auf einem Campingplatz an der Ostsee. Heute sind wir mit der Zubereitung der Vorsuppe dran. Doch bereits beim Abmessen des Wassers gibt es das erste Problem. Laut Beschreibung benötigen wir exakt 2 Liter. Wir haben aber nur 2 kleine Kanister, einer fasst 3 Liter, der andere 4 Liter. Beide haben keine Skalen. Können wir trotzdem exakt 2 Liter bekommen?

Dieses Problem können wir durch Suchen lösen.

Der **Ausgangszustand**: Beide Gefäße sind leer.

Der **Zielzustand**: In mindestens einem Gefäß sind exakt 2 Liter.

Es gibt nur drei mögliche **Aktionen**, die man ausführen kann:

1. Auffüllen eines Gefäßes
2. Ausschütten eines Gefäßes
3. Umfüllen des Inhaltes eines Gefäßes in das andere

In Abbildung 3.2 ist ein Ausschnitt aus den sich ergebenden Möglichkeiten dargestellt:

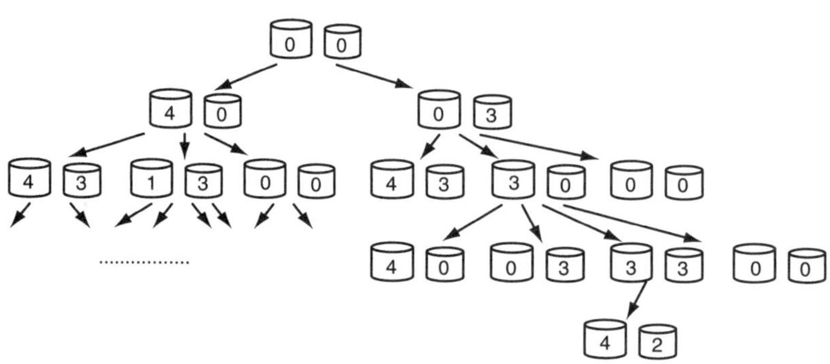

Abbildung 3.2 Wasserproblem

Der aktuelle Zustand wird durch ein Paar von Zahlen beschrieben, und zwar durch die in den Kanistern enthaltene Menge Wasser. [3,0] bedeutet, dass im 4-Liter-Gefäß 3 Liter, im 3-Liter-Gefäß 0 Liter enthalten sind.

Es fällt auf, dass Zustände mehrfach vorkommen, beispielsweise [0,0] oder [4,3]. Eine sinnvolle alternative Darstellung zeigt Abbildung 3.3.

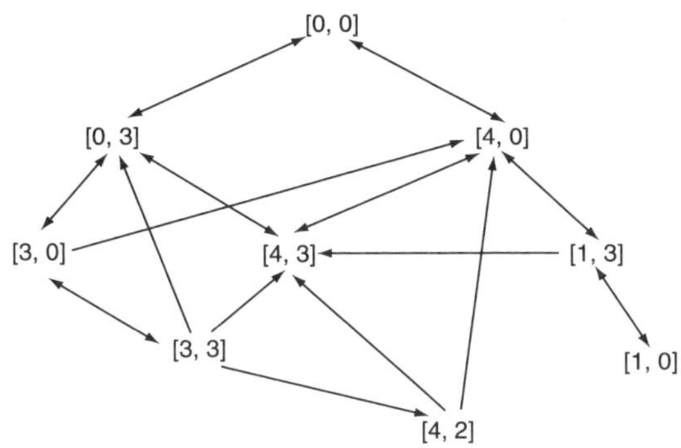

Abbildung 3.3 Suchraum des Wasserproblems (Ausschnitt)

Die Kante von [0,0] zu [0,3] ist durch einen Doppelpfeil gekennzeichnet, da man sowohl von [0,0] nach [0,3] durch Auffüllen des 3-Liter-Gefäßes als auch von [0,3] nach [0,0] durch Ausschütten des 3-Liter-Gefäßes kommt. Dagegen kommt man zwar durch Auffüllen von [4,2] nach [4,3], aber mit keiner Aktion wieder zurück.

Ist es in diesem Beispiel sinnvoll, mehrmals durch den Zustand [0,3] zu laufen? Dies könnte durch diese Aktionsfolge passieren:

[0,0] → [0,3] → [4,3] → [4,0] → [1,3] → [1,0] → [0,1] → [0,3]

Man sieht sofort, dass dies nicht sinnvoll ist. Angenommen, es gibt einen Weg zu einer Lösung, der über die obige Zustandsfolge führt:

[0,0] → **[0,3]** → **[4,3]** → **[4,0]** → **[1,3]** → **[1,0]** → **[0,1]** → [0,3] .... → .... [4,2]

Dann kann man diese Lösung auf direktem Weg über [0,3] finden. Das doppelte Durchlaufen des Zustands [0,3] ist nicht erforderlich.

Frage

Kennen Sie Beispiele, wo es durchaus sinnvoll ist, das zweimalige Durchlaufen des gleichen Zustands zuzulassen?

Neben der Beobachtung, dass das mehrmalige Durchlaufen eines Zustands nicht erforderlich ist, gibt es ein zweites Kriterium. Dieses ergibt sich aus der nahe liegenden Forderung, dass das Suchverfahren eine Lösung, falls sie existiert, auch nach endlicher Zeit finden sollte. Dies ist nicht ohne weiteres sicher. Betrachtet man das Wasserbeispiel und vernachlässigt man die Forderung nach dem nur einmaligen Durchlaufen eines Zustands, so kann ein einfaches Suchverfahren in einen unendlichen Zyklus geraten, in dem es ständig zwischen den Zuständen [0,3] und [0,0] durch Ausschütten und Auffüllen wechselt. Der

Suchraum muss im Allgemeinen komplett durchsucht werden. Wird in einem Suchraum jeder mögliche Zustandsübergang untersucht, so bezeichnet man dies als **vollständige Suche**.

Es gibt eine Vielzahl von praktischen Problemen, die mittels Suche gelöst werden können, z.B. im Bereich der Tourenplanung (Suche nach einer günstigen Route), bei der Produktionsplanung (günstige Folge von Arbeitsschritten) sowie bei Diagnoseproblemen, wo in einer Vielzahl von möglichen Kombinationsmöglichkeiten gesucht wird. Auf einige wird im Rahmen dieses Kapitels eingegangen.

Auch viele Spiele passen in dieses Schema: Schach ist ein im Prinzip sehr einfaches Spiel, es gibt eine definierte Ausgangssituation, klare Regeln und ein genau beschreibbares Ziel. Schach ist ein Problem, welches durch einen **Zustandsraum** beschrieben werden kann:

- Ausgangszustand
- Zielzustände (gegnerischer König im Matt, eigener König nicht bedroht)
- wohldefinierte Zustandsübergänge (Aktionen).

Der Zustandsraum ist auch hier ein Graph. Die Knoten repräsentieren die Schachstellungen, die Kanten sind die möglichen Züge. Da ein Zustandsübergang auch das Schlagen einer Figur sein kann, ist der Zustandsübergang nicht immer umkehrbar. Das Schachspiel lässt sich folglich ebenso durch einen gerichteten Graph beschreiben.

Das Problem beim Schach ist, dass man nicht weiß, wie man sicher gewinnt. Es ist kein Algorithmus bekannt, um Schwarz sicher zu schlagen. Gäbe es einen solchen Algorithmus, würde dies bedeuten, dass Weiß in jeder Situation mindestens einen sicheren Gegenzug kennt, um zu gewinnen. Vielmehr muss man es der eigenen Intuition und Erfahrung überlassen, einen günstigen Zug auszuwählen. Aus der Vielzahl von Möglichkeiten, in einer bestimmten Situation eine Figur zu ziehen, muss ein Zug selektiert werden. Dazu überlegt man – je nach Qualität der eigenen spielerischen Fähigkeiten –, wie Schwarz auf die möglichen Züge reagieren könnte, wie man selbst wiederum darauf reagieren könnte usw.

Im Prinzip kann man diese Aufgabe dem Computer übertragen. Ziel ist es, in einer bestimmten Situation eine solche Aktion zu finden, so dass man mit Sicherheit gewinnt. Sicher gewinnen, heißt, dass uns jeder Zug von Schwarz wiederum ermöglicht, einen „Sieger"-Zug ausführen zu können. Dazu ist das komplette Recherchieren aller Möglichkeiten nötig. Damit hat man das Problem auf Suche reduziert, und zwar Suche in einem gerichteten Graph.

Wird der Graph ohne Zusatzinformation durchsucht, bezeichnet man dies als **uninformierte Suche**. Natürlich benutzt man gerade beim Schach Erfahrungswerte. Es ist selten sinnvoll, den eigenen König isoliert von anderen eigenen Figuren allein zu positionieren. Dies kann in der Suche verwendet und der Suchraum damit reduziert werden. Das Verwenden von solchen Zusatzinformationen führt zu einer **heuristischen** oder **informierten** Suche.

Die Komplexität des Schachspiels ist aber so groß, dass man eine **vollständige Suche**, das komplette Durchsuchen des Suchraums auch unter Einbeziehung von Informationen nicht realisieren kann. Man ist demzufolge gezwungen, Kompromisse zu finden. Ein möglicher Kompromiss ist neben der Bewertung von Stellungen auf dem Schachbrett die Begrenzung der Tiefe im Suchraum. Die Vorschau möglicher Züge wird auf eine bestimmte Zahl von Zügen beschränkt.

Warum sucht man nicht nach diesem Prinzip? Der Suchraum hat eine enorme Größe und wächst mit jeder weiteren Ebene, bis zu der man die Vorschau der Züge durchführen möchte.

Im Folgenden werden verschiedene Suchstrategien untersucht. Im WWW findet man unter www.wi.hs-wismar.de/ki-buch sowohl entsprechende Software als auch Beispiele.

3.1 Uninformierte Suche

Uninformierte Suche wird immer dann angewendet, wenn keine Zusatzinformationen über das zu lösende Problem existieren. Zunächst wird die Frage behandelt: Wie kann man die Suche prinzipiell organisieren?

Das Vorgehen wird zunächst schematisch dargestellt. Als Datenstruktur zur Darstellung aller bisher gefundenen (eventuell noch nicht vollständigen) Wege durch den Suchgraphen wird die Liste gewählt.

Sei

- Kand die **Liste der Kandidaten von Wegen**, die zu untersuchen sind,
- z_1 der **Ausgangszustand**,
- z und s **Zustände (Knoten des Graphen)** und
- p **Wege** durch den Zustandsraum

Ein Weg ist dabei eine Folge von durch Kanten verbundenen Knoten.

Listing 3.1 Prinzipieller Algorithmus für Suche

```
FUNCTION SUCHE
  Kand := [z1];
  Ziel_erreicht := false;
  REPEAT
    Wähle aus Kand einen Weg :   p := z1z2 ... zm    aus ;
    Ziel_erreicht := ziel(zm) ;
    IF NOT Ziel_erreicht   THEN
      Berechne alle Zustände, die von zm in einem Schritt erreicht
               werden können : [s1, ... , sk] ;
      Lösche p aus Kand heraus ;
      Füge die Wege z1z2...zms1 , .... , z1z2...zmsk in Kand ein;
    ENDIF;
  UNTIL Ziel_erreicht;
  RETURN p;
END
```

Ein Weg $p = z_1 z_2 \ldots z_m$ enthält die Folge von Zuständen, die durch Zustandsübergänge entstehen. In $m-1$ Schritten kommt man vom Startzustand z_1 zum Zustand z_m.

Die Suche beginnt damit, dass alle Nachfolger des Startzustandes z_1, somit alle Zustände, die in einem Schritt erreicht werden können, berechnet werden: $s_1, \ldots, s_k$. Man erhält eine Menge von möglichen Wegen: $z_1s_1, \ldots, z_1s_k$. Aus dieser Menge (Kand) sucht man einen Weg heraus und geht von dessen Endpunkt einen Schritt weiter. Ist der gewählte Weg $p=z_1z_2 \ldots z_m$, d.h. man gelangt in *m*–1 Schritten von z_1 über $z_2 \ldots z_{m-1}$ zu z_m, so sucht man alle Nachfolger von z_m und erweitert den Weg p entsprechend. Die logische Variable Ziel_erreicht enthält die Information, ob eine Lösung gefunden wurde.

Warum werden alle Zwischenzustände gespeichert?

Hier gibt es zum einen ein inhaltliches Argument: Bei vielen Problemen interessiert nicht nur, ob man zu einem Zielzustand gelangt, sondern insbesondere auch wie. Ganz offensichtlich ist dies beim Wasserproblem: Die Information, dass man 2 Liter erzeugen kann, ist unnütz. Vielmehr interessiert die Folge von Aktionen, die ausgeführt werden muss, um zu 2 Litern zu gelangen.

Zum anderen wurde gefordert, dass nicht mehrfach durch den gleichen Zustand gelaufen werden soll. Damit dies überprüft werden kann, muss man sich merken, welche Zustände bereits durchlaufen wurden.

Das oben dargestellte, prinzipielle Vorgehen bei der Suche bietet Freiheitsgrade. Dies betrifft zum einen

- das *Einfügen* der neuen Wege sowie
- das *Auswählen* eines Kandidaten aus der aktuellen Kandidatenliste Kand.

Es wird im Weiteren immer das erste Element der Liste gewählt. Dies ist keine Einschränkung, da durch entsprechendes Sortieren der Liste der gewünschte Kandidat an die erste Stelle gesetzt werden kann.

Somit verbleiben die Freiheitsgrade beim Einfügen der neuen Kandidaten sowie beim **Sortieren der Kandidatenliste**.

Fügt man die neuen Wege an den Anfang der Liste der Kandidaten ein, so hat man den Effekt, dass immer mit den neuen Kandidaten weitergearbeitet, weitergesucht wird. Scheitert die Suche mit diesen, wird sukzessive auf die älteren Kandidaten zurückgegriffen. Die älteren Kandidaten werden zurückgestellt und erst dann bearbeitet, wenn der aktuelle Kandidat und die daraus entstandenen Wege komplett untersucht wurden.

Man arbeitet immer mit einem der *neuen* Knoten weiter, geht also im Suchgraphen immer eine Ebene tiefer. In der Darstellung als Graph äußert sich dieses Vorgehen in einem sich ständig verlängernden Weg vom Startknoten zu einem aktuellen Knoten. Die Suche geht also zunächst in die Tiefe, weshalb man dieses Verfahren als **Tiefensuche** (Tiefe-zuerst-Suche, depth first) bezeichnet.

Im Wasserproblem stellt sich Tiefensuche wie folgt dar:

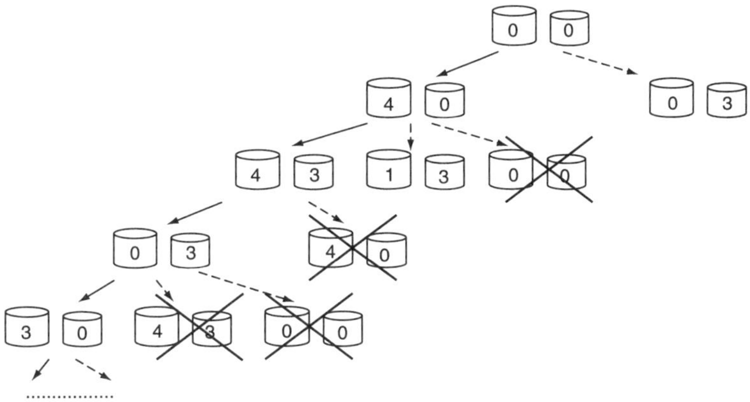

Abbildung 3.4 Wasserproblem – Tiefensuche

Die Suche wird immer in einem Teilgraphen fortgesetzt. Sucht man im Teilgraphen unterhalb von [4,0], so wird dieser erst dann wieder verlassen, wenn dieser Teilgraph komplett durchsucht wurde. Der Weg [[0,0], [4,0], [1,3]] wird erst dann bearbeitet, wenn alle Wege, die über [[0,0], [4,0], [4,3]] führen, untersucht wurden.

In Abbildung 3.4 wurden die Zustandsübergänge gestrichen, die aufgrund der Restriktion, dass Zustände nicht zweimal durchlaufen werden dürfen, entfallen.

Fügt man die neuen Wege dagegen am Ende der Liste Kand ein, so werden zunächst ältere Kandidaten bearbeitet, bevor die neueren abgearbeitet werden. Dies bezeichnet man als **Breitensuche** (Breite-zuerst-Suche, breadth first). Jede Ebene im Suchgraphen wird komplett durchsucht, danach wird auf die nächste Ebene übergegangen.

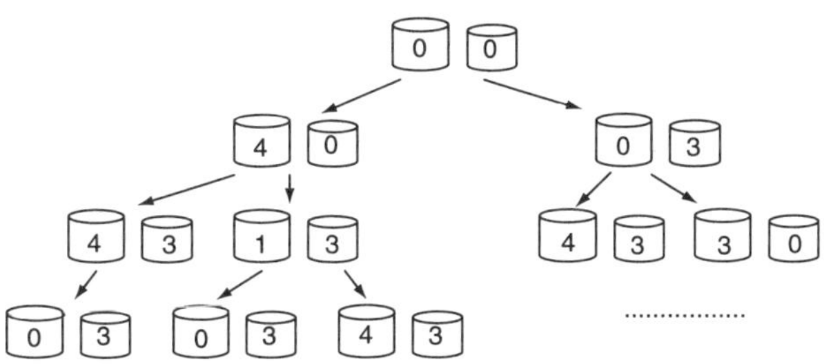

Abbildung 3.5 Wasserproblem – Breitensuche

Breitensuche verhält sich wie in Abbildung 3.5 dargestellt. Aus Gründen der Übersichtlichkeit wurde hier bereits auf die doppelt durchlaufenen Zustände verzichtet. Durchsucht werden die möglichen Wege in dieser Reihenfolge:

[0,0]

[0,0] $\rightarrow$ [4,0]

[0,0] → [0,3]

[0,0] → [4,0] → [4,3]

[0,0] → [4,0] → [1,3]

[0,0] → [0,3] → [4,3]

[0,0] → [0,3] → [3,0]

Breitensuche durchsucht den Suchraum ebenenweise.

Die schematische Darstellung des Suchalgorithmus kann nun sowohl auf Breitensuche als auch auf Tiefensuche angepasst werden, vgl. Listing 3.2.

Listing 3.2 Algorithmus - Breitensuche

```
FUNCTION BREITENSUCHE
  Kand := [z1];
  Ziel_erreicht := false;
  REPEAT
    Sei Kand = [z1z2 ... zm , p2, p3, ... , pn]  ;
    p := z1z2 ... zm ;
    Ziel_erreicht := ziel(zm) ;
    IF NOT Ziel_erreicht   THEN
      Berechne alle Zustände, die von zm in einem Schritt
               erreicht werden können : [s1, ... , sk] ;
      Kand := [p2, p3, ... , pn, z1z2...zms1 , ..... , z1z2...zmsk ];
    ENDIF;
  UNTIL Ziel_erreicht;
  RETURN p;
END
```

Tiefensuche unterscheidet sich von der Breitensuche nur bezüglich der Einordnung der neuen Kandidaten.

Listing 3.3 Algorithmus - Tiefensuche

```
FUNCTION TIEFENSUCHE
  Kand := [z1];
  Ziel_erreicht := false;
  REPEAT
    Sei Kand = [z1z2 ... zm , p2, p3, ... , pn]  ;
    p := z1z2 ... zm ;
    Ziel_erreicht := ziel(zm) ;
    IF NOT Ziel_erreicht   THEN
      Berechne alle Zustände, die von zm in einem Schritt
               erreicht werden können : [s1, ... , sk] ;
      Kand := [z1z2...zms1 , ... , z1z2...zmsk , p2, p3, ... , pn];
    ENDIF;
  UNTIL Ziel_erreicht;
  RETURN p;
END
```

Am Beispiel des in Abbildung 3.6 dargestellten abstrakten Suchraums sollen beide Verfahren veranschaulicht werden. Der Ausgangszustand sei *a*.

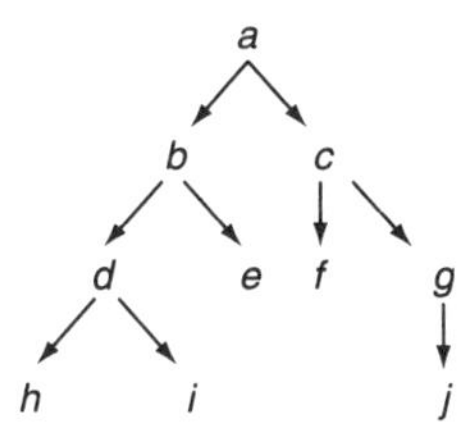

Abbildung 3.6 Suchraum-Beispiel

Um darzustellen, *wann* der jeweilige Knoten im Suchraum durch die Suchverfahren durchlaufen wird, sind im Abbildung 3.7 die Knotenbezeichnungen durch die entsprechenden Nummern ersetzt worden:

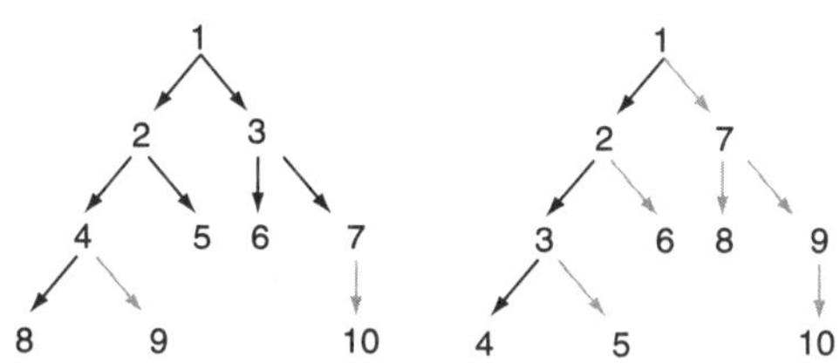

Abbildung 3.7 Breiten- und Tiefensuche

Ist der Zustand *h* der gesuchte Zielzustand, so ist Tiefensuche günstig, da bereits nach vier Schritten das Ziel erreicht wird. Breitensuche durchsucht erst die Ebenen 2 und 3. Ist dagegen *c* gesucht, so ist Breitensuche offensichtlich günstig.

Breiten- bzw. Tiefensuche erzeugen Lösungskandidaten in der angegebenen Reihenfolge. Der einzige Zielzustand sei *g*:

Tabelle 3.1 Breiten- und Tiefensuche

Breitensuche	**Tiefensuche**
a	*a*
a – b	*a – b*
a – c	*a – b – d*
a – b – d	*a – b – d – h*
a – b – e	*a – b – d – i*
a – c – f	*a – b – e*
a – c – g	*a – c*
	a – c – f
	a – c – g

Eine mögliche Implementierung der Breiten- und Tiefensuche wird in der Programmiersprache PROLOG beschrieben:

Zunächst benötigt man eine Hauptregel, die die Suche vorbereitet und startet:

```
suche(Loesung) :-
        startzustand(Start),
        generiere_weg(Start, StartWeg),
        generiere_kandidaten_menge(StartWeg, Kandidaten),
        finde(Kandidaten, Loesung).
```

Die Suche erfolgt durch Verwaltung einer Kandidatenmenge, in der alle derzeit bekannten Kandidaten aufgesammelt werden. In der obigen Regel wird zunächst der Startzustand erfragt. Aus diesem wird ein Weg, der nur aus diesem einen Zustand besteht, erzeugt. Anschließend wird die Kandidatenmenge, die nur aus dem gerade erzeugten Weg besteht, generiert. Dann wird die Suche gestartet.

Die Regeln für die eigentliche Suche sehen wie folgt aus.

Genügt der als nächstes zu bearbeitende Kandidat dem Zielkriterium, hat man eine Lösung gefunden.

```
finde(Kandidaten, Kandidat) :-
        aktueller_kandidat(Kandidaten, Kandidat, _),
        ziel_erreicht(Kandidat).
```

Wurde kein Ziel gefunden, wird zunächst aus der Kandidatenmenge ein Weg ausgewählt (Kandidat) und gleichzeitig die Menge der restlichen Kandidaten berechnet. Dieser Kandidat wird dann expandiert. Ist in unserem Beispiel der aktuelle Kandidat *a–b–d*, so wird die Menge der Nachfolger [*a–b–d–h*, *a–b–d–i*] berechnet.

```
finde(Kandidaten, Loesung) :-
        aktueller_kandidat(Kandidaten, Kandidat, Restkandidaten),
        not(ziel_erreicht(Kandidat)),
        expandiere_weg(Kandidat, Kandidaten, Nachfolger),
        kombiniere(Restkandidaten, Nachfolger, NeueKandidaten),
        finde(NeueKandidaten, Loesung).
```

Anschließend werden die alten und neuen Kandidaten zusammengefügt. Man beachte, dass der aktuell bearbeitete Kandidat aus der Kandidatenmenge entfernt wird.

Das Expandieren des aktuellen Kandidaten erfolgt folgendermaßen:

```
expandiere_weg(Kandidat, AlleKandidaten, Nachfolger) :-
        knoten(Kandidat, Knoten, _),
        nachfolger(Knoten, Succ),
        erweitere(Succ, Kandidat, Expand1),
        pruefe_doppelte_knoten(Expand1, Expand2),
        bereinige(Expand2, AlleKandidaten, Nachfolger), !.
```

Zunächst wird aus dem aktuellen Weg (z.B. *a–b–d*) der aktuelle Zustand berechnet, an welchem die Suche fortgesetzt werden soll (*d*). Anschließend werden alle dessen Nachfolger berechnet (Succ: [*h*, *i*]). Dann wird *a–b–d* um jeweils *h* bzw. *i* erweitert, und es entsteht [*a–b–d–h*, *a–b–d–i*] (Expand1). Diese beiden neuen Wege werden nun daraufhin untersucht, ob sie doppelte Knoten enthalten. Wege, die zweimal den gleichen Zustand durchlaufen, werden gelöscht. Zum Schluss wird noch kontrolliert, ob die neuen Wege bereits als Kandidaten existieren.

Es ist offensichtlich, dass man den Test, ob eine Lösung erreicht wurde, bereits in erweitere/3 durchführen kann. Zur Vereinfachung wurde dies als separate Regel für finde/2 formuliert, d.h. der Test, ob ein Ziel erreicht wurde, wird erst dann durchgeführt, wenn die Lösung als nächster Kandidat ausgewählt wurde.

Es sei darauf hingewiesen, dass entsprechend der obigen Vereinbarung immer das erste Element der Kandidatenliste als aktueller Weg selektiert wird. Die Entscheidung, ob Tiefen- oder Breitensuche erfolgen soll, liegt somit allein in den Regeln für kombiniere/3:

```
kombiniere(K, Nachfolger, Kneu) :-
        typ(breite),
        append(K, Nachfolger, Kneu).

kombiniere(K, Nachfolger, Kneu) :-
        typ(tiefe),
        append(Nachfolger, K, Kneu).
```

Das Zusammenfügen zweier Listen ist als append/3 in den meisten Prolog-Systemen vordefiniert.

Man benutzt für die Verwaltung der möglichen Wege bei der **Tiefensuche** einen **Keller**, bei der **Breitensuche** eine **Schlange**.

Voraussetzung für obiges Vorgehen ist, dass diese Informationen existieren:

startzustand(<zustand>) :- ...	legt den Startzustand fest
ziel_erreicht(<zustand>) :- ...	überprüft, ob ein Zielzustand erreicht wurde
nachfolger(<zustand>, <nachfolger>) :- ...	berechnet die Nachfolger von <zustand>

Für das 2-Liter-Problem sehen diese Prädikate wie folgt aus.

Im Startzustand sind beide Gefäße leer:

```
startzustand([0,0]).
```

Der Zielzustand ist dadurch gekennzeichnet, dass in mindestens einem Gefäß 2 Liter enthalten sind. Zur Erläuterung sei bemerkt, dass als Darstellung für einen Weg die Datenstruktur der Liste gewählt wird. Ein Weg wird in umgekehrter Reihenfolge in der Liste dargestellt, der Weg [0,0] → [4,0] → [4,3] wird folglich als [[4,3], [4,0], [0,0]] dargestellt. Dies ist dadurch begründet, dass der Zugriff auf das erste Element einer Liste einfach ist. Auf das letzte Element einer Liste kann dagegen erst nach „Durchlaufen" der gesamten Liste zugegriffen werden.

```
ziel_erreicht([ A | _ ]) :- ziel(A).

ziel([ 2 , _ ]).

ziel([ _ , 2 ]).
```

Bei der Berechnung der Nachfolger wird das PROLOG-Prädikat setof/3 verwendet. Dieses liefert die Menge aller Lösungen für eine Anfrage zurück. Die einzelnen Zustandsübergänge sind durch das Hilfsprädikat zustandsuebergang/2 definiert.

```
nachfolger(A, Liste) :- setof(X, zustandsuebergang(A,X), Liste), !.
nachfolger(A, [ ] ).
```

nachfolger/3 sammelt alle Lösungen X für die Anfrage zustandsuebergang(A, X) und löscht die doppelten Elemente. Man erhält die Menge aller möglichen Nachfolger von A.

Die drei möglichen Aktionen können durch Regeln beschrieben werden:

1. *Auffüllen eines Gefäßes.* Das aufzufüllende Gefäß darf nicht bereits voll sein.
   zustandsuebergang([L4, L3], [L4, 3]) :- L3 \== 3.
   zustandsuebergang([L4, L3], [4, L3,]) :- L4 \== 4.
2. *Leeren eines Gefäßes.* Das zu leerende Gefäß darf nicht bereits leer sein.
   zustandsuebergang([L4, L3], [L4, 0]) :- L3 \== 0.
   zustandsuebergang([L4, L3], [0, L3,]) :- L4 \== 0.
3. *Umfüllen der Gefäße.* Beim Umfüllen der Gefäße sind vier Fälle zu betrachten:

3.1 *Umfüllen vom 3-Liter-Gefäß in das 4-Liter-Gefäß.*
Die gesamte Menge passt in das 4-Liter-Gefäß.
zustandsuebergang([L4, L3], [L4neu, 0]) :- L3 \== 0, L3 + L4 =< 4, L4neu is L3 + L4.

3.2 *Umfüllen vom 4-Liter-Gefäß in das 3-Liter-Gefäß.*
Die gesamte Menge passt in das 3-Liter-Gefäß.
zustandsuebergang([L4, L3], [0, L3neu]) :- L4 \== 0, L3 + L4 =< 3, L3neu is L3 + L4.

3.3 *Umfüllen vom 3-Liter-Gefäß in das 4-Liter-Gefäß.*
Die gesamte Menge passt nicht in das 4-Liter-Gefäß.
zustandsuebergang([L4, L3], [4, L3neu]) :- L4 \== 4, L3 + L4 >4, L3neu is L3 + L4 – 4.

3.4 *Umfüllen vom 4-Liter-Gefäß in das 3-Liter-Gefäß.*
Die gesamte Menge passt nicht in das 3-Liter-Gefäß.
zustandsuebergang([L4, L3], [L4neu, 3]) :- L3 \== 3, L3 + L4 > 3, L4neu is L3 + L4 – 3.

Vorteile und Nachteile der Breiten- und Tiefensuche

Zunächst werden einige wichtige Eigenschaften der vorgestellten Verfahren betrachtet. Die wichtigste Eigenschaft ist die **Vollständigkeit**.

Definition 3.3 Vollständigkeit

Ein Suchverfahren heißt **vollständig**, wenn es stets eine Lösung findet – vorausgesetzt, es existiert eine Lösung.

Tiefensuche kann unvollständig sein. Ist im Suchraum ein unendlich tiefer Ast enthalten, so läuft Tiefensuche irgendwann in diesen hinein und verlässt diesen nie wieder. Das ist eher von theoretischem Interesse, da dies bei praktischen Problemen selten ist. Ist der Suchraum endlich, ist **Tiefensuche** vollständig.

Breitensuche ist **vollständig**. Dies liegt darin begründet, dass Breitensuche den Suchraum derart durchläuft, dass jeder Knoten durch Breitensuche innerhalb endlicher Zeit erreicht wird. Dieses nennt man **Fairness** eines Suchverfahrens. Breitensuche hat somit auch keine Probleme mit unendlich tiefen Suchräumen.

Die zweite wichtige Eigenschaft, die man überprüfen muss, ist die Korrektheit.

Definition 3.4 Korrektheit

Ein Suchverfahren heißt **korrekt**, wenn ein vom Suchverfahren vorgeschlagener Weg tatsächlich eine Lösung ist.

Da das Überprüfen, ob ein Kandidat eine Lösung ist, durch das Prädikat ziel_erreicht/1 erfolgt, hängt die Korrektheit des Verfahrens offensichtlich allein von der korrekten Implementierung dieser Regel ab. Die Korrektheit ist demzufolge unabhängig vom eigentlichen Suchverfahren.

Im Allgemeinen haben Probleme mehrere Lösungen. Die Frage nach der Qualität einer Lösung ist somit durchaus sinnvoll. Eine mögliche Definition der Qualität könnte über die Zahl der benötigten Schritte erfolgen. Beim Wasserproblem wäre dies die Anzahl der Aktionen (Auffüllen, Umfüllen, Auskippen) oder die Anzahl der vergeudeten Liter. Legt man dieses Kriterium zur Beurteilung der beiden Verfahren an, so stellt man fest, dass Breitensuche immer die kürzeste Lösung liefert, da der Suchraum Ebene für Ebene durchsucht wird. In dieser Hinsicht ist Breitensuche von Vorteil.

Tiefensuche kann allerdings eine Lösung sehr schnell finden. Ist im Suchraum „links" in der n-ten Ebene ein Zielzustand, so findet Tiefensuche diesen sehr schnell.

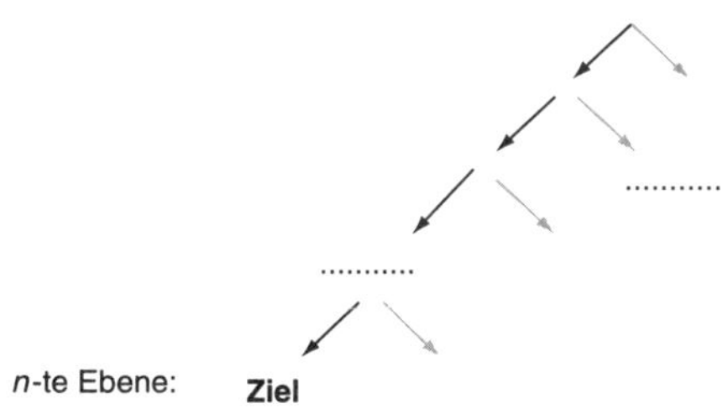

Abbildung 3.8 Tiefensuche – günstiger Suchraum

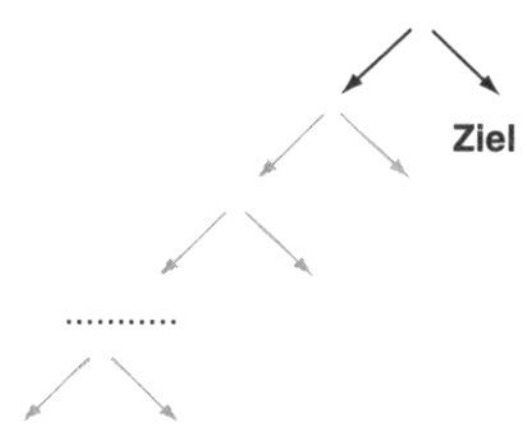

Abbildung 3.9 Breitensuche – günstiger Suchraum

Breitensuche dagegen würde erst alle darüber liegenden n–1 Ebenen durchlaufen. Liegt die Lösung im rechten Teil des Suchraums, so findet Breitensuche diese schneller als Tiefensuche.

Komplexität von Breiten- und Tiefensuche

Wie hoch ist der Platz- und Zeitbedarf beider Verfahren?

Zunächst wird eine **Worst-case-Analyse** durchgeführt. Man betrachtet dazu den denkbar ungünstigsten Fall. Es wird als Suchraum ein gerichteter Baum mit der Tiefe T sowie einer Verzweigungsrate V (jeder Knoten hat V Nachfolger) angenommen. Weiterhin sollen alle Zielknoten auf der untersten Ebene (in der Ebene T) liegen. Dies ist natürlich idealisiert, gibt aber einen Einblick in die Komplexität beider Verfahren.

Der gesamte Baum hat somit in der i-ten Ebene V^i Knoten. Insgesamt enthält der Baum

$$1 + V + V^2 + ... + V^T$$

Knoten. Das liegt in der Größenordnung von V^T (man schreibt dafür $O(V^T)$).

Die Schreibweise $O(V^T)$ bedeutet im obigen Fall, dass ein k und ein V_0 existieren, so dass für alle $V \geq V_0$ gilt:

$$1 + V + V^2 + ... + V^T \quad < \quad k * V^T$$

Im ungünstigsten Fall sind beide Verfahren gleich. Für beide Verfahren ist der ungünstigste Fall der, dass der gesuchte Zielzustand in der untersten Ebene „ganz rechts" liegt. Hier benötigen beide Verfahren die gleiche Anzahl von Schritten: $O(V^T)$.

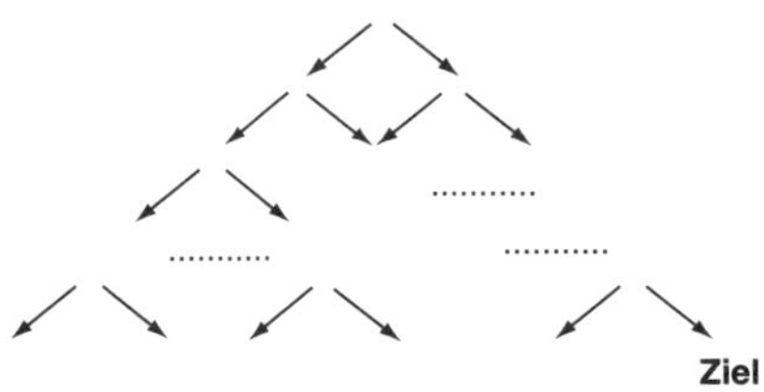

Abbildung 3.10 Schlechtester Fall für Tiefen- und Breitensuche ($V = 2$)

Die Worst-case-Analyse hat keinen Unterschied gezeigt. Betrachtet man dagegen einen durchschnittlichen Suchbaum mit obigen Annahmen, so stellt man fest, dass Tiefensuche hier von Vorteil ist. Breitensuche benötigt wieder $O(V^T)$ Schritte, da alle Ebenen oberhalb der untersten Ebene expandiert werden müssen. Tiefensuche erfordert im günstigsten Fall nur T Schritte. Im Durchschnitt muss Tiefensuche nur den halben Suchraum durchsuchen. Der Aufwand ist natürlich auch $O(V^T)$, nur ist Tiefensuche im Vergleich zur Breitensuche besser.

Betrachtet man den Speicherbedarf, so stellt man fest, dass er durch die Größe der Liste der möglichen Wege (Kandidatenliste) bestimmt wird. Unter obigen Annahmen ist der schlechteste Fall bei Breitensuche dadurch gegeben, dass die komplette Ebene T bereits als Kandidaten vorliegt. Dann hat man insgesamt $O(V^T)$ Kandidaten gespeichert. Der schlechteste Fall bei der Tiefensuche ist dadurch gegeben, dass man den ersten Knoten in der Ebene T erreicht hat. Für alle seiner darüber liegenden Knoten (insgesamt T) müssen die anderen Nachfolger gespeichert werden (jeweils $V–1$), das ergibt einen Gesamtspeicherbedarf von $T*(V–1)$.

Tiefensuche hat folglich bezüglich der **Komplexität** gegenüber **Breitensuche** Vorteile, insbesondere bezüglich des Speicherbedarfs.

Es muss nochmals betont werden, dass diese Analyse nur unter der Annahme eines idealisierten Suchraums erfolgte. In der Praxis sind solche Bedingungen selten gegeben.

Gibt es ein Verfahren, welches die Vorteile der Tiefensuche (Komplexität) mit den Vorteilen der Breitensuche (Fairness, Vollständigkeit) verbindet? Die Idee für ein solches Verfahren ist, dass man Tiefensuche durchführt, dabei aber die Tiefe der Kandidaten beschränkt. Man erlaubt nur das Expandieren von Kandidaten bis zu einer bestimmten Tiefe. Findet man dabei keine Lösung, lockert man die Tiefenbeschränkung, man erlaubt tiefere Suche. Dieses Suchverfahren heißt **schrittweise Vertiefung** (**Iterative Deepening**). Bezüglich der Komplexität könnte man vermuten, dass der Zeitbedarf enorm wachsen müsste, da mit jeder neuen Tiefenbeschränkung Tiefensuche wieder völlig neu gestartet wird. Dieses Verfahren hat allerdings ein zeitliches Verhalten wie Breitensuche ($O(V^T)$). Bezüglich des Speicherplatzbedarfs verhält es sich wie Tiefensuche.

3.2 Heuristische Suche

Tiefen- und Breitensuche scheitern häufig bei größeren Suchproblemen. Dies ist aufgrund der Komplexitätsuntersuchungen im vorigen Abschnitt nicht überraschend.

Beispiel 3.3 Das Problem des Handelsreisenden

Ein Reisender soll eine feste Anzahl von Städten besuchen, und zwar jede genau einmal. Nachdem alle Orte angefahren wurden, soll zur Ausgangsstadt zurückgekehrt werden. Gesucht ist der kürzeste Reiseweg.

Man bezeichnet das Problem des Handelsreisenden auch als **Rundreiseproblem** oder **Travelling Salesman Problem**.

Die Lösung erscheint uns zunächst relativ einfach. Man probiere alle möglichen Routen aus und bestimme die kürzeste. Allerdings steigt die Zahl der möglichen Wege exponentiell mit der Anzahl der zu besuchenden Städte.

Wie viele Möglichkeiten, n Städte anzuordnen, gibt es? Aus der Kombinatorik ist bekannt, dass dies ein Permutationsproblem ist, somit $n!$ Möglichkeiten existieren.

Das Problem ist NP-vollständig. Es ist folglich derzeit kein Algorithmus bekannt, der dieses Problem „effizient" löst. Mit dem Begriff „effizient" ist gemeint, dass der Algorithmus zumindest einen nicht exponentiellen Aufwand hat, also polynomiell arbeitet.

Zur Veranschaulichung wurden mittels eines PASCAL-Programms folgende Zeiten für die vollständige Suche ermittelt. Dabei wurde berücksichtigt, dass bei der Verwendung der ersten genannten Stadt als Startstadt nur noch $(n-1)!$ Routen zu untersuchen sind.

Tabelle 3.2 Aufwand zur Lösung des Rundreiseproblems

Anzahl	**(*n*–1) !**	**Zeit *t*(*n*)**	**Anzahl**	**(*n*–1) !**	**Geschätzte Zeit** $t(n)=t(n-1)*(n-1)$
6	120	< 1 Sekunde	11	3628800	90 Minuten
7	720	1 Sekunde	12	39916800	16,5 Stunden
8	5040	7 Sekunde	13	479001600	8 Tage
9	40320	1 Minute	14	$6{,}2 * 10^9$	104 Tage
10	362880	9 Minuten	15	$87 * 10^9$	4 Jahre

Die Zeiten müssen relativiert werden, da die Messung eine gewisse Zeit zurückliegt. Auf einem aktuellen Rechner dürfte das Programm mit einem Faktor von 10–100 schneller sein. Dies ändert aber nichts am exponentiellen Wachstum des Aufwandes.

Konkret bedeutet dies, dass die Berechnung der optimalen Rundreise durch die sechs kreisfreien Städte in Mecklenburg-Vorpommern kein Problem darstellt. Die optimale Route durch alle 12 Kreisstädte zu finden, ist noch realistisch. Das Finden einer optimalen Strecke durch alle 18 Kreis- und kreisfreien Städte mittels des Ausprobierens aller Möglichkeiten ist dagegen in angemessener Zeit nicht mehr möglich.

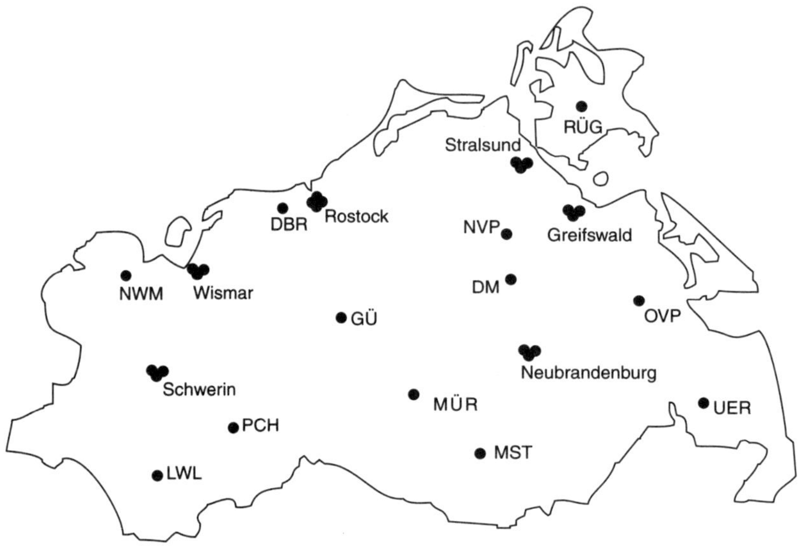

Abbildung 3.11 Mecklenburg-Vorpommern – Kreise und kreisfreie Städte

Die Konsequenz ist, dass Suchverfahren wie Breiten- oder Tiefensuche bei größeren Problemen nicht immer erfolgreich sind.

Man benötigt zusätzliche Kriterien oder Heuristiken, die den Suchraum strukturieren oder eingrenzen. Das Strukturieren des Suchraums läuft im Prinzip auf eine Modifikation der Reihenfolge der Abarbeitung der Kandidaten hinaus. Grenzt man den Suchraum ein, so bedeutet dies, dass Zweige im Suchraum abgeschnitten werden.

Bei vielen Problemen hat man **Zusatzinformationen** wie Entfernungen, Kosten, Materialverbrauch. Diese Informationen werden bei der Breiten- und Tiefensuche jedoch nicht benutzt.

Gesucht ist in dem Handelsreisenden-Beispiel die *kürzeste* Strecke. Demzufolge sollte man bei der Suche die Information über die Streckenlänge benutzen. Eine einfache Variante ist diese Strategie:

Man führt Tiefensuche durch und merkt sich die beste bisher gefundene Lösung. Hat man einen Weg, der bereits länger als der bisher beste Weg ist, so muss man diesen Kandidaten nicht weiter untersuchen, da er ohnehin schon schlechter als die bisher beste Lösung ist.

Beispiel 3.4 Schach

Beim Schach werden zur Auswahl eines „guten“ Zuges Informationen anderer Art benutzt. Hier geht es weniger darum, die bisherigen Züge bezüglich ihres Aufwandes zu messen, sondern die Qualität der eigenen Stellung ist gefragt. Das Augenmerk liegt auf einer geschätzten Entfernung zum Schachmatt für den Gegner.

Allerdings ist dies beim Schach äußerst schwierig, da die Bewertung einer Stellung eine Vielzahl von Komponenten enthält.

Im Folgenden werden Suchverfahren diskutiert, die solche Zusatzinformationen über Probleme benutzen. Man bezeichnet dies als **informierte Suche** oder als **heuristische Suche**.

Heuristiken dienen zum einen der Strukturierung des Suchraums. Man wählt den nächsten Kandidaten nicht zufällig, sondern nach bestimmten Kriterien aus. Welcher ist der vielversprechendste Weg?

Zum anderen kann durch Heuristiken der Suchraum verkleinert werden, indem man Teile des Lösungsraums abschneidet. Man erreicht eine Effizienzsteigerung durch Eingrenzung des Suchraums.

Strukturiert man den Suchraum, so wird das Verfahren vollständig bleiben. Reduziert man ihn aber, so kann die Vollständigkeit verloren gehen.

Bevor auf spezielle Verfahren eingegangen wird, soll zunächst untersucht werden, welche Informationen in eine heuristische Funktion einfließen können.

Eine Möglichkeit besteht darin, dass man schätzt, wie weit man noch von einer Lösung entfernt ist. Zur Steuerung der Suche kann eine **heuristische Funktion** $\boldsymbol{h}$ eingesetzt werden: Je besser die h-Bewertung eines Kandidaten, desto näher liegt der Kandidat an einer Lösung. Eine Lösung sollte demzufolge die h-Bewertung 0 haben.

Die heuristische Funktion h bietet keine Garantie für eine gute Suche. Es kann nur eine **Schätzfunktion** für den noch entstehenden Aufwand sein, denn die exakte Entfernung zum Ziel ist nach wie vor nicht bekannt.

Eine zweite Möglichkeit besteht darin, dass man den **bisherigen Aufwand** berücksichtigt. Beim Rundreiseproblem kann die Information der Länge der Wege benutzt werden. Da die kürzeste Strecke gesucht wird, ist das Summieren der bisher zurückgelegten Kilometer sinnvoll. Hier bewertet man nicht, wie weit man noch vom Ziel entfernt ist, sondern den Aufwand, der zum Erreichen der Zwischenlösung erforderlich war. Diese **heuristische Funktion** wird mit $\boldsymbol{g}$ bezeichnet.

Beim Schach hingegen kann die Auswahl eines Zuges durch eine Schätzung der Qualität der erreichten Stellung bzw. der zu erzielenden Verbesserungen durch einen Zug erfolgen. Hier bewertet man die Stellungen auf dem Schachbrett und wählt solche Züge aus, die bezüglich dieser Bewertung günstig sind. Wählt man diese Bewertung so, dass ein Zielzustand eine Bewertung von null bekommt, entspricht dies der heuristischen Funktion h.

Damit hat man zwei mögliche Komponenten einer heuristischen Funktion:

- Bisheriger Aufwand (*g*)
- Geschätzte Distanz zum Ziel (*h*)

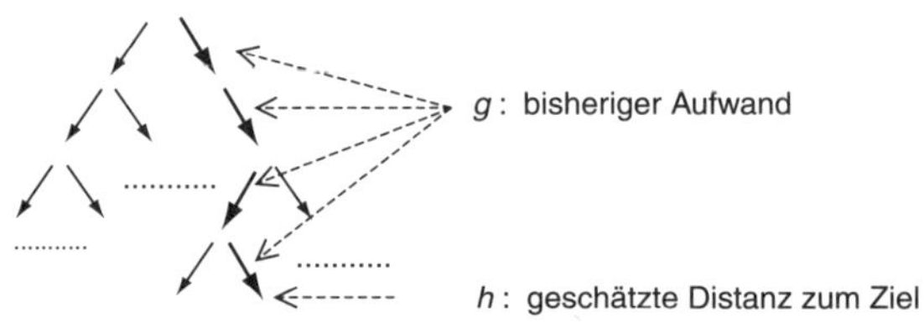

Abbildung 3.12 Bewertungsfunktionen für Suche

Einfache Beispiele für die Funktionen *h* und *g* sind gegeben durch:

- *g*: bisherige Schritte
- *h*: geschätzte Zahl der noch nötigen Schritte

Die Verwendung der heuristischen Funktionen soll an Beispielen illustriert werden.

Beispiel 3.5 Das Steine-Problem

Es liegen drei weiße Steine links von drei schwarzen Steinen. Es gibt dazwischen eine Lücke, in die genau ein Stein passt.

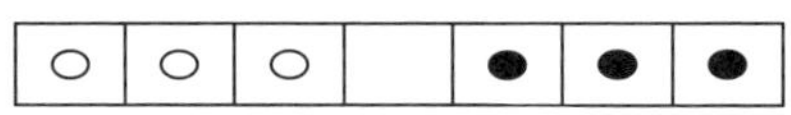

Die weißen Steine sind nach rechts zu bringen, die schwarzen nach links:

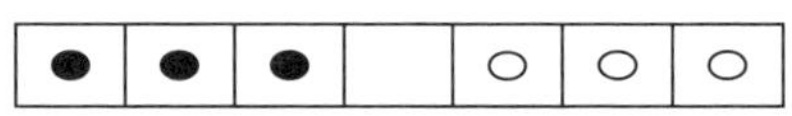

Dazu darf man

- einen Stein schieben
- über einen anderen Stein springen oder
- über zwei Steine springen.

Die möglichen Aktionen werden dabei mit Kosten belegt. Das Schieben und das Springen über einen Stein kosten jeweils 1, das Springen über zwei Steine kostet 2. Wie findet man eine Zugfolge mit minimalen Aufwand?

Dieses Beispiel illustriert die beschriebenen möglichen Informationen zur Steuerung der Suche. Die Funktion *g*, die den bisherigen Aufwand misst, summiert die Kosten der bisherigen Aktionen.

Als Darstellung eines Zustands wird in PROLOG eine Liste gewählt:

```
[s, s, w, w, ' ', w, s].
```

Das Schieben eines Steins erfordert, dass neben dem Stein das freie Feld ist:

```
zustandsuebergang(State1, State2) :-
        append(L1, [X, ' ' | L2], State1),
        append(L1, [' ', X | L2], State2).
```

```
zustandsuebergang(State1, State2) :-
        append(L1, [' ', X | L2], State1),
        append(L1, [X, ' ' | L2], State2).
```

Zur Erläuterung sei bemerkt, dass append/3 hier ausgenutzt wird, um den aktuellen Zustand in zwei Teillisten zu zerlegen. Es wird nach einer Zerlegung der Liste State1 gesucht, so dass die zweite (rechte) Teilliste mit einem Stein und der Leerposition oder umgekehrt beginnt.

Analog definiert man das Springen über einen Stein:

```
zustandsuebergang(State1, State2) :-
        append(L1, [Y, X, ' ' | L2], State1),
        append(L1, [' ', X, Y | L2], State2).

zustandsuebergang(State1, State2) :-
        append(L1, [' ', X, Y | L2], State1),
        append(L1, [Y, X, ' ' | L2], State2).
```

Als Übungsaufgabe sind die Regeln für das Springen über zwei Steine zu entwickeln.

Im Folgenden wird auf einige Strategien eingegangen, die auf den heuristischen Funktionen g oder h aufbauen.

3.2.1 Heuristik des nächsten Nachbarn

Eine mögliche Heuristik ist die **Heuristik des nächsten Nachbarn** (Nearest Neighbour Heuristic, NNH). Für das **Rundreiseproblem** sieht sie wie folgt aus. Die Startstadt sei wieder vorgegeben.

Solange noch nicht alle Städte besucht sind,
wähle aus den noch nicht besuchten Städten die zur aktuellen Stadt am nächsten gelegene Stadt aus.

Die Voraussetzung für die Anwendbarkeit der NNH ist die Aufwandsabschätzung g für die Zustandsübergänge. Man sucht immer den nächstgelegenen Nachbarn, den Knoten, den man mit minimalen Kosten erreicht und der noch nicht besucht wurde.

Bei der NNH-Strategie gibt es kein Zurückgehen und Suchen nach Alternativen im Suchraum. Ist ein Zustandsübergang gewählt, wird von diesem nicht mehr weggegangen. Diese Strategie ist demzufolge unvollständig, sie wird im Allgemeinen keine Optimallösung liefern. NNH hat aber nur noch einen Zeitaufwand von $O(n^2)$. Liegt kein genaues Abstandsmaß vor, ist die Anwendung der NNH-Strategie nicht sinnvoll. Dies ist beispielsweise beim Schach der Fall.

In Abbildung 3.13 ist ein typisches Verhalten der NNH-Strategie dargestellt. Es ist für die sechs kreisfreien Städte eine optimale Route zu berechnen. Als Startstadt wird Wismar gewählt.

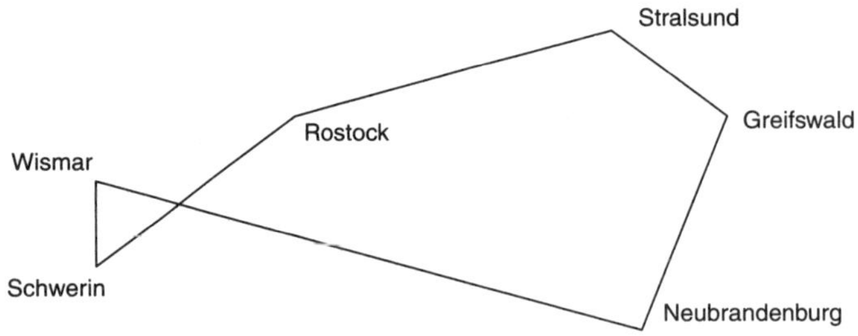

Abbildung 3.13 Rundreiseproblem für die sechs kreisfreien Städte – NNH

Da Schwerin näher als Rostock liegt, wird zunächst Schwerin besucht. Nun wird Rostock gewählt, dann Stralsund, Greifswald und Neubrandenburg. Diese Lösung ist nicht optimal. Die berechnete Route hat eine Länge von 445 km. Die optimale Strecke hat eine Länge von 420 km.

Wie ordnet sich gemäß obiger Überlegungen zu möglichen heuristischen Funktionen die Heuristik des nächsten Nachbarn ein? Hier geht es nicht um eine Schätzung der Entfernung des aktuellen Knotens zum Ziel, sondern um den Versuch der Minimierung des Aufwandes für die Zustandsübergänge. NNH benutzt die Information über die Aufwandsfunktion g. Sei z_1 der Startzustand.

Listing 3.4 NNH-Algorithmus – Strategie des nächsten Nachbarn

```
FUNCTION NNH
  p := z1;     Ziel_erreicht := false;
  REPEAT
    Sei  p := z1z2 ... zm ;
    Ziel_erreicht := ziel(zm) ;
    IF NOT Ziel_erreicht   THEN
      Suche den nächstgelegenen Nachbarn von zm : x ;
      p := z1z2 ... zm x ;
    ENDIF;
  UNTIL Ziel_erreicht;
  RETURN p;
END
```

Wendet man die NNH-Strategie auf das Steineproblem (Beispiel 3.5) an, so benutzt man die gegebene Kostenfunktion g. Das Schieben eines Steins und das Springen über einen Stein kosten jeweils 1, das Springen über zwei Steine kostet 2.

Mit der NNH-Strategie wird keine Lösung gefunden. Dies ist darin begründet, dass NNH den billigsten Nachbarn wählt. Da das Schieben eines Steines und das Springen über einen Stein bezüglich der Kosten gleich sind, nur das Springen über zwei Steine teurer ist, ergeben sich mehrere „gleich gute" Wege, von denen aber immer genau einer ausgewählt wird. Es gibt bei der NNH-Strategie kein Backtracking.

3.2.2 Bergsteiger-Strategie

Benutzt die Heuristik des nächsten Nachbarn ausschließlich die Information über die Kosten der Zustandsübergänge (g), so verwendet die **Bergsteiger-Strategie** (**Hill Climbing**) nur die durch die Bewertung des Zustands bezüglich seiner Entfernung zum Ziel (h) gegebene Information. Es wird nur dann auf einen Folgezustand übergegangen, wenn dieser näher zum Ziel liegt. Die Bergsteiger-Heuristik erlaubt damit im Gegensatz zur NNH-Strategie das Durchsuchen mehrerer Kandidaten. Anschaulich gesprochen schneidet diese Strategie im Suchraum alle Zweige ab, bei denen der Nachfolger schlechter als sein Vorgänger ist.

Die Bergsteiger-Strategie setzt die Bewertungsfunktion h für den Abstand zum Ziel voraus.

Bisher wird davon ausgegangen, dass ein Minimierungsproblem (h) gelöst werden soll. Hill Climbing sucht nach Maxima. Dies ist natürlich kein Problem, da das Minimum der Funktion h gleichzeitig das Maximum der Funktion $-h$ ist.

Im Listing 3.5 ist der Algorithmus dargestellt. Es wird von einer Minimierung ausgegangen. Die Bewertung der Zustände darf sich nicht wieder vergrößern.

Listing 3.5 Algorithmus – Hill climbing

```
FUNCTION HILL CLIMBING
  Kand := [z1];  Ziel_erreicht := false;
  REPEAT
    Sei Kand = [z1z2 ... zm , p2, p3, ... , pn]  ;
    p := z1z2 ... zm ;
    Ziel_erreicht := ziel(zm) ;
    IF NOT Ziel_erreicht  THEN
      Berechne alle Zustände [s1, ... , sk], die von zm in einem
               Schritt erreicht werden und für die gilt h(zm)≥h(si);
      Füge die Wege z1z2...zms1 , .... , z1z2...zmsk in Kand ein;
    ENDIF;
  UNTIL Ziel_erreicht;
  RETURN p;
END
```

Da beim Hill Climbing Teile des Suchraums abgeschnitten werden, kann die Vollständigkeit verloren gehen. Ob dies der Fall ist, hängt vom jeweiligen Problem und der verwendeten heuristischen Funktion ab.

Es kann das aus der Optimierung bekannte Problem der lokalen Optima auftreten. Ein Figurenopfer beim Schach wird die Bewertung der Stellung verschlechtern. Dies kann aber langfristig günstig sein.

Soll die Bergsteiger-Strategie auf das Steineproblem angewandt werden, muss zunächst eine Bewertung des jeweiligen Zustandes bezüglich seines Abstandes vom Ziel erfolgen. Als Bewertungszahl kann die Anzahl der Positionen, die durch Steine falscher Farbe belegt sind, genommen werden.

Mit dieser Funktion h scheitert die Bergsteiger-Strategie, da die Ausgangsstellung

○	○	○		●	●	●

eine Bewertung von 6 bekommt und jede Stellung, die durch eine Aktion erreicht werden kann, die Bewertung 7 bekommt.

Die Bewertungsfunktion h muss folglich verfeinert werden. Insbesondere muss man die Bewertung die Entfernung der Steine von ihren korrekten Positionen einbeziehen. Der nächste Ansatz berücksichtigt, dass alle schwarzen Steine links von den weißen Steinen liegen müssen. Man sucht den am weitesten links liegenden weißen Stein und sucht die schwarzen Steine, die rechts von diesem weißen Stein liegen. Für jeden solchen schwarzen Stein berechnet man den Abstand zum weißen Stein. Liegt ein schwarzer Stein bereits links von den weißen Steinen, so geht er nicht in die Bewertung ein.

Die Stellung

●	○	●		○	●	○

bekommt die Bewertung 5. Der linke weiße Stein ist auf Position 2. Rechts von ihm liegen zwei schwarze Steine, der eine mit einem Abstand von 1, der andere mit einem Abstand von 4. Mit dieser heuristischen Bewertung findet die Bergsteigerstrategie nach 27 Schritten eine Lösung, die einen Aufwand von 17 erfordert. Die Optimallösung benötigt einen Aufwand von 15.

3.2.3 Bestensuche

Die **Bestensuche** (best first) ist eine Variante der Breitensuche. Vorausgesetzt wird die Bewertungsfunktion h für den geschätzten Abstand des aktuellen Kandidaten zu einem Ziel.

Die Idee ist: Man nimmt aus der Menge aller Kandidaten nicht einen beliebigen Weg, sondern man wählt denjenigen, dessen Bewertung am besten ist und sucht auf diesem Weg weiter. Beste Bewertung heißt: Es wird der Kandidat, der gemäß unserer Schätzung (h) einem Ziel am nächsten ist, gewählt. Die bisherigen Kosten (g) spielen bei der Bestensuche – wie auch bei der Bergsteiger-Strategie – keine Rolle.

Bestensuche strukturiert den Suchraum nicht nach der Tiefe, wie dies bei Breitensuche der Fall ist, sondern nach der Qualität der partiellen Lösung. Im Gegensatz zur NNH-Strategie geht Bestensuche nicht blind in einen Zweig des Suchraums hinein, sondern steuert die Reihenfolge der Abarbeitung der Kandidaten nach deren Qualität.

Listing 3.6 Algorithmus - Bestensuche

```
FUNCTION BESTENSUCHE
  Kand := [z1];  Ziel_erreicht := false;
  REPEAT
    Wähle den besten Kandidaten aus Kand aus: p := z1z2 ... zm ;
    Ziel_erreicht := ziel(zm) ;
```

```
      IF NOT Ziel_erreicht   THEN
        Berechne alle Zustände, die von z_m in einem Schritt
                 erreicht werden können : [s_1, ... , s_k] ;
        Lösche p in Kand, füge z_1z_2...z_ms_1 , .... , z_1z_2...z_ms_k  ein;
      ENDIF;
    UNTIL Ziel_erreicht;
    RETURN p;
  END
```

Bestensuche strukturiert den Suchraum, reduziert ihn nicht. Damit bleibt die Vollständigkeit erhalten.

Wendet man Bestensuche auf das Steineproblem (Beispiel 3.5) an und verwendet man die Bewertung, die den linken weißen Stein mit den rechts davon liegenden schwarzen Steinen vergleicht, so wird eine Lösung nach 16 Schritten gefunden. Diese ist aber mit einem Aufwand von 17 wiederum nicht optimal.

3.2.4 A*-Suche

Eine verfeinerte Variante des Vorgehens der Bestensuche ist der A*-Algorithmus. Er verwendet im Gegensatz zu den bisher vorgestellten Strategien sowohl die bisherigen Kosten als auch den geschätzten Abstand zum Ziel. Die heuristischen Funktionen g und h werden vorausgesetzt:

- Kosten für den bisherigen Weg: g
- Abstandsmaß für den Abstand des aktuellen Knoten zum Ziel: h

Zur Bewertung eines Kandidaten wird eine Funktion f benutzt, die sich aus g und h zusammensetzt. f wird durch die Summe aus h und g gebildet. Da g die bisherigen Kosten misst, wird g nie negativ sein.

Der A*-Algorithmus benutzt eine wichtige Beobachtung. Betrachten wir dazu das Wasserproblem. In folgender Grafik sind mögliche Zustandsübergänge dargestellt:

[0, 0] → [4, 0] → [1, 3] → [0, 3]

Es fällt auf, dass man zum Zustand [0, 3] über verschiedene Wege kommt. Es ist nun offensichtlich unnötig, beide Kandidaten weiterzuverfolgen. Deshalb kann man den schlechteren verwerfen. Er wird keine Optimallösung liefern und kann daher im Suchraum gelöscht werden

Benutzt man zur Bewertung der bisherigen Kosten (g) die Anzahl der bisherigen Aktionen, so kann der Weg [0,0] → [4,0] → [1,3] → [0,3] „vergessen“ werden, da der Weg [0,0] → [0,3] günstiger ist.

Diese Beobachtung wird beim A*-Algorithmus ausgenutzt.

Der A*-Algorithmus wird auf andere Art als die Breiten- und Tiefensuche umgesetzt. Man verwaltet zwei Mengen von Knoten (Zuständen):

- Knoten, die bereits bewertet, aber noch nicht expandiert wurden (offene Knoten)

- Knoten, die bewertet und expandiert wurden (geschlossene Knoten)

Mit Expandieren sei das Berechnen der Nachfolger – der Zustände, die in einem Schritt erreichbar sind – bezeichnet.

Beide Knotenarten werden in separaten Datenstrukturen verwaltet: OPEN, CLOSED.

Das Vorgehen des A*-Algorithmus wird zunächst an einem abstrakten Beispiel erläutert. Sei der in Abbildung 3.14 dargestellte Suchraum gegeben. Er wird so in der Praxis nie explizit zur Verfügung stehen, sondern eventuell nur in Form von durch Regeln beschriebenen Zustandsübergängen.

Die Zahlen an den Knoten sind die Bewertungen bezüglich des geschätzten Abstands zum Ziel (h), an den Kanten stehen die Kosten für den jeweiligen Zustandsübergang (g).

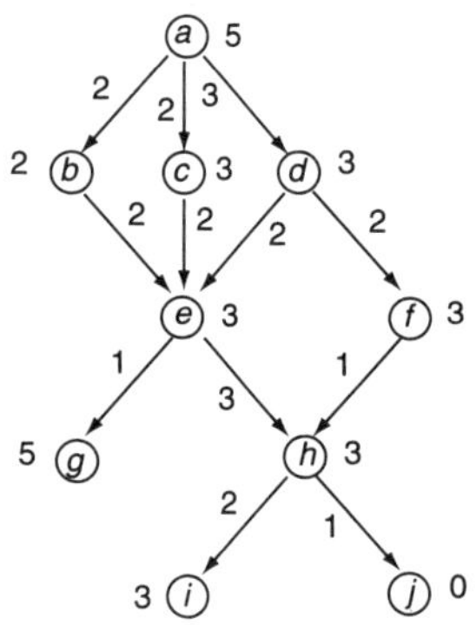

Abbildung 3.14 A*-Beispielsuchraum

Der Startzustand sei a. Einziger Zielzustand sei j.

Zwischenfrage

Wie viele Wege gibt es von a nach j? Welche Kosten haben diese?

Wie erfolgt nun die Suche mittels des A*-Algorithmus? Dazu wird schrittweise dargestellt, wie sich die potenziellen Kandidaten entwickeln. Es werden die offenen Knoten mit ihrer jeweiligen Bewertung dargestellt.

Im Schritt 1 wird a expandiert:

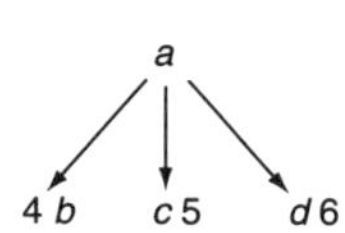

Im Schritt 2 wird mit dem besten Kandidaten b weitergearbeitet:

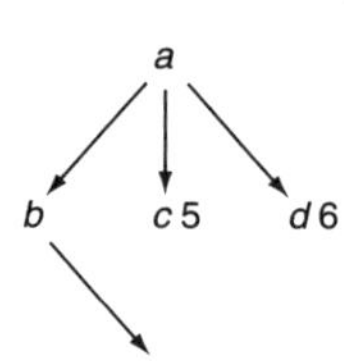

Beim Expandieren des besten Kandidaten (*c*) wird festgestellt, dass der Knoten *e* bereits in OPEN ist. Da der neue Weg über *c* ebenfalls nur eine Bewertung von 5 ergibt, kann dieser gelöscht werden. Da *c* keine weiteren Nachfolger hat, entfällt auch *c* bzw. die Kante zu *c*.

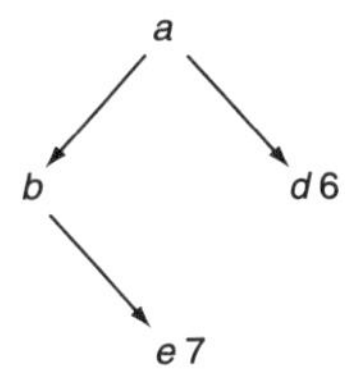

Nun wird *d* expandiert, der Weg zu *e* ist schlechter als der bisher gefundene. Er wird demzufolge verworfen. Danach wird *e* expandiert.

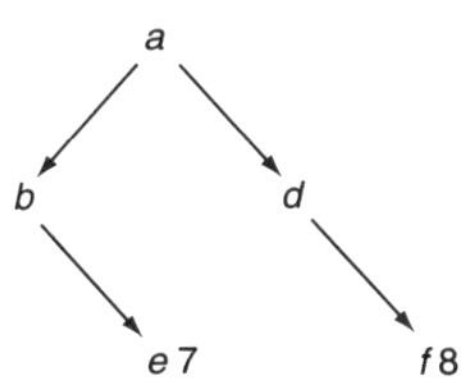

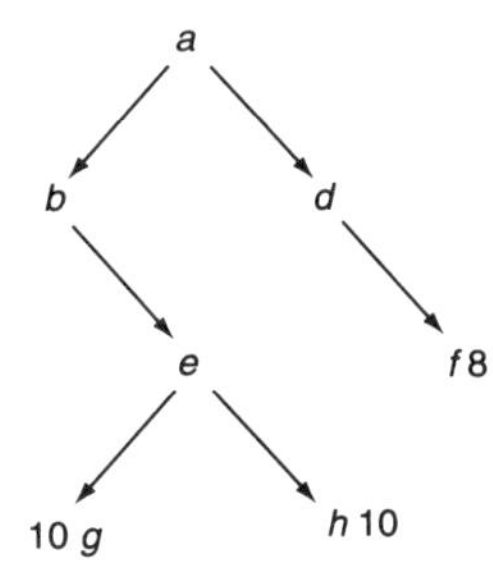

Das Expandieren von *f* führt zu einem besseren Weg zu *h*.

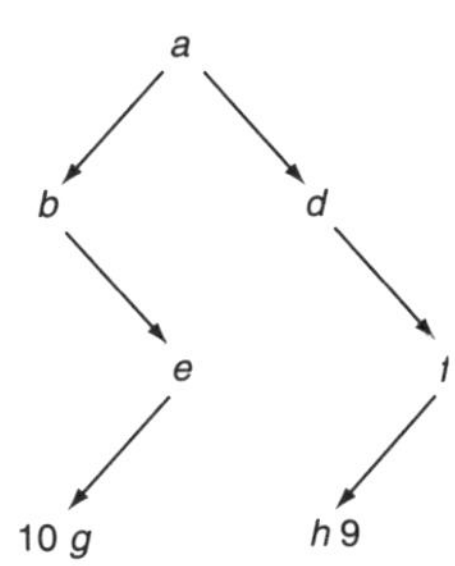

Der Knoten *h* wird expandiert und man gelangt zur Lösung *j*.

In Tabelle 3.3 ist der Ablauf der Suche dargestellt. Bei den OPEN-Knoten wurde die Bewertung für $f = g + h$ mit angegeben.

Tabelle 3.3 Ablauf A*-Algorithmus

Schritt	Expandierter Knoten	OPEN	CLOSED	Bemerkung
0		*a*/5	–	
1	*a*	*b*/4, *c*/5, *d*/6	*a*	
2	*b*	*c*/5, *d*/6, *e*/7	*a*, *b*	
3	*c*	*d*/6, *e*/7	*a*, *b*, *c*	Das Expandieren von *c* liefert einen Weg von *a* nach *e*, der nicht besser ist als der bisherige.

Schritt	Expandierter Knoten	OPEN	CLOSED	Bemerkung
4	*d*	*e*/7, *f*/8	*a, b, c, d*	Der Weg *a–d–e* ist schlechter als *a–b–e*.
5	*e*	*g*/10 , *h*/10 , *f*/8	*a, b, c, d, e*	
6	*f*	*g*/10, *h*/9	*a, b, c, d, e, f*	Der Weg zu *h* über *f* ist besser als der vorherige über *e*.
7	*h*	*g*/10, *i*/11 , *j*/7	*a, b, c, d, e, f, h*	Lösung gefunden.

Listing 3.7 A*-Algorithmus

```
FUNCTION A-STERN
  OPEN := [z1];  CLOSED := [ ];    Ziel_erreicht := false;
  REPEAT
    x := bester Knoten (bez. f) aus OPEN ;
    Ziel_erreicht := ziel(x) ;
    IF NOT Ziel_erreicht THEN
      Lösche x in OPEN;  Füge x in CLOSED ein;
      SUCCESSORS := alle Nachfolger von x ;
      FORALL y ∈ SUCCESSORS
        IF y ∈ OPEN  THEN
          Vergleiche neuen Weg zu y mit bisherigem und
                     lösche den schlechteren;
        ELSEIF y ∈ CLOSED  THEN
          Vergleiche neuen Weg zu y mit bisherigem und
                     lösche den schlechteren;
        ELSE Füge y in OPEN ein ;
        ENDIF;
      ENDFORALL;
    ENDIF;
  UNTIL Ziel_erreicht;
  RETURN x;
END
```

Man kann die A*-Suche relativ einfach realisieren. Es werden Zeiger zwischen den Knoten eingerichtet, und zwar von einem Knoten auf seine Nachfolger und von allen Knoten aus OPEN bzw. CLOSED auf deren jeweiligen besten Vorgänger. Dies ist möglich, da durch den A*-Algorithmus gewährleistet ist, dass jeder bereits bearbeitete Knoten maximal einen Vorgänger hat. Findet man während der Suche einen besseren Vorgänger eines Knotens, so ersetzt man den Zeiger auf den besten Vorgänger und propagiert die neue, bessere Bewertung auf alle Folgezustände und sukzessive auf deren Folgezustände.

Da man die Bewertung der Kosten für das Erreichen eines Zustands mit der Summe aller Zustandsübergänge zum aktuellen Knoten durchführt, ist dies korrekt.

Man speichert an einem Knoten nur seinen g-Wert. Da der h-Wert unabhängig von der Art des Erreichens des Knotens ist und ohnehin gegeben ist, muss man diesen Wert nicht nochmals speichern.

Wie verhält sich der A*-Algorithmus bezüglich der Optimallösung? Findet der Algorithmus immer den (bezüglich der f-Bewertung) besten Weg? Um dies zu untersuchen, wird eine Eigenschaft der für die Schätzung des Abstands eingeführten Funktion h definiert.

Definition 3.5 Zulässigkeit einer Schätzfunktion h

Eine Funktion h zur Bewertung eines Knotens heißt **zulässig**, wenn sie die Kosten, um zum Ziel zu kommen, nicht überschätzt:

Für jeden Knoten n und jeden Zielknoten z, der von n aus erreichbar ist, gilt:

$$h(n) \leq g(z) - g(n).$$

Satz 3.1

Ist die Funktion h zulässig, so ist der A*-Algorithmus optimal.

Der Satz besagt, dass mit dem A*-Algorithmus immer eine Optimallösung gefunden wird, wenn die verwendete Funktion h zulässig ist, d.h. wenn sie die tatsächlichen Kosten nicht überschätzt. Dies wird sich aber nicht immer realisieren lassen, da über ein Problem nicht zwingend genügend Informationen vorliegen müssen, um dies abzusichern. In dem obigen abstrakten Beispiel wurde deshalb bewusst eine nicht zulässige Funktion h verwendet.

Wendet man den A*-Algorithmus auf das Steineproblem (Beispiel 3.5) an, so wird die Optimallösung nach 21 Schritten gefunden. Als Funktion h wurde wiederum der Vergleich der Position der schwarzen Steine mit der Position des linken weißen Steins benutzt.

3.3 Das Rundreiseproblem

Die verschiedenen Suchstrategien werden auf das Rundreiseproblem angewandt. Dazu wird die Aufgabe betrachtet, eine optimale Rundreise für die 12 Kreisstädte in Mecklenburg-Vorpommern zu finden. Die Entfernungskilometer wurden einer Landkarte entnommen, sie können eventuell von den tatsächlichen etwas abweichen.

Bevor auf die Suchverfahren eingegangen wird, soll zunächst auf eine wichtige Eigenschaft des Rundreiseproblems hingewiesen werden. Betrachtet man die Wege

$$a \rightarrow b \rightarrow c \rightarrow d$$

und

$$a \rightarrow c \rightarrow b \rightarrow d$$

so stellt man fest, dass diese bezüglich der Aufgabenstellung äquivalent sind, wenn man zunächst die Weglängen nicht berücksichtigt. Es interessiert an diesen Wegen nur, dass von der Stadt a zur Stadt d gefahren wurde und dabei die Städte c und b besucht wurden. Nimmt man nun die Weglängen hinzu, so ist klar, dass die längere Strecke nie zu einer Optimallösung für das Rundreiseproblem führen kann. Sie muss folglich als Kandidat nicht betrachtet werden und kann gelöscht werden. Dies ist eine wichtige Beobachtung, da der Suchraum damit eingegrenzt wird.

Tiefen- und Breitensuche können von vornherein ausgeschlossen werden, da beide keinerlei Information über das Problem benutzen.

Für die Strategie des nächsten Nachbarn wurde bereits im Abschnitt 3.2.1 dargestellt, welche Effekte auftreten können.

Für die weiteren Strategien benötigt man neben der Kostenfunktion g, die beim Rundreiseproblem durch die bisherigen Kilometer gegeben ist, nun eine **heuristische Funktion** h zum Schätzen des Abstands zum Ziel.

Eine mögliche Schätzfunktion ist dadurch gegeben, dass bekannt ist, wie viele Städte noch besucht werden müssen.

Variante 1: Anzahl der fehlenden Städte

Wendet man die **Bestensuche** mit dieser Heuristik auf das Rundreiseproblem an, so stellt man fest, dass sie sich wie Tiefensuche verhält. Bestensuche verwendet die bisherigen Kosten nicht. Berechnet man die Nachfolger eines Knotens k, so ist in diesen neuen Knoten eine Stadt mehr besucht worden als in k. Diese haben folglich eine um 1 bessere Bewertung als k. Somit werden die neuen Knoten den alten Knoten *immer* vorgezogen. Dies entspricht exakt der **Tiefensuche**.

Wendet man den **A*-Algorithmus** auf das Problem an, so stellt man fest, dass sich A*-Suche ähnlich wie Breitensuche verhält.

Tabelle 3.4 enthält einen Protokoll-Ausschnitt. Es sind die bearbeiteten Kandidaten und deren Bewertungen dargestellt. Die Bewertungen enthalten die bisherigen Kilometer, die fehlenden Städte sowie die Summe beider Zahlen:

Tabelle 3.4 A*-Suche mit Zählen der fehlenden Städte

Schritt	Strecke	g	h	g+h
1	nwm	0	12	12
2	nwm-dbr	61	11	72
3	nwm-lwl	75	11	86
4	nwm-pch	76	11	87
5	nwm-gue	83	11	94
6	nwm-lwl-pch	105	10	115
7	nwm-pch-lwl	106	10	116
8	nwm-dbr-gue	111	10	121
9	nwm-gue-dbr	133	10	143
10	nwm-pch-gue	135	10	145
11	nwm-muer	136	11	147
12	nwm-nvp	140	11	151
13	nwm-gue-pch	142	10	152
14	nwm-gue-muer	144	10	154

Schritt	Strecke	g	h	g+h
15	nwm-dbr-dm	153	10	163
16	nwm-pch-muer	154	10	164
17	nwm-dbr-muer	155	10	165
18	nwm-dm	155	11	166
19	nwm-gue-dm	159	10	169
20	nwm-dbr-pch	161	10	171
21	nwm-dbr-nvp	162	10	172
22	nwm-lwl-pch-gue	164	9	173

Wieso verhält sich der A*-Algorithmus hier „breitenorientiert“? Dies liegt daran, dass die Zahl der fehlenden Städte bei der Bewertung eines Zustandes eine geringfügige Rolle spielt. Die bisherigen Kosten, die bereits zurückgelegten Kilometer spielen dagegen eine weit stärkere Rolle. Aufgabe der Schätzfunktion *h* ist es aber, eine große Distanz zu einer Lösung auch entsprechend stark zu „bestrafen“. Die Anzahl der fehlenden Städte wird als Strafmaß kaum ausreichen.

Variante 2: Schätzen der noch erforderlichen Kilometer

Man muss in geeigneter Art und Weise die Zahl der fehlenden Städte in noch zurückzulegende Kilometer umrechnen. Dazu wird die Zahl der fehlenden Städte mit einem Kilometer-Faktor multipliziert. Zunächst wählen wir 100.

Tabelle 3.5 A*-Suche mit Straffaktor 100

Schritt	Strecke	g	h	g+h
1	nwm	0	1200	1200
2	nwm-dbr	61	1100	1161
3	nwm-dbr-gue	111	1000	1111
4	nwm-dbr-gue-pch	170	900	1070
5	nwm-dbr-gue-pch-lwl	200	800	1000
6	nwm-dbr-gue-pch-lwl-muer	308	700	1008
7	nwm-dbr-gue-pch-lwl-muer-mst	353	600	953
8	nwm-dbr-gue-pch-lwl-muer-mst-uer	426	500	926
9	nwm-dbr-gue-pch-lwl-muer-mst-uer-ovp	474	400	874
10	nwm-dbr-gue-pch-lwl-muer-mst-uer-ovp-dm	522	300	822
11	nwm-dbr-gue-pch-lwl-muer-mst-uer-ovp-dm-nvp	555	200	755
12	nwm-dbr-gue-pch-lwl-muer-mst-uer-ovp-dm-nvp-rueg	608	100	708
13 Lösung	nwm-dbr-gue-pch-lwl-muer-mst-uer-ovp-dm-nvp-rueg-nwm	786	0	786

Die A*-Suche verhält sich jetzt wie Tiefensuche. Die vorgeschlagene Lösung ist auch keineswegs eine Optimallösung. Woran liegt das? Der Straffaktor wurde zu groß gewählt, so dass die heuristische Funktion *g* für die bisherigen Kosten eine untergeordnete Rolle spielt. *h* ist keine zulässige Funktion, da der Abstand zum Ziel offensichtlich überschätzt wird. Dies ist auch die Begründung dafür, dass keine Optimallösung gefunden wird.

Wie kann man einen angemessenen Faktor ermitteln? Er darf nicht zu klein sein, da sich A*-Suche dann im Prinzip wie Breitensuche verhält. Er darf aber auch nicht zu groß sein, da das Verfahren dann zu sehr in die Tiefe geht. Man beachte, dass man sich unter Umständen von der Forderung der Zulässigkeit der heuristischen Funktion *h* lösen muss, da dies zwar theoretisch wichtig ist, aber aus den obigen praktischen Tests ersichtlich ist, dass das Verfahren dann zu sehr in der Breite suchen wird.

Berechnen wir die durchschnittliche Entfernung zweier Städte, so erhalten wir einen Wert von 116 km. Da er größer als 100 ist, steht fest, dass er zu groß ist. Dieser Ansatz ist bei genauerem Überlegen ohnehin nicht günstig, da Verbindungen zweier Städte über eine große Entfernung bei der Optimallösung keine Rolle spielen werden. Sie sorgen aber für einen hohen Durchschnittswert.

Eine weitere Variante besteht darin, dass man die maximale Entfernung zweier Städte berechnet (229 km) und davon ausgeht, dass sich alle Städte äquidistant auf einem Kreis mit entsprechendem Durchmesser anordnen lassen. Man erhält dann als Entfernung zwischen zwei Städten 60 km.

Das Verhalten des A*-Algorithmus ist nun wesentlich erfolgversprechender.

Tabelle 3.6 A*-Suche mit Straffaktor 60

Schritt	Strecke	g	h	g+h
1	nwm	0	720	720
2	nwm-dbr	61	660	721
3	nwm-dbr-gue	111	600	711
4	nwm-dbr-gue-pch	170	540	710
5	nwm-dbr-gue-pch-lwl	200	480	680
6	nwm-dbr-gue-muer	172	540	712
7	nwm-dbr-gue-muer-mst	217	480	697
8	nwm-dbr-gue-muer-mst-uer	290	420	710
9	nwm-dbr-gue-muer-mst-uer-ovp	338	360	698
10	nwm-dbr-gue-muer-mst-uer-ovp-dm	386	300	686
11	nwm-dbr-gue-muer-mst-uer-ovp-dm-nvp	419	240	659
12	nwm-dbr-gue-muer-mst-uer-ovp-dm-nvp-rueg	472	180	652
13	nwm-dbr-gue-muer-mst-uer-ovp-nvp	400	300	700
14	nwm-dbr-gue-muer-mst-uer-ovp-nvp-dm	433	240	673
15	nwm-dbr-gue-muer-mst-uer-ovp-nvp-rueg	453	240	693
16	nwm-dbr-gue-muer-dm	231	480	711
17	nwm-dbr-gue-muer-dm-nvp	264	420	684
18	nwm-dbr-gue-muer-dm-nvp-rueg	317	360	677

Schritt	Strecke	g	h	g+h
19	nwm-dbr-gue-muer-dm-nvp-ovp	326	360	686
20	nwm-dbr-gue-muer-dm-nvp-ovp-uer	374	300	674
21	nwm-dbr-gue-muer-dm-nvp-ovp-uer-mst	447	240	687
22	nwm-dbr-gue-muer-dm-ovp	279	420	699

Die Optimallösung mit einer Länge von 701 km wird im 68. Schritt gefunden. Die Optimallösung für das Rundreiseproblem mit allen sechs kreisfreien und den zwölf Kreisstädten wird nach 1520 Schritten gefunden. Sie hat eine Länge von 743 km. Zum Vergleich sei auf die Abschnitte 7.1.4 und 8.2 verwiesen, wo das Rundreiseproblem unter Nutzung neuronaler Netz gelöst wird.

3.4 Zusammenfassung

Es wurde Suche als Problemlösungstechnik untersucht. Suche ist immer dann möglich, wenn man den Problembereich als **Zustandsraum** (gerichteter Graph) darstellen kann. Damit reduziert sich das Problem auf die Suche eines Weges von einem **Startknoten** zu einem **Zielknoten**. Mehrere Zielknoten sind möglich.

Sowohl **uninformierte** als auch **heuristische Suchverfahren** wurden vorgestellt. Uninformierte Suchverfahren durchsuchen den Suchraum nach bestimmten Strategien. **Tiefensuche** steigt in einen Zweig des Suchgraphen ab und verlässt ihn erst wieder, wenn er komplett durchsucht wurde. **Breitensuche** geht ebenenweise vor, untersucht zunächst alle Wege der Länge 1, dann 2 usw.

Die heuristischen Verfahren benutzen Zusatzinformationen über das gegebene Problem, um so einen möglichst vielversprechenden Kandidaten zu bevorzugen. Mögliche Informationen über die Qualität eines Weges sind die Information über den **bisherigen Aufwand** und die **geschätzte Entfernung zum Ziel**. Beide Informationen werden beim klassischen Vertreter der heuristischen Verfahren – **A*-Suche** – benutzt. Darüber hinaus schließt der A*-Algorithmus Mehrfachwege zu einem Knoten aus und erreicht damit häufig eine Reduzierung des Suchraums.

In Tabelle 3.7 wird eine Übersicht über die vorgestellten Verfahren und die von diesen verwendeten Informationen gegeben.

Tabelle 3.7 Suchverfahren und ihre Charakteristika

Verfahren	heuristische Funktion	Wesentliche Merkmale
Breitensuche	–	Alte Kandidaten werden den neuen vorgezogen.
Tiefensuche	–	Es wird mit den neuen Kandidaten weitergearbeitet.
Bestensuche	*h*	Aus den möglichen Kandidaten wird der bezüglich *h* beste Kandidat gewählt.

Verfahren	heuristische Funktion	Wesentliche Merkmale
Bergsteiger	*h*	Es werden nur solche Folgezustände akzeptiert, deren *h*-Bewertung besser ist.
Nächster Nachbar	*g*	Es wird der Knoten als nächster besucht, der am nächsten zum aktuellen Knoten liegt.
A*-Algorithmus	*g* und *h*	Bestensuche mit heuristischer Funktion $g + h$. Mehrfachwege werden vermieden.

Wie ordnet sich Suche in die allgemeine Problemlösung ein? Ein typisches Vorgehen bei der Problemlösung ist:

1. Problemdefinition
2. Analyse des Problems
3. Isolieren des für das Problem wichtigen Wissens und Wahl einer geeigneten Repräsentationsform
4. Auswahl einer geeigneten Problemlösungstechnik.

Gelingt es, das Problem als Suchraum (Ausgangs- und Zielzustand, Zustandsübergänge) zu definieren, kann im Schritt 4 ein Suchverfahren eingesetzt werden.

Wichtig ist, dass man die Suche mit möglichst viel Information ausstattet, um dadurch eine Reduzierung des Suchraums zu erreichen. Die Qualität der Schritte 2 und 3 ist wesentlich und eventuell entscheidend für Erfolg oder Misserfolg einer Problemlösung. Welche Problemcharakteristiken sind denkbar?

- Ist das Problem zerlegbar? Kann man das Problem in kleinere und damit weniger komplexe Teilprobleme zerlegen?
- Kann man Schritte ignorieren? Beim Rundreiseproblem wurde dies in Form des Vergleichs mit der lokal besten Lösung diskutiert.
- Ist die Lösung ein Zustand oder ein Pfad? Beim Wasserproblem interessiert nicht nur, ob man zu zwei Litern gelangen kann, sondern natürlich auch wie. Ist der Suchraum durch mögliche Interpretationen eines mehrdeutigen Satzes definiert, so interessiert nur der Zielzustand, nicht der Weg.

Ergänzend sei darauf hingewiesen, dass man mit der Suche durchaus auch beim Ziel beginnen kann. Dies bedeutet, dass im Prinzip rückwärts gesucht wird. Man geht vom Ziel aus und sucht nach Vorgänger-Zuständen. Die hier vorgestellten Strategien können wieder angewendet werden. Auch Mischvarianten zwischen **Vorwärts-** und **Rückwärtssuche** sind möglich.

Es gibt eine Reihe von weiteren Suchtechniken. Bei der Bergsteiger-Strategie tauchte das Problem der lokalen Optima auf, aus denen die Bergsteiger-Strategie nicht wieder herauskommt. Dies führte zu der Idee, dass man die Strategie etwas aufweicht und zunächst auch eine Verschlechterung zulässt. Mit zunehmender Zeit verschärft man die Zulässigkeit eines Zustandsübergangs dahingehend, dass der Grad einer Verschlechterung immer mehr begrenzt wird. Dieses Prinzip liegt den Verfahren **simuliertes Ausglühen** (**Simulated annealing**) und **Threshold Accepting** zugrunde.

Im Abschnitt 3.1 wurde auf **Iterative Deepening** eingegangen. Iterative Deepening begrenzt die Tiefe für die Tiefensuche. Diese Begrenzung wird nach und nach vergrößert. Damit erreicht man eine Kombination der Vorteile von Breiten- und Tiefensuche. Ein analoges Vorgehen stellt **Iterative Broadening** dar. Es wird Breitensuche durchgeführt. Man begrenzt allerdings die Zahl der untersuchten Nachfolger eines Knotens. Im ersten Zyklus werden immer nur die ersten zwei Nachfolger eines Zustandes weiter betrachtet. Führt dies nicht zu einer Lösung, beginnt man wieder von vorn, lässt nun aber drei Nachfolger zu. Sukzessive erhöht man die Zahl der betrachteten Nachfolger, bis eine Lösung gefunden wird.

Betrachtet man das in Abschnitt 4.6.3 vorgestellte Acht-Damen-Problem – acht Damen sollen auf einem Schachbrett so positioniert werden, dass sie sich nicht gegenseitig schlagen können – so erkennt man, dass dies ein typisches *Zuordnungsproblem* ist. Zuordnungsprobleme sind dadurch ausgezeichnet, dass bestimmten Variablen Werte zugeordnet werden müssen. Die Zuordnung unterliegt aber bestimmten Restriktionen oder Beschränkungen (**Constraint**). Zur Lösung solcher **Constraint-Probleme** sei auf [HeSoBo07] verwiesen.

Viele Spiele lassen sich als Suchproblem darstellen. Spiele haben im Allgemeinen aber eine Besonderheit. Die meisten von ihnen werden von mehreren Agenten gespielt. Diese spielen *gegeneinander*, haben folglich gegensätzliche Ziele. Einen Schach-Zug wird man so auswählen, dass er die eigene Position stärkt und die gegnerische schwächt. Es gibt eine Reihe von speziellen Strategien und Techniken, die dieser Besonderheit Rechnung tragen, beispielsweise die **MinMax-Strategie** oder **α-β-Suche**. Für diese Verfahrensklasse sei auf [Ginsberg93] verwiesen.

Häufig lassen sich Probleme nicht so ohne weiteres auf Suchprobleme abbilden. Eines der klassischen Suchprobleme ist das Rucksack-Problem (Knapsack Problem). Es soll ein Rucksack mit Gegenständen bepackt werden. Der Rucksack verträgt aber nur ein bestimmtes Maximalgewicht. Jeder Gegenstand hat einen bestimmten Wert. Die Aufgabe ist, den Rucksack so zu bepacken, dass er zum einen nicht überladen wird. Zum anderen soll aber der Wert aller Gegenstände im Rucksack maximal sein.

Dies ist mit den hier vorgestellten heuristischen Suchverfahren nicht ohne weiteres lösbar, da die Definition eines Zielzustandes nicht möglich ist. Man kennt das Maximum nicht.

Hier setzen Strategien wie **Tabu-Suche** ein. Im einfachsten Fall erlaubt die Tabu-Suche beim Rucksack-Problem in einem Schritt das Hinzufügen oder das Herausnehmen nur eines Gegenstands. Allerdings werden bestimmte Aktionen verboten. Beispielsweise darf der zuletzt hinzugefügte Gegenstand nicht sofort wieder herausgenommen werden. Diese Aktion ist *tabu*.

Ausgehend von der aktuellen Lösung wählt Tabu-Suche die beste Aktion, also die Aktion, die den größten Wertzuwachs bringt.

Die Aktionen, die verboten sind, werden in einer Tabu-Liste gespeichert. Dabei gilt eine Aktion nicht auf immer und ewig als tabu, sondern nur für eine bestimmte Zeit. Man bezeichnet dies als Tabu-Dauer. Nach Überschreiten der Tabu-Dauer darf diese Aktion wieder ausgeführt werden.

3.5 Übungen

Fragen

3.1 Wann ist Bestensuche schlechter als Breitensuche?

3.2 Wie hoch ist der Aufwand für A*-Suche im schlechtesten Fall?

3.3 Wie verhält sich der A*-Algorithmus, wenn man den geschätzten Abstand zum Ziel (h) konstant null setzt und als Kostenfunktion die Zahl der bisherigen Schritte verwendet?

3.4 Wie ordnet sich das aus dem Operations Research bekannte Verfahren *Branch and Bound* in die Suchstrategien ein?

Aufgaben

3.5 Implementieren Sie Breiten- und Tiefensuche in Java.

3.6 Betrachten Sie das 8-Damen-Problem: Auf einem Schachbrett sollen 8 Damen so positioniert werden, dass sie sich gemäß der Schachregeln nicht schlagen können. Untersuchen Sie das Problem und seine Charakteristika und modellieren Sie das Problem als Suchproblem. Entwickeln Sie einen Algorithmus, der alle Lösungen generiert.

3.7 Betrachten Sie das 8-Puzzle-Problem (Schiebefax) und entwickeln Sie dafür unter Anwendung der behandelten heuristischen Techniken (beispielsweise Hill climbing) ein Suchverfahren. Das Schiebefax ist ein 3×3–Quadrat mit 8 verschiebbaren, nummerierten Feldern. Mit Hilfe eines Freifeldes kann man die Teile verschieben. Aufgabe ist es, die Felder durch Verschieben in die richtige Reihenfolge zu bringen, d.h. die 1. Zeile soll die Felder 1–3 enthalten, die 2. Zeile 4–6, und die 3. Zeile 7–8 sowie das Freifeld:

1	2	3
4	5	6
7	8	

3.8 Programmieren Sie die fehlenden Prädikate des PROLOG-Suchprogramms in Abschnitt 3.1 (Uninformierte Suche).

3.9 Entwickeln Sie heuristische Funktionen für das Wasserbeispiel und überprüfen Sie, wie sich der A*-Algorithmus mit diesen verhält.

3.10 In einem Zoo befindet sich eine Käfig-Anlage. Allerdings sind die Tiere etwas durcheinander geraten. Keines der Tiere befindet sich in dem eigenen Käfig. Es gibt einen Außenkäfig. Der Wärter soll die Tiere umgehend wieder in die korrekten Käfige bringen. Aus nahe liegenden Gründen ist es nicht ratsam, in einem Käfig gleichzeitig zwei Tiere zu haben. Zwischen allen benachbarten Käfigen gibt es Türen.

Welches ist die geringste Zahl von Umsetzungen, die der Wärter durchführen muss? Stellen Sie das Problem als Suchproblem dar und lösen Sie es mit den unterschiedlichen Strategien.

Löwe-Käfig	*Esel-Käfig*	*Wolf-Käfig*	*Krokodil-Käfig*	*Panther-Käfig*
Panther	Krokodil	Esel	Löwe	Wolf

Außenkäfig

3.11 Ergänzen Sie die fehlenden Regeln für die möglichen Zustandsübergänge im Beispiel 3.5.

3.12 Ein Farmer möchte einen Kohlkopf, einen Wolf und eine Ziege mit einem Boot über einen Fluss bringen. Allerdings ist das Boot so klein, dass er jeweils nur den Kohlkopf oder ein Tier mitnehmen kann. Die Ziege mit dem Kohlkopf unbeaufsichtigt zu lassen ist ebenso unzweckmäßig, wie den Wolf mit der Ziege allein zu lassen. Wie bekommt er doch alle drei über den Fluss? Lösen Sie das Problem mit den vorgestellten Suchverfahren.

3.13 Untersuchen Sie, ob man nicht doch den A*-Algorithmus zur Lösung des Rucksack-Problems ausnutzen kann? An welchen Stellen muss man vom klassischen Vorgehen des A*-Algorithmus abweichen?

3.14 Verfeinern Sie die heuristische Funktion h für das Steine-Beispiel, so dass die Optimallösung mit der Bergsteiger-Strategie und der Bestensuche gefunden wird.

3.15 Betrachten Sie das so genannte Färbeproblem. Sei eine Landkarte mit k Ländern gegeben. Diese sollen mit i Farben so gefärbt werden, dass nie zwei benachbarte Länder die gleiche Farbe haben. Kann man dieses Problem mittels Suche lösen?

3.16 Untersuchen Sie, unter welchen Bedingungen sich der A*-Algorithmus *fair* verhält.

3.17 Finden Sie Beispiele, wo sich die Bergsteiger- und die Bestensuche unterschiedlich verhalten.

Referate

3.18 Stellen Sie Problem-Beispiele dar, die sich als Zustandsraum darstellen lassen. Finden Sie Beispiele, die auf dieses Konzept nicht passen.

3.19 Stellen Sie Tabu-Suche anhand von ausgewählten Beispielen vor.

3.20 Erläutern Sie Lösungsansätze für das Rucksack-Problem.

4

PROLOG

4 PROLOG

Im Folgenden wird eine Einführung in die Programmiersprache PROLOG gegeben. Der Name dieser Sprache widerspiegelt deren Konzept: PROgramming in LOGic.

Grundlage für PROLOG ist die Logik, und zwar eine eingeschränkte Teilmenge der Prädikatenlogik 1. Stufe (vgl. Abschnitt 2.1). PROLOG kann demnach als **Wissensrepräsentationssprache** aufgefasst und verwendet werden, da in PROLOG logische Zusammenhänge beschrieben werden. Man kann PROLOG aber auch im Sinne der **regelbasierten** Systeme (vgl. Abschnitt 2.2) interpretieren.

PROLOG entstand zu Beginn der 70er Jahre. Mitte der 70er Jahre wurden Konzepte entwickelt, die aus PROLOG eine effiziente Programmiersprache machten. Erste PROLOG-Systeme arbeiteten nur im Interpreter-Modus, heute hat man leistungsstarke Compiler sowie gute Schnittstellen zu anderen Programmiersprachen.

Es gibt eine Reihe von PROLOG-Systemen unter den verschiedenen Betriebssystemen. Die Autoren haben gute Erfahrungen mit SWI-PROLOG [Wielemaker94] und LPA-PROLOG (www.lpa.co.uk) gesammelt. SWI-PROLOG ist frei verfügbar, und dies sowohl unter Windows als auch unter Linux.

PROLOG hat einen sehr kompatiblen Sprachkern. Bei den folgenden Programmierbeispielen dürfte es nur im Ausnahmefall zu Abweichungen gegenüber anderen PROLOG-Systemen kommen. System-abhängige Prädikate hat man im Allgemeinen sehr schnell angepasst.

Da im Rahmen dieses Buches nur eine Einführung in PROLOG gegeben werden kann, verweisen wir auf eine Reihe von speziellen PROLOG-Büchern wie [Bratko01], [StSh94] und [ClMe03], die für weiterführende Studien zu empfehlen sind.

4.1 Logisches Programmieren

4.1.1 Erste Schritte

Bevor unsere Einführung mit einigen PROLOG-Beispielen beginnt, wird der technische Ablauf einer PROLOG-Programmentwicklung skizziert. Ein typisches Vorgehen sieht wie folgt aus:

1. Man entwickelt ein PROLOG-Programm, welches das Wissen in Form von **Regeln** und **Fakten** enthält.
2. Dies wird in einer Datei **gespeichert**.
3. Diese Datei wird **geladen** oder **compiliert**.
4. Nun formuliert man in PROLOG **Anfragen** und überprüft, ob sich das Programm wie gewünscht verhält. Dazu werden im Konsole-Fenster nach der Eingabeaufforderung ‚?–' die Anfragen eingegeben.

5. PROLOG beantwortet unsere Anfragen. Verhält sich das Programm nicht wie gewünscht, so geht man zurück in den Editor und korrigiert oder erweitert das Programm.

PROLOG-Systeme enthalten Trace- und Debug-Komponenten, so dass man den Ablauf der Abarbeitung verfolgen kann.

Im Gegensatz zu klassischen Programmiersprachen wie PASCAL programmiert man in PROLOG in Form von logischen Aussagen, also in Fakten und Zusammenhängen.

Ein typisches PASCAL-Programm ist prozedural orientiert. Betrachten wir dazu die Aufgabe, alle dreistelligen Zahlen, die durch 5 und 6 teilbar sind und bei der Division durch 9 den Rest 3 liefern, zu finden.

Listing 4.1 PASCAL-Programm für die Zahlensuche

```
PROGRAM gesuchtezahl;
VAR
  zahl: INTEGER;

BEGIN
  FOR zahl := 100 TO 999 DO
    IF     ((zahl mod 5) = 0)
      AND  ((zahl mod 6) = 0)
      AND  ((zahl mod 9) = 3)
    THEN WRITELN(zahl);
END.
```

Dies stellt eine Abfolge von auszuführenden Aktionen dar. Man durchläuft alle dreistelligen Zahlen und überprüft für jede, ob sie die geforderten Eigenschaften hat. In PROLOG dagegen sieht die Problemlösung so aus:

```
ziffer(Z) :- member(Z,[0,1,2,3,4,5,6,7,8,9]).

gesucht(Zahl) :-
        ziffer(H), ziffer(Z), ziffer(E),
        Zahl is H*100 + Z*10 + E,
        0 is Zahl mod 5,
        0 is Zahl mod 6,
        3 is Zahl mod 9.
```

Im Gegensatz zum PASCAL-Programm genügt es in PROLOG, die Eigenschaften der gesuchten Zahl zu beschreiben: In der ersten Zeile ist definiert, was eine Ziffer ist. Z ist eine Ziffer, falls Z ein Element der Liste [0,1,2,3,4,5,6,7,8,9] ist.

Danach wird angegeben, unter welchen Bedingungen eine Zahl unsere Anforderungen erfüllt: Sie muss sich aus drei Ziffern (Hunderter-, Zehner- und Einer-Ziffer) zusammensetzen, und sie muss die drei Bedingungen bezüglich der Teilbarkeit erfüllen.

Im Gegensatz zum PASCAL-Programm, in dem genau festgelegt wird, **wie** das Problem gelöst werden soll, reicht in PROLOG die Beschreibung, **was** zu lösen ist. Dies geschieht dadurch, dass man in PROLOG das Wissen über den Gegenstandsbereich formuliert.

Beginnen wir mit einem einfachen PROLOG-Programm:

```
es_regnet.
strasse_nass :- es_regnet.
```

Hier wird gesagt, dass es regnet (1. Aussage). In der zweiten Aussage ist formuliert, dass die Straße nass ist, falls es regnet. Das Zeichen :- ist demzufolge zu verstehen als: ... *gilt, falls* ....

Es gibt in PROLOG **Fakten** und **Regeln**, beide nennt man **Klauseln**.

Wie bereits einleitend erläutert, gibt man ein Programm dieser Form (mit Hilfe eines im jeweiligen System integrierten Editors) ein und lädt bzw. compiliert es. Nun lassen sich Anfragen stellen:

```
?- strasse_nass.
```

PROLOG wird auf die Anfrage mit yes antworten, da dies nach obigem Programm gilt, wenn es_regnet gilt. Und dies wurde von uns als wahr angegeben.

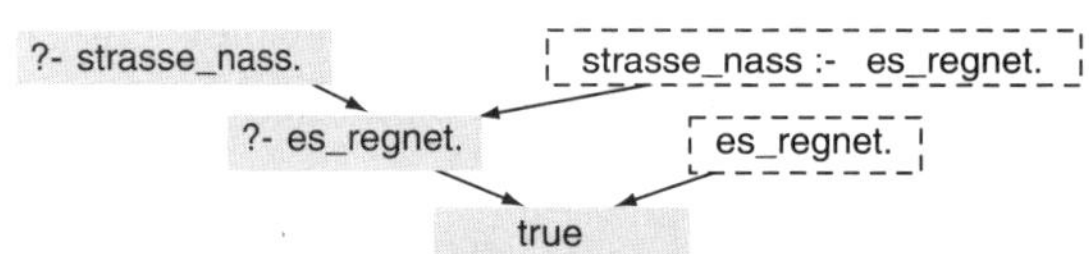

Abbildung 4.1 PROLOG-Bearbeitung einer Anfrage

Jede Eingabe in PROLOG muss mit einem *Punkt* und einem *newline* abgeschlossen werden. Dies betrifft sowohl Fakten und Regeln als auch Anfragen. Kommentare werden in PROLOG mittels /* und */ eingeschlossen.

Es wurde bereits darauf hingewiesen, dass im Gegensatz zu anweisungsorientierten Programmiersprachen (Pascal, C oder Java) bei der logischen Programmierung nicht im Vordergrund steht, **wie** ein Programm eine Aufgabe löst, sondern die Beschreibung eines Problems. Mit Hilfe der Logik wird beschrieben, **was** gelöst werden soll. Was heißt das? Will man ein Problem lösen, geht man mehrstufig vor. Die erste Phase beschäftigt sich mit der Problemanalyse: Es werden grundlegende Charakteristika, Eigenschaften und Zusammenhänge des Problembereiches untersucht. Erst danach beginnt man, einen Lösungsalgorithmus zu erarbeiten. In PROLOG wird im Zuge der Problemanalyse Wissen über den Problembereich herausgearbeitet und in Form von Fakten und Regeln formuliert.

Bei einem prozeduralen Vorgehen muss man nach der Analyse des Problems – ausgehend von dieser Problembeschreibung – einen Algorithmus, sprich ein Programm zur Lösung des Problems erstellen.

Bei PROLOG dagegen ist die Problembeschreibung zugleich das Programm. Der zweite Schritt, das **Wie** der Problemlösung, muss nicht mehr erarbeitet werden.

PROLOG erlaubt auch eine Datenbanksicht. Man kann Programme in PROLOG als eine intelligente Datenbank auffassen. Fakten sind dabei die normalen Datensätze einer Datenbank, Regeln dienen der Verknüpfung von Datensätzen.

Aufgrund dieser Vielfalt der unterschiedlichen Sichtweisen auf diese Sprache eignet sie sich exzellent zum **rapid prototyping**. Mit rapid prototyping bezeichnet man das schnelle Entwickeln einer ablauffähigen Software-Lösung. Dabei beschränkt man sich auf wesentliche Funktionalitäten des Systems, um frühzeitig Entwurfsfehler erkennen zu können.

4.1.2 Ein Beispiel

Wenn man einen neuen Text über PROLOG schreibt, ist von Anfang eigentlich eines klar: Als einführendes Beispiel kommt das Beispiel der Familienwissensbasis nicht in Frage. Damit hätten wir nämlich das $(n+1)$-te Buch, welches dieses Beispiel benutzt. Konzipiert man dann das Buch, sucht man nach einem geeigneten Beispiel, welches alle Kriterien erfüllt.

Das Beispiel soll selbsterklärend, übersichtlich und nachvollziehbar sein. Und natürlich müssen sich alle Konzepte, die man einführen möchte, an diesem Beispiel einfach und plastisch erläutern lassen. Jeder Leser soll das behandelte Fachgebiet aus eigener Erfahrung kennen. Und plötzlich ist man wieder bei dem guten, alten Familienbeispiel. Lassen Sie sich aber nicht täuschen: PROLOG eignet sich nicht nur zur Erstellung eines Stammbaums.

Im Folgenden werden die grundlegenden Konzepte der logischen Programmierung erläutert. Dabei wird auf die in Abbildung 4.2 dargestellte Familie zurückgegriffen. Um Zusammenhänge darzustellen, reicht es aus, traditionelle Familienverhältnisse vorausgesetzt, die Beziehungen zwischen Ehepartnern und die Vater-Kind-Beziehung zu nutzen.

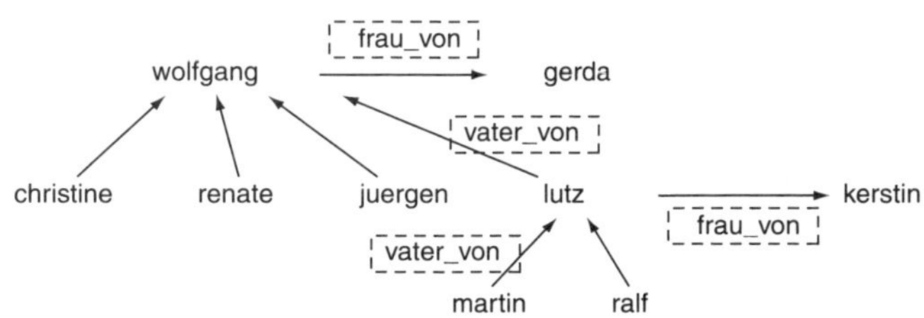

Abbildung 4.2 Beispiel-Familie

In PROLOG können diese Beziehungen in Form von Fakten aufgeschrieben werden:

```
vater_von(christine, wolfgang).
vater_von(renate, wolfgang).
vater_von(juergen, wolfgang).
vater_von(lutz, wolfgang).
vater_von(martin, lutz).
vater_von(ralf, lutz).
frau_von(wolfgang, gerda).
frau_von(lutz, kerstin).
```

Hier hat man im Sinne einer Datenbank spezifiziert, dass christine und wolfgang in der Beziehung (Relation) vater_von stehen. Die Person wolfgang ist der Vater von christine.

vater_von und frau_von bezeichnet man als **Prädikate**. Sie werden mit ihrer Stelligkeit, der Anzahl ihrer Argumente, angegeben: vater_von/2, frau_von/2.

Es können nun hierzu Anfragen gestellt werden, ?- ist die Eingabeaufforderung:

```
?- vater_von(juergen, wolfgang).
yes
?- vater_von(juergen, renate).
no
```

PROLOG antwortet entsprechend unserer obigen Spezifikation entweder mit yes oder no. Wie kann man erfahren, wer der Vater von juergen ist?

```
?-vater_von(juergen, V).
V=wolfgang
```

In der Anfrage wurde eine **Variable** V verwendet, die durch PROLOG korrekt mit der Antwort wolfgang belegt wird. Variablen beginnen mit einem Groß-, Konstanten mit einem Kleinbuchstaben. Analog kann nach einem Kind von wolfgang gefragt werden:

```
?-vater_von(X, wolfgang).
X=christine ;
X=renate ;
X=juergen ;
X=lutz ;
no
```

PROLOG zählt bei dieser Anfrage alle möglichen Lösungen auf. PROLOG interpretiert diese Anfrage als:

Gibt es ein X, so dass vater_von(X, wolfgang) gilt?

Daraufhin bietet PROLOG die erste gefundene Lösung (X=christine) an. Durch Eingabe eines Semikolon kann erzwungen werden, dass nach einer weiteren Lösung gesucht wird.

Durch **Fakten** wurde der Gegenstandsbereich – die Familie – spezifiziert. Anschließend wurde durch **Anfragen** nach der Gültigkeit von Aussagen gefragt. PROLOG antwortet mit yes oder no. Dabei kann man Variablen verwenden. Stellt man eine Anfrage ?-anfrage(X). so wird versucht, die Anfrage zu beweisen, wobei die Variable X belegt werden kann. Eine Anfrage, die Variablen enthält, kann interpretiert werden als:

„Existiert eine Variablenbelegung, so dass ... gilt?“

Bei der Lösungssuche werden **Variablenbelegungen** generiert. Allgemein kann man das Lösungsverhalten von PROLOG wie folgt beschreiben:

Ist Q eine Anfrage und F ein Fakt,

so sucht PROLOG nach einer Variablenbelegung,

so dass Q und F identisch sind.

Man nennt dies eine **gemeinsame Instanz**. Dabei können Variablen sowohl in Q als auch in F belegt werden. Das bedeutet auch, dass – falls man die Anfrage als Prozeduraufruf und die Fakten als Prozeduren auffasst – die Parameterübergabe vom Aufruf zum Fakt im Sinne eines **Mustervergleichs** erfolgt.

Man kann Variablen auch in Fakten verwenden, allerdings haben sie dann die Bedeutung:

„Für jede Belegung von X gilt: ....“.

Die Aussage mag(X, robert_redford) steht für: Egal wie X belegt ist, gilt: Diese Person mag Robert Redford.

Die Anfrage

```
?- mag(person1, robert_redford).
```

liefert folglich yes. In Fakten sind Variablen allquantifiziert.

4.1.3 Regeln

Stellt man die Anfrage:

```
?- vater_von(juergen, X), vater_von(lutz, X).
```

so antwortet PROLOG X=wolfgang.

Hier wird nach einer Variablenbelegung gesucht, so dass sowohl vater_von(juergen, X) als auch vater_von(lutz, X) gilt. Das Komma steht in PROLOG für das logische UND. Als logische Anfrage gesehen, ist dies zu interpretieren als:

Gibt es eine Variablenbelegung, so dass beide Anfragen gelten?

Betrachtet man die Anfrage *operational*, so bedeutet sie:

1. Löse erste Anfrage,
2. übernimm die Variablenbindung und
3. versuche unter Beachtung der Variablenbelegung, die zweite Anfrage zu beweisen.

Wichtig ist, dass die Variable X von beiden Teilanfragen benutzt wird und demzufolge identisch ist. Das bedeutet in der obigen Anfrage, dass die Antwort der ersten Teilanfrage, die Belegung der Variablen X, in der zweiten Teilanfrage übernommen wird. Beim Beweis der zweiten Teilanfrage ist X keine freie Variable mehr. Man bezeichnet X als **gemeinsame Variable** (**shared variable**).

Wie kann man nach einem Großvater suchen? Analog der obigen Anfrage nach dem gemeinsamen Vater formuliert man:

```
?- vater_von(ralf, X), vater_von(X, Y).
```

Hier wird X wiederum als gemeinsame Variable benutzt. Was bedeutet diese Anfrage? Man sucht nach dem Vater von ralf und nach dem Vater von X, gesucht ist der Vater des Vaters von ralf, also der Großvater väterlicherseits.

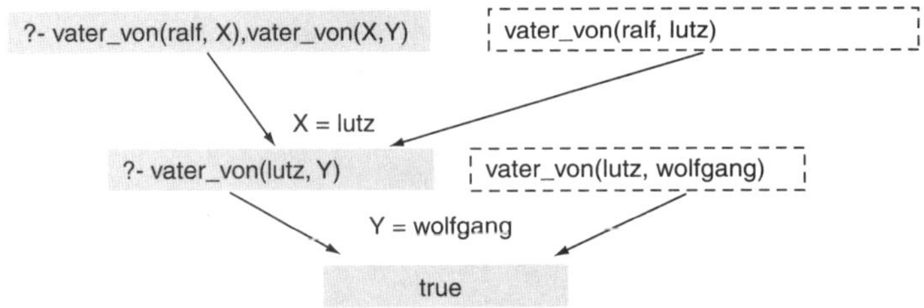

Abbildung 4.3 Abarbeitung einer kombinierten Anfrage

Diese Beziehung gilt universell, der Vater des Vaters ist immer der Großvater, es liegt somit dieser logische Zusammenhang vor:

Wenn Z der Vater von X und Y der Vater von Z ist, dann ist Y der Großvater von X.

Diesen Sachverhalt kann man in PROLOG in Form einer Regel notieren:

```
grossvater_von(X, Y) :- vater_von(X, Z), vater_von(Z, Y).
```

Gleichnamige Variablen sind nur innerhalb einer Regel identisch sind. In einer anderen Regel können die Variablen X, Y, Z durchaus wieder verwendet werden. PROLOG hat ein **lokales Variablenkonzept**. In der Regel für einen Urgroßvater können die Variablen erneut eingesetzt werden:

```
urgrossvater_von(X, Y) :- vater_von(X, Z), vater_von(Z, T), vater_von(T, Y).
```

In obiger Regel sind X, Y, Z, T Variablen, die beliebig belegt werden können. Die Variablen sind folglich allquantifiziert, somit gilt dieser Zusammenhang für beliebige X, Y, Z und T.

Man kann die Variable Z in der Regel für grossvater_von/2 aus operationaler Sicht als existenzquantifiziert auffassen:

Wenn man nach dem Großvater von X *sucht,*
sucht man zuerst einen Vater Z *und überprüft dann, ob* vater_von(Z, Y) *gilt.*

Die Folgerung (Konklusion) einer Regel wird als **Regelkopf** (**Head**), die Bedingungen als **Regelkörper** (**Body**, **Tail**) der Regel bezeichnet.

Die Eigenschaften wie vater_von/2 , frau_von/2 werden als **Prädikate** bezeichnet. Die Struktur: prädikat(arg_1, ... , arg_n) wird **Literal** genannt.

Das Komma zwischen Literalen ist auch in Regeln als logisches UND zu verstehen. Ergänzend sei darauf hingewiesen, dass es in PROLOG auch das logische ODER gibt, das durch das Semikolon dargestellt wird.

Tabelle 4.1 PROLOG-Bestandteile

Bezeichnung	**Beispiel**
Fakt (Klausel ohne Bedingung)	vater_von(juergen, wolfgang).
Regel (Klausel mit Bedingung)	grossvater_von(X, Y) :- vater_von(X, Z), vater_von(Z, Y).
Regelkopf (Konklusion)	grossvater_von(X, Y)

Bezeichnung	Beispiel
Regelkörper (Bedingungen)	vater_von(X, Z), vater_von(Z, Y)
Literal, Teilanfrage	vater_von(X, Z)
Prädikat	vater_von/2
logisches Und	,
logisches Oder	;
logische Implikation	:-

Der Sinn der Regel für grossvater_von/2 (Tabelle 4.1) dürfte sich für einen Außenstehenden nicht sofort erschließen. Beherzigt man aber einen Satz, den Faust zu Mephisto spricht: *„Bei Euch Ihr Herren kann man das Wesen für gewöhnlich aus dem Namen lesen.“*, so sucht man sofort nach einer geeigneteren Wahl der Variablennamen:

```
grossvater_von(Kind, Grossvater) :-
        vater_von(Kind, Vater),
        vater_von(Vater, Grossvater).
```

Wie definiert man den Großvater mütterlicherseits? Man könnte dies durch eine zweite Regel für Großvater tun:

```
grossvater_von(Kind, Grossvater) :-
        vater_von(Kind, Vater),
        frau_von(Vater, Mutter),
        vater_von(Mutter, Grossvater).
```

Eleganter ist es allerdings, zunächst zu definieren, wer die Eltern sind:

```
eltern_von(Kind, Vater) :-
        vater_von(Kind, Vater).

eltern_von(Kind, Mutter) :-
        mutter_von(Kind, Mutter).
```

Nun kann man den Großvater als Vater eines Elternteils definieren:

```
grossvater_von(Kind, Grossvater) :-
        eltern_von(Kind, E), vater_von(E, Grossvater).
```

Allerdings wurde hier vorausgesetzt, dass die Beziehung mutter_von/2 bereits definiert wurde:

```
mutter_von(X, Y) :-
        vater_von(X, Z),
        frau_von(Z, Y).
```

Man möchte nun nicht nur die Frage nach dem Großvater, sondern generell nach Vorfahren stellen:

Wann ist eine Person ein Vorfahre einer anderen Person?

Eine Möglichkeit der Definition ist dadurch gegeben, dass man jede Vorgängergeneration als Vorfahren definiert, also die Eltern, Großeltern etc.

```
vorfahre_von(Person, Vorfahre) :-
        eltern_von(Person, Vorfahre).
```

```
vorfahre_von(Person, Vorfahre) :-
        eltern_von(Person, X),
        eltern_von(X, Vorfahre).

vorfahre_von(Person, Vorfahre) :-
        eltern_von(Person, X),
        eltern_von(X, Y),
        eltern_von(Y, Vorfahre).
```

Bei diesem Vorgehen muss für jede Generationsebene (Eltern, Großeltern, Urgroßeltern ...) jeweils eine Regel angegeben werden. Der Nachteil ist offensichtlich: Vorfahren sind nur bis zu einer bestimmten Generation erreichbar.

Eine zweite Möglichkeit ergibt sich aus der Überlegung, dass die Großeltern, die Urgroßeltern usw. alle Vorfahren der Eltern sind. Es kann folglich eine Fallunterscheidung vorgenommen werden. Der einfache Fall ist mit den Eltern gegeben. Die Eltern sind Vorfahren:

```
vorfahre_von(Person, Vorfahre) :-
        eltern_von(Person, Vorfahre).
```

Alle Vorfahren, die nicht durch die obige Regel erfasst werden, sind die Großeltern, die Urgroßeltern usw. Dies sind aber *alle* Vorfahren der Eltern. Alle weiteren Vorfahren von Person sind zwingend Vorfahren der Eltern:

```
vorfahre_von(Person, Vorfahre) :-
        eltern_von(Person, X),
        vorfahre_von(X, Vorfahre).
```

Dies ist eine **rekursive** Definition.

Zusammenfassung

- PROLOG-Programme sind Wissensbasen, die aus Klauseln (Fakten und Regeln) bestehen.
- Klauseln bestehen aus einem Kopf und einem Körper (Bedingungen).
- Ist der Körper leer, so ist die Klausel ein **Fakt**. Ist er nicht leer, ist die Klausel eine logische **Regel** (Implikation).
- Man kann Anfragen formulieren, die freie Variablen enthalten. PROLOG sucht nach Variablenbelegungen, die eine Lösung für die Anfrage darstellen.
- Eine Klausel, die Variablen enthält, ist als logische Regel im Sinne von „**Für alle** ... **gilt**: ...“ zu verstehen. Variablen in Fakten und Regeln sind allquantifiziert.
- Variablen in Anfragen sind existenzquantifiziert. Sie stehen für: „**Gibt es eine Variablenbelegung, so dass ... gilt**?“
- Tritt in einer Regel oder einer Anfrage eine Variable mehrfach auf, so redet man von einer gemeinsamen (**shared**) Variablen.

4.1.4 Übungen

Aufgaben

4.1 Formulieren Sie diese Anfragen in PROLOG:
Wer ist der Vater von christine?
Hat lutz Kinder?

4.2 Definieren Sie das Prädikat hat_kind/1.

4.3 Wie löst PROLOG diese Anfragen?

```
?-vater_von(juergen, Vater).
?-vater_von(ralf, X), vater_von(X, Y).
?-vater_von(X, ralf).
?-vater_von(X, wolfgang), vater_von(Y, X).
```

4.4 Definieren Sie weitere Prädikate: bruder_von/2, schwester_von/2, geschwister_von/2, onkel_von/2, tante_von/2. Dazu muss das Geschlecht der Personen definiert ist. Entwickeln Sie eine geeignete Darstellung.

4.5 Definieren Sie das Prädikat nachkomme_von/2.

4.6 Sei ein gerichteter Graph durch seine Kanten gegeben (edge(a,b)). Definieren Sie ein 2-stelliges Prädikat connected/2, welches true liefert, wenn man vom 1. Knoten zum 2. Knoten gelangen kann. Welches Problem tritt hier auf? Wie können Sie es lösen?

4.7 Definieren Sie die Grundoperationen der relationalen Datenbank exemplarisch in PROLOG.

4.8 Spezifizieren Sie die Zusammenhänge zwischen Kontinenten, Ländern, Hauptstädten. Stellen Sie anschließend Anfragen. Ist Rom die Hauptstadt von Italien? Welche Hauptstadt haben die USA?

4.2 PROLOG-Programme

4.2.1 Lösungsfindung mittels Backtracking

Aus den bisherigen Beispielen ist ersichtlich, dass eine PROLOG-Anfrage einen Prozess aktiviert, der versucht, aus dem vorhandenen Wissen die Gültigkeit einer Anfrage zu beweisen. Dabei können Variablen belegt werden.

Gelingt der Beweis mit einer Regel nicht, so wird nach einer weiteren anwendbaren Regel gesucht. Der Prozess des Zurückgehens wird als **Backtracking** bezeichnet. Dabei werden Variablenbindungen wieder gelöst, die durch die Anwendung der Regel, die sich als nicht erfolgreich erwiesen hat, entstanden sind.

Zurück zu dem Familienbeispiel. Wie löst PROLOG die folgende Anfrage?

```
?- vater_von(X, wolfgang),  vater_von(ralf, X).
```

Es wird Bezug auf die bereits vorgestellte Familie genommen:

```
vater_von(christine, wolfgang).
vater_von(renate, wolfgang).
vater_von(juergen, wolfgang).
vater_von(lutz, wolfgang).
vater_von(martin, lutz).
vater_von(ralf, lutz).
frau_von(wolfgang, gerda).
frau_von(lutz, kerstin).
```

PROLOG findet die Antwort X=lutz. PROLOG bearbeitet zunächst die erste Teilanfrage und generiert X=christine.

?- **vater_von(X,wolfgang)**, vater_von(ralf,X).
X=christine

Mit dieser Variablenbelegung wird die 2. Teilanfrage bearbeitet:

?- vater_von(christine, wolfgang), **vater_von(ralf, christine)**.
(bewiesen mit X=christine)

Dies gelingt nicht. Deshalb geht PROLOG zurück (Backtracking) und sucht nach einer alternativen Lösung für die erste Teilanfrage. Dabei wird die Variablenbindung X=christine wieder gelöst:

?-**vater_von(X, wolfgang)**, vater_von(ralf, X).

Lösen der Variablenbindung X=christine

PROLOG generiert nun die Variablenbelegungen X=renate. Die Anfrage vater_von(ralf, renate) scheitert. Wieder wird zurückgegangen und nach einer weiteren Lösung für vater_von(X, wolfgang) gesucht. Die nächste gefundene Lösung X=juergen führt bei der zweiten Teilanfrage ebenfalls nicht zum Erfolg. Erst mit der vierten Lösung (X=lutz) gelingt dann auch der Beweis der zweiten Teilanfrage.

PROLOG merkt sich bei der Abarbeitung alternative Lösungswege. Scheitert der Beweis einer Teilanfrage, geht PROLOG zurück und probiert alternative Wege.

Abbildung 4.4 veranschaulicht das Backtracking. Die Kanten sind durch die jeweils verwendete Klausel gekennzeichnet. Zu bearbeiten ist die Anfrage:

?- vorfahre_von(ralf, wolfgang).

PROLOG benutzt zur Lösungsfindung die erste passende Klausel. Weitere in Frage kommende Klauseln werden erst dann benutzt, wenn die gerade gewählte Klausel scheitert und kein Beweis mit ihr möglich ist. Dieses Vorgehen entspricht dem im Abschnitt 3.1 ausführlich vorgestellten Verfahren der Tiefensuche.

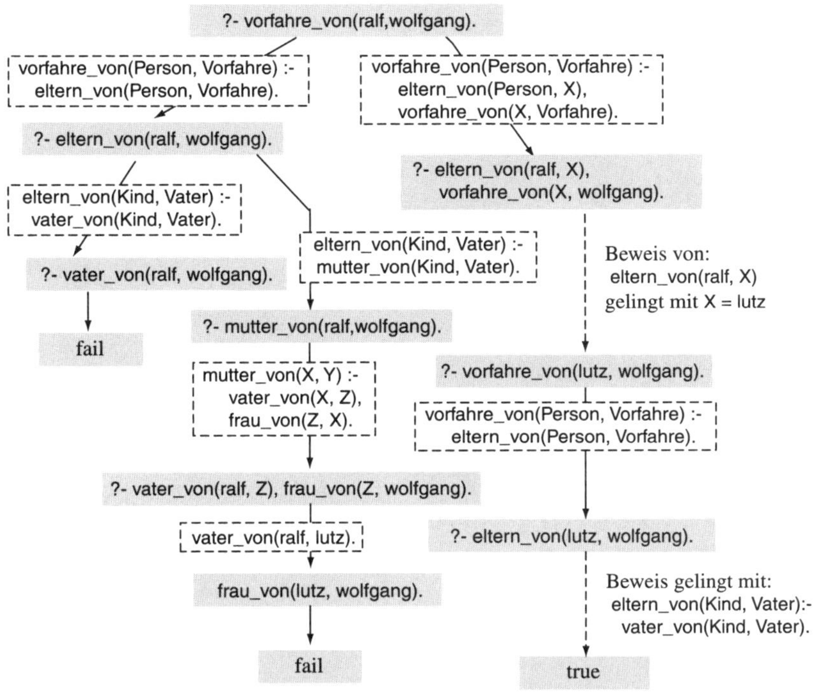

Abbildung 4.4 Backtracking bei der Bearbeitung der Anfrage ?- vorfahre_von(ralf,wolfgang).

4.2.2 Parameterübergabe mittels Unifikation

An den bisherigen Beispielen wurde klar, dass Variablen und Konstanten sowohl in Anfragen als auch in Fakten oder Regeln verwendet werden können. Fasst man eine Anfrage als Aufruf und einen Regelkopf als Prozedurkopf auf, so bedeutet die beliebige Verwendbarkeit von Variablen und Konstanten, dass in PROLOG offensichtlich ein anderes Übergabekonzept für Parameter als in Programmiersprachen wie PASCAL, C oder Java verwendet wird.

Die **Parameterübergabe** wird in PROLOG im Sinne eines **Mustervergleichs** realisiert. Die Anfrage:

```
?-vater_von(juergen, Vater).
```

kann mit Hilfe des gegebenen Faktes

```
vater_von(juergen, wolfgang).
```

erfolgreich bearbeitet werden. PROLOG vergleicht dabei die Parameter. Der erste Parameter juergen ist identisch in der Anfrage und dem Fakt. Den zweiten Parameter der Anfrage (Variable Vater) kann man auf den zweiten Parameter des Faktes (Konstante wolfgang) passend machen. Dazu muss die Variable Vater mit dem Wert wolfgang belegt werden. Die Antwort, die PROLOG auf die Anfrage gibt,

```
Vater = wolfgang
```

ist somit wie folgt zu interpretieren:

Die Anfrage kann erfolgreich bearbeitet werden,
dazu muss die Variable Vater *mit dem Wert* wolfgang *belegt werden.*

Die Anfrage

```
?- mutter_von(juergen, Mutter).
```

wird mit der Regel

```
mutter_von(X, Y) :-
        vater_von(X, Z),
        frau_von(Z, Y).
```

bearbeitet. Dabei wird zunächst überprüft, ob die Anfrage auf den Kopf der Regel passt. Dies ist der Fall. Dabei müssen die **Variablenbindungen**

Mutter = Y   sowie   X = juergen

gebildet werden. Bei der Abarbeitung der beiden Bedingungen entstehen die Variablenbindungen

Z = wolfgang   Y = gerda

Man beachte, dass durch die Variablenbindung Y=gerda auch die Variable Mutter den Wert gerda bekommt, da die Variablen Mutter und Y zu diesem Zeitpunkt bereits identisch sind.

Diesen Mustervergleich, bei dem Variablen belegt werden können, bezeichnet man als **Unifikation** (etwas „Gleichmachen") (vgl. Abschnitt 2.1). Man kann Unifikation auf Paare von beliebigen Objekten anwenden. Seien zwei Objekte (Terme) T_1 und T_2 gegeben, dann untersucht Unifikation die Frage, ob eine **Variablensubstitution** s existiert, so dass gilt:

$s(T_1) == s(T_2)$

Unifikation sucht nach einer Belegung der Variablen, so dass beide Objekte danach identisch sind. In PROLOG steht = für die Unifikation. Mit == wird in PROLOG die **Identität** bezeichnet. Die Variablensubstitution s wird auch **Unifikator** genannt. Die Unifikation wird nicht nur bei der Parameterübergabe verwendet, man kann sie auch explizit aktivieren. Die Anfrage

```
?- g(X,f(1)) = g(a,Y).
```

ist die Frage, ob sich die beiden angegebenen Objekte unifizieren lassen. Als Antwort erhält man:

```
X = a
Y = f(1)
```

Die Antwort ist zu interpretieren als: Beide Objekte können unifiziert werden, indem die obigen Variablenbindungen gebildet werden.

Man beachte, dass das Gleichheitszeichen in PROLOG eine andere Bedeutung als in vielen Programmiersprachen hat, wo das Gleichheitszeichen für die Ergibtanweisung oder für den Test auf Gleichheit von Objekten verwendet wird.

Was passiert bei der Anfrage:

```
?- X = 4 + 1.
```

Man könnte vermuten, dass wie in vielen Programmiersprachen die Antwort X=5 gegeben wird. Das besprochene „Gleichmachen“ von X und 4 + 1 führt aber nur zur simplen Antwort:

```
X = 4 + 1
```

PROLOG beantwortet deshalb die folgende Anfrage mit no:

```
?- 1 + 4 = 4 + 1.
no
```

Diese Anfrage bestätigt, dass Unifikation nur testet, ob sich die beiden Objekte „gleichmachen“ lassen. Die einzige Freiheit, die man dabei hat, ist das Belegen von Variablen. Es spielt für die Unifikation keine Rolle, dass man sowohl 4 + 1 als auch 1 + 4 zu 5 auswerten könnte und somit beide Ausdrücke gleich wären.

Die Auswertung arithmetischer Ausdrücke muss explizit veranlasst werden. Dafür steht in PROLOG das is/2-Prädikat zur Verfügung:

X is <ausdruck> steht für:

Werte den arithmetischen Ausdruck <ausdruck> aus und unifiziere das Resultat mit X.

Nun kann überprüft werden, ob 5 und 4 + 1 gleich sind:

```
?- 5 is 4 + 1.
yes
```

PROLOG wertet zunächst die rechte Seite als arithmetischen Ausdruck aus und vergleicht dann per Unifikation mit der linken Seite. Demnach kann man mit is/2 Variablen belegen:

```
?- X is 4 + 1.
X = 5
```

Damit kann auch überprüft werden, ob 1 + 4 = 4 + 1 im mathematischen Sinn gilt:

```
?- X is 1 + 4, Y is 4 + 1, X == Y.
X=Y=5
```

Es wird 1 + 4 zu 5 ausgewertet, X mit diesem Wert belegt. Dann wird 4 + 1 zu 5 ausgewertet und Y mit diesem Wert belegt. Anschließend wird getestet, ob X und Y identisch sind.

In PROLOG wird nur die schwächste bzw. die allgemeinste Variablensubstitution gesucht (**most general unifier**). Eine schwächste Variablensubstitution zeichnet sich dadurch aus, dass sie gerade so viele Variablen wie nötig belegt.

Für die Anfrage:

```
?- zeit(Min, 50) = zeit(Min1, Sek).
```

wäre diese Variablenbelegung eine mögliche Lösung:

```
Min = Min1 = 3, Sek = 50
```

Diese Antwort ist jedoch schon viel zu konkret. PROLOG überprüft, ob beide Objekte unifizierbar sind. Die beiden Funktoren sind identisch (zeit). Die jeweils ersten Parameter lassen sich aufeinander anpassen, dazu müssen beide Variablen gleich gesetzt werden (Min=Min1). Die zweiten Parameter passen ebenfalls aufeinander, dazu muss die Variable Sek den Wert 50 bekommen. Die von PROLOG gegebene Antwort lautet:

Min = Min1, Sek = 50

Der schwächste Unifikator ist dadurch ausgezeichnet, dass sich jeder beliebige Unifikator aus ihm ableiten lässt. In unserem Beispiel lässt sich der Unifikator Min/3, Min1/3, Sek/50 aus dem allgemeinsten Unifikator Min/Min1, Sek/50 dadurch erzeugen, indem man auf den schwächsten Unifikator die Substitution Min/3 anwendet.

Das folgende Beispiel veranschaulicht den Unterschied zwischen Identität und Unifikation.

```
?- X == 4.          ?- X = 4.
no                  X = 4
```

In der linken Anfrage wird überprüft, ob die freie Variable X und die Konstante 4 identisch sind, dies ist nicht der Fall. In der rechten Anfrage wird geprüft, ob X und 4 unifizierbar sind. Dies ist möglich, wobei die Variablenbindung X/4 entsteht.

```
?- X = 4, X == 4.
X = 4
```

Wieso antwortet PROLOG X = 4? Die erste Teilanfrage ist erfolgreich, Unifikation ist möglich. Dabei entsteht die Variablenbindung X = 4. Bei der zweiten Teilanfrage ist die Variable X nun keine freie Variable mehr. Sie hat bereits den Wert 4. Deshalb ist auch die zweite Teilanfrage 4 == 4 erfolgreich.

Die Unifikation stellt die einzige Möglichkeit in PROLOG dar, einer Variablen einen Wert zuzuweisen. Eine Anweisung wie X := X + 1 ist in vielen Programmiersprachen möglich. Zunächst wird X+1 ausgerechnet. Dieser Wert wird X als neuer Wert zugewiesen. Eine derartige Anweisung steht in PROLOG *nicht* zur Verfügung. Hat eine Variable einmal einen Wert bekommen, so kann man diesen Wert nicht verändern. Die Anfragen

```
?- X = 4, X = 5.
no
?- X is 4, X is 5.
no
```

sind beide nicht erfolgreich, da X – einmal belegt – nicht eine neue Belegung bekommen kann. Man beachte, dass dies keine willkürliche Einschränkung ist. Dass eine Variable nur einen Wert haben kann, folgt unmittelbar aus dem zugrunde liegenden mathematisch-logischen Konzept. Eine mathematisch-logische Variable kann stets nur einen Wert annehmen und diesen auch nicht wieder wechseln.

Für den fortgeschrittenen Leser seien die **Regeln für die Unifikation** angegeben. Wie untersucht PROLOG die Anfrage ?- S = T?

1. Sind S und T Konstanten, dann muss gelten: S == T.
2. Sind S oder T Variablen, so wird S mit T instantiiert bzw. umgekehrt.
3. Sind S und T zwei Strukturen, S : f(s_1, s_2, ... , s_n), T : g(t_1, t_2, ... , t_m). Dann muss gelten: f == g, n == m, s_i = t_i für alle i=1,...,n.

Ergänzend sei darauf hingewiesen, dass die zweite Regel in dieser Form nicht vollständig korrekt ist. Die Anfrage:

```
?- X = f(X).
```

müsste gemäß Regel 2 zu einer Variablensubstitution

```
X = f(X)
```

führen. Dies ist aber nicht korrekt, da auch auf der rechten Seite die Variable X ersetzt werden muss. Die korrekte Lösung ist gegeben durch:

```
X = f(f( ... f(f(X)) ....))
```

Die Punkte stehen hier für *unendlich* viele f, d.h. X muss einen unendlich großen Term als Wert bekommen. Da diese Lösung aber nur von theoretischem Interesse ist, verbieten die meisten PROLOG-Systeme eine solche Lösung. In der Regel 2 muss dazu der sogenannte **Occur-Check** durchgeführt werden: Ist S eine freie Variable, so darf S mit T nur dann belegt werden, wenn die Variable S nicht in T vorkommt.

4.2.3 Interpretation von Programmen

Arbeitet man mit Programmiersprachen, ist eine wichtige Frage, welche Bedeutung diese Programme haben. Wie ist ein Programm zu interpretieren?

In dem einführenden Pascal-Beispiel (siehe Abschnitt 4.1.1) ist die FOR-Anweisung zu interpretieren als: Für jede Zahl von 100 bis 999 führe die IF-Anweisung aus. Die IF-Anweisung ist zu interpretieren als: Wenn die gegebene Bedingung erfüllt ist, führe die THEN-Anweisung aus.

Was bedeutet nun in PROLOG die Regel:

```
vorfahre_von(Person,Vorfahre) :-
        eltern_von(Person,Vorfahre).
```

In PROLOG hat man zwei mögliche Sichtweisen auf die Bedeutung von Programmen. Zum einen kann man PROLOG-Fakten und -Regeln als logische Zusammenhänge interpretieren. Zum anderen ist es möglich, PROLOG als eine rein prozedurale Programmiersprache aufzufassen. Der wichtigere Aspekt im Rahmen dieses Kapitels ist die **logische Sicht**, das heißt die Fähigkeit von PROLOG, mit logischen Zusammenhängen umzugehen. Manchmal – insbesondere hinsichtlich der Abarbeitung – ist die **prozedurale Sicht** von Vorteil. Beide Möglichkeiten der Interpretation von PROLOG-Programmen werden hier behandelt.

Logische Interpretation

Sei

Kopf :- K_1, K_2, K_3, ... , K_n .

eine PROLOG-Regel. Diese Regel kann interpretiert werden als:

Kopf gilt, falls K_1 *und* K_2 *und ... und* K_n *gelten.*

Oder: Aus der Gültigkeit von K_1 und K_2 und ... und K_n folgt die Gültigkeit von Kopf.

Aus logischer Sicht ist die Abarbeitung in PROLOG wie folgt zu interpretieren:

Ein Ziel Z ist wahr, wenn

- eine Klausel C existiert, deren Kopf und Z sich mittels einer geeigneten Variablensubstitution s unifizieren lassen, und
- sich alle Literale des Körpers von C beweisen lassen, wobei die Variablensubstitution s zu beachten ist.

Man bezeichnet die logische Sicht auch als **deklarative** Sicht.

Prozedurale Interpretation

Bei der prozeduralen Sichtweise wird eine Regel

Kopf :- K_1, K_2, K_3, ... , K_n .

als Prozedurbeschreibung betrachtet. Soll ein Ziel Z bewiesen werden, welches auf Kopf passt, so wird dies als Prozeduraufruf gesehen. Der Aufruf der Prozedur Kopf veranlasst dann die Abarbeitung des Prozedurkörpers, hier die Folge der Prozeduraufrufe
K_1, K_2 .... K_n.

Wird die Prozedur Kopf aktiviert, so aktiviert diese die Prozeduren K_1, K_2 .... K_n in *dieser* Reihenfolge. Ist der Regelkörper leer, so ist die Prozedur abgearbeitet.

Auch hier müssen die durch Unifikation entstandenen Variablenbelegungen weitergegeben werden.

4.2.4 Übungen

Aufgaben

4.9 Was antwortet PROLOG auf die folgenden Anfragen? Begründen Sie Ihre Vermutung.

```
?- punkt(X,Y) = punkt(1,2).
?- punkt(X,Y) == punkt(1,2).
?- punkt(X,Y) = punkt(1,2,3).
?- plus(1,1) = 2.
?- X=5, Y is X+4.
?- X=1+4, Y is X.
```

4.10 Überprüfen Sie, wie sich Ihr PROLOG-System bei der Anfrage ?- X=f(X) verhält.

4.3 Datentypen und Arithmetik

In den vorigen Abschnitten wurde auf die Struktur von PROLOG-Programmen und auf Aspekte der Abarbeitung eingegangen. Als Datentypen wurden bisher Variablen und Konstanten eingeführt. Weitere Datentypen werden im Folgenden erläutert. Insbesondere wird auf den Datentyp Liste eingegangen.

4.3.1 Einfache und zusammengesetzte Datentypen

Die in PROLOG verfügbaren Datentypen sind in Abbildung 4.5 dargestellt.

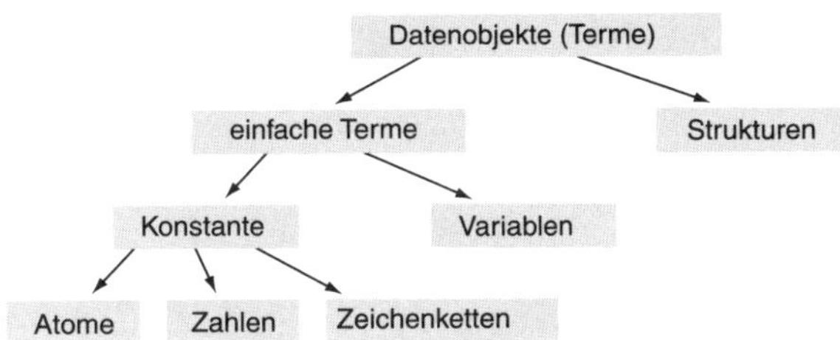

Abbildung 4.5 Datentypen in PROLOG

Atome sind durch diese Eigenschaften charakterisiert:

- Folge von Zeichen beginnend mit Kleinbuchstaben wie ralf, a320, ein_Buch
- spezielle Zeichen wie ==, =
- Folge von Zeichen, eingeschlossen in Apostroph wie 'Hallo'

Als **Zahlen** erlaubt PROLOG integer und float (-1, 1, -8.23). Die Zahlenbereiche können von System zu System variieren.

Zeichenketten sind beliebige Folgen von Zeichen, die durch " eingeschlossen sind: "Das ist eine Zeichenkette".

Im Standard-PROLOG wird dies als abkürzende Schreibweise für die Liste der ASCII-Codierungen behandelt: "Hallo"==[72,97,108,108,111]. Da Zeichenketten sehr häufig zu bearbeiten sind und eine effiziente Behandlung notwendig ist, bieten viele PROLOG-Systeme einen eigenen Mechanismus an: In SWI-PROLOG können Standard-Zeichenketten (Listen) oder auch Atome in den speziellen Datentyp string umgewandelt werden. Für diesen stehen dann spezielle Methoden für die Bearbeitung zur Verfügung.

PROLOG kennt zwei Typen von **Variablen**:

- Zeichenfolge beginnend mit einem Großbuchstaben oder einem Unterstrich (_): _ab, Vater, X2
- die anonyme Variable, die durch einen Unterstrich bezeichnet wird: _

Die erste Klasse von Variablen nennt man **benannte** Variablen. Die **anonyme** Variable unterscheidet sich von den anderen Variablen insofern, als dass sie nie einen Wert bekommt. Auf die anonyme Variable „passt alles“. Man benutzt sie, um hervorzuheben, dass ein Parameter keine Rolle spielt. Man kann innerhalb einer Regel die anonyme Variable mehrfach benutzen, ohne dass sie – wie bei den benannten Variablen – als gleich angesehen werden.

Will man wissen, ob lutz ein Kind hat, kann man fragen:

```
?- vater_von(_, lutz).
```

Es wird keine Variablenbindung als Antwort gegeben. Man bekommt nur die Antwort yes oder no.

Mittels **Strukturen** können komplexere Daten modelliert werden:

funktor(K_1, K_2, ... , K_n).

Die K_i können dabei wieder beliebige Objekte sein. Eine Struktur ist z.B. datum(7, 'Februar', 1959). Man bezeichnet datum als **Funktor** mit der **Stelligkeit** (Arität) 3.

Beispiel 4.1 Geometrische Strukturen in der Ebene

Es werden geometrische Objekte in der Ebene mit ihren Eigenschaften betrachtet.

Um ein Viereck zu charakterisieren, genügt die Angabe der X- und Y-Koordinaten der 4 Eckpunkte. Will man spezifizieren, dass das Viereck mit den Punkten (0,0), (1,0), (1,1) und (0,1) ein Quadrat ist, könnte man notieren:

```
quadrat(0,0,1,0,1,1,0,1).
```

Dies ist natürlich schlecht lesbar, deshalb gibt es – wie in anderen Programmiersprachen – die Möglichkeit, Objekte zu einem gemeinsamen Objekt zusammenzufassen. In Pascal gibt es dafür den Datentyp Record, in Java wird man eine Klasse entwerfen und in PROLOG verwendet man Strukturen. Für eine Gerade in der Ebene bietet sich folgende Darstellung an:

```
gerade(punkt(X1,Y1), punkt(X2, Y2))
```

Es kann nun in verständlicherer Form ausgedrückt werden, wann ein Objekt z.B. eine horizontale Gerade ist. Die entscheidende Eigenschaft ist, dass die Y-Koordinaten gleich sind:

```
horizontal(Objekt) :-
        Objekt = gerade(Punkt1, Punkt2),
        Punkt1 = punkt(X1, Y1),
        Punkt2 = punkt(X2, Y2),
        Y1 = Y2.
```

Im vorigen Abschnitt wurde die Unifikation als Parameterübergabe eingeführt. Da in obiger Regel im Bedingungsteil nur Unifizierbarkeit überprüft wird, kann man dies direkt in den Regelkopf verlagern. Die Definition von vertikalen und horizontalen Geraden kann folglich vereinfacht werden. Die Unifikation übernimmt hier sowohl den Test, ob es sich um eine Gerade handelt, als auch die Überprüfung, ob die Punkte die gleichen Y- oder X-Koordinaten haben:

```
horizontal(gerade(punkt( _, Y), punkt( _, Y))).
vertikal(gerade(punkt(X, _ ), punkt(X, _ ))).
```

Folgende Fragen mit den dazugehörigen Antworten veranschaulichen das Verhalten:

```
?- vertikal(gerade(punkt(1, 1), punkt(1, 2))).
yes
?- horizontal(gerade(punkt(2, 2), P)).
P=punkt( _ , 2)
```

Die zweite Anfrage generiert mittels Unifikation einen Punkt, so dass die Gerade horizontal ist. Die Antwort sagt, dass der zweite Punkt der Geraden als Y-Koordinate eine 2 haben muss. Hier ist noch eine Unkorrektheit enthalten, da der Punkt (2,2) als mögliche Antwort ausgeschlossen werden muss. Die nächste Anfrage bestätigt diesen Fehler:

```
?- vertikal(G), horizontal(G).
G=gerade(punkt(X, Y), punkt(X, Y))
```

Es wird nach einem Objekt gefragt, welches zugleich vertikal und horizontal ist. Dies wird durch die „Gerade" erfüllt, die durch zwei identische Punkte definiert ist. Um dies auszuschließen, wird eine zusätzliche Regel eingeführt, die definiert, wann ein Objekt eine Gerade ist:

```
ist_gerade(gerade(punkt(X1, Y1), punkt(X2, Y2))) :-
        [X1,Y1] \== [X2,Y2].
```

Dieses Prädikat ist_gerade/1 kann in den entsprechenden Anfragen oder Regeln verwendet werden.

Es sei darauf hingewiesen, dass Fakten und Regeln in PROLOG ebenfalls Strukturen sind. Der Fakt

```
vater_von(juergen, wolfgang)
```

ist eine 2-stellige Struktur. Die Regel

```
eltern_von(Kind,Eltern) :- vater_von(Kind,Eltern).
```

ist auch eine Struktur, die sich aus dem Funktor :- mit der Stelligkeit 2 und zwei Komponenten zusammensetzt. Beide Komponenten sind selbst wieder Strukturen, so dass folgende Schreibweise der Regel ebenso möglich ist.

```
:- (eltern_von(Kind, Eltern), vater_von(Kind, Eltern))
```

4.3.2 Listen

Der Datentyp **Liste** ist vordefiniert. Listen sind im Sinne von PROLOG spezielle, dynamische Strukturen. Die Länge einer Liste – die Anzahl der Elemente – kann zur Laufzeit verändert werden. Es lassen sich Elemente dynamisch hinzufügen, entfernen oder austauschen.

Eine Liste kann mittels Aufzählung der Elemente dargestellt werden: [1,2,3,4,5]. Die Elemente einer Liste werden durch eckige Klammern eingeschlossen. Als Trennzeichen wird das Komma verwendet.

Darüber hinaus steht der so genannte **Restlistenoperator** (|) zur Verfügung, mit dessen Hilfe man Listen auf unterschiedliche Art und Weise darstellen kann.

Diese Listen sind identisch: [a,b,c] == [a|[b,c]] == [a,b|[c]] == [a,b,c|[ ]]

Der Restlistenoperator trennt führende Elemente von der so genannten Restliste, die alle restlichen Elemente der Liste enthält. Links vom Restlistenoperator | stehen folglich immer ein oder mehrere Elemente, rechts steht stets eine Liste. Dies kann man bei der Unifikation ausnutzen. Bei der Anfrage

```
?- [a,b,c,d,e] = [X|Y]
X=a, Y=[b,c,d,e]
```

wird mittels Unifikation ein Mustervergleich durchgeführt. X wird mit dem führenden Element der Liste belegt, Y bekommt die entsprechende Restliste zugewiesen. Die Anfrage

```
?-[a,b,c,d,e] = [a,b|X]
```

wird von PROLOG analog mit X = [c,d,e] beantwortet.

Im Folgenden werden Regeln für einige typische Listenbeziehungen aufgeführt und erläutert.

Die Frage, ob ein Objekt in einer Liste enthalten ist, lässt sich in den meisten PROLOG-Systemen mittels eines vordefinierten Prädikats member/2 beantworten. Zur Veranschaulichung des Umgangs mit Listen definieren wir diese Beziehung mit Hilfe zweier Regeln. Unser eigenes Prädikat wird element/2 genannt.

Im Prinzip läuft die Untersuchung, ob ein Objekt in einer Liste enthalten ist, auf eine Verzweigung hinaus.

- Der einfache Fall ist dadurch gegeben, dass das gesuchte Objekt gerade das erste Element der Liste ist:

  ```
  element(X, [X| _ ]).
  ```

  Die restlichen Elemente der Liste sind hier unwesentlich, weshalb man die Restliste mit der anonymen Variablen besetzt.

- Ist das gesuchte Objekt nicht das führende Element der Liste, so muss es in der Restliste enthalten sein.

  ```
  element(X, [ _ |Y]) :-  element(X, Y).
  ```

Anhand der beiden Sichtweisen auf PROLOG-Programme kann man element/2 interpretieren. Die **deklarative** Sichtweise besagt:

1. Jede Liste, die als führendes Element das gesuchte Objekt X enthält, erfüllt die Beziehung element/2.
2. Erfüllt eine Liste Y die Beziehung element(X,Y), so erfüllt auch jede um ein Element erweiterte Liste diese Beziehung.

Operational gesehen besagen die beiden Klauseln:

1. Untersuche, ob das gesuchte Element das führende der Liste ist.
2. Untersuche, ob das gesuchte Element in der Restliste enthalten ist.

Ein weiteres, häufig benutztes Prädikat ist das Verbinden von Listen zu einer gemeinsamen Liste. Dieses ist ebenso in vielen PROLOG-Systemen als append/3 bereits vordefiniert.

```
append([ ], L, L).
append([H|T], L, [H|M]) :- append(T, L, M).
```

Die Anfrage

```
?-append([1,2,3], [4,5,6], Liste).
```

liefert die korrekte Antwort

```
Liste = [1,2,3,4,5,6]
```

Wie kann man append/3 interpretieren? Dazu betrachtet man die beiden zu verknüpfenden Listen als gegeben, auf dem dritten Parameter soll die Resultatsliste zurückgegeben werden.

1. Wird an die leere Liste eine beliebige Liste L angehängt, so ergibt sich diese Liste L.
2. Ist die erste Liste nicht leer, so merken wir uns das führende Element H, verknüpfen rekursiv die Restliste T und die zweite Liste L. Dies liefert als Resultat die Liste M. Nun muss vor M nur noch das gemerkte Element H gestellt werden.

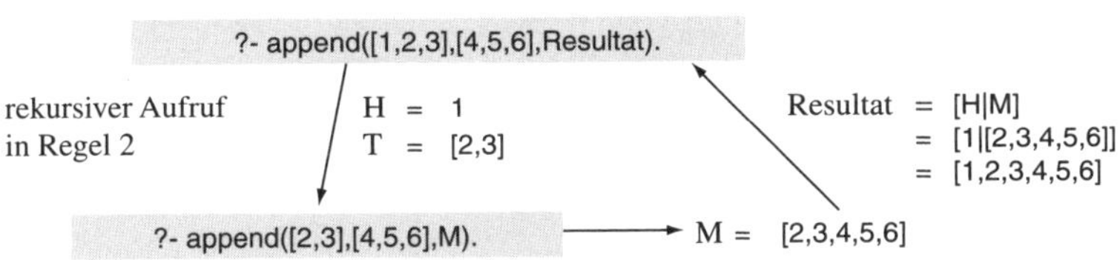

Abbildung 4.6 Das append-Prädikat

Man kann sich von der ursprünglichen Aufgabe lösen, zwei gegebene Listen zu verknüpfen, und folgende Anfrage stellen:

```
?-append([1|R1], [5|R2], [1,3,5,7]).
```

Dabei wird gefragt, ob sich die Liste [1,3,5,7] in zwei Listen teilen lässt, so dass die erste Liste mit einer 1 beginnt, die zweite mit einer 5.

PROLOG liefert auf die Anfrage die Antwort für die entsprechenden Restlisten:

```
R1 = [3]
R2 = [7]
```

Das Prädikat append/3 kann also nicht nur zur Verknüpfung von zwei Listen verwendet werden, sondern auch zur Teilung einer Liste oder zur Differenzbildung von Listen:

```
?-append(L1, L2, [1,2,3]).
L1 = [ ]        L2 = [1,2,3] ;
L1 = [1]        L2 = [2,3]  ;
L1 = [1,2]      L2 = [3]  ;
L1 = [1,2,3]    L2 = [ ] ;
no
```

Wieso haben wir mehr programmiert, als wir eigentlich wollten? Kehren wir dazu zur Interpretation der beiden Regeln zurück und betrachten die logische oder deklarative Sicht:

Die erste Regel besagt: Lässt sich der erste Parameter mit der leeren Liste unifizieren und lassen sich der zweite und dritte Parameter unifizieren, so ist append erfüllt.

Die zweite Regel wird als logische Implikation betrachtet: Sind T, L und M drei Listen, die in der Beziehung append/3 stehen, T und L ergeben M, so gilt die Beziehung append/3 auch für die Listen [H|T], L und [H|M].

Oder: Eine Liste L an eine Liste [H|T] anzuhängen, gelingt, falls die Listen T und L die Liste M ergeben. Die kombinierte Liste ist [H|M].

Die deklarative Sichtweise ist mächtiger, löst sie sich doch von der rein algorithmischen Abarbeitung.

Für eine weitere Standardaufgabe – das Löschen eines Elementes aus einer Liste – kann element/2 als Vorlage benutzt werden. delete/3 ist ebenfalls in vielen PROLOG-Systemen, meistens als remove/3, vordefiniert:

```
delete(X, [X|T], T).
delete(X, [Y|T], [Y|U]) :- delete(X, T, U).
```

Schaut man sich weitere Anfragen für element/2 und delete/3 an, sieht man, dass auch bei diesen Prädikaten mehr programmiert wurde, als eigentlich vorgesehen war:

```
?-element(X,[1,2,3]).
X=1 ;
X=2 ;
X=3 ;
no

?-delete(X,[1,2,3],Rest).
X=1   Rest = [2,3] ;
X=2   Rest = [1,3] ;
X=3   Rest = [1,2] ;
no
```

Alle drei Prädikate können also auch zum Generieren von Lösungen verwendet werden. Dies ist für die Lösung von KI-Problemen von großem Vorteil, da mit Hilfe dieser Prädikate sukzessive Lösungsvorschläge generiert werden können. Man betrachte beispielsweise die Lösung des Damenproblems in Abschnitt 4.6.3.

Am Beispiel von append/3 erkennt man die Vielfalt der möglichen Anfragen. Man kann sowohl das Verknüpfen von Listen berechnen als auch die Listendifferenz. Darüber hinaus ist append/3 häufig als Hilfsfunktion sehr nützlich. Man definiert nun leicht die Relation, die ein einziges Element an eine Liste anhängt:

```
el_append(Element, Liste, ListeNeu) :- append(Liste, [Element], ListeNeu).
```

Auch das Überprüfen, ob eine Liste L1 als Teilliste in einer Liste L2 – [2,3,4] ist in der Liste [1,2,3,4,5,6] enthalten – vorkommt, lässt sich damit elegant lösen:

```
enthalten(Liste, Superliste) :-
        append(L1, L2, Superliste),
        append(Liste, L3, L2).
```

Man beachte, dass append/3 einen linearen Aufwand bezüglich der Länge der ersten Liste hat. Das Anhängen eines Elementes an eine Liste ist relativ aufwendig. Eleganter ist das Einfügen eines Elementes am Anfang einer Liste:

```
el_add(Element, Liste, [Element | Liste]).
```

Da man die führenden Elemente einer Liste einfach erreicht, kann man für die Arbeit mit Listen ein Grundmuster angeben: Im Allgemeinen benötigt man drei Regeln, um Listen zu verarbeiten:

- Regel für die leere Liste
- Regel für ein oder mehrere führende Elemente
- rekursive Regel für die Restliste

Listen sind eine vielfältig einsetzbare Datenstruktur. In Kapitel 3 werden Listen für verschiedene Probleme verwendet, beispielsweise zur Darstellung von Zuständen und zur Verwaltung möglicher Suchpfade.

4.3.3 Arithmetik

Auch in PROLOG sind natürlich arithmetische Operationen möglich. Im Abschnitt über die Unifikation wurde bereits das Prädikat is/2 eingeführt. Es wertet die rechte Seite aus und unifiziert das Resultat mit der linken Seite:

```
?- X is 4+1.
        X = 5
```

In PROLOG gibt es eine Reihe von vordefinierten Operatoren für gängige Operationen, wie für die vier Grundrechenarten +, -, *, / und für die Vergleichsoperatoren <, >, >=, =<, =:=, =\=.

```
?- X is 5 – 2 – 1.
        X = 2
?- 60 > 50.
        yes
```

Die Vergleichsoperatoren werten im Allgemeinen ihre arithmetischen Argumente *vor* dem Vergleich aus. Das Zeichen \ wird in PROLOG häufig für die Negation von Prädikaten benutzt:

- \== nicht identisch
- \= nicht unifizierbar

Betrachten wir einige Prädikate, in denen Arithmetik verwendet wird.

Die Länge einer Liste wird bestimmt durch:

```
listenlaenge([ ], 0).

listenlaenge([ _ |T], N) :-
        listenlaenge(T, N1) ,
        N is N1 + 1.
```

Die leere Liste hat die Länge 0. Eine nichtleere Liste – nur diese passt auf das Muster [_ |T] – enthält N1+1 Elemente, wenn N1 die Länge der Liste T ist. Die anonyme Variable _ wird eingesetzt, da es unwesentlich ist, welches Element das führende ist.

Das Maximum einer nur aus Zahlen bestehenden Liste kann durch die Klauseln

```
max([X], X).
max([First | Rest], Max) :-
        max(Rest, Max1) ,
        (First > Max1, Max=First
        ;
        First =< Max1, Max=Max1).
```

definiert werden. Hier wird das logische Oder (Semikolon) verwendet. Das Semikolon kann man durch die Angabe von mehreren Regeln umgehen.

Die Summe aller Elemente einer Liste – die Liste bestehe wiederum nur aus Zahlen – wird durch diese Regeln definiert:

```
sumlist([ ],0).
sumlist([First|Rest], Summe) :-
        sumlist(Rest, Sum1),
        Summe is Sum1 + First.
```

4.3.4 Übungen

Aufgaben

4.11 Programmieren Sie in PROLOG ein Prädikat, welches eine Liste von Zahlen als Eingabeparameter bekommt und daraus die Liste der Quadrate berechnet.

4.12 Programmieren Sie ein Prädikat, welches aus einer Liste alle doppelten Elemente entfernt.

4.13 Sei viereck(P1,P2,P3,P4) die Darstellung eines Vierecks in der Ebene. Die Pi seien Punkte. Definieren Sie, wann ein Viereck ein Parallelogramm, ein Rechteck oder ein Quadrat ist.

4.14 Was antwortet PROLOG auf diese Fragen?
?-append(X, Y, [1,2,3,4]).
?-append(_, [Vorg,7,Nachf | _], [1,2,3,4,5,6,7,8,9]).

4.15 Definieren Sie das Umdrehen einer Liste reverse/2, das Kreuzprodukt zweier Listen kreuz/3 sowie den Test, ob eine Liste eine gerade oder ungerade Anzahl von Elementen enthält (evenlength/1, oddlength/1).

4.16 Was antwortet PROLOG auf folgende Fragen? Begründen Sie Ihre Aussage.

```
?- X==Y, X=Y.
?- X=Y, X==Y.
```

4.4 Steuerung der Abarbeitung

Bei der Programmierung in PROLOG steht grundsätzlich die Darstellung logischer Zusammenhänge im Vordergrund. Die Konzentration bei der Entwicklung eines PROLOG-Programms liegt folglich auf der Aufstellung der über das Problem bekannten Fakten und Regeln.

Mitunter ist es nicht vermeidbar, die Abarbeitung in PROLOG zu kennen und gegebenenfalls auch auszunutzen. So ist es beispielsweise erforderlich zu wissen, dass beim Anwenden der Regel

```
sumlist([First | Rest], Summe) :-
        sumlist(Rest, Sum1),
        Summe is Sum1 + First.
```

zunächst der rekursive Aufruf mit der Restliste Rest erfolgt, bevor

```
Summe is Sum1 + First
```

aktiviert wird.

Aus logischer Sicht ist die Reihenfolge unwesentlich, da beide Bedingungen unabhängig von einer Reihenfolge gelten müssen. Betrachtet man die Regel mit vertauschten Bedingungsliteralen:

```
sumlist([First | Rest], Summe) :-
        Summe is Sum1 + First,
        sumlist(Rest, Sum1).
```

und startet die Anfrage:

```
?-sumlist([1,2,3], M).
```

so wird als erstes die erste Bedingung geprüft:

```
Summe is Sum1 + 1
```

Zuerst wird nun die rechte Seite als arithmetischer Ausdruck ausgewertet. Da Sum1 zu diesem Zeitpunkt eine freie Variable ist, kann dies nicht funktionieren, und es entsteht ein Fehler.

Um nicht in solche Fallen zu laufen, wird auf einige Aspekte der Abarbeitung und möglicher Steuerungen näher eingegangen.

4.4.1 Reihenfolge der Klauseln

Beispiel 4.2 Fakultätsfunktion

Es ist die Fakultät von n zu berechnen. Dazu wird die mathematische Definition nach PROLOG übertragen:

$n! = n * (n - 1)!$	fak(N, Fak) :- N1 is N-1, fak(N1, Fak1), Fak is Fak1 * N.
$0! = 1$	fak(0, 1).

Zunächst sei auf Spezifika von PROLOG hingewiesen:

1. Im rekursiven Aufruf $(n - 1)!$ kann nicht fak(N-1, Fak1) formuliert werden, da die Unifikation N-1 nur als Struktur betrachtet, nicht aber als arithmetischen Ausdruck berechnet.
2. Auch das Resultat $n * (n - 1)!$ muss erst berechnet werden, bevor es zurückgegeben werden kann. Der Regelkopf darf nicht fak(N, Fak1 * N) sein, da auch hier die Unifikation die Multiplikation nicht ausführt.

Doch nun zur eigentlichen Frage. Was passiert, wenn die Anfrage gestellt wird:

```
?-fak(4, N).
```

Es wird eine Fehlermeldung wegen Speicherplatzmangel ausgegeben.

Warum erhält man kein Resultat? PROLOG läuft in einen unendlichen Rekursionszyklus, da die erste Regel immer wieder anwendbar ist. Vertauscht man beide Regeln, so erhält man das korrekte Resultat.

Sucht PROLOG nach einer passenden Regel, so versucht PROLOG die Regeln in der vorgegebenen Reihenfolge.

Schaut man kritisch auf obiges Beispiel, so stellt man fest, dass die rekursive Regel die Fakultätsfunktion nicht korrekt beschreibt. Diese Regel gilt nur für $N > 0$, darüber hinaus auch nur für natürliche Zahlen. Die korrekten Regeln lauten:

```
fak(0, 1).

fak(N, Fak) :-
        integer(N), N>0,
        N1 is N-1,
        fak(N1, Fak1),
        Fak is Fak1 * N.
```

Vom Standpunkt des korrekten Verhaltens spielt die Reihenfolge der Regeln nun keine Rolle mehr.

Reihenfolge-Probleme können ihre Ursache in unvollständigen Spezifikationen, in unvollständig beschriebenen Sachverhalten haben. Dies ist in Beispiel 4.2 der Fall.

4.4.2 Reihenfolge der Literale im Körper einer Regel

Beispiel 4.3 vorfahre_von/2

Das Prädikat vorfahre_von/2 wurde bereits definiert. Zum Vergleich wird hier eine zweite Variante angegeben:

Variante 1:

```
vorfahre_von(X, Y) :- eltern_von(X, Y).

vorfahre_von(X, Y) :-
        eltern_von(X, Z),
        vorfahre_von(Z, Y).
```

Variante 2:

```
vorfahre_von(X, Y) :- eltern_von(X, Y).

vorfahre_von(X, Y) :-
        vorfahre_von(Z, Y),
        eltern_von(X, Z).
```

Es wird nun die Anfrage gestellt:

```
?- vorfahre_von(gerda, gerda).
```

Mit der ersten Variante bekommt man die korrekte Antwort no, bei der zweiten Variante allerdings tritt eine Fehlermeldung auf. Dies ist darin begründet, dass Reihenfolge der Bedingungsliterale ungünstig gewählt wurde. PROLOG ruft in der zweiten Regel wieder rekursiv vorfahre_von/2 auf, hier vorfahre_von(Z, gerda). Dies wiederholt sich, bis das Programm entweder durch den Nutzer oder mit einer Fehlermeldung aufgrund unzureichenden Speicherplatzes abgebrochen wird.

Auch hier gilt wieder, dass aus logischer Sicht die Reihenfolge der Bedingungsliterale keine Rolle spielt. Prozedural ist aber sehr wohl ein Unterschied festzustellen.

Bei der Verwendung der Rekursion muss also auf zwei Probleme hingewiesen werden:

1. Im vorfahre/2-Beispiel tritt das Problem der eventuellen Nicht-**Termination** auf. Durch eine ungünstige Reihenfolge im Programm entsteht bei der Abarbeitung ein unendlicher Zyklus.
2. Es muss berücksichtigt werden, dass Speicherprobleme auftreten können. Da dies nicht nur für PROLOG typisch ist, sondern generell für rekursive Programmierung gilt, wird ein rekursives Programm der folgenden Struktur betrachtet:

```
PROCEDURE BEISPIEL(....)
   ..................       /* Programmteil 1      */
   BEISPIEL(....);          /* rekursiver Aufruf   */
   ..................       /* Programmteil 2      */
END.
```

Bei jedem rekursiven Aufruf muss Speicherplatz reserviert werden, um die Information über den noch abzuarbeitenden Programmteil 2 zu speichern. Dies kann zu einem Abbruch des Programms wegen unzureichendem Speicherplatz führen. Ist dagegen der rekursive Aufruf der letzte der Prozedur oder Regel – man spricht dann von **Endrekursion** (**Tail recursion**) – so tritt dieses Problem nicht auf.

Ein wichtiges Grundprinzip ist demnach: *Einfache Dinge stets zuerst versuchen!* Dies betrifft sowohl die Reihenfolge der Regeln als auch die Reihenfolge der Literale in einer Regel. Dieses Prinzip gilt speziell für rekursive Programme.

Bezüglich des obigen Beispiels wird nochmals festgehalten, dass aus dem Blickwinkel der Logik beide Varianten identisch sind, aber eben nicht aus der Sicht der Abarbeitung.

Es gibt somit leider PROLOG-Programme, die **deklarativ korrekt**, aber **prozedural inkorrekt** sind.

Die meisten Programmiersprachen haben keine deklarative Interpretation. Deklaratives Programmieren verbessert die Formulierbarkeit und die Lesbarkeit. Allerdings zeigen die Beispiele, dass prozedurale Aspekte berücksichtigt werden müssen.

4.4.3 Kontrolle des Backtracking

In den vorigen Abschnitten wurde erläutert, dass PROLOG bei der Abarbeitung von Anfragen auch Alternativen sucht und findet. Das Zurückgehen und Suchen nach Alternativen wird als **Backtracking** bezeichnet.

Es soll ein PROLOG-Programm entwickelt werden, welches einen Kunden – beispielsweise im Rahmen der Prüfung auf Kreditwürdigkeit – bezüglich seines Einkommens einschätzt. Ein monatliches Einkommen von weniger als 1000 – es bleibt dem Leser überlassen, eine Währung auszuwählen – wird als gering eingestuft. Liegt das Einkommen über 2000, wird es als hoch eingestuft. Zwischen 1000 und 2000 wird es als mittleres Einkommen angesehen.

In PROLOG sehen die entsprechenden Regeln so aus:

```
einkommen(X, gering) :- X < 1000.
einkommen(X, mittel) :- X >= 1000, X =< 2000.
einkommen(X, hoch) :- X > 2000.
```

Was passiert bei der Anfrage: `?- einkommen(950, B), B=hoch.`

Zunächst wird die erste Regel versucht. Das Bedingungsliteral `X < 1000` ist erfüllt. Die Variable `B` bekommt den Wert `gering`, folglich scheitert die zweite Teilanfrage `B=hoch`. Das Backtracking setzt ein, die zweite Regel wird versucht. Sie scheitert, da die Bedingungen nicht erfüllt sind. Anschließend wird auch die dritte Regel versucht, auch ohne Erfolg. Es wird die Antwort `no` gegeben.

Die ist korrekt, aber aufgrund des Einkommens von 950 ist der Versuch, die Anfrage mit den Regeln 2 oder 3 zu beweisen, von vornherein zum Scheitern verurteilt.

Der Versuch der Anwendung der zweiten oder dritten Regel kann mit dem so genannten **Cut** – geschrieben als Ausrufezeichen ! – verhindert werden.

Wenn X < 1000 gilt, so kommt nur die erste Regel in Frage, also schneidet man die zweite und dritte Regel ab:

```
einkommen(X, gering) :- X < 1000, !.
```

Kommt die zweite Regel zur Anwendung, so ist klar, dass X >= 1000 gilt, also kann die entsprechende Bedingung weggelassen werden:

```
einkommen(X, mittel) :- X =< 2000, !.
```

Kommt die dritte Regel zur Anwendung, so muss X > 2000 bereits gelten:

```
einkommen(X, hoch) .
```

Der Cut wird in diesem Programm als Hilfsmittel zur **Wissensrepräsentation** eingesetzt. Man kann mit dem Cut ausdrücken: *„Diese Regel ist genau die richtige, es kommt keine andere in Frage“*. Für die erste Regel bedeutet dies: *„Wenn das Einkommen unter 1000 liegt, ist diese Regel die einzig zutreffende.“*

Zur Illustration sei ein zweites Beispiel [Bratko01] angegeben.

Beispiel 4.4 Tennisspieler

Es werden Tennisspieler danach klassifiziert, ob sie Gewinner, Kämpfer oder – wir sind höflich – einfach Sportler sind. Dazu setzen wir Informationen über Spielresultate in der Form gewinnt(becker, agassi) voraus.

Jemand ist ein Kämpfer, wenn er/sie Spiele sowohl gewinnt als auch verliert:

```
typ(X, kaempfer) :-
        gewinnt( X, _ ),
        gewinnt( _ , X ),
        !.
```

Er/Sie ist ein Gewinnertyp, wenn nur gewonnen wird. Hier muss nur noch überprüft werden, ob ein Spiel gewonnen wurde. Ist dies der Fall, muss nicht mehr überprüft werden, ob kein Spiel verloren wurde, denn dies ist ohnehin klar. Gäbe es ein verlorenes Spiel, so wäre die erste Regel erfolgreich. Die zweite Regel könnte dann aufgrund des Cut nicht benutzt werden.

```
typ(X, gewinner) :-
        gewinnt( X, _ ),
        !.
```

Analog muss beim Typ Sportler nur noch überprüft werden, ob zumindest mal ein Spiel verloren wurde:

```
typ(X, sportler) :-
        gewinnt( _ , X ).
```

Wichtig ist, dass die Wirkung des **Cut** erst beim **Backtracking** einsetzt, denn dann findet PROLOG weitere eventuell vorhandene Klauseln nicht, falls diese durch den Cut gelöscht wurden. Der Cut bewirkt aber kein physisches Löschen der Regeln.

Sei eine Klausel dieser Struktur gegeben:

```
H :- B1, ... , Bn , ! , A1,... , Am.
```

Sind B1, ... , Bn erfüllt, so werden alle Alternativen, alle eventuell noch anwendbaren Regeln zum Beweis für B1,...,Bn und H abgeschnitten. Einige Beispiele sollen dies untersetzen.

Will man element/2 nur zum reinen Testen verwenden, kann der Cut verwendet werden:

```
element(X, [X | _ ]) :- !.
element(X, [ _ | Y]) :- element(X, Y).
```

Die Berechnung des Maximums einer Liste wird ebenfalls vereinfacht:

```
max([X], X) :- !.
max([F|Rest], M1) :-
        max(Rest, M1),
        F < M1,
        !.
max([F|Rest], F).
```

Man beachte, dass der Cut die Bedeutung eines Programms verändern kann. Es werden folgende PROLOG-Programme und ihr jeweiliges aussagenlogisches Äquivalent betrachtet:

```
p :- a , b.
p :- c.
```

Wann ist p erfüllt? p ist gemäß der ersten Regel wahr, wen a und b erfüllt sind. p ist aber auch wahr, wenn c wahr ist. p ist also wahr, wenn a und b oder c wahr ist. Dies entspricht der aussagenlogischen Implikation:

$$(a \wedge b) \vee c \rightarrow p$$

Fügt man in der ersten Regel einen Cut ein,

```
p :- a , ! , b.
p :- c.
```

so ist die zweite Regel nur dann erreichbar, wenn a nicht gilt.

Diese Regeln entsprechen der Implikation:

$$(a \wedge b) \vee (\neg a \wedge c) \rightarrow p$$

Häufig verwendet man den Cut, um eine Effizienzsteigerung zu erreichen. In diesen Fällen muss der Cut die Bedeutung eines Programms nicht unbedingt verändern. Es wird die Definition der Vereinigung zweier Listen im Sinne der Mengenvereinigung betrachtet:

```
union([ ], Menge, Menge).
union([Element|Rest], Menge, Vereinigung) :-
        member(Element, Menge), !,
        union(Rest, Menge, Vereinigung).
```

```
union([Element|Rest1], Menge, [Element|Rest2]) :-
        not(member(Element, Menge)),
        union(Rest1, Menge, Rest2).
```

Der Cut in der zweiten Regel verändert die Bedeutung von union/3 nicht, er bewirkt allein eine effizientere Abarbeitung. Bei einem Backtracking würde ohne den Cut die dritte Regel unnötigerweise auch noch versucht, obwohl member(Element, Menge) in der zweiten Regel erfüllt war.

Man spricht in diesem Fall von einem **grünen** Cut. Verändert der Cut die Bedeutung eines Programms, so spricht man von einem **roten** Cut:

```
union([ ], Menge, Menge).
union([Element|Rest], Menge, Vereinigung) :-
        member(Element, Menge), !,
        union(Rest, Menge, Vereinigung).
union([Element|Rest1], Menge, [Element|Rest2]) :-
        union(Rest1, Menge, Rest2).
```

Der Cut in der zweiten Regel ist ein *roter Cut*, da die Anfrage

```
?-union([1], [1, 2], X).
```

X=[1,2] liefert, wenn in der zweiten Regel der Cut steht. Löscht man den Cut, so bekommt man nicht nur die korrekte Antwort X=[1,2], sondern auch eine zweite Antwort X=[1,1,2]. Diese ist – wenn man die Listen als Mengen betrachtet – nicht korrekt. Der Cut verändert in diesem Fall die Bedeutung des Programms und ist demzufolge ein roter Cut.

4.4.4 Die Negation

Angenommen, es soll ein Prädikat ohnekinder/1 definiert werden, welches erfüllt ist, falls eine Person keine Kinder hat. Die einzige Information, die gemäß dem einführenden Beispiel der Familien-Wissensbasis vorliegt, ist die Information über die Eltern: eltern_von/2 (vater_von/2 oder mutter_von/2). Man hat aber nur die *positive* Information, dass jemand Kinder hat. Wie realisiert man nun obiges Prädikat?

Man prüft, ob jemand Kinder hat. Falls dies der Fall ist, erzwingt man, dass das Prädikat *falsch* liefert. Ansonsten endet das Prädikat erfolgreich.

```
ohnekinder(P) :-
        eltern_von( _ , P ),
        !, fail.
ohnekinder(P).
```

Ist die Anfrage eltern_von(_, P) erfüllt, so bewirkt der Cut das Abschneiden der alternativen zweiten Regel. fail/0 ist ein in PROLOG vordefiniertes Prädikat, welches nie erfolgreich ist und folglich Backtracking erzwingt. Durch den Cut wird die zweite Regel aber nicht mehr gefunden.

Ist eltern_von(_,P) nicht erfolgreich, P hat also keine Kinder, so wird zur zweiten Regel gegangen, die ohne Bedingungen erfolgreich ist.

Dieses Prinzip wurde in PROLOG benutzt, um das not/2 zu definieren:

*Eine **negierte Anfrage** ist wahr, wenn die Anfrage nicht erfolgreich ist.*

Die entsprechende Definition in PROLOG sieht wie folgt aus:

```
not(Ziel) :- Ziel, !, fail.
not(_).
```

Man beachte, dass das not/1 nie eine Variablenbelegung liefert und damit nicht der logischen Negation entspricht. Aus diesem Grund sollte das not nur dann verwendet werden, wenn in der Anfrage keine freien Variablen mehr enthalten sind.

Der Cut wurde bei der Definition der Negation verwendet, um ein *negatives Ergebnis* zu erzwingen.

Mit der Kombination !, fail kann man – im Kontext der Wissensrepräsentation – darstellen, dass etwas zwingend falsch ist:

```
kredit_wuerdig(X) :-
        hat_einkommen(X, Y),
        einkommen(Y, gering),
        !, fail.
```

Die Regel besagt: Hat jemand ein Einkommen, welches gering ist, ist er a priori nicht kreditwürdig.

4.4.5 Übungen

Aufgaben

4.17 Was unterscheidet das Prädikat element/2 mit Cut von element/2 ohne Cut?

4.18 Programmieren Sie ein Prädikat nicht_element/2.

4.5 Vordefinierte Prädikate

Natürlich muss man in PROLOG nicht alles neu erfinden. Es gibt eine Vielzahl vordefinierter Prädikate.

Ein- und Ausgabe

Standardprädikate wie write/1, read/1 oder nl/0 sind in allen PROLOG-Systemen vordefiniert. Prädikate zur Dateiarbeit (Streams) zählen ebenso dazu. Die meisten Systeme enthalten auch Fenster- und Menü-Techniken oder bieten Schnittstellen zu Standard-Oberflächen.

Zugriff auf Fakten und Regeln

Man kann zur Laufzeit, also während der Abarbeitung, Regeln laden, löschen oder modifizieren. Dazu gibt es eine Reihe von Prädikaten. An dieser Stelle seien nur die wesentlichen genannt:

Tabelle 4.2 Prädikate für den Zugriff auf Klauseln

Prädikat	Bedeutung	Beispiel
consult/1	Laden von Fakten und Regeln aus Dateien	consult('test.pl')
retract/1	Löschen von Fakten oder Regeln	retract(vater_von(juergen, wolfgang))
assert/1	Hinzufügen von Fakten oder Regeln	assert(vater_von(marianne, juergen))

Mittels assert/1 und retract/1 können Klauseln zur Laufzeit des Programms hinzugefügt beziehungsweise gelöscht werden. Dies erlaubt einem Programm, sich selbst zur Laufzeit zu modifizieren. Am folgenden Beispiel wird illustriert, wie man dies für die Umsetzung einer einfachen Lernfähigkeit nutzen kann. Dabei wird das spezielle Prädikat asserta/1, welches die Klausel an *erster* Position, also vor allen anderen Klauseln einfügt, verwendet.

Es wird geprüft, ob zwei Personen Zwillinge sind. Dazu müssen sie den gleichen Vater haben und am gleichen Tag geboren sein. Die Information über den Geburtstag wird über das Prädikat gebtag/2 als gegeben vorausgesetzt.

```
zwilling(X, Y) :-
        vater_von(X, V), vater_von(Y, V), X\=Y,
        gebtag(X, Datum), gebtag(Y, Datum),
        asserta(zwilling(X, Y)).
```

Am Schluss der Regel wird die gerade bewiesene Aussage als Fakt gespeichert, um zu verhindern, dass bei einem erneuten Aufruf für das gleiche Personenpaar der Beweis wiederum geführt wird. Dies erfordert allerdings ein Speichern des Faktes *vor* der Regel.

Ablaufsteuerung

Mit Hilfe der bereits diskutierten Prädikate Cut sowie fail/0 kann man den Ablauf der Abarbeitung in PROLOG steuern.

Die PROLOG-Systeme stellen weitere vordefinierte Prädikate zum Typtest, zur Ablaufverfolgung oder zur (De)Komposition von Termen zur Verfügung. Für eine vollständige Übersicht sei auf spezielle PROLOG-Literatur und die jeweiligen Hilfesysteme verwiesen.

4.5.1 Übungen

Aufgabe

4.19 Entwickeln Sie ein Prädikat, welches zählt, wie viele Zahlen, Atome, freie Variablen in einer Liste vorkommen.

4.6 Beispielprogramme

In diesem Abschnitt werden einige Beispiele diskutiert. Diese ausgewählten Probleme werden mit typischen PROLOG-Programmen gelöst. Die Programme verwenden Vorgehensweisen der KI zur Problemlösung.

4.6.1 Das Einfärben einer Landkarte

Eine Landkarte soll eingefärbt werden. Benachbarte Länder dürfen aber nicht die gleiche Farbe bekommen.

Sei eine vereinfachte Landkarte mit sechs Ländern gegeben.

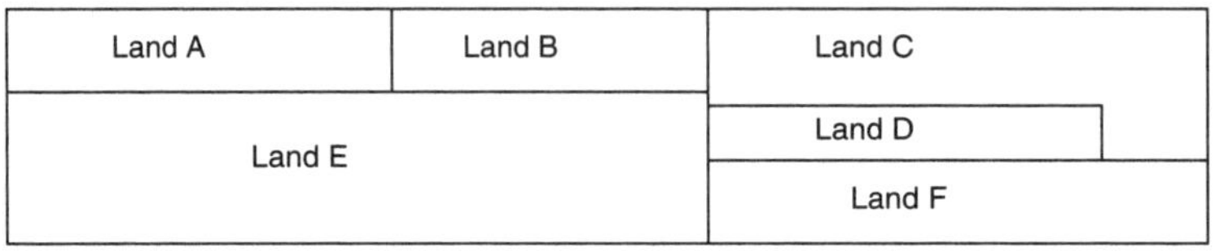

Abbildung 4.7 Landkartenfärbe-Problem

Die Anordnung der Länder kann in PROLOG beschrieben werden:

```
karte(A,B,C,D,E,F) :-
        nachbar(A,B),
        nachbar(A,E),
        nachbar(B,C),
        nachbar(B,E),
        nachbar(C,D),
        nachbar(C,E),
        nachbar(C,F),
        nachbar(D,E),
        nachbar(D,F),
        nachbar(E,F).
```

Danach muss nur noch spezifiziert werden, welche Farbnachbarschaften erlaubt sind:

```
nachbar(rot,blau).     nachbar(rot,gelb).     nachbar(rot,gruen).
nachbar(blau,rot).     nachbar(blau,gelb).    nachbar(blau,gruen).
nachbar(gruen,rot).    nachbar(gruen,gelb).   nachbar(gruen,blau).
nachbar(gelb,rot).     nachbar(gelb,blau).    nachbar(gelb,gruen).
```

Nun kann nach einer Lösung gefragt werden:

```
?- karte(A,B,C,D,E,F).
```

Man erhält als erste Lösung:

A = C = rot, B = D = blau, E = gelb, F = gruen

Die Lösung wird allein aufgrund der Problembeschreibung gefunden. Es ist nicht nötig, den Algorithmus zu beschreiben, wie eine Lösung gefunden werden soll. In diesem Beispiel kommt es allein auf die korrekte Problembeschreibung an. Sie reicht aus, um PROLOG zu befähigen, eine Lösung zu finden. Dies veranschaulicht die Verwendung von PROLOG als Sprache zur **Wissensrepräsentation**. Das Wissen über das Problem wird in Form von PROLOG-Klauseln dargestellt.

4.6.2 Die Türme von Hanoi

Es gibt eine Sage, die berichtet, dass ein Bauer zu einem Mönch kommt und ihn befragt, wie lange die Welt existieren wird. Dieser antwortet ihm mit dem Gleichnis: „ .... so lange, wie es dauert, die Türme von Hanoi umzusetzen ...“.

Diese Türme von Hanoi befinden sich in einem buddhistischen Tempel bei Hanoi. Es gibt drei Türme, die aus insgesamt zehn Etagen bestehen. Zu Beginn liegen alle Etagen auf dem ersten Platz, sie sollen auf den dritten Platz umgelegt werden. Der zweite Platz kann dabei als Zwischenablage verwendet werden. Es darf aber immer nur eine kleinere auf einer größeren Etage abgelegt werden. Es darf auch jeweils nur eine Etage bewegt werden. Für das Umsetzen einer Etage benötigt man ein Jahr.

Wie kann den Mönchen geholfen werden, dieses Problem zu lösen?

Die Anfangssituation ist in Abbildung 4.8 für den Fall von nur acht Etagen dargestellt.

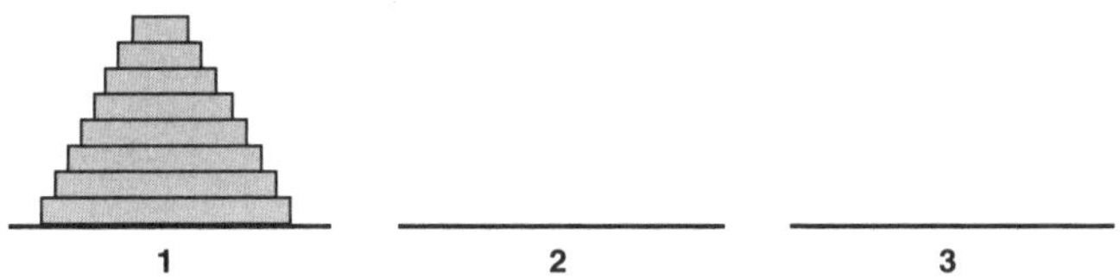

Abbildung 4.8 Türme von Hanoi

Die Etagen müssen von Platz 1 zum Platz 3 transportiert werden. Da das gleichzeitige Bewegen von mehreren Etagen nicht erlaubt ist, ist die Lösung dieses Problems nicht offensichtlich. Wenn man aber wüsste, wie man die oberen *sieben* Etagen auf Platz 2 bekommt, dann könnte man die verbliebene Etage von Platz 1 nach Platz 3 transportieren. Nun müsste man noch die sieben Etagen von Platz 2 nach Platz 3 transportieren.

Dies kann in PROLOG bereits formuliert werden:

```
transportiere(EtagenZahl, Von, Nach, Hilfsplatz) :-
        ObereEtagen is EtagenZahl - 1,
        transportiere(ObereEtagen, Von, Hilfsplatz, Nach),
        transportiere(1, Von, Nach, Hilfsplatz),
        transportiere(ObereEtagen, Hilfsplatz, Nach, Von).
```

Wenn man eine bestimmte Anzahl von Etagen (EtagenZahl) vom Platz Von zum Platz Nach transportieren möchte, so müssen zunächst die oberen Etagen (EtagenZahl-1) vom Platz Von zum dafür zur Verfügung stehenden Platz Hilfsplatz transportiert werden. Anschließend wird die verbliebene Etage an ihren korrekten Platz gebracht. Dann werden die auf den Hilfsplatz verschobenen Etagen auf den Zielplatz gebracht.

Diese Regel ist nicht nur für den Fall von acht Etagen anwendbar, sondern für eine beliebige Anzahl von Etagen. Für den Fall, dass genau eine Etage zu verschieben ist, kann die auszuführende Aktion direkt angegeben werden:

```
transportiere(1, Von, Nach, _ ) :-
        write('Transportiere oberste Etage von'-Von-'nach'-Nach), nl.
```

Die erste Regel ist nur sinnvoll, wenn mindestens zwei Etagen zu transportieren sind. Sie muss folglich um die Bedingung

```
EtagenZahl > 1
```

erweitert werden.

Der Aufruf erfolgt mittels

```
?-transportiere(8,1,3,2).
```

Man bekommt die korrekte Handlungsvorgabe:

```
Transportiere oberste Etage von - 1 - nach - 3
Transportiere oberste Etage von - 1 - nach - 2
Transportiere oberste Etage von - 3 - nach - 2
Transportiere oberste Etage von - 1 - nach - 3
Transportiere oberste Etage von - 2 - nach - 1
Transportiere oberste Etage von - 2 - nach - 3
Transportiere oberste Etage von - 1 - nach - 3
Transportiere oberste Etage von - 1 - nach - 2
Transportiere oberste Etage von - 3 - nach - 2
Transportiere oberste Etage von - 3 - nach - 1
Transportiere oberste Etage von - 2 - nach - 1
  ...
```

Das Problem der Türme von Hanoi ist ein anschauliches Beispiel, wie Rekursion bei der Problembeschreibung und -lösung sehr hilfreich sein kann. Allein durch die rekursive Beschreibung des Vorgehens bekommt man hier eine Lösung.

4.6.3 Das Acht-Damen-Problem

Auf einem Schachbrett sind acht Damen so zu positionieren, dass keine Dame eine andere Dame schlagen kann. Eine mögliche Lösung ist in Abbildung 4.9 dargestellt.

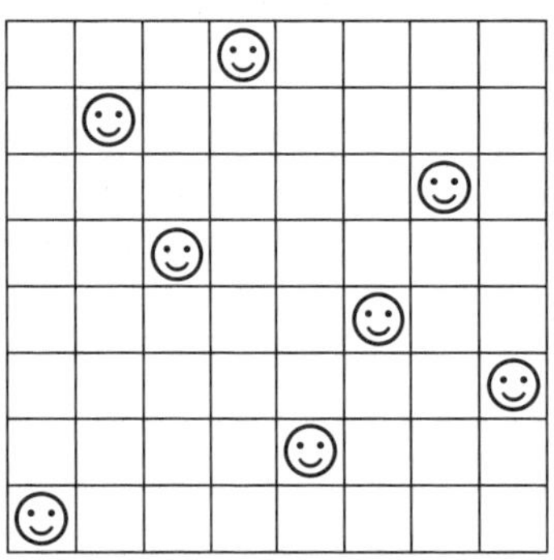

Abbildung 4.9 Mögliche Lösung des Acht-Damen-Problems

Zum Vergleich sei auf Abschnitt 8.2 verwiesen. Dort wird ein Ansatz zur Lösung des Problems mit neuronalen Netzen vorgestellt.

Gemäß den Schachregeln muss eine Lösung für das Problem diese Restriktionen erfüllen:

1. In jeder Zeile muss exakt eine Dame stehen.
2. In jeder Spalte muss exakt eine Dame stehen.
3. Pro Diagonale darf höchstens eine Dame positioniert werden.

Es bietet sich folgendes Vorgehen an:

Es wird eine Liste $[[x_1, y_1], \ldots, [x_8, y_8]]$ generiert, wobei $[x_i, y_i]$ bedeutet, dass in Zeile x_i die Dame in Spalte y_i steht.

Dabei wird diese Liste, beginnend mit der leeren Liste, immer um eine weitere Dame erweitert, bis alle Zeilen besetzt sind. In jedem Schritt wird überprüft, ob sich die neue Dame mit den bisherigen Damen „verträgt". Wir beginnen dabei in Zeile 1 und positionieren zeilenweise, bis Zeile 8 erreicht ist. Im folgenden Programm wird die Liste in umgekehrter Reihenfolge generiert. Die in Zeile 1 positionierte Dame steht in der Liste hinten, die zuletzt generierte Dameposition ganz vorn.

Es wird ein Prädikat dame/4 definiert:

```
dame(Aktuelle_Zeilennummer,
        Noch_freie_Spalten,
        Bereits_positionierte_Damen,
        Loesung)
```

Die Liste der noch freien Spalten wird zu Beginn mit [1,2,3,4,5,6,7,8] belegt und sukzessive verkürzt.

Um zu überprüfen, ob man alle Damen positioniert hat, gibt es zwei Möglichkeiten. Die erste Variante testet, ob man alle acht Zeilen belegt hat. Die zweite Möglichkeit besteht darin zu überprüfen, ob alle Spalten belegt sind. Dann muss die Liste der noch freien Spalten leer sein. In diesem Fall ist die Lösung durch die bereits positionierten Damen (BpD) gegeben:

```
dame(_, [ ], BpD, BpD).
```

Sind noch nicht alle Damen positioniert, muss in der aktuellen Zeile (Zeile) eine Dame positioniert werden. Dazu wird aus der Liste der noch freien Spalten eine Spalte (Spalte) gelöscht. Nun muss überprüft werden, ob die beiden Diagonalen, die durch (Zeile, Spalte) gehen, schon durch eine andere Dame belegt sind.

Wie überprüft man, ob eine Diagonale schon belegt ist? Wodurch sind alle Positionen einer Diagonalen ausgezeichnet? Zwei Damen sind in *einer* Diagonalen, wenn die Summe bzw. die Differenz aus Zeile und Spalte gleich sind.

```
dame(Zeile, Frei, BpD, Loesung) :-
        delete(Spalte, Frei, RestFrei),
        Index1 is Zeile + Spalte,
        Index2 is Zeile - Spalte,
        not(belegt(Index1, Index2, BpD)),
        NeueZeile is Zeile + 1,
        dame(NeueZeile, RestFrei, [[ Zeile, Spalte ] | BpD ], Loesung).
```

belegt/3 ist erfolgreich, wenn einer der beiden Indizes (Summe oder Differenz aus Zeile und Spalte) bereits belegt ist.

```
belegt( X, _, [[ Zeile, Spalte] | _ ]) :- X is Zeile + Spalte.
belegt( _, X, [[ Zeile, Spalte] | _ ]) :- X is Zeile - Spalte.
belegt( X1, X2, [ _ | Tail ]) :- belegt( X1, X2, Tail).
```

Das Programm ist dadurch gekennzeichnet, dass eine Positionierung aller acht Damen gleichzeitig eine Lösung darstellt. Im Gegensatz zu Generate-and-test-Verfahren, die eine beliebige Positionierung aller acht Damen generieren und erst dann die Zulässigkeit überprüfen würden, wird hier bei jeder positionierten Dame gleich die Verträglichkeit mit den bisher positionierten Damen geprüft. Man kann dieses Vorgehen verfeinern, indem man geeignete Heuristiken hinzunimmt und beispielsweise nicht zeilenweise positioniert, sondern sich auch an den Diagonalen orientiert.

4.6.4 Das Problem der stabilen Paare

Aus dem Operations Research (vgl. [Schnupp87]) stammt dieses Zuordnungsproblem: Fünf Männer und fünf Frauen müssen sich zu fünf Projektteams zusammenfinden. Jedes Projektteam besteht aus einer Frau und einem Mann. Die Loyalität gegenüber dem Arbeitgeber sorgt dafür, dass im Prinzip jeder bereit ist, mit einem beliebigen Partner zusammenzuarbeiten. Allerdings haben sich natürlich zwischen den Personen mehr oder weniger starke Sympathien herausgebildet. Jeder hat folglich eine Prioritätenliste, mit wem er/sie gern zusammenarbeiten würde. Seien die Wunschlisten wie folgt gegeben:

```
wunsch(adam, [anna, berta, clara, doris, elvira]).
wunsch(boris, [berta, clara, anna, doris, elvira]).
wunsch(claus, [elvira, berta, clara, doris, anna]).
wunsch(daniel, [anna, doris, berta, clara, elvira]).
wunsch(emil, [clara, anna, berta, doris, elvira]).
wunsch(anna, [adam, boris, claus, daniel, emil]).
wunsch(berta,[boris, claus, adam, daniel, emil]).
wunsch(clara, [daniel, adam, boris, claus, emil]).
wunsch(doris, [boris, claus, daniel, emil, adam]).
wunsch(elvira, [emil, adam, boris, claus, daniel]).
frauen([anna, berta, clara, doris, elvira]).
maenner([adam, boris, claus, daniel, emil]).
```

Der Chef möchte natürlich Teams bilden, die stabil sind. Jede Person bekommt einen Partner. Die Zuordnung soll aber so erfolgen, dass Ärger vermieden wird. Eine nicht stabile Zuordnung ist beispielsweise gegeben durch:

Claus – Clara, Daniel – Elvira, Emil – Doris, ...

Claus würde lieber mit Elvira als mit Clara arbeiten, und auch Elvira zieht Claus ihrem zugewiesenen Partner Daniel vor. Dies wird dem Arbeitsklima und der Arbeitsmoral auf Dauer nicht förderlich sein.

Welche Eigenschaft muss eine Zuordnung [[adam, F1], [boris, F2], [claus, F3], [daniel, F4], [emil, F5]] erfüllen?

1. Jedem Mann muss exakt eine Dame zugeordnet werden.
2. Es darf in dieser Liste keinen Konflikt im Sinne einer Instabilität geben.

```
paare(Liste) :-
        generiere_zuordnung(Liste),
        not(konflikt(Liste)).
```

Die erste Forderung sichert man in generiere_zuordnung(Liste) ab, indem sukzessive Elemente aus der Liste aller Damen gelöscht und den Männern zugeordnet werden.

```
generiere_zuordnung(Liste) :-
        frauen(Frauen),
        remove(F1, Frauen, Frauen1),
        remove(F2, Frauen1, Frauen2),
        remove(F3, Frauen2, Frauen3),
        remove(F4, Frauen3, Frauen4),
        remove(F5, Frauen4, _ ),
        Liste=[[adam, F1], [boris, F2], [claus, F3], [daniel, F4], [emil, F5]].
```

Wann kommt es in der Liste zu einem Konflikt? Dies ist dann der Fall, wenn es einen Mann (Mann) und eine Dame (Frau) gibt, die sich gegenseitig im Vergleich mit ihren jeweils zugewiesenen Partnern (Partner1, Partner2) bevorzugt hätten.

```
konflikt(Liste) :-
        frauen(Frauen),
        maenner(Maenner),
        member(Frau, Frauen),
        member([Partner1, Frau], Liste),
        member(Mann, Maenner),
        member([Mann, Partner2], Liste),
        bevorzugt(Frau, Partner1, Mann),
        bevorzugt(Mann, Partner2, Frau).
```

Eine Person bevorzugt einen anderen Kandidaten gegenüber dem Partner, wenn der Kandidat in der Wunschliste weiter vorn steht. Dazu muss sich die Wunschliste mittels append/3 so in zwei Listen teilen lassen, dass der Partner die erste Person der zweiten Teilliste ist und der gesuchte Kandidat in der ersten Teilliste enthalten ist:

```
bevorzugt(Person, Partner, Kandidat) :-
        wunsch(Person, Vorzugsliste),
        append(L1, [Partner|_], Vorzugsliste),
        member(Kandidat, L1),!.
```

Vergleicht man die Lösung für das Problem der stabilen Paare mit der Lösung für das Acht-Damen-Problem, so erkennt man zwei unterschiedliche Vorgehensweisen.

Zur Lösung des Damen-Problems wurde prozedural vorgegangen. Die Damen wurden sukzessive positioniert, wobei nur solche Positionierungen akzeptiert werden, die sich mit den bereits auf dem Schachbrett befindlichen Damen vertragen. Wieso haben wir dazu PROLOG verwendet, und nicht eine andere Sprache? PROLOG übernimmt für uns die Suche, sprich das Ausprobieren von bestimmten Positionen und das alternative Positionieren der Damen. Das entscheidende Prädikat ist remove/3, welches Backtracking ermöglicht.

Das Finden eines stabilen Paares dagegen beruhte allein auf der logischen Beschreibung einer Konfliktsituation (konflikt/1). Hier können prozedurale Aspekte völlig außer Acht gelassen werden, allein die Beschreibung des „Was ist zu lösen?“ ist ausreichend.

Im Rahmen dieses Kapitels konnte nur eine Auswahl von PROLOG-Beispielen vorgestellt und diskutiert werden. Eine Vielzahl von weiteren Beispielen und Aufgaben ist unter der WWW-Seite www.wi.hs-wismar.de/ki-buch zu finden.

4.6.5 Übungen

Aufgaben

4.20 Modifizieren Sie obiges Programm, so dass das Damen-Problem auch für andere Dimensionen gelöst werden kann.

4.21 Erweitern Sie das Programm für die Türme von Hanoi, so dass nicht nur die Handlungsfolge ausgegeben wird. Vielmehr soll PROLOG die drei Plätze mit den darauf befindlichen Etagen verwalten, um den aktuellen Zustand zu jeder Zeit ausgeben zu können. Wählen Sie als Datenstruktur die Liste.

4.22 Entwickeln Sie in PROLOG ein Programm zum symbolischen Differenzieren. Beispielsweise soll die Anfrage
?- symb_diff(x * (y + 2), x, D).
die Antwort D = y + 2 liefern.

4.23 Erweitern Sie das Programm zum symbolischen Differenzieren um eine Komponente, die arithmetische Ausdrücke vereinfacht, beispielsweise x + x = 2x .

5

Künstliche neuronale Netze

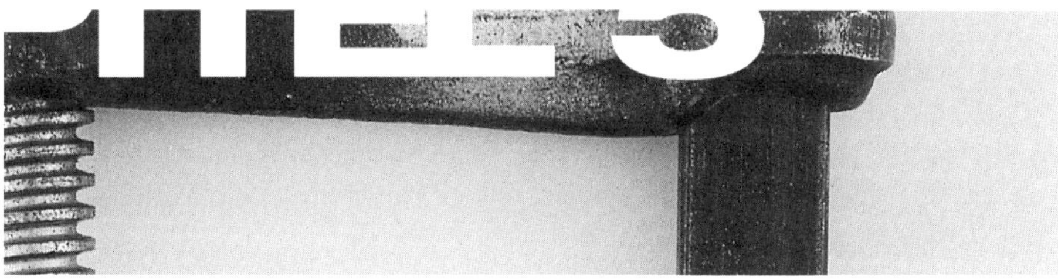

5 Künstliche neuronale Netze

Viele Tätigkeiten im täglichen Leben können Menschen sehr schnell und erfolgreich ohne langes Nachdenken erledigen. Wir halten unser Gleichgewicht beim Gehen oder Fahrradfahren, wir erkennen Gesichter und können diese einordnen, wir reden, hören und verstehen, wir schreiben und lesen. Die Liste dieser Fertigkeiten, die ein Mensch ausführt, ohne explizit über die dabei ablaufenden Teilschritte nachzudenken, lässt sich beliebig fortsetzen.

Unter dem Begriff „Nachdenken“ sei verstanden, dass Aussagen unter Nutzung von Schlussfolgerungen zu neuen Gedanken, neuen Aussagen verknüpft werden. Wir denken nach, wenn zum Beispiel eine mathematische Aufgabe gelöst, ein Algorithmus in eine Programmiersprache umgesetzt oder eine Urlaubsreise geplant wird.

Reden und Schreiben dagegen sind Fertigkeiten, die ohne nachdenken ausgeführt werden. Selbstverständlich sollte man darüber nachdenken, was man sagen oder schreiben will. Sind die Gedanken jedoch einmal gefasst, so erfolgt das Artikulieren der Wörter ohne nachzudenken. Gleiches gilt für das Schreiben im Sinne des Aneinanderreihens von Buchstaben. Die Techniken des Redens und Schreibens laufen im Unterbewusstsein ab.

Hierbei kann auch keine Verarbeitung von Regeln stattfinden, da eine Regelverkettung zu viel Zeit beansprucht. Es sind derart kurze Reaktionszeiten erforderlich, dass eine Abarbeitung von WENN-DANN-Regeln nicht erfolgreich sein kann: Man versuche einmal, Regeln für das Halten der Balance beim Fahrradfahren aufzustellen. Die Lösung:

- *WENN Gefahr_Fall_nach_links DANN Gewichtsverlagerung_rechts,*
- *WENN Gefahr_Fall_nach_rechts DANN Gewichtsverlagerung_links,*

scheint auf der Hand zu liegen, ist aber leider unbrauchbar. Denkt man erst darüber nach, ob die erste oder zweite Regel zutrifft, liegt man schon auf der Nase. Außerdem würden diese einfachen Regeln zu einem sich selbst verstärkenden Hin- und Herschwanken mit analog negativem Ausgang führen.

Die genannten Fähigkeiten des Menschen sind antrainierte Verhaltensweisen, die ohne Nachdenken angewendet werden können. Es wird keiner bei Gefahr, das Gleichgewicht zu verlieren, nachdenken und mittels obiger Regeln reagieren. Die Reaktion käme zu spät.

Die antrainierten Fähigkeiten können zudem relativ problemlos auf neue, noch nie vorher in genau dieser Weise aufgetretene Situationen angewendet werden: Die Fähigkeit, Fahrrad fahren zu können, beschränkt sich nicht nur auf ein Rad und auf die bereits bekannten Wegstrecken. Auch „kleine Störungen“ werden kompensiert: Radfahren mit Last, Gehen mit Gepäck oder Gehen mit einem Verband.

Die Fähigkeit, Umgebungen, Personen oder auch Stimmen und Geräusche wieder zu erkennen, lässt sich nicht mittels logischer Schlussregeln erklären. Wir sehen die Bilder, wir hören die Geräusche und können (fast) sofort eine Zuordnung treffen. Man sagt, dass der Mensch dafür ungefähr 0,1 Sekunden benötigt. Die Schaltzeit eines natürlichen Neurons wurde mit etwa einer Millisekunde bestimmt. Daraus lässt sich ableiten, dass ein Erkennungsprozess in etwa 100 Schritten abläuft. Wie viel lässt sich mit einer sequentiellen Folge von 100 Maschinenbefehlen ausrichten? Unser neuronales Netz arbeitet offensichtlich hochgradig parallel, um diese Leistungen zu erzielen.

Die Wiedererkennung funktioniert aber nur, wenn wir diese oder ähnliche Situationen bereits erlebt haben. Dann können wir Personen trotz „kleiner Störungen" wie geänderter Frisur oder Haarfarbe wieder erkennen. Ist man ständig in Kontakt mit einer Person, ändert sich das Muster entsprechend und die Erkennung erfolgt sofort.

Alte Schulfreunde bei einem Klassentreffen wieder zu erkennen, stellt unser neuronales Netz manchmal dann doch vor erhebliche Probleme Bild 5.1. Obwohl wir ständig erfolgreich mit einer großen „Portion" von Unschärfe arbeiten, sind die tolerierbaren Abweichungen schließlich zu groß geworden.

Abbildung 5.1 Sich verändernde Gesichter

All die genannten Fertigkeiten werden nicht durch Nachdenken allein erworben. Die Aneignung erfolgt vielmehr durch Nachahmen. Wir lernen aus Beispielen. Das Nachahmen ist häufig durch Versuch und Irrtum geprägt, offensichtliche Fehler, die selbst erkannt werden oder Hinweise eines Lehrmeisters bestärken die Ausprägung der richtigen Handlungsabläufe. Ist die Fähigkeit einmal erworben, so wird bei der Anwendung einer solchen Fähigkeit weder ein Algorithmus noch eine Folge von Regeln abgearbeitet. Wir reden, gehen, schwimmen, fahren Rad oder Auto, technisch gesehen, meist im Unterbewusstsein.

Diese für den Menschen so einfach ablaufenden Prozesse können bisher nur sehr schwer oder gar nicht durch einen Computer ausgeführt werden. Die Bilderkennung als Grundlage für das Verhalten eines Roboters in einer natürlichen Umgebung ist eine wichtige, aber maschinell immer noch sehr schwer lösbare Aufgabe.

Neuronale Netze in der künstlichen Intelligenz versuchen die Arbeitsweise des menschlichen Gehirns nachzubilden. Wie unsere Millionen von zusammengeschalteten Nervenzellen trainierbar sind und dann Steuerungsaufgaben übernehmen können, möchte man Computerprogramme ähnlich befähigen, in analoger Weise aus Beispielen Gelerntes auf neue Situationen anzuwenden.

Man erhofft sich dadurch, einige Probleme lösen zu können, die sich bisher einer Lösung mittels Computer entzogen haben. Ist keine effektive algorithmische Lösung verfügbar und sind auch Versuche mittels regelbasierter Ansätze gescheitert, dann und wirklich erst dann können möglicherweise neuronale Netze erfolgreich sein.

Nach einer Einführung in die Grundlagen neuronaler Netze werden in diesem Buch unterschiedliche Architekturen neuronaler Netze, zugehörige Lernverfahren und typische Einsatzfälle vorgestellt. Die Abschnitte des Kapitels 6 über vorwärts gerichtete neuronale Netze, die überwacht mit einem Fehlerrückmelde-Algorithmus (Backpropagation-Algorithmus) trainiert werden, bauen unmittelbar aufeinander auf. Das Paradigma des Wettbewerbslernens kommt in mehreren unterschiedlichen Formen neuronaler Netze zum Einsatz; es wird im Kapitel 7 behandelt. Der Leser kann sich mit den Varianten neuronaler Netze der Kapitel 7 und 8, Wettbewerbslernen sowie autoassoziative Netze, weitgehend unabhängig voneinander befassen.

Einführende Beispiele veranschaulichen die Thematik; sie können mittels Tabellenkalkulation schnell und einfach nachgebildet werden. Kenntnisse einer Tabellenkalkulation sind für das Verständnis neuronaler Netze nicht zwingend erforderlich, sie erleichtern jedoch das Nachvollziehen der Beispiele.

Weiterführende Beispiele werden mit dem Stuttgarter Neuronale Netze Simulator (SNNS) beziehungsweise mit dem JavaNNS bearbeitet. Beide Systeme sind in der Lehre sehr gut einsetzbar. Da die Benutzungsoberfläche des SNNS etwas gewöhnungsbedürftig ist, wird die Arbeit mit dem SNNS in einem eigenen Abschnitt ausführlich behandelt.

5.1 Das künstliche Neuron

Künstliche neuronale Netze werden in den Informatik-Anwendungen im geschilderten Sinne eingesetzt. Das Netz wird auf ein spezielles Verhalten trainiert und ist anschließend in der Lage, sowohl auf die Trainingssituationen als auch darüber hinaus auf neue Situationen angemessen zu reagieren. Diese Fähigkeit wird durch das Zusammenschalten vieler (einige hundert bis einige tausend) Neuronen erreicht.

Das biologische Vorbild der künstlichen neuronalen Netze wird an dieser Stelle nur kurz erwähnt, da es zum Verständnis der Arbeitsweise künstlicher Neuronen nicht unbedingt erforderlich ist. In mehreren Büchern über neuronale Netze, zum Beispiel [Zell97], finden sich ausführlichere Darstellungen des biologischen Hintergrunds.

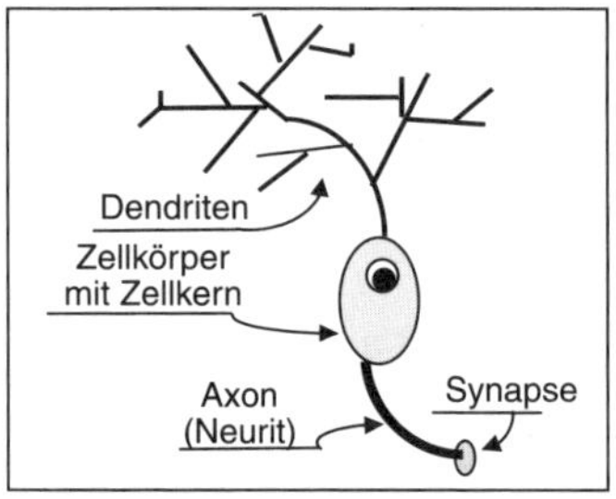

Abbildung 5.2 Biologisches Neuron

Für das Verständnis künstlicher neuronaler Netze reicht eine einfache Vorstellung über ein **biologisches Neuron** aus (Bild 5.2).

Die **Dendriten** nehmen die Erregungen, die von anderen Neuronen ausgehen, auf und leiten sie an den **Zellkern** weiter. Die Erregung der Zelle wird dann über das **Axon** an die nächsten Neuronen weitergereicht. Die **Synapsen** stellen den Übergang vom Axon der einen Zelle zu den Dendriten weiterer Zellen her. Ein biologisches Neuron hat mehrere tausend bis zehntausend Verbindungen zu weiteren Neuronen.

Dieser Grundaufbau wird nun in Form von Softwarebausteinen nachgebildet.

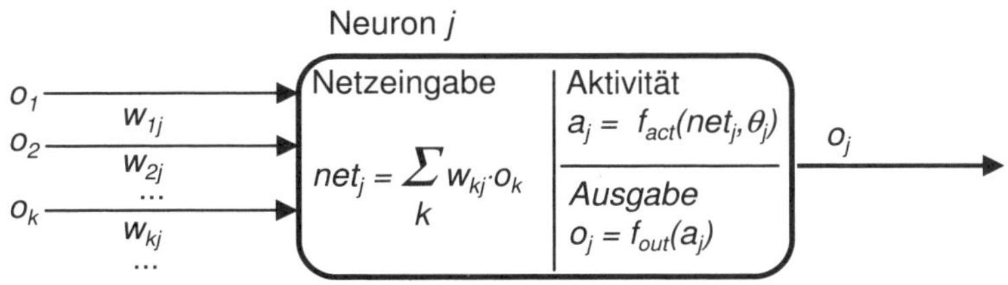

Abbildung 5.3
Künstliches Neuron

Zu einem Neuron gehören die folgenden Werte und Funktionen:

- Die **Eingabeinformationen** o_k aus den gewichteten Verbindungen w_{kj} , die andere Neuronen mit dem Neuron *j* besitzen, oder die direkt aus der Umgebung des Netzes als Eingabewerte aus der Umgebung einfließen.
- Eine **Propagierungsfunktion** net_j, die die Eingabeinformation mit den Gewichten der Verbindungen zu einer Netzeingabe verknüpft. Eine Netzeingabe fasst die Informationen zusammen, die aus dem Netz in das Neuron eingehen.
- Die **Aktivierungsfunktion** f_{act} bestimmt aus der Netzeingabe unter Berücksichtigung eines Schwellwertes θ_j die neue Aktivität a_j , den neuen Zustand des Neurons:
  $a_j = f_{act}(net_j, \theta_j)$
- Eine **Ausgabefunktion** f_{out} ermittelt aus der Aktivität a_j des Neurons den Ausgabewert o_j, der an die nachfolgenden Neuronen weitergeleitet wird und dort als Bestandteil der Netzeingabe auftritt: $o_j = f_{out}(a_j)$
- Ein lokaler Speicher enthält die **Aktivierung** a_j und den Schwellwert θ_j des Neurons.

Nun können Funktionen im Allgemeinen beliebig komplex sein, so dass sich hier hinter jeder Funktion ein beliebig komplexer Algorithmus verstecken könnte. Das jedoch ist ausdrücklich nicht gewollt. Die in einem Neuron verwendeten Funktionen sind bewusst sehr einfach gehalten. Die Leistungsfähigkeit wird gerade nicht durch komplexe Algorithmen, sondern durch das Zusammenschalten einfacher Elemente mit einfachen Verarbeitungsschritten erreicht.

Definition 5.1 Neuron

Ein Neuron ist eine Verarbeitungseinheit, die die über die gewichteten Verbindungen eingehenden Werte geeignet zusammenfasst (Propagierungsfunktion) und daraus mittels einer Aktivierungsfunktion unter Beachtung eines Schwellwertes einen Aktivierungszustand ermittelt. Aus dieser Aktivierung bestimmt eine Ausgabefunktion die Ausgabe des Neurons.

Wie die Definition aussagt, wird das Verhalten eines Neurons durch die drei aufgeführten Funktionen bestimmt. Im Folgenden werden die Funktionen vorgestellt, die häufig in neuronalen Netzen eingesetzt werden. Die Aufstellung wird ergänzt durch einige Bemerkungen zur Aktivierung und zum Schwellwert.

Propagierungsfunktion

Als Propagierungsfunktion f_{prop}, die meist als Netzeingabe net_j bezeichnet wird, wird fast ausschließlich die Summe über alle eingehenden gewichteten Netzverbindungen eingesetzt:

$$f_{prop_j} = net_j = \sum_k w_{kj} \cdot o_k$$

Mitunter findet man den Hinweis, dass statt der Summation auch die Multiplikation eingesetzt werden kann. Eine praktische Anwendung ist jedoch nicht bekannt.

Aktivierungsfunktion

Aktivierungsfunktionen weisen alle einen mehr oder weniger ausgeprägten **sigmoiden** Charakter auf. Konkrete Anwendungen erfahren lineare Funktionen, Schwellwertfunktionen sowie die logistische Funktion und der Tangens Hyperbolicus.

Die lineare Funktion, meist die Identität, reicht die Netzeingabe direkt weiter und ist wenig sigmoid. Die **Schwellwertfunktion** ist die schärfste sigmoide Funktion: Nur falls die Netzeingabe den Schwellwert θ des Neurons übersteigt, wird das Neuron aktiviert, die Aktivierung zum Beispiel auf 1.0 gesetzt. Die Schwellwertfunktion wird in einfachen Netzen verwendet. Die Schwellwert-Funktion kann für alle Wertebereiche von Aktivierungen eingesetzt werden.

$$f_{Schwellwert}(x) = \begin{cases} 1, & x \geq \theta \\ 0, & \text{sonst} \end{cases}$$

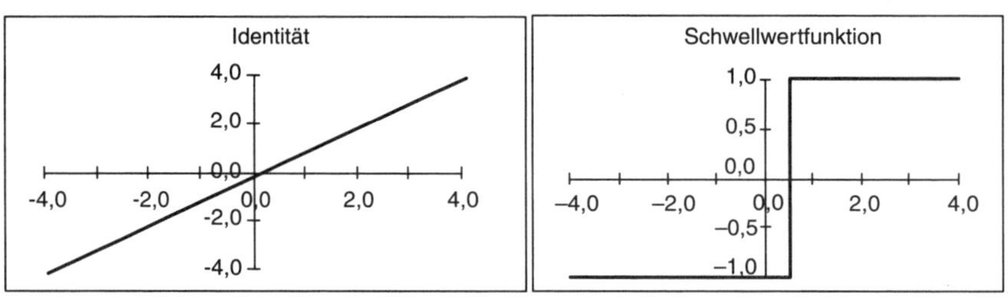

Abbildung 5.4 Lineare Funktion und Schwellwert-Funktion

Einige Lernverfahren erfordern eine differenzierbare Aktivierungsfunktion. Hier kommen die logistische Funktion oder die tanh-Funktion zum Einsatz. Die logistische Funktion ist die am häufigsten verwendete Aktivierungsfunktion:

$$f_{\log istic}(x) = \frac{1}{1+\mathrm{e}^{-c \cdot x}}$$

Mit dem Parameter c kann die Steilheit der Kurve beim Übergang von 0 auf 1 gesteuert werden. Die tanh-Funktion wird verwendet, falls eine Aktivierung des Neurons aus dem Bereich (–1,+1) gewünscht wird.

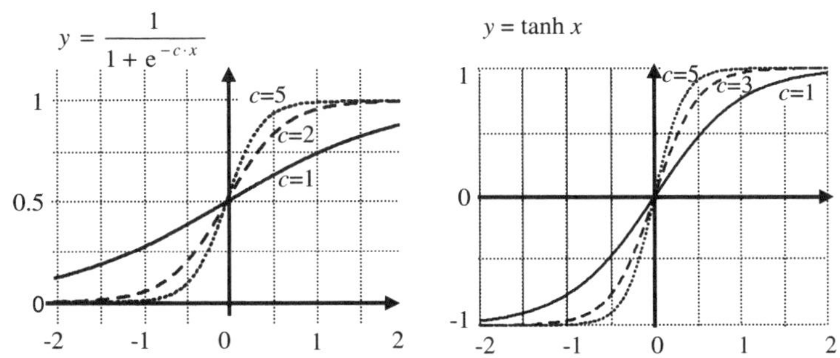

Abbildung 5.5 Logistische Funktion und Tangens Hyperbolicus

Ausgabefunktion

Als Ausgabefunktion kommt fast ausschließlich die Identität $f(x) = x$ zum Einsatz, obwohl andere Funktionen nicht ausgeschlossen werden.

$$f_{Ausgabe} = \mathrm{Id}$$

Man kann somit die Aktivierung eines Neurons gleichzeitig als Ausgabe des Neurons ansehen. In den folgenden Kapiteln wird stets von der Identität als Ausgabefunktion ausgegangen.

Schwellwert

Ein Schwellwert (bias, threshold) bestimmt als ein Parameter die resultierende Aktivierung des Neurons mit. Es ist üblich, den Schwellwert in die Formel der Netzeingabe mit aufzunehmen.

$$net_j = \sum_i w_{ij} \cdot o_j - \theta_j$$

Damit erzielt man eine einfachere Anwendung der Aktivierungsfunktionen, die dann stets ihr sigmoides Verhalten um den Wert 0.0 erreichen. Die Schwellwertfunktion nimmt dann die Form an:

$$f_{Schwellwert}(net_j) = \begin{cases} 1, & net_j \geq 0 \\ 0, & \text{sonst} \end{cases}$$

Aktivierung

Die Aktivierung eines Neurons kann unterschiedlich realisiert werden. Häufig werden binäre Aktivierungen eingesetzt: 0 – inaktiv, 1 – aktiv

Statt (0,1) verwendet man auch (1,+1). Die Bewertung des inaktiven Zustands mit 1 hat den Vorteil, dass die weitergehenden Verbindungen Werte ungleich 0 liefern und damit mitunter das gewünschte Verhalten des Netzes besser antrainiert werden kann. Bei Verwendung der logistischen Funktion oder der tanh-Funktion entstehen reellwertige Aktivierungen aus den Bereichen [0,+1] bzw. [–1,+1].

Weitere ganzzahlige oder reellwertige Bereiche für die Aktivierung eines Neurons sind denkbar, aber unüblich.

Nachdem alle Komponenten, die das Verhalten eines Neurons beeinflussen, vorgestellt wurden, können wir mit einem ersten Beispiel ein konkretes Verhalten untersuchen.

Beispiel 5.1 Ein Schalter

Das einfachste künstliche neuronale Netz besteht nur aus einem Neuron. Eine derartig simple Einheit wird auch als **LTU – Linear Treshold Unit** [Nilsson98] oder **Adaline** (**Adaptive lineare element**) bezeichnet:

Das Neuron wird die logische UND-Funktion nachbilden. Um diese Funktion zu realisieren, müssen geeignete Werte für die Gewichte und den Schwellwert des Neurons gefunden werden. Üblicherweise geschieht das während eines Trainingsprozesses. An dieser Stelle trainieren wir noch nicht, sondern legen die Werte geeignet fest, so dass das Neuron im Bild 5.6 als UND-Schalter fungiert.

Es wird die eingeführte Propagierungsfunktion benutzt, als Aktivierungsfunktion nehmen wir eine Schwellwertfunktion, als Ausgabefunktion, wie allgemein üblich, die Identität.

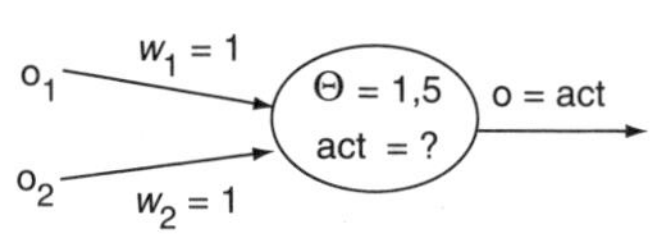

Abbildung 5.6 Ein UND-Schalter

Mit den angegebenen Gewichten $w_1 = 1$, $w_2 = 1$ und dem Schwellwert $\theta = 1{,}5$ ergibt sich das gewünschte Verhalten des Netzes:

Tabelle 5.1 Ein- und Ausgabemuster des UND-Schalters

o_1	o_2	*net*	*o=act*	*net'*	*o'=act'*
0	0	0	0	0,0	0,1
0	1	1	0	2,6	0,2
1	0	1	0	2,6	0,2
1	1	2	1	5,2	0,8

Das Verhalten des Netzes kann aus der Spalte $o = act$ Tabelle 5.1 abgelesen werden. Die Gewichte und der Schwellwert können auch durch Anlegen der Beispielmuster für eine UND-Funktion trainiert werden. Statt einer Schwellwertfunktion wird hierbei die logistische Funktion zur Ermittlung der Aktivierung benutzt. Die mittels des SNNS antrainierten Werte sind $w_1 = w_2 = 2{,}6$ sowie $\theta = 4{,}0$. Die Ergebnisse sind dem rechten Teil der Tabelle (net' sowie o') zu entnehmen. Auf das Trainieren eines Netzes wird später ausführlich eingegangen.

5.2 Architekturen

Werden nun mehrere Neuronen der vorher beschriebenen Bauart miteinander verknüpft, entsteht ein Netz von Neuronen. Eine Verknüpfung zwischen zwei Neuronen i und j ist durch ein Verbindungsgewicht $w_{ij} \neq 0$ charakterisiert. Die Definition eines Netzes erfolgt somit über die Festlegung der Verbindungen und der Verbindungsgewichte.

Definition 5.2 Neuronales Netz

Ein neuronales Netz besteht aus einer Menge von Neuronen, die durch gerichtete und gewichtete Verbindungen miteinander verknüpft sind. Durch die Menge der Verbindungen werden unterschiedliche Architekturen definiert.

Die **Verbindungsgewichte** lassen sich in einer Matrix darstellen. Anhand unterschiedlicher Verknüpfung von sieben Neuronen werden unterschiedliche Netztypen vorgestellt. Zum Vergleich wird neben dem Matrix-Muster der Verbindungen die Darstellung des Netzes als gerichteter Graph angegeben. Siehe hierzu auch [Zell97]).

Vorwärts gerichtetes Netz, auch mehrstufiges Perzeptron genannt:

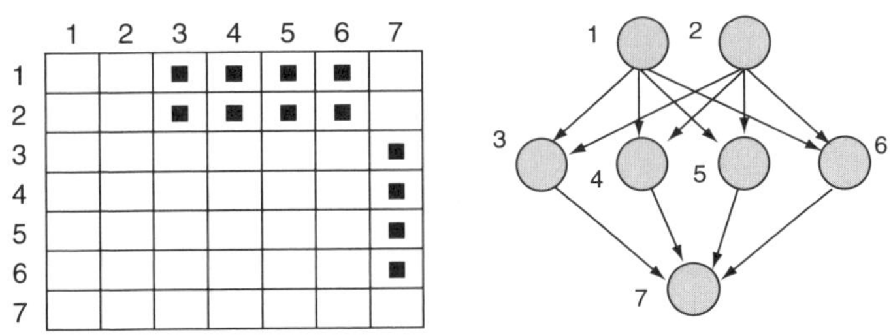

An diesem Beispiel lassen sich die Strukturelemente erläutern:

- Als **Eingabe-Neuron** (input neuron) wird ein Neuron j bezeichnet, falls es keine gerichtete Verbindung zu diesem Neuron w_{ij} gibt. Die **Eingabeschicht** (input layer) ist die Menge aller Eingabe-Neuronen eines Netzes.
- Die **Ausgabe-Neuronen** (ouput neuron) stellen mit ihren Ausgabewerten das Ergebnis der Verarbeitung dar. In vorwärts gerichteten Netzen sind Ausgabe-Neuronen daran

erkennbar, dass sie keine weiterführenden Verbindungen besitzen. Die Ausgabe-Neuronen sind in der **Ausgabeschicht** (output layer) zusammengefasst.

- Neuronen, die weder zur Eingabe- noch zur Ausgabeschicht gehören, sind **verdeckte (hidden) Neuronen**, die auf mehrere **verdeckte Schichten** (hidden layer) verteilt sein können.

Das Beispiel besteht aus einer Eingabeschicht von zwei Neuronen, einer verdeckten Schicht mit vier Neuronen und einem Ausgabe-Neuron.

Vorwärts gerichtetes Netz mit zwei inneren Schichten:

	1	2	3	4	5	6	7
1			■	■			
2			■	■			
3					■	■	
4					■	■	
5							■
6							■
7							

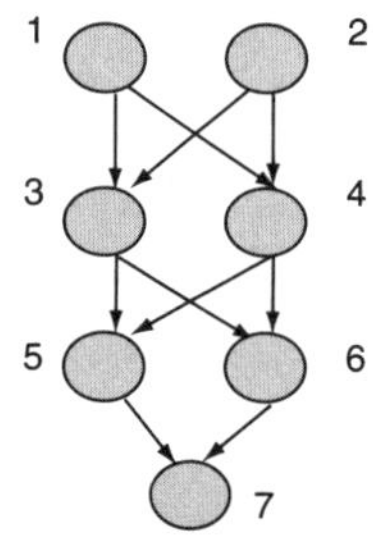

Vorwärts gerichtetes Netz mit einer inneren Schicht sowie Verbindungen, die eine Schicht überspringen (**shortcut connection**):

	1	2	3	4	5	6	7
1			■	■	■	■	
2			■	■	■		■
3						■	■
4						■	■
5						■	■
6							
7							

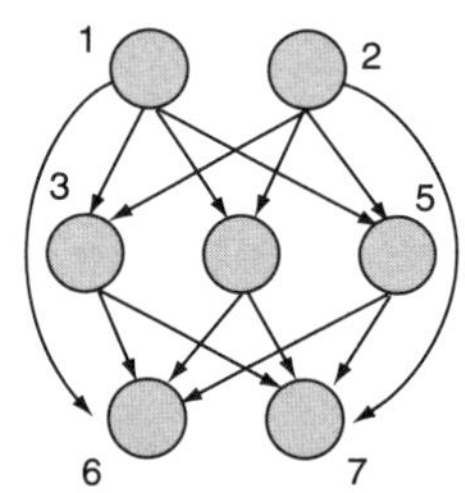

Netz mit Rückkopplungen von der Ausgabe- zur inneren Schicht über spezielle Neuronen:

	1	2	3	4	5	6	7
1			■	■	■		
2			■	■	■		
3						■	
4						■	
5						■	
6							■
7			■	■	■		

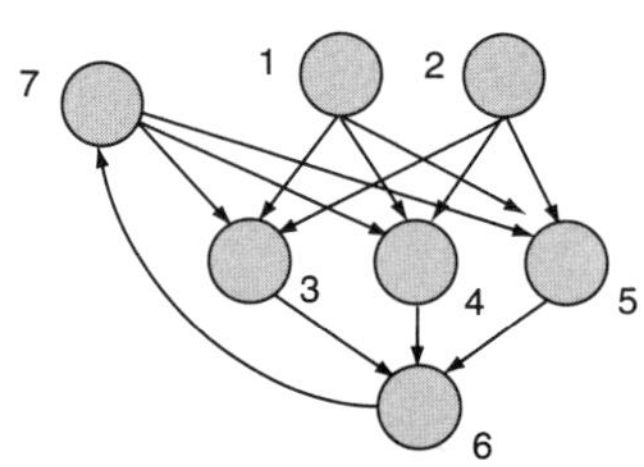

Vollvernetzte Schicht ohne direkte Rückkopplungen, wie sie zum Beispiel in den autoassoziativen Netzen eingesetzt werden. Die Darstellung des Netzes als Graph wird dem Leser als Aufgabe überlassen.

	1	2	3	4	5	6	7
1		■	■	■	■	■	■
2	■		■	■	■	■	■
3	■	■		■	■	■	■
4	■	■			■	■	■
5	■	■	■	■		■	■
6	■	■	■	■	■		■
7	■	■	■	■	■	■	

5.3 Arbeitsweise

Die Entwicklung eines künstlichen neuronalen Netzes verläuft in mehreren Zyklen. Da es derzeit (noch) keine allgemeine Erfolgsstrategie für die Entwicklung neuronaler Netze gibt, lässt sich eine Lösung mittels vieler Experimente erreichen.

Ausgehend von dem zu lösenden Problem ist zuerst eine Netzarchitektur aufzubauen. In den Abschnitten über spezielle Netzformen werden auch ihre Einsatzbereiche angesprochen, um Anhaltspunkte für die Wahl einer bestimmten Architektur zu geben. Für die erfolgreiche Entwicklung ist eine ausreichende Zahl von Trainingsdaten erforderlich. In den meisten Fällen ist ein weiterer Satz von Testdaten notwendig, mit dem die **Generalisierungsfähigkeit** eines Netzes überprüft werden kann. Hierbei wird ermittelt, wie das trainierte Netz auf bis dahin unbekannte Eingaben reagiert. Sind die Ergebnisse noch nicht zufrieden stellend, müssen weitere Versuche mit veränderten Netzparametern unternommen werden. Modifikationen können sowohl die Lernparameter als auch die Wahl des Lernalgorithmus selbst oder sogar die Netzarchitektur insgesamt betreffen.

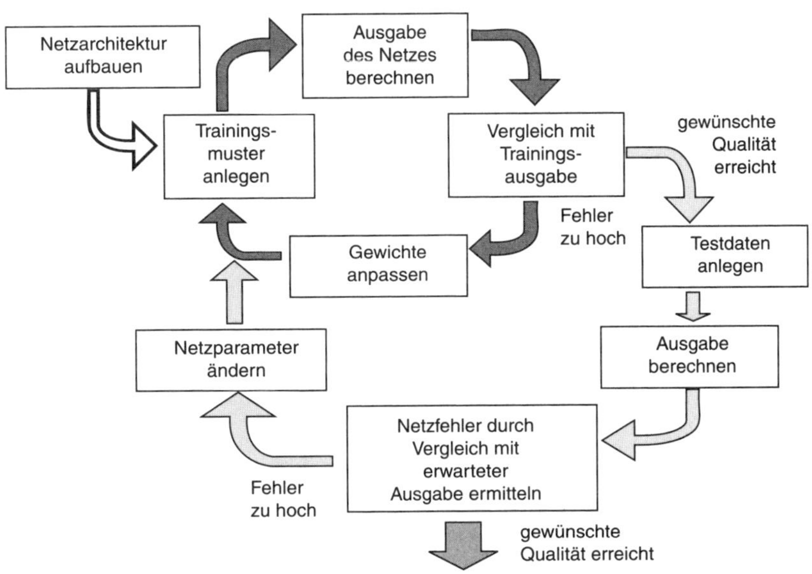

Abbildung 5.7 Entwicklung eines neuronalen Netzes

Neuronale Netze können nach unterschiedlichen Kriterien unterteilt werden. Einige lassen sich aus der Abbildung ableiten. Man kann trainierbare und nicht trainierbare Netze unterscheiden. Die verwendeten Lernverfahren unterteilt man in überwachtes, bestärkendes und unüberwachtes Lernen.

- **Unterteilung in trainierbare und nicht trainierbare Netze**
  Künstliche neuronale Netze im engeren Sinne sind immer trainierbar. Der Name wurde ja gerade in Anlehnung an das biologische Vorbild der lernenden natürlichen neuronalen Netze gewählt. Typische Vertreter der trainierbaren Netze sind Perzeptron-Netze, vorwärts gerichtete Netze sowie auch einige rückgekoppelte Architekturen.
  Es gibt darüber hinaus eine Reihe von Netzen, die nicht durch Beispiele trainiert werden. Diese Netze folgen anderen Paradigmen als dem des natürlichen neuronalen Netzes. Ihnen liegen physikalische Modelle zugrunde wie z. B. Teilchenbewegungen in Metallen. Verbindungsgewichte sind häufig fest und werden nicht verändert. Die Gewichte werden zur Berechnung einer Zielfunktion, eines Energieniveaus, benutzt. Eine produzierte Ausgabe wird rückgekoppelt wieder als Eingabe weiterverarbeitet. Man spricht davon, dass das Netz einschwingt. Der erreichte Endzustand ist dann in Bezug auf die Zielfunktion optimal, wenn auch meist nur lokal. Boltzmann-Maschine und Hopfield-Netze sind typische Beispiele für nicht trainierbare Netze.
- **Unterteilung in überwachtes, bestärkendes, nicht überwachtes Lernen**
  Beim überwachten Lernen (supervised learning) liegen sowohl Eingabedaten als auch die für diese Daten erwarteten Ausgabewerte vor. Mit diesen Daten wird das Netz trainiert. Die Ausgabewerte des Netzes können dann mit den erwarteten Ausgaben verglichen werden. Fehler werden zum „Lernen", konkret zum Verändern der Verbindungsgewichte sowie der Schwellwerte in den Neuronen, benutzt.
  Überwachte Lernverfahren haben kein biologisches Vorbild, sind aber in der Anwendung sehr effizient. Die Backpropagation-Lernverfahren sind typische Vertreter. Eher biologisch motivierbar aber weniger effizient ist das bestärkende Lernen (reinforcement learning). Mitunter kann für eine Eingabe nicht gesagt werden, wie richtig oder wie falsch diese ist. Man kann nur feststellen, ob die Ausgabe richtig oder falsch ist. Das Netz muss mit dieser groben Information (richtig/falsch) trainiert werden. Biologisch plausibel ist das nicht überwachte Lernen (unsupervised learning). Das Netz „merkt" selbst, wie es auf die Ausgaben zu reagieren hat. Unüberwachtes Lernen wird immer dann angewendet, wenn das Ergebnis nicht bekannt ist. Anwendungen sind beispielsweise sogenannte Clusterungen, das sind Klassifizierungsversuche, wobei Art und Umfang der Klasseneinteilung vorher nicht bekannt sind.
- **Unterteilung in vorwärts gerichtete, partiell rückgekoppelte, rückgekoppelte, autoassoziative, wachsende Netzarchitekturen**
  Die Netz-Architektur bestimmt im Zusammenhang mit dem zugehörigen Lernverfahren die Leistungsfähigkeit und damit die Einsatzmöglichkeiten eines Netzes. Die Einteilung der Netze nach ihrer Architektur liegt auch diesem Buch zugrunde, wobei Architekturen, in denen das Wettbewerbslernen eingesetzt wird, zu einem Kapitel zusammengefasst werden.

Allen neuronalen Netz-Modellen ist gemeinsam, dass eine Vielzahl einfacher Einheiten, Neuronen oder Teilchen, zusammen eine Aufgabe zu lösen haben. Das Zusammenschalten dieser Einheiten kann durch gewichtete Verbindungen und/oder durch eine Verarbeitungsfunktion realisiert werden. Ziel des Zusammenwirkens ist das Lösen von Aufgaben, die nicht durch einen Algorithmus explizit beschreibbar sind, sondern deren Lösung durch Beispiele beschrieben wird.

Aus den Beispielen wird ein Netzverhalten antrainiert, das dann in der Lage ist, auch bis dato unbekannte Eingaben wie gewünscht zu verarbeiten.

5.4 Übungen

Fragen

5.1 Was ist ein Neuron? Was ist ein neuronales Netz?

5.2 Wie wird in einem künstlichen Neuron die Ausgabe berechnet?

5.3 Welche Unterschiede sowie Gemeinsamkeiten lassen sich zwischen natürlichen und künstlichen neuronalen Netzen finden?

5.4 Worin besteht das Ziel der Entwicklung eines neuronalen Netzes?

5.5 Welche verschiedenen Lernstrategien unterscheidet man bei neuronalen Netzen?

5.6 Können Sie Beispiele finden, wo die verschiedenen Lernstrategien auch vom Menschen verwendet werden?

Aufgaben

5.7 Bestimmen Sie Gewichte $\omega 1$, $\omega 2$ und den Schwellwert θ so, dass jeweils eine der folgenden logischen Funktionen realisiert wird:
ODER, ENTWEDER ODER, WENN DANN, Identität.

5.8 Wie sind die Gewichte und der Schwellwert bei mehr als zwei Eingaben (n>2) für die UND- (ODER-) Funktion zu gestalten?

5.9 Implementieren Sie Netze entsprechend der Aufgaben 1 und 2 mittels eines Tabellenkalkulationsprogramms (siehe Bild 5.8).

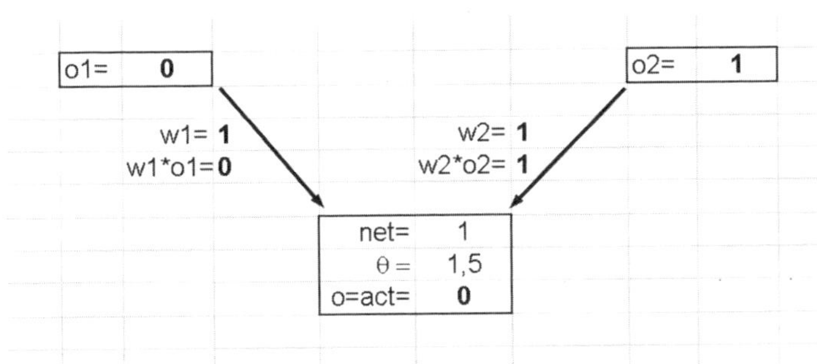

Abbildung 5.8 Ein neuronales Netz für die UND-Funktion

Referate

5.10 Geben Sie einen Überblick über die Vorgänge in einem natürlichen neuronalen Netz.

5.11 Recherchieren Sie die Einsatzgebiete für künstliche neuronale Netze und strukturieren Sie die Beispiele gemäß den gegebenen Unterteilungen des Abschnittes 5.3.

6

Vorwärtsgerichtete neuronale Netze

6 Vorwärtsgerichtete neuronale Netze

Vorwärtsgerichtete neuronale Netze (**vorwärts verkettete**, **feed forward**) bestehen aus mehreren Schichten von Neuronen, mindestens jedoch aus einer Eingabe- und einer Ausgabeschicht. Eine oder mehrere innere Schichten können dazwischengeschaltet sein. Entscheidend ist, dass nur Neuronen verschiedener Schichten und dann nur in Richtung Ausgabeschicht miteinander verknüpft sind. Die vorwärtsgerichteten neuronalen Netze werden überwacht mittels Fehler-Rückmeldung trainiert.

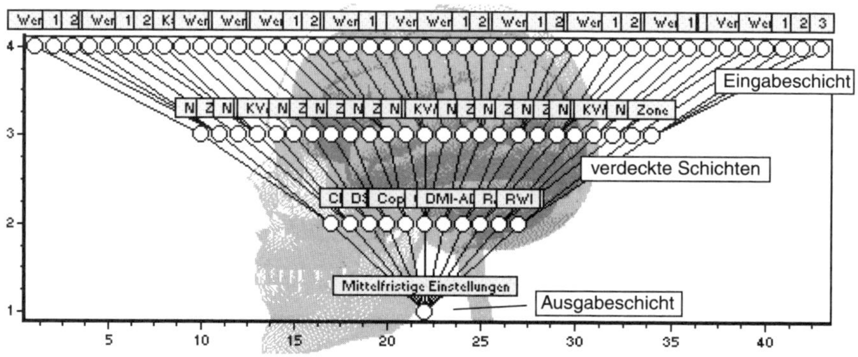

Abbildung 6.1 Ein mehrschichtiges vorwärtsgerichtetes Netz

6.1 Das Perzeptron

Das Perzeptron ist ein einfaches vorwärtsgerichtetes Netz ohne innere Schicht, das durch ein vereinfachtes Backpropagation-Verfahren trainiert wird. Motiviert ist diese Architektur durch die Vorstellung der Vorgänge im menschlichen Auge, der Weiterleitung der Information zum Gehirn und dem dort stattfindenden Erkennungsprozess. Das Perzeptron wurde Ende der 50er-Jahre von Rosenblatt entwickelt.

Die Information wird von der Eingabeschicht über nicht trainierbare Verbindungen mit festen Gewichten an die Darstellungsschicht übermittelt. Über die trainierbaren Verbindungen mit veränderlichen Gewichten zur Ausgabeschicht erfolgt eine Informationsverarbeitung.

Aus Sicht der Informationsverarbeitung in neuronalen Netzen kann die Eingabeschicht mit ihren festen, nicht trainierbaren Verbindungen weggelassen werden. Die Information wird direkt an die Darstellungsschicht gegeben, die somit als Eingabeschicht fungiert. Damit besitzt das Perzeptron tatsächlich nur eine trainierbare Verbindungsschicht. Es ist ein einstufiges vorwärtsgerichtetes Netz.

Ende der 60er-Jahre wurde von Minsky und Papert die eingeschränkte Leistungsfähigkeit eines Perzeptrons theoretisch begründet. Die Autoren zogen daraus den Schluss, dass neuronale Netze prinzipiell wenig zur Lösung der in der künstlichen Intelligenz anstehenden Probleme beitragen können. [Kurzweil93].

Diese Aussage hat die Forschung auf dem Gebiet der neuronalen Netze für viele Jahre gebremst. Erst Ende der 80er-Jahre rückten die neuronalen Netze wieder stärker in den Mittelpunkt der Forschung. Begünstigt durch die besseren Hardwarevoraussetzungen konnten größere neuronale Netze getestet, untersucht und praktisch eingesetzt werden.

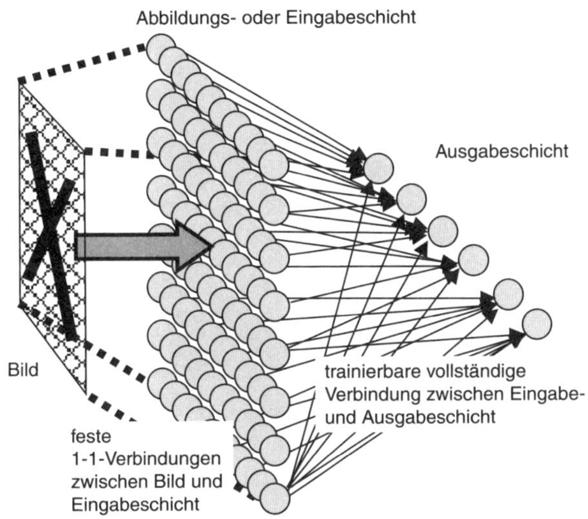

Abbildung 6.2 Aufbau eines Perzeptrons

Der Fehler von Minsky und Papert bestand darin, unzulässig von einem einstufigen Perzeptron mit einer trainierbaren Schicht auf die Leistung eines mehrstufigen Perzeptrons mit mehreren trainierbaren Schichten geschlossen zu haben. Mehrstufige Perzeptrons sind prinzipiell in der Lage, jede berechenbare Funktion zu realisieren. In diesem Buch werden mehrstufige Perzeptrons unter dem Begriff **Backpropagation-Netze** im Abschnitt 6.2 behandelt.

Satz 6.1

Einem einstufigen Perzeptron kann jede Funktion, die es realisieren kann, in endlicher Zeit antrainiert werden.

Während es offensichtlich ist, dass jede erlernte Funktion von einem neuronalen Netz repräsentiert werden kann, ist die Umkehrung zwar wünschenswert, jedoch nicht allgemein gültig.

Kann jede repräsentierbare Funktion wirklich auch erlernt werden?

Für das Perzeptron kann die Frage bejaht werden. Das **Konvergenz-Theorem** von Rosenblatt besagt, dass jede erlernbare Funktion in endlicher Zeit antrainiert werden kann. Was würde auch eine Funktion nützen, die das Netz einerseits zwar repräsentieren kann, andererseits aber ein Erlernen der Funktion unendlich lang dauerte?

Zum Lernen wird bei einem Perzeptron ein überwachtes Lernen auf der Grundlage der Delta-Regel verwendet.

6.1.1 Die Delta-Regel

Die Delta-Regel ist ein einfaches Verfahren zur Adaption der Gewichte innerhalb eines vorwärtsgerichteten Netzes mit nur einer Schicht von trainierbaren Verbindungen. Die **Delta-Regel** verändert die Gewichte der Verbindungen entsprechend dem Beitrag der Gewichte zum Netzfehler.

Als **Fehler** betrachten wir die Differenz zwischen einer erwarteten Ausgabe für ein bestimmtes Eingabemuster und der vom Netz tatsächlich berechneten Ausgabe. Der erwartete Ausgabewert (**teaching output**) wird zusammen mit den Eingabewerten vorgegeben.

Beispiel 6.1 Perzeptron für die UND-Funktion

Nehmen wir an, die Verbindungsgewichte w_1, w_2 seien am Anfang null: $w_1 = w_2 = 0.0$. Der Schwellwert θ des Ausgabeneurons ist 0.5 : $\theta = 0.5$.

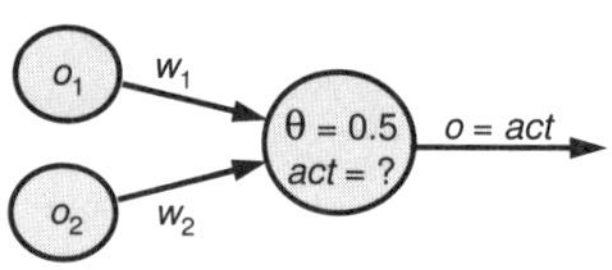

Abbildung 6.3 Ein Perzeptron für die UND-Funktion

Wird nun das Eingabemuster $x_1 = (o_1,o_2) = (1,1)$ angelegt, so berechnet das Perzeptron die folgende Ausgabe o:

$$net = w_1 \cdot o_1 + w_2 \cdot o_2 = 1 \cdot 0 + 1 \cdot 0 = 0.0$$

$$act = \begin{cases} 1, & x > \theta \\ 0, & \text{sonst} \end{cases}$$

Unter Benutzung der angegebenen Schwellwertfunktion erhalten wir $o_{x1}=0$ als Ausgabewert für das erste Muster x_1. Damit kann der Fehler als Abweichung von der erwarteten Ausgabe, dem teaching output t, bestimmt werden:

$$err_{x1} = t_{x1} - o_{x1} = 1 \quad 0 = 1 \;.$$

Dieser Fehler wird nun zur Korrektur der Verbindungsgewichte benutzt. Durch die Multiplikation des Fehlers mit dem Ausgabewert wird erreicht, dass nur die Gewichte verändert werden, über deren Verknüpfung ein Beitrag zum Fehler zustande kam ($o_i \neq 0$):

$$w_1' = w_1 + err_{x1} \cdot o_1 = 0 + 1 \cdot 1 = 1$$

analog ergibt sich

$$w2' = 1$$

Als nächstes Muster zum Lernen betrachten wir: $x_2 = (1,0)$. Dabei stellt sich heraus:

$$err_{x2} = t_{x2} - o_{x2} = 0 - 1 = -1$$

und somit:

$$w_1'' = w_1' + err_{x2} \cdot o_1 = 1 + (-1) \cdot 1 = 0$$

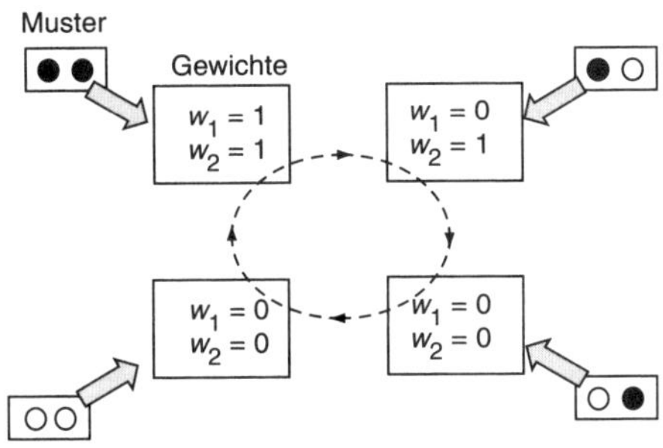

Abbildung 6.4 Entwicklung der Gewichte während des Trainings der vier Eingabemuster

w_2 bleibt beim Training dieses Musters unverändert, wird aber durch das Muster (0,1) dann ebenfalls auf 0 zurückgestellt. Die Gewichte oszillieren, ohne dass ein Lernen im Sinne einer Konvergenz der Gewichtswerte ersichtlich ist.

Abhilfe schafft eine Lernrate, die steuert, wie stark der Fehler bei der Korrektur der Gewichte berücksichtigt wird. Das Lernverfahren unter Nutzung der Delta-Regel wird durch den Algorithmus im Listing 6.1 beschrieben.

Listing 6.1 Algorithmus der Delta-Regel

```
     PROCEDURE Delta-Regel
       REPEAT
         FOR m:=1 TO Anzahl Muster DO
           Musterm an Eingabeschicht anlegen;
           Bestimme Ausgabewerte der Ausgabe-Neuronen;
           FOR j:=1 TO Anzahl Ausgabe-Neuronen DO
(*)          IF teachoutputj ≠ outputj THEN
               FOR i:=1 TO Anzahl Eingabe-Neuronen DO
(**)              wij = wij + Lernfaktor * outputi *(teachoutputj - outputj);
             END IF
           END FOR
         END FOR
         Test aller Muster;
       UNTIL gewünschtes Verhalten erreicht;
     END Delta-Regel
```

Die Anweisung (*) im drückt aus, dass eine Gewichtsveränderung nur dann durchgeführt wird, falls die erwartete Ausgabe nicht mit der tatsächlichen Ausgabe übereinstimmt. Anweisung (**) beschreibt den Grad der Gewichtsänderung. Ist die erwartete Ausgabe (teachoutput) größer als tatsächliche die Ausgabe (output), müssen die Gewichte der eingehenden Verbindungen erhöht werden, damit eine Aktivierung des aktuellen Neurons wahrscheinlicher wird.

teachoutput > output

$\rightarrow$ (teachoutput – output) > 0

$\rightarrow \Delta w > 0$ Das Gewicht wird vergrößert.

Analog wird das Gewicht verringert, falls die tatsächliche Ausgabe größer als die erwartete Ausgabe ist. Der Algorithmus wird nun auf das vorher betrachtete Beispiel des UND-Schalters angewendet.

Beispiel 6.2 Training des UND-Schalters mit der Delta-Regel

Die Änderung der Gewichte vollzieht sich nun entsprechend der Formel:

$$w_i' = w_i + \lambda \cdot (t_x - o_x) \cdot o_i$$

Im Beispiel sollte die Lernrate λ kleiner als der Schwellwert gewählt werden.

Wir probieren eine Lernrate von $\lambda = 0.2$ und erhalten:

$x_1 = (1{,}1) : w_1' = w_1 + \lambda \cdot \text{err} \cdot o_1 = 0 + 0.2 \cdot 1 \cdot 1 = 0.2$ analog $w_2 = 0.2$

$x_2 = (1{,}0)$: Kein Fehler!

Analog stellen wir fest, dass auch die Muster (0,1) sowie (0,0) nun richtig erkannt werden. Für die richtige Erkennung des Musters x_1 = (1,1) ist dann nur ein weiterer Lernschritt erforderlich. Führen Sie diesen durch!

Worin besteht nun die eingeschränkte Fähigkeit eines Perzeptrons?

Wenn Sie versucht haben, die Aufgabe 5.7 aus dem vorherigen Kapitel 5 zu lösen, werden Sie diese Beschränkung erkannt oder entnervt die Lösungssuche abgebrochen haben. Die XOR-Funktion lässt sich nicht mittels eines Perzeptrons realisieren.

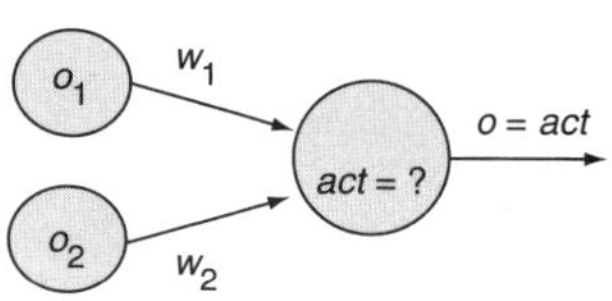

Abbildung 6.5 Ein Neuron und die XOR-Funktion

Warum kann eine so einfache Funktion durch ein Perzeptron nicht dargestellt werden? Betrachten wir dazu das gewünschte Verhalten:

a) $0 \cdot w_1 + 0 \cdot w_2 < \theta$ Somit wird die Ausgabe 0 für (0,0) erzielt.

b) $0 \cdot w_1 + 1 \cdot w_2 \geq \theta$ Somit wird die Ausgabe 1 für (0,1) erzielt.

c) $1 \cdot w_1 + 0 \cdot w_2 \geq \theta$ Somit wird die Ausgabe 1 für (1,0) erzielt.

d) $1 \cdot w_1 + 1 \cdot w_2 < \theta$ Somit wird die Ausgabe 0 für (1,1) erzielt.

Addiert man nun (b) und (c) so erhält man einen Widerspruch zur Forderung (d):

(b+c) $w_1 + w_2 \geq \theta$ (d) $w_1 + w_2 < \theta$

$w_1 + w_2$ kann nicht größer oder gleich und zugleich kleiner als irgendein Schwellwert θ sein. Es gibt keine Belegung der Gewichte w_1 und w_2 sowie des Schwellwertes θ, so dass die vier obigen Gleichungen erfüllt sind. Die XOR-Funktion ist mit nur einem Neuron somit nicht darstellbar. Die darstellbaren Funktionen werden als linear separierbare Funktionen bezeichnet. Im zweidimensionalen Fall wird das Netzergebnis durch die Ungleichung

$$w_1 \cdot o_1 + w_2 \cdot o_2 \geq \theta$$

bestimmt. Setzt man die linke Seite der rechten Seite gleich, so ergibt sich eine Geradengleichung, die durch die beiden Gewichte und den Schwellwert bestimmt ist.

$$w_1 \cdot o_1 + w_2 \cdot o_2 = \theta$$

Diese Gerade teilt die Ebene in zwei Teile. Für jede Eingabe (o_1,o_2) ergibt sich ein Wert größer, kleiner oder gleich θ . Die Differenz $w_1 \cdot o_1 + w_2 \cdot o_2 - \theta$ gibt den Abstand des Punktes (o_1,o_2) von der trennenden Geraden an.

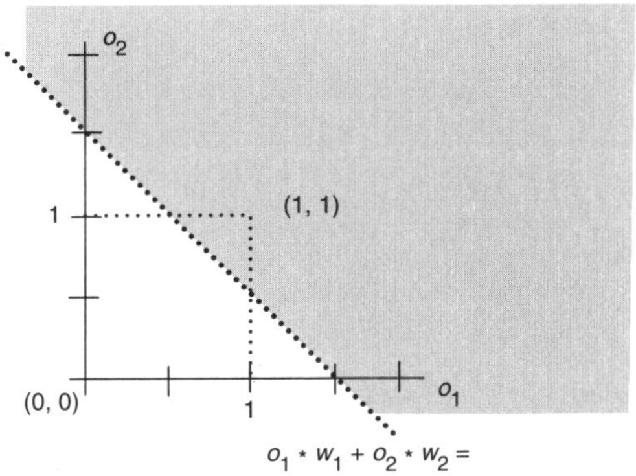

Abbildung 6.6 Lineare Separierbarkeit am Beispiel der UND-Funktion

Im Bild 6.6 ist die geometrische Veranschaulichung der linearen Separierbarkeit zu sehen. Als Beispiel wird ein Neuron benutzt, das die UND-Funktion realisiert.

Aus dem Bild wird ebenso deutlich, warum die XOR-Funktion nicht linear separierbar ist. Es gibt keine Gerade, die die Ebene so teilt, dass die Punkte (0,0) und (1,1) in einer gemeinsamen Halbebene liegen und die Punkte (0,1) sowie (1,0) in der anderen Halbebene. Für eine korrekte Realisierung der XOR-Funktion sind zwei Geraden notwendig, die die Ebene gewünscht unterteilen können.

Sinngemäß kann diese Betrachtung auf höherdimensionale Räume übertragen werden. Die Eingaben können als Punkte in einem n-dimensionalen Raum gesehen werden. Die Gleichung $X \cdot W = \theta$ beschreibt dann eine Hyperebene, die den Raum wiederum in zwei Teile unterteilt.

6.1.2 Musterzuordnungen

Ein Perzeptron kann recht gut unterschiedliche Musterzuordnungen erlernen. Die zwei folgenden Beispiele gehen stets von der Eingabe einer Dezimalziffer in ihrer Binärdarstellung aus. Als mögliche Ausgabe werden zwei verschiedene Decodierungen betrachtet.

Als Ausgabe betrachten wir im ersten Fall die Zahl in ihrer unären Darstellung. Landläufig wird man von einer der Zahl entsprechenden Anzahl von Einsen sprechen. So entspricht das Eingabemuster 0101 der Darstellung: 1111 1000 00.

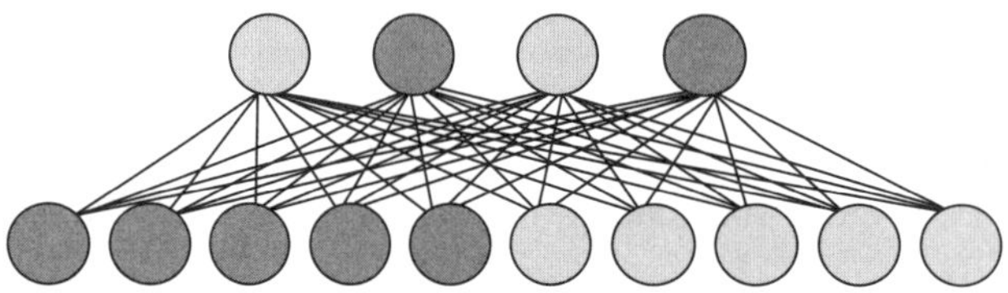

Abbildung 6.7 Netz-Ausgabe für die Eingabe des Binärcodes der Ziffer 5 im Fall 1

Im zweiten Fall wird jeder Zahl eine Klasse zugeordnet, wobei nur genau das eine Ausgabe-Neuron, welches diese Klasse vertritt, aktiviert wird: Die binäre Eingabe 0101 führt dann zur Aktivierung des Ausgabe-Neurons der sechsten Klasse: 0000 0010 00.

Warum wird die binäre Fünf der sechsten und nicht der fünften Klasse zugeordnet?

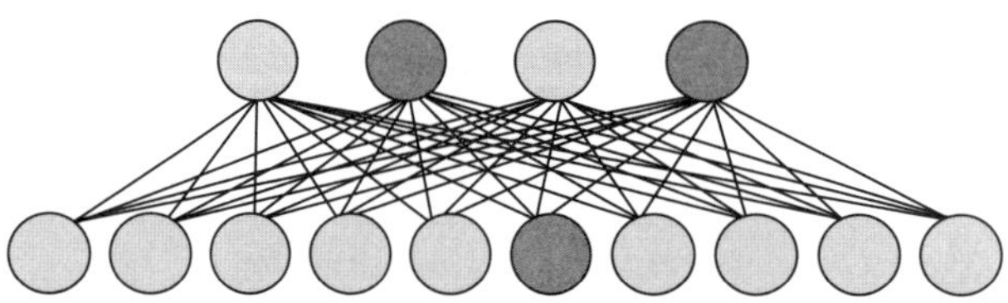

Abbildung 6.8 Netz-Ausgabe für die Eingabe des Binärcodes der Ziffer 5 im Fall 2

Damit ist auch die Netzarchitektur für beide Anwendungen bestimmt: vier Eingabe- und zehn Ausgabe-Neuronen. Wir nehmen zehn Ausgabeeinheiten, um dieses Netz sowohl für den Fall 1 als auch für den Fall 2 trainieren zu können.

Diese beiden Probleme sind sehr gut für einen eigenen Programmiereinstieg geeignet, siehe Aufgaben 6.4 – 6.6.

In ähnlicher Weise kann ein einfacher Musterklassifikator für Großbuchstaben entwickelt werden, der zum Beispiel von einer 5x7 großen, binären Darstellung eines Zeichens ausgeht.

6.1.3 Übungen

Fragen

6.1 Wie ist ein Perzeptron aufgebaut und welche Probleme können damit gelöst werden?

6.2 Wie erfolgt das Lernen anhand von Beispielen mittels der Delta-Regel?

Aufgabe

6.3 Beweisen Sie, dass die Identitätsfunktion für zwei Eingaben nicht mittels eines Perzeptrons dargestellt werden kann.
(Id(0,0) = Id(1,1) = 1 sowie Id(0,1) = Id(1,0) = 0)

6.4 Programmieren Sie für die beiden genannten Decodierprobleme je ein Perzeptron. Implementieren Sie einen Lernalgorithmus auf Basis der Delta-Regel. Als Programmiersprache ist jede prozedurale oder objektorientierte Sprache geeignet. Die Trainingsmuster sind in einer Textdatei zu verwalten:

```
// Trainingsmuster für Perzeptron zur Erkennung
// einer Binärdarstellung
4   // Zahl der Eingabe-Neuronen
10  // Zahl der Ausgabe-Neuronen
10  // Zahl der Trainingsmuster

0000            // 1. Trainingsmuster - Eingabe
1000 0000 00    // 1. Trainingsmuster - Ausgabe
0001            // 2. Trainingsmuster - Eingabe
0100 0000 00    // 2. Trainingsmuster - Ausgabe
0010
...
```

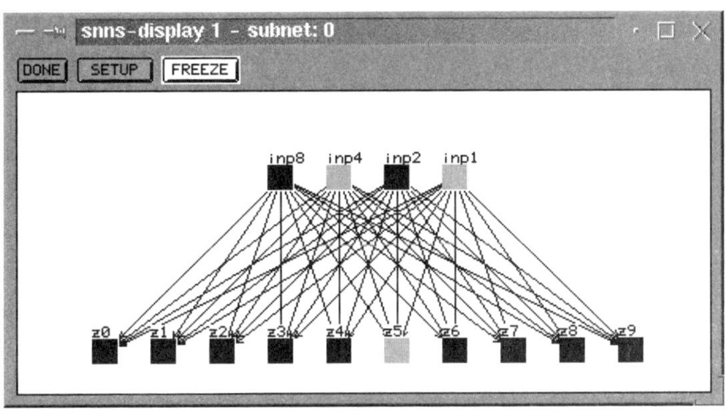

Abbildung 6.9 Das Decoder-Netz im Netzeditor-Fenster des SNNS

6.5 Nachdem Sie erfolgreich ein kleines neuronales Netz in C, C++, Pascal oder Java programmiert haben, machen Sie sich mit dem Stuttgarter Neuronale Netze Simulator (SNNS) oder dem JavaNNS vertraut. Ein kurzer Einstieg in die etwas gewöhnungsbedürftige Oberfläche des SNNS findet sich im Abschnitt 9.1. Nutzen Sie zum Trainieren die Standard-Backpropagation-Lernfunktion. Wählen Sie die logistische Funktion als Aktivierungsfunktion und initialisieren Sie die Gewichte mit Zufallszahlen. Überprüfen Sie nach jedem einmaligen Anlegen aller Trainingsmuster, ob das gewünschte Ergebnis erreicht wird.

6.6 Welche Zahl von Durchläufen benötigen Sie für die verschiedenen Implementierungen und die beiden unterschiedlichen Aufgabenstellungen?
Welche der beiden Decodierungen ist schneller zu erlernen?

6.2 Backpropagation-Netze

Für das Training des oben beschriebenen Perzeptrons im SNNS wird auf den Backpropagation-Algorithmus verwiesen. Dieser Algorithmus ist für die Aufgabe nicht notwendig. Für das Trainieren eines Netzes mit nur einer trainierbaren Schicht von Verbindungen ist die Delta-Regel völlig ausreichend.

Allerdings ist die Delta-Regel auch nur dann anwendbar, falls

1. überwacht gelernt werden kann und
2. nur eine Schicht trainierbarer Gewichte im Netz vorhanden ist.

In einem vorwärtsgerichteten Netz mit mindestens einer inneren Schicht von Neuronen sind mehrere Verbindungsschichten zu trainieren. Das ist das Einsatzgebiet des Backpropagation-Trainingsalgorithmus. Wie die Diskussion um das neuronale Netz zur Repräsentation der XOR-Funktion gezeigt hat, gibt es Netze, die ohne innere Schichten die gewünschte Aufgabe nicht lösen können.

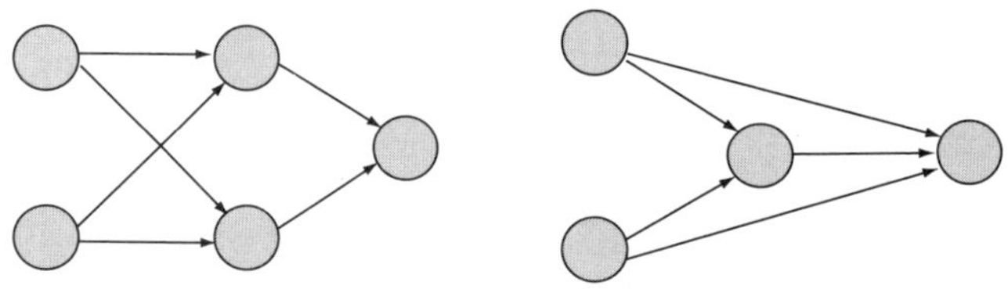

Abbildung 6.10 Zwei mögliche Netze für das XOR-Problem

Wird an der Eingabeschicht eines Netzes ein **Trainingsmuster** angelegt, so stellen die Ausgabewerte der Ausgabe-Neuronen nach der Verarbeitung der Netzeingabe eine Reaktion auf das Muster dar. Für ein Ausgabe-Neuron kann somit der **Fehler** bestimmt werden, indem die Abweichung des berechneten Ausgabewertes vom dem erwarteten Ausgabewert, der **Trainingsausgabe** (teaching output), bestimmt wird.

- Wie wird mit Neuronen der inneren Schicht verfahren?
- Für diese Neuronen existiert keine erwartete Ausgabe. Wie können Verbindungsgewichte verändert werden, wenn der Fehler für die inneren Neuronen nicht direkt durch Vergleich mit einem erwarteten Wert bestimmt werden kann?

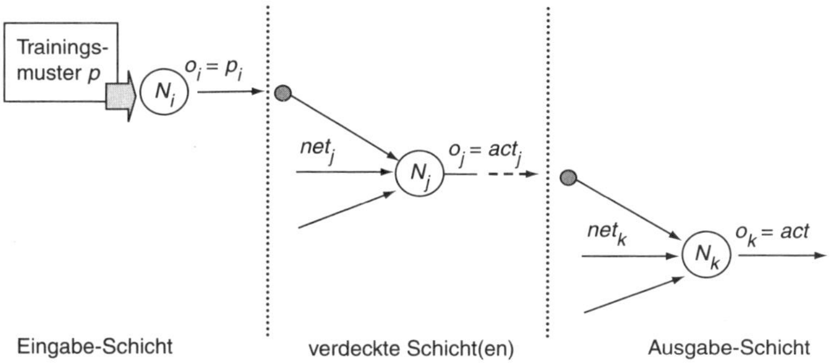

Abbildung 6.11 Propagierung in einem mehrschichtigen vorwärtsgerichteten Netz

Hier setzt das Backpropagation-Lernverfahren an. Anhand des Backpropagation-Algorithmus wird im folgenden Abschnitt das Mysterium des „lernenden Netzes“ entzaubert. „**Lernen**“ ist hier Mathematik pur: Mittels mathematischer Verfahren wird der Netzfehler minimiert.

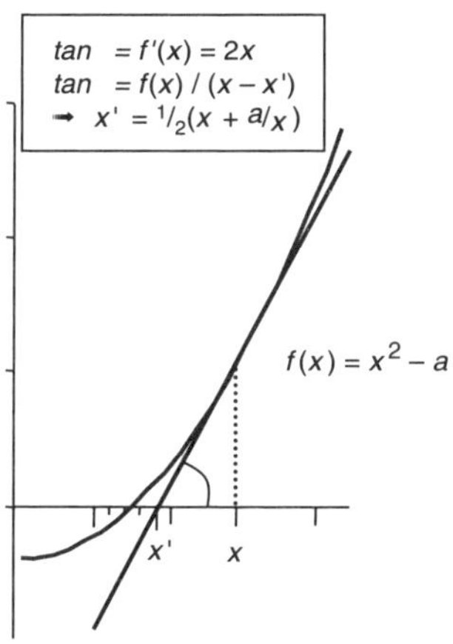

Abbildung 6.12 Newton-Verfahren

Eines der ältesten Verfahren dieser Art ist der Algorithmus zur näherungsweisen Berechnung einer Quadratwurzel, ein Spezialfall des Newton-Verfahrens, Abbildung 6.12. Dabei wird zwar eine Nullstelle und nicht das Minimum der Funktion gesucht, die Vorgehensweise zur Bestimmung der Lösung unter Nutzung des Kurvenanstiegs, ist jedoch gleich.

$$x' = \frac{1}{2}\left(x + \frac{a}{x}\right)$$

Für die Funktion $f(x) = x^2 - a$ wird eine Nullstelle, ausgehend von einem Näherungswert x, gesucht. Die Formel für den nächsten Näherungswert x' lässt sich leicht aus der graphischen Darstellung des Sachverhaltes ableiten.

6.2.1 Das Backpropagation-Verfahren

Ähnlich der näherungsweisen Bestimmung der Wurzel einer Zahl funktionieren **Gradientenabstiegsverfahren**, wie sie zur Minimierung des Netzfehlers eingesetzt werden. Beim Trainieren eines neuronalen Netzes wird der Fehler der Ausgabe eines Neurons j als Funktion der Gewichte aller eingehenden Netzverbindungen betrachtet:

$$E(W_j) = E(w_{1j}, w_{2j}, \ldots, w_{nj})$$

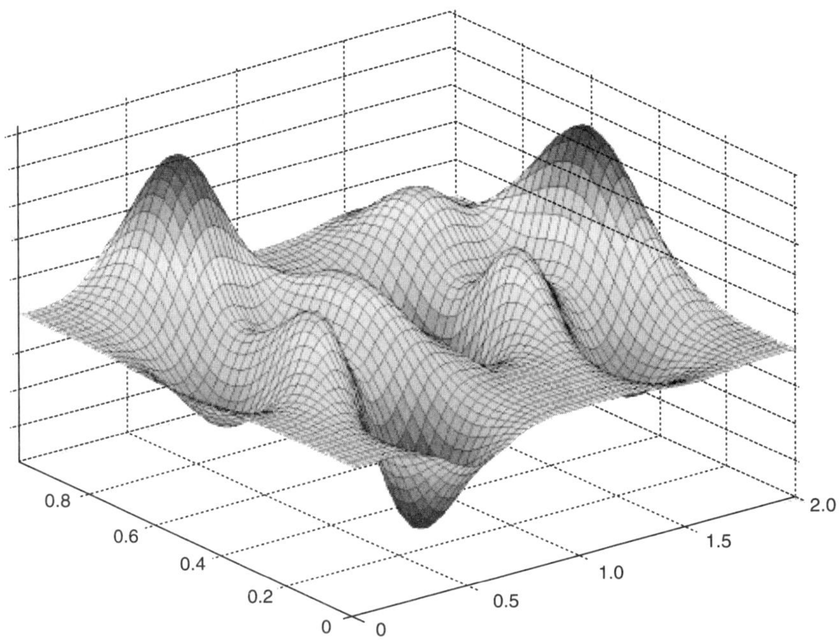

Abbildung 6.13 Eine mögliche Fehlerkurve, erzeugt durch zwei Gewichte

Für zwei eingehende Verbindungen w_1 und w_2 kann diese Situation noch durch eine Darstellung der Fehlerkurve veranschaulicht werden (Bild 6.13). Man sucht nun Gewichte, so dass die Fehlerfunktion ein Minimum annimmt. Um in ein Tal der Fehlerfunktion zu gelangen, müssen die Gewichte geeignet verändert werden.

Definition 6.1 Backpropagation-Lernverfahren

Das Backpropagation-Verfahren ist ein Verfahren des überwachten Lernens zum Anpassen der Verbindungsgewichte. Die Gewichtsänderung erfolgt ausgehend von einem aus der Abweichung der berechneten Ausgabe von der erwarteten Ausgabe bestimmten Fehlersignal. Die Gewichtsänderung wird schichtenweise, beginnend mit den Verbindungen zur Ausgabeschicht rückwärts in Richtung Eingabeschicht, vorgenommen.

Das oben erwähnte Newton-Verfahren basiert auf der ersten Ableitung der Funktion. Für einen Punkt (x,y) der Kurve $f(x)$ gibt die erste Ableitung den Anstieg $f'(x)$ der Kurve $f(x)$ in diesem Punkt an. Das ist der eindimensionale Fall. Im mehrdimensionalen Fall gibt der **Gradient** den Betrag und die Richtung des stärksten Anstiegs an.

Wird nun eine mehrstellige Funktion partiell nach einer Variablen abgeleitet, so entspricht dies einer Projektion des Gradienten auf die Richtung dieser Variablen. Es lässt sich somit die partielle erste Ableitung der Fehlerfunktion nach einer Gewichtsvariablen für die Korrektur dieses Gewichts heranziehen:

$$\Delta w_{ij} = -\lambda \cdot \frac{\partial E}{\partial w_{ij}} \tag{6.1}$$

Der Faktor λ stellt die **Lernrate** dar und steuert den Grad der Änderung des Gewichtes. Das negative Vorzeichen kennzeichnet die Veränderung entgegen dem Kurvenanstieg in Richtung eines Tals der Fehlerkurve. Der Fehler und damit die Änderung des Gewichtes sind abhängig vom Trainingsmuster.

Beim so genannten **Batch-Verfahren** wird eine Gewichtsänderung erst nach der Bearbeitung des gesamten Satzes von Trainingsmustern vorgenommen. Alle folgenden Betrachtungen beziehen sich auf einen Lernschritt in Folge der Bearbeitung eines Musters. Diese Vorgehensweise wird als **Online-Verfahren** bezeichnet. Das Online-Trainingsverfahren ändert nach jedem einzelnen Muster die Verbindungsgewichte.

Die Betrachtung der Online-Variante erlaubt es, in den Formeln auf die Kennzeichnung des Musters zu verzichten. Damit vereinfachen sich die nachfolgenden Formeln. *Id* bezeichnet wieder die identische Funktion.

Ein Fehler ist eine Abweichung der Ausgabe von der erwarteten Ausgabe. Der Zusammenhang zwischen der Ausgabe und dem Verbindungsgewicht ergibt sich aus der Arbeitsweise eines Neurons:

$$o_j = f_{out}(f_{act}(net_j)) \qquad net_j = \sum_i o_i \cdot w_{ij} \qquad f_{\text{out}} = Id \tag{6.2}$$

Die Ausgabe eines Neurons wird mittels der Ausgabefunktion aus der Aktivierung des Neurons bestimmt. Die Aktivierung wird durch Anwendung der Aktivierungsfunktion auf die Netzeingabe berechnet. Die Netzeingabe wiederum ist von den Werten der Verbindungsgewichte abhängig.

Die Formel (6.1) kann somit konkretisiert werden und zeigt dann den Zusammenhang zwischen Fehler und Gewicht auf:

$$\Delta w_{ij} = -\lambda \cdot \frac{\partial E}{\partial o_j} \cdot \frac{\partial o_j}{\partial net_j} \cdot \frac{\partial net_j}{\partial w_{ij}} \tag{6.3}$$

Der Fehler ist abhängig vom Ausgabewert, der Ausgabewert ist abhängig von der Netzeingabe und diese wiederum ist abhängig von dem einzelnen Gewicht.

Die drei Komponenten der Formel (6.3) werden nun in umgekehrter Reihenfolge erläutert:

1. Die Abhängigkeit der Netzeingabe von einem Verbindungsgewicht w_{ij} wird durch die Summationsformel für die Netzeingabe deutlich. Differenziert nach einem konkreten Gewicht w_{ij}, entfallen alle Summanden bis auf den einen Summanden $k = i$, der w_{ij} enthält:

$$\frac{\partial net_j}{\partial w_{ij}} = \frac{\partial}{\partial w_{ij}} \sum_k o_k \cdot w_{kj} = o_i \tag{6.4}$$

2. Die Abhängigkeit der Ausgabe von der Netzeingabe ist durch die Aktivierungsfunktion gegeben, vorausgesetzt, als Ausgabefunktion findet die Identität Verwendung. Im Folgenden wird die identische Ausgabefunktion in den Formeln weggelassen.

$$\frac{\partial o_j}{\partial net_j} = \frac{\partial f_{act}(net_j)}{\partial net_j} = f'_{act}(net_j) \tag{6.5}$$

Dies funktioniert nur, falls die Aktivierungsfunktion differenzierbar ist. Die Schwellwertfunktion ist nicht differenzierbar. Man hilft sich zum einen mit der Identität als Aktivierungsfunktion $f_{act} = Id$, somit $f'_{act} = 1$. Zum anderen wird für den Backpropagation-Algorithmus die häufig verwendete logistische Funktion benutzt, deren erste Ableitung einfach zu berechnen ist:

$$f_{Logistic}(x) = \frac{1}{1+e^{-x}}$$

$$f'_{Logistic}(x) = \frac{d}{dx}\left(\frac{1}{1+e^{-x}}\right) = f_{Logistic}(x) \cdot (1 - f_{Logistic}(x)) \tag{6.6}$$

Damit erhält man:

$$\frac{\partial o_j}{\partial net_j} = f_{Logistic}(net_j) \cdot (1 - f_{Logistic}(net_j)) = o_j \cdot (1 - o_j) \tag{6.7}$$

3. Der Fehler kann nur für ein Ausgabe-Neuron direkt als Differenz zwischen dem Trainingswert t_j und der berechneten Ausgabe o_j ausgedrückt werden:

$$E = \frac{1}{2} \sum_j (t_j - o_j)^2 \tag{6.8}$$

Hierbei wird das Quadrat benutzt, um zu verhindern, dass sich negative und positive Abweichungen gegenseitig aufheben. Der Faktor ½ ändert inhaltlich nichts, vereinfacht jedoch den Ausdruck der ersten Ableitung:

$$\frac{\partial E}{\partial o_j} = \frac{\partial}{\partial o_j}\left(\frac{1}{2}\sum_k (t_k - o_k)^2\right) = -(t_j - o_j) \tag{6.9}$$

Für ein inneres Neuron wird der Fehler aus den Fehlersignalen der nachfolgenden Neuronen ermittelt:

$$\frac{\partial E}{\partial o_j} = -\sum \frac{\partial E}{\partial net_k} \cdot \frac{\partial net_k}{\partial o_j} = \sum_k \left(\delta_k \cdot \frac{\partial}{\partial o_j} \sum_i o_i \cdot w_{ik}\right) = \sum_k \delta_k \cdot w_{jk} \tag{6.10}$$

Das **Fehlersignal** δ ist dabei als Produkt des ersten und zweiten Faktors der Gleichung (3) definiert:

$$\delta_j = -\frac{\partial E}{\partial net_j} \tag{6.11}$$

Zusammenfassend ergibt sich für das Fehlersignal δ unter Verwendung der logistischen Funktion als Aktivierungsfunktion:

$$\delta_j = \begin{cases} o_j \cdot (1-o_j) \cdot (t_j - o_j), & \text{falls } j \text{ Ausgabe} - \text{Neuron} \\ o_j \cdot (1-o_j) \cdot \sum_k \delta_k \cdot w_{jk}, & \text{falls } j \text{ inneres Neuron} \end{cases} \tag{6.12}$$

Listing 6.2 Backpropagation Algorithmus

```
PROCEDURE BACKPROPAGATION
      nZyklen:=0;
      REPEAT
        fehler := 0;
        nZyklen := nZyklen + 1;
        FOR i := 1 .. AnzahlMuster DO
          Muster i anlegen;
          FOR j := 1 .. AnzahlOutputNeuron DO
            Bestimme Ausgabewert oj;
            Bestimme Fehlerwert fj := tj - oj;
            Bestimme Fehlersignal fsigj := oj * (1-oj) * fj;
            fehler := fehler + fj^2;
          END FOR
          FOR s:=Ausgabeschicht-1 DOWNTO ErsteSchicht DO
            FOR k:=1..AnzahlNeuronenSchichts DO
              fsum:=0;
              FOR m:=1..AnzahlNeuronenSchicht(s+1) DO
                fsum:= fsum + wkm*fsig(s+1)m;
              END FOR
              fsigsk:=osk * (1 - osk)*fsum;
              FOR m:=1..AnzahlNeuronenSchicht(s+1) DO
                wkm := wkm + Lernrate * osk * fsig(s+1)m;
              END FOR
            END FOR
          END FOR
        END FOR;
      UNTIL fehler < tolerierbarerFehler OR Zyklenzahl erreicht
    END BACKPROPAGATION
```

Damit wird das Fehlersignal eines Neurons einer inneren Schicht anhand der Fehlersignale aller nachfolgenden Zellen und der zugehörigen Verbindungsgewichte bestimmt. Folglich müssen zuerst die Fehlersignale der Ausgabe-Neuronen bestimmt werden, dann können die Fehlersignale der Neuronen der „letzten“ inneren Schicht berechnet werden, danach der „vorletzten“ Schicht und so weiter bis zur ersten inneren Schicht. Der Fehler wird von der Ausgabeschicht zur ersten inneren Schicht zurück geleitet. Das Backpropagation-Lernverfahren ist demzufolge ein **„backpropagation of error“-Algorithmus**.

Die Änderung eines Verbindungsgewichtes erfolgt nicht nur im Backpropagation-Lernalgorithmus unter Berücksichtigung des Lernfaktors λ:

$$\Delta w_{ij} = \lambda \cdot o_i \cdot \delta_j$$

Das neue veränderte Gewicht w'_{ij} wird somit wie folgt berechnet:

$$w'_{ij} = w_{ij} + \lambda \cdot o_i \cdot \delta_j$$

Wird statt der logistischen Funktion der Tangens Hyperbolicus als Aktivierungsfunktion benutzt, ergeben sich für die Bestimmung des Fehlersignals diese Berechnungen:

$$\delta_j = \begin{cases} \left(1 - o_j^2\right) \cdot \left(t_j - o_j\right), & \text{falls } j \text{ Ausgabe} - \text{Neuron} \\ \left(1 - o_j^2\right) \cdot \sum_k \delta_k \cdot w_{jk}, & \text{falls } j \text{ inneres Neuron} \end{cases}$$

6.2.2 Das XOR-Backpropagation-Netz

Die Theorie wird nun am Beispiel des Netzes für die XOR-Funktion erläutert. Am besten eignet sich dazu eine Tabellenkalkulation.

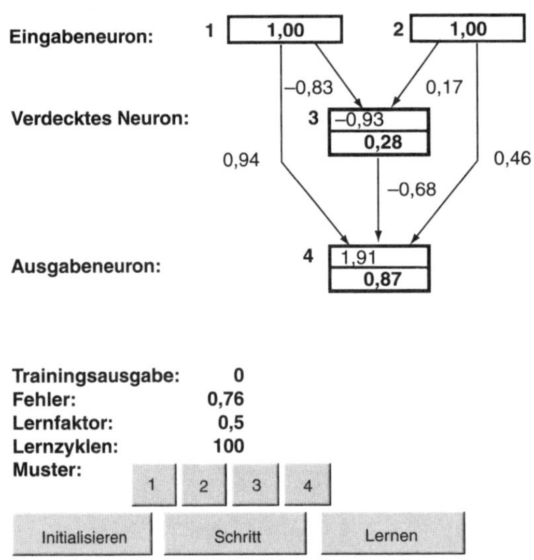

Gewichtsmatrix

	1	2	3	4
1			–0,83033	0,93838
2			0,16557	0,45907
3				–0,6777
4				
On			–0,26437	0,70542

	Fehlersignal $_i$	Änderungen der Gewichte Δw_{ij}	
1		0,0067	–0,0489
2		0,0067	–0,0489
3	0,0135		–0,0138
4	–0,0978		
On		0,0067	–0,0489

neue Gewichte w'_{ij}

	3	4
1	–0,8236	0,8895
2	0,1723	0,4102
3		–0,6916
4		
On	–0,2576	0,6565

Abbildung 6.14 Das Tabellenblatt für das XOR-Netz

Ein entsprechendes EXCEL-Dokument ist auf den WWW-Seiten zum Buch verfügbar, das Nachbauen allerdings nicht sehr schwer und ein gutes Training. Die Schaltknöpfe im Bild 6.14 dienen der Aktivierung von Makros, die das Experimentieren erleichtern:

- ①...④ Das entsprechende Eingabemuster (0,0); (1,0); (0,1); (1,1) wird als Aktivierung der Eingabe-Neuronen gesetzt. Danach kann sofort die vom Netz berechnete Ausgabe am Neuron 4 abgelesen werden.
- [**Initialisieren**] Die Gewichtsmatrix erhält neue, zufällige Werte aus dem Bereich (–1, +1).

- [**Schritt**] Aus der aktuellen Netzausgabe wird der Fehler und daraus das Fehlersignal für die Neuronen 3 und 4 berechnet. Unter Berücksichtigung des Lernfaktors werden die Gewichtsänderungen und die neuen Gewichte bestimmt. Die neuen Gewichte werden in die Gewichtsmatrix übernommen.
- [**Lernen**] Jedes Lernmuster wird einmal angelegt und die entsprechende Gewichtsanpassung vorgenommen. Dieser Lernzyklus wird so oft wiederholt, wie unter Lernzyklen angegeben.

Die Neuronen 1 und 2 stellen nur das Eingabemuster zur Verfügung und benötigen deshalb weder Schwellwert noch Aktivierungsfunktion. Formal ergibt sich die Aktivierung aus der Eingabe, die Ausgabefunktion ist die identische Funktion.

In diesem Beispiel werden die Schwellwerte der Neuronen (3 und 4) mit trainiert. Das Trainieren der Schwellwerte erleichtert den Anpassungsprozess, das Lernen wird erheblich beschleunigt. Dazu betrachtet man einen Schwellwert als Verbindungsgewicht von einem extra Neuron, dem so genannten **On-Neuron**, zum jeweiligen Neuron.

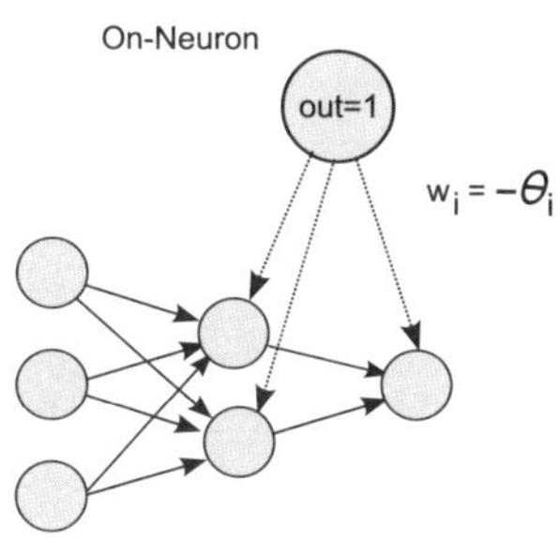

Abbildung 6.15 Verwendung eines On-Neurons zur Schwellwertbehandlung

Das On-Neuron hat die konstante Aktivierung 1.0, so dass die Netzeingabe als gewichtete Summe über alle Vorgängerneuronen den Schwellwert als Verbindung vom On-Neuron mit enthält:

$$net_j = \sum_i o_i \cdot w_{ij} + w_{Onj} \cdot 1.0$$

Das Gewicht der Verbindung vom On-Neuron zu einem Neuron j entspricht dann genau dem negativen Wert des Schwellwertes θ : $w_{\mathrm{Onj}} = -\theta$. Statt $-w_{\mathrm{Onj}}$ benutzt man nach wie vor die Bezeichnung $bias_{\mathrm{j}}$ oder θ_{j} für den Schwellwert. Die Änderung eines Schwellwertes erfolgt damit analog zur Änderung eines Gewichts.

Tabelle 6.1 Formeln des Backpropagation-Algorithmus für das XOR-Netz

	Neuron3	**Neuron4**
Netz-Eingabe	net3= w13*out1+ w23*out2+ bias3	net4= w14*out1+ w24*out2+ w34*out4+ bias4
Ausgabe	out3= 1/(1+exp(-net3))	out4= 1/(1+exp(-net4))
Fehlersignal	delta3= out3*(1-out3)*delta4*w34	delta4= out4*(1-out4)*(teach-out4)
Gewichtsänderung	dw13= lf*out1*delta3	dw14= lf*out1*delta4

	Neuron3	Neuron4
	dw23= lf*out2*delta3 dbias3= lf*delta3	dw24= lf*out2*delta4 dw34= lf*out3*delta4 dbias4= lf*delta4
Neue Gewichte	w13' = w13+dw13 w23' = w23+dw23 bias3' = bias3+dbias3	w14' = w14+dw14 w24' = w24+dw24 w34' = w34+dw34 bias4' = bias4+dbias4

Die Gewichte im Netz-Diagramm werden direkt aus der Gewichtsmatrix übernommen. In der Tabelle 6.1 sind die Formeln für die Berechnung der Netzausgabe sowie zur Berechnung der Gewichtsänderung entsprechend dem Backpropagation-Algorithmus angegeben.

Ein Training dieses Netzes bis zu einer Gewichtsanpassung, die die gewünschte XOR Funktion repräsentiert, ist recht aufwändig. Die Experimente unter EXCEL zeigen, dass das Netz nicht alle Muster in jedem Training lernt.

Häufig werden nur drei der vier Muster antrainiert, das Muster (0,0) produziert dann auch das Ergebnis 1.0. Aus Sicht des Backpropagation-Algorithmus gelangt das Netz in ein lokales Fehlerminimum und kann dieses dann nicht mehr verlassen.

Ist die Ausgabe erst einmal sehr nahe an dem Wert 1.0 (oder 0.0) angekommen, ist keine entscheidende Korrektur mehr zu erwarten, wie aus der Formel des Fehlersignals ersichtlich ist. Unabhängig vom Wert des Fehlers ist das Fehlersignal dann 0.0 und Gewichtsänderungen finden nicht mehr statt. Aus der Formel für das Fehlersignal ist erkennbar, dass das Fehlersignal betragsmäßig sehr klein wird, falls die Ausgabe out4 nahe 0 oder nahe 1 ist. Wir setzen voraus, dass ein Fehler $\text{teach} - \text{out}_4 \neq 0$ vorhanden ist und eine Anpassung dadurch erforderlich wird.

$$\text{delta}_4 = \text{out}_4 \cdot (1 - \text{out}_4) \cdot (\text{teach} - \text{out}_4)$$

Erfolgreich ist man dann, wenn die aus dem Bereich (–1, +1) zufällig ausgewählten Anfangsgewichte für alle vier Muster zu einer Netzausgabe out4 nahe 0.5 führen.

Mit Gewichten, die diese Bedingung erfüllen, kann man nach ca. 500 Lernzyklen die Tendenz zum Lernen aller vier Muster erkennen, wie aus Tabelle 6.2 ersichtlich ist.

Tabelle 6.2 Ergebnisse des Backpropagation-Algorithmud für das XOR-Problem

Eingabe	Ausgabe nach 600	700	800	900	1000 Zyklen
(0,0)	0.37	0.27	0.21	0.17	0.14
(0,1)	0.54	0.62	0.70	0.75	0.79
(1,0)	0.55	0.63	0.71	0.76	0.79
(1,1)	0.45	0.38	0.31	0.26	0.22

6.2.3 Modifikationen des Backpropagation-Algorithmus

Um eventuelle Schwierigkeiten zu erkennen, die beim Training eines Netzes mittels des Backpropagation-Lernalgorithmus auftreten können, werden mögliche Kurven einer Fehlerfunktion betrachtet. Es wird die Fehlerkurve in Abhängigkeit von einem Gewicht dargestellt.

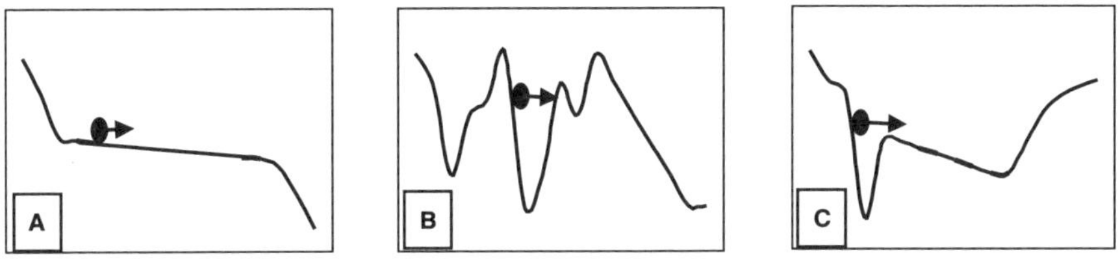

Abbildung 6.16 Fehlerkurven A: flach; B und C: steile Schluchten

Eine **Fehlerkurve** kann sowohl stark zerklüftete Abschnitte, als auch lange, flache Abschnitte aufweisen. In beiden Fällen kann das Verändern der Gewichte entsprechend dem Backpropagation-Algorithmus unerwünschte Effekte zur Folge haben. Die Probleme resultieren daraus, dass zur Veränderung eines Gewichtes der Anstieg der Fehlerkurve, allgemein der Gradient, herangezogen wird. Die unerwünschten Folgen werden anhand der Kurven A, B und C diskutiert.

- **Kurve A:** Die Kurve ist sehr flach, der Anstieg betragsmäßig sehr klein. Die Gewichtsänderung fällt damit ebenso betragsmäßig klein aus und das Gewicht verändert sich nur unwesentlich. Der Trainingsprozess nimmt unverhältnismäßig viel Zeit in Anspruch.
- **Kurve B:** In steilen Schluchten der Kurve ist der Anstieg betragsmäßig sehr hoch. Trotzdem können negative Effekte auftreten. So kann ein Schwingen der Gewichtswerte um das Minimum herum auftreten. Die Änderung der Gewichte führt dazu, dass von einer „Wand" zur anderen gesprungen wird; die betragsmäßig hohen Gewichte verhindern oder bremsen zumindest ein Einpegeln in die Talsohle, in das Minimum.
- **Kurve C:** Der hohe Änderungswert, hervorgerufen durch die „steile Wand" am linken Rand, kann dazu führen, dass das Minimum übersprungen wird und das Gewicht Werte annimmt, die nur zu einem lokalen Minimum führen.

Es wurde eine Reihe von Verfahren vorgeschlagen, um die genannten Probleme zu vermeiden. Die nachfolgend aufgeführten Verfahren können im SNNS benutzt werden:

- **Backpropagation mit Momentum:**
  Es wird zusätzlich die vorherige Gewichtsänderung $\Delta w_{ij}(t\text{-}1)$ zum Zeitpunkt $t\text{–}1$ mit einbezogen. Ein Faktor μ zwischen 0 und 1 steuert den Anteil dieser Veränderung, so dass sich die aktuelle Gewichtsänderung zum Zeitpunkt t wie folgt formulieren lässt:

  $$\Delta w_{ij}(t) = \lambda \cdot o_i \cdot \delta_j + \lambda \cdot \Delta w_{ij}(t-1)$$

- **QuickProp:**
  Das QuickProp-Verfahren greift bei der Bestimmung der Gewichtsänderung auf die Annahme zurück, dass sich die Fehlerfunktion durch eine quadratische Funktion besser

lokal approximieren lässt und somit der optimale Wert für ein Gewicht schneller gefunden werden kann. Zur Bestimmung der quadratischen Funktion werden die letzten beiden Gewichtswerte $w_{ij}(t-1)$, $w_{ij}(t-2)$ herangezogen.

- **Resilient Propagation (RPROP):**
  Resilient heißt federnd. Das Verfahren ändert die Gewichte nicht entsprechend dem Betrag des Gradienten, sondern nutzt nur sein Vorzeichen. Dazu wird das Vorzeichen des Kurvenanstiegs zum Zeitpunkt t sowie zum vorherigen Zeitpunkt t-1 herangezogen. Vorzeichen und Betrag werden getrennt bestimmt. Haben die beiden letzten Anstiege dieselbe Richtung, wird eine betragsmäßig höhere Veränderung in diese Richtung vorgenommen. Waren die Anstiege von unterschiedlichem Vorzeichen, wird die letzte Änderung zurückgenommen und das Gewicht mit kleineren Beträgen verändert.
  Da das Rprop-Verfahren sehr gute Trainingsergebnisse zeigt, werden wir hier die Formeln angeben, wie sie im SNNS verwendet werden:

$$\Delta w_{ij}(t)=\begin{cases}-\Delta_{ij}(t) & \text{falls } S(t-1)>0 \text{ und } S(t)>0\\ \Delta_{ij}(t) & \text{falls } S(t-1)<0 \text{ und } S(t)<0\\ -\Delta_{ij}(t-1) & \text{falls } S(t-1)\cdot S(t)<0\\ -\operatorname{sgn}(S(t))\Delta_{ij}(t) & \text{sonst}\end{cases}$$

  Um ein Hin- und Herschwingen zu vermeiden wird im dritten Fall der Formel dann $S(t) = 0$ gesetzt. Der Betrag der Gewichtsänderung wird getrennt bestimmt. Dabei werden zwei Parameter η^+ und η^- eingesetzt, für die gilt: $0 < \eta^- < 1 < \eta^+$. Konkret werden häufig die folgenden Werte benutzt: $\eta^- = 0.5$ sowie $\eta^+ = 1.2$.

$$\Delta_{ij}(t)=\begin{cases}\Delta_{ij}(t-1)\cdot\eta^+ & \text{falls } S(t-1)\cdot S(t)>0\\ \Delta_{ij}(t-1)\cdot\eta^- & \text{falls } S(t-1)\cdot S(t)<0\\ \Delta_{ij}(t-1) & \text{sonst}\end{cases}$$

- **Backpercolation:**
  Dieses Verfahren (Untertunnelung) liefert für viele Anwendungen die schnellste Anpassung der Gewichte. Es wurde insbesondere für Netze mit mehreren inneren Schichten entwickelt. Die Gewichtsänderungen beim Backpropagation-Algorithmus werden von Schicht zu Schicht kleiner, so dass die Anpassung der ersten Schicht erschwert wird. Backpercolation greift hier ein und ermöglicht auch für die vorderen inneren Schichten höhere Änderungsraten der Gewichte und beschleunigt somit den Anpassungsprozess. Eine detaillierte Vorgehensweise ist in [Zell97] beschrieben.

6.2.4 Übungen

Fragen

6.7 Wie berechnet ein vorwärtsgerichtetes neuronales Netz eine Ausgabe?

6.8 Erläutern Sie das Prinzip des Backpropagation-Algorithmus.

6.9 Wie wird das Fehler-Signal eines Neurons bestimmt?

6.10 Wie werden die Gewichte während des Lernprozesses verändert?

6.11 Welche Aktivierungsfunktionen werden in vorwärtsgerichteten Netzen verwendet? Beschreiben Sie auch die Rolle, die diese Funktionen für den Lernalgorithmus spielen.

6.12 Welchen Einfluss hat der Schwellwert auf ein Ergebnis?

6.13 Welche Situationen können den Lernprozess behindern?

Aufgaben

6.14 Entwickeln Sie ein XOR-Netz in einem Tabellenkalkulationsprogramm. Wo liegen Ihrer Meinung nach die Grenzen für eine derartige Realisierung?

6.15 Nutzen Sie Ihre Erfahrungen bei der Implementation eines Perzeptrons und implementieren Sie das XOR-Netz in einer Programmiersprache Ihrer Wahl. Implementieren Sie den Backpropagation-Algorithmus und trainieren Sie das Netz. Wie viele Trainingszyklen benötigen Sie, damit das Netz alle Trainingsmuster richtig erkennt?

6.16 Entwickeln Sie ein Java-Applet zur Darstellung, zum Training und zum Testen eines XOR-Netzes.

6.17 Bauen Sie die skizzierten Netze zur Klassifizierung von Kreditnehmern im SNNS nach. Entwickeln Sie entsprechend den vorgestellten Codierungen Mustertrainingsdaten und vergleichen Sie die Netzergebnisse.
Wie wird in Ihrem Netz ein Kunde mit den Werten „unbekannte Vergangenheit, wenig Schulden, vorhandene Sicherheiten, niedriges Einkommen" eingestuft?
Wie verhält sich das Netz, falls die Zahl der Neuronen in der inneren Schicht verringert wird?

Referate

6.18 Stellen Sie ausführlich die verschiedenen Verbesserungen des Backpropagation-Algorithmus vor.

6.3 Typische Anwendungen

Rein vorwärtsgerichtete Netze mit mehreren trainierbaren Schichten stellen die häufigste Form praktisch eingesetzter neuronaler Netze dar. Die Palette der Anwendungen ist groß:

- **Klassifizierungen**
  von Daten, Mustern, sind ein häufiger Anwendungsfall insbesondere für Netze mit einer Ausgabe-Schicht von binären Neuronen. Beispiele sind die Einordnung von Kunden oder die Qualitätskontrolle, insbesondere von Oberflächen.
- **Mustererkennungen**
  können teilweise auch als Klassifikationsproblem eingeordnet werden.

- **Prognose**
  mittels neuronaler Netze wird für Börsenwerte, für den Energie- oder Materialverbrauch oder auch für den Produktabsatz durchgeführt.
- **Steuerungen**
  in der Robotik, zur Fahrzeugsteuerung und Prozesssteuerung. Darüber hinaus werden neuronale Netze zur Steuerung von Bein-, Hand- oder anderen Prothesen entwickelt.

Ein Beispiel zur Klassifikation wurde im Abschnitt über Datencodierung gezeigt. Im Folgenden wird die Mustererkennung anhand von einfachen Beispielen demonstriert und kurz auf die Anwendung zur Prognose eingegangen.

6.3.1 Zeichenerkennung

Eines der klassischen Anwendungsbeispiele für vorwärtsgerichtete Netze ist die Zeichenerkennung. Mit dem Backpropagation-Algorithmus trainierte mehrschichtige vorwärtsgerichtete neuronale Netze können für die optische Erkennung und Klassifizierung von Schriftzeichen gut eingesetzt werden.

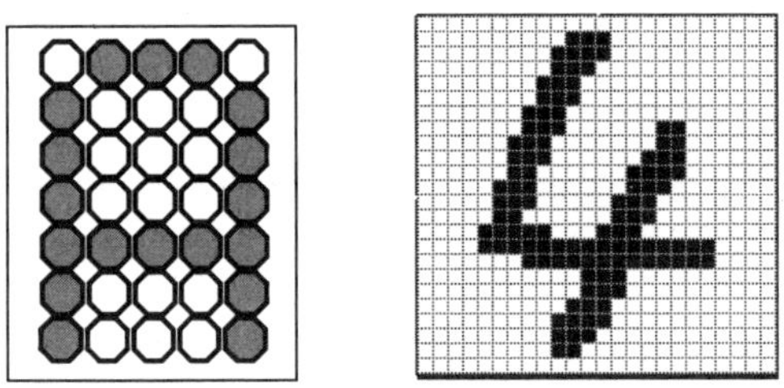

Abbildung 6.17 Zeichendarstellung als Pixelmatrix, links 5x7 recht 24x24 Pixel

In der optischen Zeichenerkennung geht man von einem Rasterbild, einer Matrix von Bildpunkten, aus. Im Bild 6.17 sind zwei unterschiedliche Möglichkeiten aufgezeigt. Eine Auflösung von 5x7-Bildpunkten, die schwarz oder weiß sind, reicht aus, um alle Großbuchstaben des lateinischen Alphabets sowie die Ziffern darstellen zu können. Will man darüber hinaus auch Kleinbuchstaben und Sonderzeichen hinreichend unterscheiden, ist eine höhere Auflösung erforderlich. In der Menge der Beispiele des SNNS findet man sowohl einen Mustersatz mit 5x7-Bildern der Buchstaben als auch einen Satz von Bildern im 24x24-Format, der alle druckbaren Zeichen des ASCII-Codes enthält.

Im Folgenden werden einige Experimente beschrieben, die das Verständnis für die Lernverfahren und die dabei auftretenden Probleme vertiefen sollen. Es wird dazu wieder der **SNNS** benutzt. Es liegt in der Natur neuronaler Netze und auch des Systems SNNS, dass nicht alle Wiederholungen dieser Experimente dieselben Resultate zeigen werden. Es gibt keinen Grund zu verzagen, falls das selbst entwickelte Netz nicht sofort das hier beschriebene Verhalten aufweist. Möglicherweise kann der Leser sogar bessere Resultate erzielen als die hier genannten. In diesem Falle sind die Autoren sehr an den Ergebnissen interessiert.

Was bedeutet nun Erkennung im Rahmen der Zeichenerkennung? Was ist das Ergebnis, die Ausgabe eines neuronalen Netzes in diesem Anwendungsfall? Es lässt sich eine Klassifizierung vornehmen, wobei dann für jedes Zeichen ein Neuron für die Erkennung benötigt wird. In der Menge der Beispiel-Netze des SNNS ist das Netz letters.net enthalten, welches den hier beschriebenen Aufbau hat. Für die Experimente sollte stets von der untrainierten Variante letters_untrained.net ausgegangen werden.

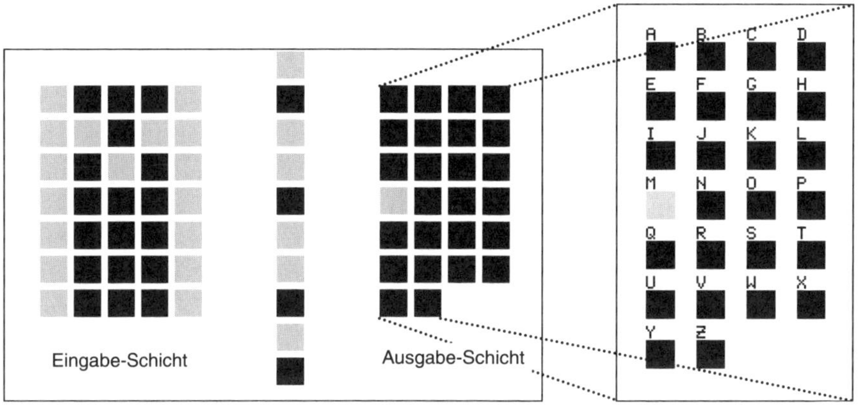

Abbildung 6.18 Das Netz letters.net des SNNS zur Erkennung von Großbuchstaben

Das Netz wird so trainiert, dass für ein Eingabemuster genau ein Ausgabe-Neuron aktiviert wird. Diese Aktivierung drückt die Zugehörigkeit des Musters zur entsprechenden Klasse aus. Die Zahl der Ausgabe-Neuronen wird dann durch die Zahl der zu erkennenden Zeichen bestimmt. Im Bild 6.18 ist ein derartiges Netz angegeben. Es besteht aus drei Neuronen-Schichten und somit aus zwei Schichten von trainierbaren Verbindungsgewichten.

Aus Sicht der optischen Zeichenerkennung (OCR-Optical Character Recognition) ist die Umwandlung aus einem Bild in eine Zeichencodierung interessant. Ein Netz kann so aufgebaut werden, dass es den ASCII-Code eines Zeichens liefert. Eine Zeichensequenz wird dann direkt in eine Zeichenkette, Folge von ASCII-Zeichen, umgewandelt. Die Zahl der Ausgabe-Neuronen beträgt entsprechend der Codierung sieben oder acht Neuronen.

Das Bild 6.19 zeigt die Architektur dieses Netzes. Die Ausgabe-Schicht im Bild rechts oben zeigt für den Buchstaben B den binären ASCII Code 100 0010 an, der dem dezimalen Wert 66 entspricht.

Beide Varianten werden hier vorgestellt und mit folgenden Lernalgorithmen und Parametern trainiert:

- **Standard-Backpropagation**
  1. Parameter λ, der Lernfaktor $\lambda = 0.2$ sowie $\lambda = 0.5$,
- **QuickProp**
  1. Parameter λ, der Lernfaktor $\lambda = 0.2$ sowie $\lambda = 0.5$,
  2. Parameter μ, maximales Wachstum der Gewichte $\mu = 2.0$
  3. Parameter ν, ein Maß zur Gewichtsbeschränkung $\nu = 0.0001$

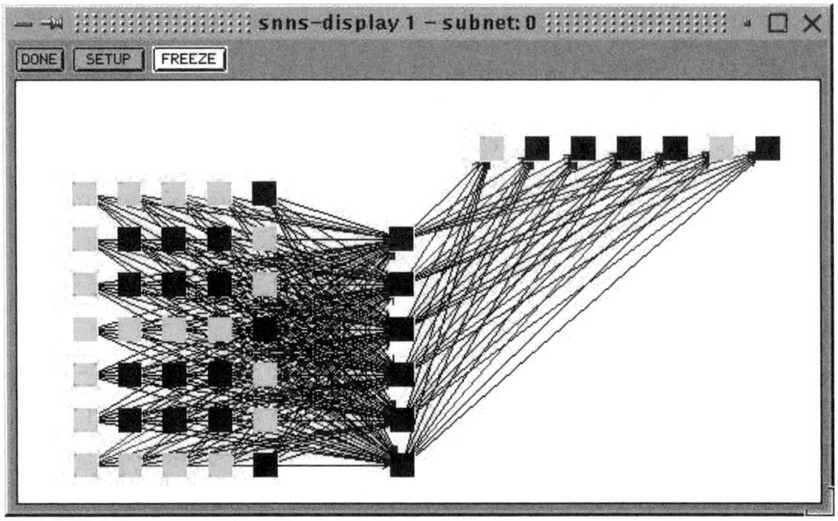

Abbildung 6.19 Ein zweischichtiges Netz zur Umwandlung eines Zeichens in den ASCII-Code

- **Resilient Propagation (RPROP)**
  1. Parameter $delta_{\min} = 0.1$, der Startwert für Δ_{ij}
  2. Parameter $delta_{\max} = 1.0$, die obere Grenze für Δ_{ij}
  3. Parameter α, der Gewichtszerfall $\alpha = 4$,

Die Tabelle 6.3 zeigt die Ergebnisse. Aus der Tabelle ist ersichtlich, dass sowohl die Wahl des Lernverfahrens als auch die Wahl des Lernparameters entscheidend für die Qualität des Trainingsergebnisses ist. Zum Vergleich wird der **mittlere quadratische Fehler**, engl. **Mean Squared Error (MSE)** angegeben.

Tabelle 6.3 Musterklassifikation – Trainingsergebnisse verschiedener Lernverfahren

Lernverfahren	Lernfaktor	Lernzyklen	MSE	Bemerkung
Backpropagation	$\lambda = 0.2$	100 1000 2000	0.854 0.090 0.050	auch nach 2000 Schritten keine fehlerlose Erkennung: 'N' wird nicht erkannt
Backpropagation	$\lambda = 0.5$	100 300	0.610 0.088	alle Muster erkannt
QuickProp	$\lambda = 0.2$ $\lambda = 0.5$	50 50	0.45 0.04	alle Muster erkannt
RPROP		30 50	0.06 0.00	alle Muster erkannt

Das Backpropagation-Verfahren zeigt das schlechteste Verhalten. Hier entscheidet der Lernfaktor nicht nur über die Geschwindigkeit der Anpassung, sondern sogar über den Erfolg des Experiments. Im Falle des Lernfaktors von 0.2 werden selbst nach zweitausend Lernschritten nicht alle Muster wie gewünscht erkannt. Schwierigkeiten bereitet hier die Erkennung des Buchstaben N.

Das Netz wurde jeweils nicht nur einmal trainiert, sondern mehrmals. Das Bild 6.20 zeigt die Fehlerkurven für das Training mit dem Standard-Backpropagation-Algorithmus. Im Wesentlichen weisen die Fehlerkurven zwar die gleiche Tendenz auf, im Detail zeigen sie durchaus relevante Unterschiede im Lernverhalten.

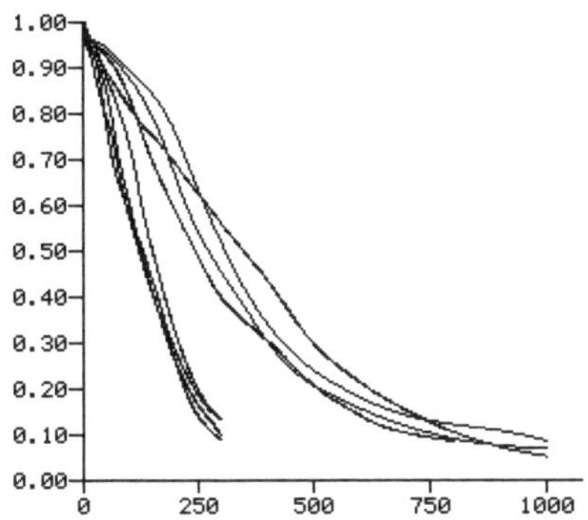

Abbildung 6.20 Fehlerkurven Backpropagation mit $\lambda = 0.2$ (obere) und $\lambda = 0.5$ (untere)

Deutlich erkennbar sind die Unterschiede zwischen dem Training mit dem Lernfaktor $\lambda = 0.2$ und dem Lernfaktor $\lambda = 0.5$. Wobei letzterer zu einem erheblich besseren Anpassungsverhalten führt. Die Kurvenverläufe für die Trainingsprozesse unter Verwendung des QuickProp Algorithmus sind im Bild 6.21 zu sehen. Der Unterschied zwischen den beiden Lernfaktoren ist ebenso erkennbar. Interessanterweise führt hierbei der Lernfaktor $\lambda = 0.2$ zu einer deutlich schnelleren Anpassung.

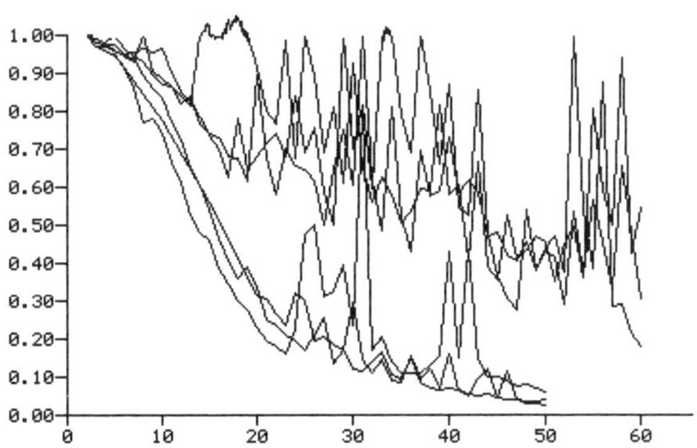

Abbildung 6.21 Fehlerkurven QuickProp mit $\lambda = 0.2$ (untere) und $\lambda = 0.5$ (obere)

Am schnellsten führte das RPROP-Verfahren zum Ziel. Einerseits werden alle Muster bereits nach 30 Lernzyklen erkannt, andererseits ist das Ergebnis nach 50 Lernzyklen mit einem $MSE = 0.0$ viel zu gut, um noch eine Generalisierungsfähigkeit erwarten zu können. Das RPROP-Verfahren reagierte in unseren Experimenten kaum auf Veränderungen der eingangs genannten Parameter der Lernfunktion.

Dieselben Experimente können nun ebenso mit dem Netz zur Erkennung von Buchstaben und der Ausgabe des entsprechenden ASCII-Codes (Bild 6.19) durchgeführt werden.

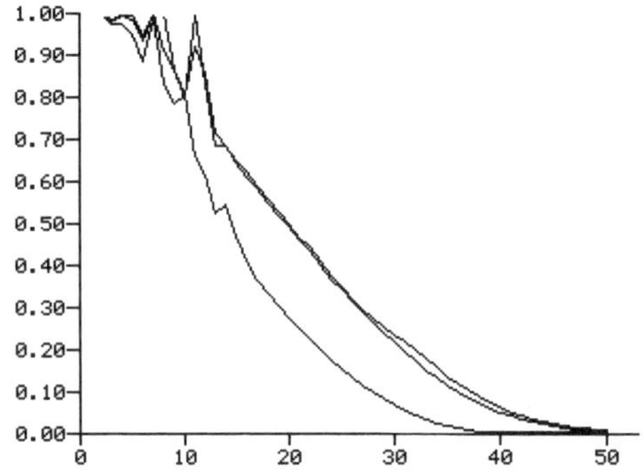

Abbildung 6.22 Fehlerkurven RPROP

Tabelle 6.4 zeigt die Resultate nach bestimmten Lernphasen an. Aus den zum Vergleich angegebenen Fehlerkurven können zudem Aussagen zum Verhalten eines Lernverfahrens gewonnen werden. Während Backpropagation eine vergleichsweise langsame Anpassung erzielt, erfolgt diese jedoch stetig.

Tabelle 6.4 Mustercodierung – Trainingsergebnisse verschiedener Lernverfahren

Lernverfahren	Lernfaktor	Lernzyklen	MSE	Bemerkung
Backpropagation	$\lambda = 0.2$	100 200	0.472 0.006-0.15	noch deutliche Fehler mitunter alles erkannt
Backpropagation	$\lambda = 0.5$	100 200	0.167 0.01	mitunter alles erkannt alle Muster erkannt
QuickProp	$\lambda = 0.2$ $\lambda = 0.5$	50 100	0.33 0.03	nicht alle erkannt alle Muster erkannt
RPROP		50 50	0.11-0.2 0.04-0.08	Schwierigkeiten mit E/F und Q/S

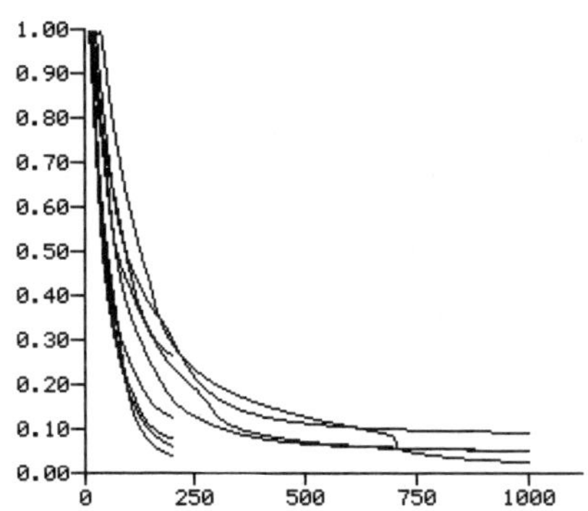

Abbildung 6.23 Fehlerkurven Backpropagation mit $\lambda = 0.2$ (bis 1000) und $\lambda = 0.5$ (bis 200)

Das QuickProp Verfahren ist in seinem Verhalten dynamisch. Die Schwankungsbreite während eines konkreten Trainingsprozesses ist ziemlich groß. Vor allem bei diesem Verfahren sollte ein Netz mehrmals trainiert werden, um schließlich, in gewisser Weise „zufällig“, ein gutes Ergebnis erzielen zu können.

Bei dieser Anwendung kann das RPROP-Verfahren keine besseren Ergebnisse als das QuickProp Verfahren aufweisen, jedoch ist das Trainingsverhalten wesentlich ruhiger. Auch die Ergebnisse mehrerer Trainingsprozesse unterscheiden sich nicht wesentlich. Bemerkenswert ist, dass das Codieren von Zeichen durch das Backpropagation-Verfahren besser gelernt werden kann als das Klassifizieren. Jedoch funktionieren die beiden anderen Verfahren für das Klassifizieren wesentlich besser als für das Codierungsproblem. Es gibt also nicht das eine sehr gute Trainingsverfahren. Für jedes Problem sollten mehrere Verfahren getestet werden.

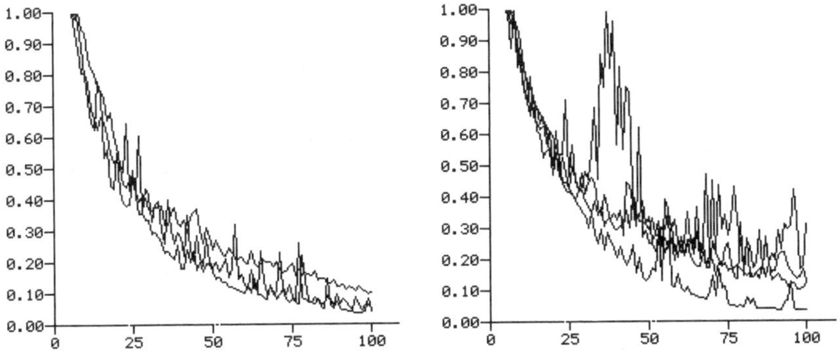

Abbildung 6.24 Fehlerkurven QuickProp mit $\lambda = 0.2$ (links) und $\lambda = 0.5$ (rechts)

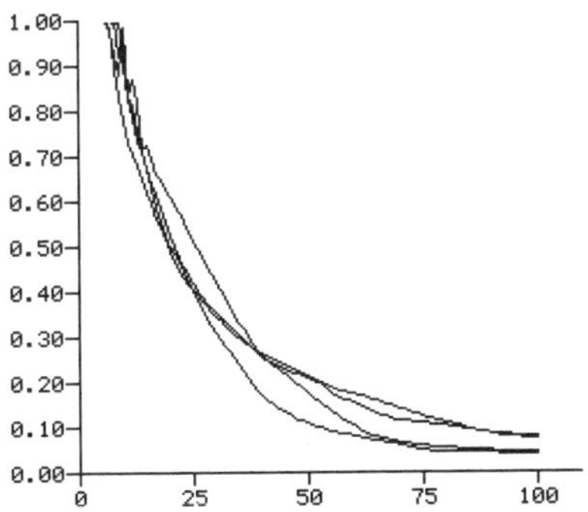

Abbildung 6.25 Fehlerkurven RPROP

Bereits in der Einleitung wurde hervorgehoben, dass das Ziel einer Entwicklung eines neuronales Netzes nicht darin besteht, alle Trainingsmuster korrekt zu bearbeiten. Vielmehr kommt es darauf an, möglichst viele Muster korrekt zu klassifizieren bzw. zu codieren, die nicht Bestandteil der Trainingsmenge waren. Die oben diskutierten Experimente sind nun zu ergänzen, indem die **Generalisierungsfähigkeit** der trainierten Netze anhand einer Testmuster-Menge gemessen wird.

Dazu können, falls keine anderen realistischen Daten verfügbar sind, die Trainingsmuster „verrauscht" werden: Zufällig werden einige Pixel der Matrix verändert. Ähnlich wie Hintergrundgeräusche den Musikgenuss oder das Hören gesprochener Worte mehr oder weniger stark beeinflussen, können Pixel-Störungen eine Art bildliches Rauschen darstellen. Verunreinigungen auf dem Papier führen bei der Bildaufnahme zu schwarzen Pixeln, die keine Bedeutung haben. Ein Fehler im Druck kann dazu führen, dass einige Pixel des Zeichens weiß bleiben. Auf den WWW-Seiten zum Buch ist ein einfaches Java-Programm zum Verrauschen von Mustern angegeben.

Im Falle der Mustererkennung wird die Generalisierungsfähigkeit eines Netzes auf eine besonders harte Probe gestellt, falls ein Zeichen im Prinzip erkennbar ist, aber eine geänderte Position innerhalb der Pixelmatrix einnimmt. Translation oder Rotation bzw. Verzerrungen der Zeichen sind dann nicht mehr durch neuronale Netze allein zu bewältigen. Es wird eine Datenaufbereitung und Datenvorverarbeitung notwendig. Vorverarbeitungen und Transformationen wie die Hauptachsentransformation oder die Fourier-Transformation der Eingabedaten können dabei gute Dienste leisten. Siehe hierzu u. a. [Haberacker95], [Zell97].

6.3.2 Das Encoder-Decoder-Netz

Sowohl zur **Merkmalsreduktion** als auch zur Datenübertragung können neuronale Netze eingesetzt werden, die die Datenmenge einer Eingabe drastisch reduzieren. Betrachten wir zum Beispiel das 24 x 24 Eingabebild eines Zeichens. Wie viel Information ist wirklich nötig, um das gesamte Zeichenbild wieder rekonstruieren zu können? Selbstverständlich können wir in diesem Spezialfall eine Codierung angeben und einen Algorithmus, der jedes Zeichen aus seinem Code wieder erzeugt. Aber kann ein Programm diese Art von Codierung auch lernen? Die folgenden Experimente zeigen den Einsatz neuronaler Netze für diese Aufgabe.

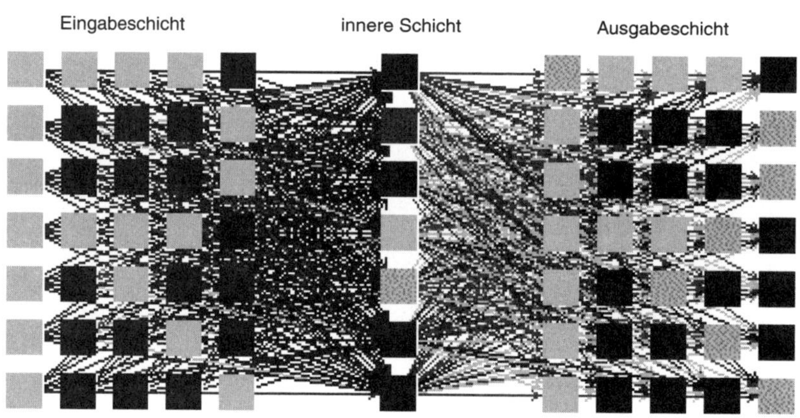

Abbildung 6.26 Encoder-Decoder für 5x7-Pixelfeld mit sieben inneren Neuronen

Um zu überprüfen, ob die reduzierte Anzahl von Werten noch die gesamte Information erhält, die in der Eingabe enthalten ist, versucht man einfach das Originalbild wieder herzustellen. Damit ist ein Encoder-Decoder-Simulationsnetz ein zweischichtiges vorwärtsgerichtetes Netz. Die innere Schicht stellt die Codierung oder auch die Merkmalsreduktion dar. Die zwei Schichten trainierbarer Gewichte sind für das Codieren bzw. Decodieren verantwortlich. Für die Entwicklung des Netzes gibt es zwei Ziele:

- Die **Datenreduktion** soll möglichst groß sein. Die Zahl der Neuronen in der inneren Schicht wird minimiert.
- Auch verrauschte Informationen sollen erkannt und in ein nicht verrauschtes Originalbild abgebildet werden. Dieses Ziel kollidiert mit dem vorherigen. Die Zahl der Neuronen in der inneren Schicht kann nicht so stark reduziert werden. Hier steht die Generalisierungsfähigkeit des Netzes im Vordergrund.

Ein Netz, das für die Merkmalsreduktion trainiert wurde, wird später als Vorstufe einer weiteren Verarbeitung eingesetzt. Beispielsweise kann sich die Klassifikation, vorgenommen durch ein weiteres neuronales Netz, an die Merkmalsreduktion anschließen.

6.3.3 Ein Prognose-Netz

Eine besonders spektakuläre, aber bei weitem nicht die einzige Anwendung neuronaler Netze für die Prognose stellt die Vorhersage von Börsenwerten dar. Ein Prognoseproblem weist stets eine Rückbezüglichkeit der Ausgabe auf. Das prognostizierte Ergebnis oder der tatsächlich eingetretene Wert muss im nächsten Schritt zum Bestandteil der Eingabe des folgenden Prognoseschrittes werden.

Man könnte meinen, dass rein vorwärtsgerichtete Netze deshalb für eine Prognoseaufgabe wenig geeignet sind. Jedoch erweist sich die einfache Handhabung als entscheidender Vorteil. Was ein vorwärtsgerichtetes Netz von sich aus nicht bietet, die Rückkopplung der Ausgabe, wird von Hand oder von einem entsprechenden Rahmenprogramm übernommen.

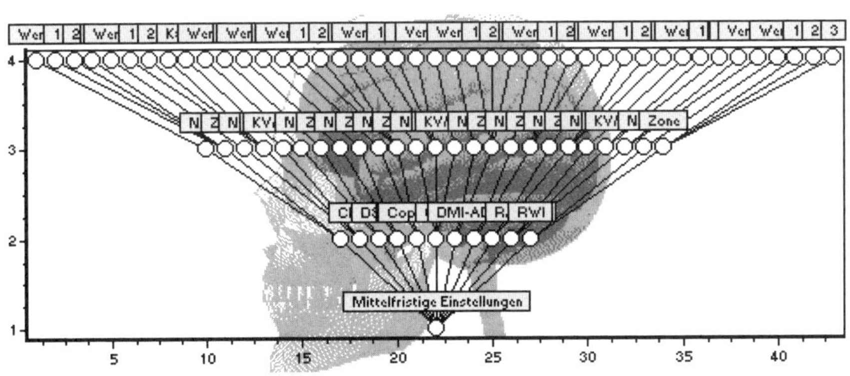

Abbildung 6.27 Netz zur kurzfristigen Vorhersage von Aktienwerten [Shareholder2001]

In der Literatur werden vielfältige Ansätze für die Prognose unterschiedlicher Finanzwerte vorgestellt. Im Bild 6.27 ist ein zweischichtiges Netz für die kurzfristige Prognose von Aktienkursen dargestellt. Erkennbar sind 43 Eingabe-Neuronen, die die Werte von entsprechend aufbereiteten Kurs-Indikatoren an das Netz liefern. Im Ergebnis erhalten wir die Aktivierung eines einzigen Ausgabe-Neurons. Der Aktivierungsbereich reicht von –1 bis

+1 und gibt die relative Veränderung wieder. Das Netz wird mit mehreren Tausend aufbereiteten Datensätzen aus historischen Kursdaten trainiert.

Als einführendes Beispiel dient die simple Prognose eines Kurvenverlaufes; die Bereitstellung notwendiger Daten für eine ernsthafte Prognose würde an dieser Stelle zu weit führen. Anhand der Vorhersage des nächsten Punktes einer Sinuskurve wird das Prinzip erläutert. Betrachtet man die aufeinanderfolgenden Werte der Sinusfunktion in einem festen Abstand, so kann man erkennen, dass ein einzelner Wert nicht ausreicht, den nachfolgenden Wert vorherzusagen.

Tabelle 6.5 Wertetabelle der Sinusfunktion

0	1/8π	1/4π	3/8π	1/2π	5/8π	3/4π	7/8π	π	9/8π	5/4π	3/2π	...
0,00	0,38	0,71	0,92	1,00	0,92	0,71	0,38	0,00	0,38	0,71	0,92	...

Auf den Wert 0,00 kann sowohl der Wert +0,38 als auch der Wert –0,38 folgen. Eine Vorhersage erfolgt auch nicht aufgrund eines historischen Wertes allein. In diesem Fall reicht die Angabe von zwei „alten" Werten, um den nächsten prognostizieren zu können.

Listing 6.3 SNNS-Pattern-Datei für die Prognose der Sinus-Funktion

```
SNNS pattern definition file V3.2
    generated at Mon Apr 25 18:08:50 2000

    No. of patterns : 16
    No. of input units : 2
    No. of output units : 1

    # input pattern 1:
    -0.382683432 0
    # output pattern 1:
    0.382683432
    # input pattern 2:
    0        0.382683432
    # output pattern 2:
    0.707106781
    # input pattern 3:
    0.382683432 0.707106781
    # output pattern 3:
    0.923879533
    ...
```

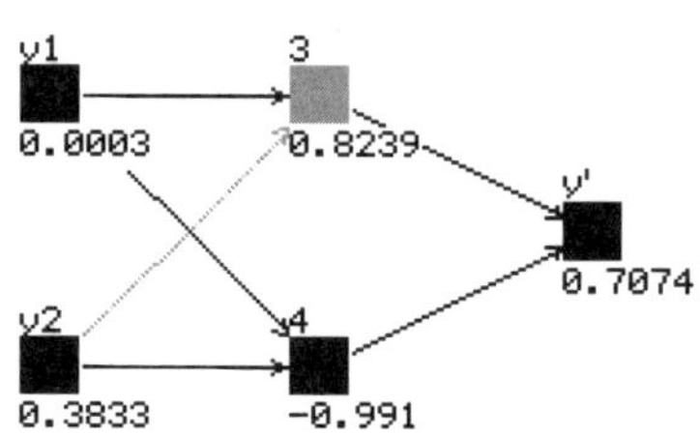

Abbildung 6.28 Ein einfaches Netz zur Prognose der Daten einer Sinuskurve (SNNS)

Das Training erfolgt mittels einer Datenmenge, bei der die Trainingsausgabe zum Zeitpunkt t Bestandteil der Eingabe zum Zeitpunkt $t + 1$ sowie auch zum Zeitpunkt $t + 2$ wird. Damit wird die nicht vorhandene Rückkopplung simuliert.

Das Netz passt sich sehr schnell an. Das Ergebnis kann gut mittels des Analyzer-Fensters des SNNS veranschaulicht werden. Der Wert des Ausgabe-Neurons wird als y-Koordinate und die Nummer der Eingabe als x-Koordinate interpretiert. Somit kann leicht kontrolliert werden, ob das gewünschte Ergebnis, der Kurvenverlauf, erzeugt wird.

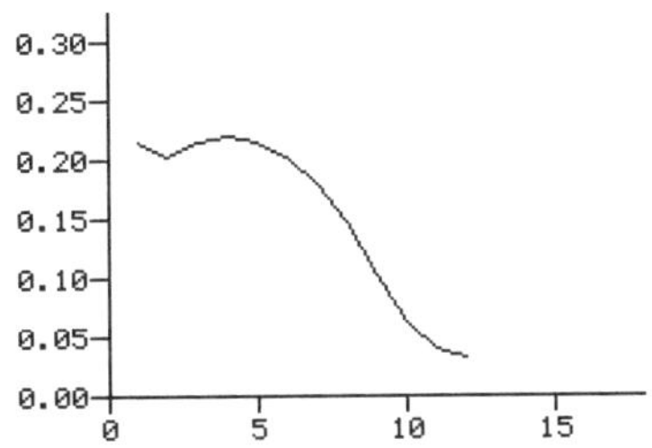

Abbildung 6.29 Der mittlere Fehler während des Trainings (SNNS-Graph)

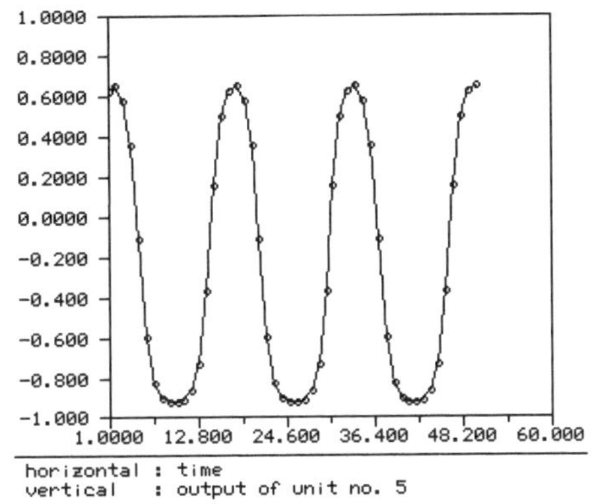

Abbildung 6.30 Darstellung des Ergebnisses des trainierten Netzes (SNNS-Analyzer)

Da das Netz so schnell trainiert werden konnte, ist das Netz für diese Aufgabe vermutlich zu groß dimensioniert. Ein Perzeptron hätte genügt. Prognose-Probleme können mit rein vorwärtsgerichteten Netzen gelöst werden. Das Schwierigste dabei ist die Bereitstellung und Aufbereitung der notwendigen Eingabedaten. Die bei Prognoseproblemen notwendige Rückkopplung wird außerhalb des Netzes organisiert.

6.3.4 Übungen

Fragen

6.19 Wie funktioniert eine Zeichenerkennung mit Hilfe eines neuronalen Netzes?

Aufgaben

6.20 Nutzen Sie den SNNS und bauen Sie ein zweischichtiges vorwärtsgerichtetes Netz mit 35 Eingabe-Neuronen, 10 Zwischen-Neuronen und 26 Ausgabe-Neuronen auf. Das Netz soll Großbuchstaben, dargestellt als 5x7-Pixelfeld, klassifizieren.
Trainieren Sie dieses Netz mit dem Backpropagation-Verfahren unter Verwendung unterschiedlicher Lernfaktoren: $\lambda = 0.2$; $\lambda = 0.8$; $\lambda = 1.2$.

6.21 Nutzen Sie die modifizierten Backpropagation-Verfahren Resilient Propagation und Quickprop. Vergleichen Sie den Fehler nach einer festen Zahl von Trainingszyklen,

z. B. 300 Zyklen. Wie viele Trainingszyklen werden benötigt, damit der Gesamtfehler kleiner als 0.1 ist?

6.22 Minimieren Sie das Netz aus 6.20. Wie viele Neuronen sind in der inneren Schicht minimal erforderlich, damit alle 26 Buchstaben wieder rekonstruiert werden?
Wie groß muss die Schicht sein, damit auch verrauschte Muster (5% Rauschen) erfolgreich bearbeitet werden?

6.23 Implementieren Sie ein entsprechendes Netz in einer Programmiersprache Ihrer Wahl.

6.24 Entwickeln Sie ein Netz, welches für einen Roboter das Fahren an der Wand entlang trainiert. Gehen Sie von einer zweidimensionalen Rasterwelt aus, wobei der Roboter ein Feld belegt. Die umgebenden Felder seien in der Reihenfolge von oben links im Uhrzeigersinn durchnumeriert. Ein Vektor enthält die Umgebungsinformation mit 0 leeres Feld und 1 Hindernis. Die Situation im Bild 6.31 ist durch X=(0,0,0,1,1,0,0,0) charakterisiert. Die Ausgabe des Netzes soll die Reaktion des Roboters anzeigen. Das geschieht durch vier Neuronen, die für die vier Richtungen Norden, Osten, Süden, Westen stehen. Die erwartete Ausgabe für das Bild 6.36 ist dann: netout = (0,0,1,0). Erarbeiten Sie einen geeigneten Satz von Trainingsdaten. Das Training mit allen 256 möglichen binären Vektoren ist nicht sinnvoll. Einige Situationen sind nicht möglich, da Hindernisse nicht an benachbarten Ecken aufeinander stoßen sollen. Eine Umgebung aus lauter Einsen sei ebenso ausgeschlossen.

Abbildung 6.31 Ein Roboter in der Rasterwelt

6.25 Führen Sie die Sinuskurven-Prognose mit Hilfe eines Perzeptrons durch.

6.26 Vergleichen Sie das Verhalten des Perzeptrons (Aufgabe 6.25) mit dem des neuronalen Netzes für die Prognose aus Bild 6.28.

6.27 Sammeln Sie Daten für eine etwas ernsthaftere Prognose.

Referate

6.28 Bildvorverarbeitung und deren Wirkungsweise.
Erläutern Sie Algorithmen der Bildvorverarbeitung und deren Einsatz.

6.29 Backpropagation-Netze in der Praxis.
Führen Sie eine Literaturrecherche durch und tragen Sie Anwendungsfälle für vorwärts gerichtete neuronale Netze zusammen.

6.30 Prognose von Börsenwerten
Stellen Sie die Nutzung neuronaler Netze für die Voraussage unterschiedlicher Börsenwerte zusammen.

6.4 Datenvorverarbeitung

Will man ein Problem mittels eines künstlichen neuronalen Netzes lösen, so sind die zur Verfügung stehenden Daten so anzupassen, dass diese von einem Netz verarbeitet werden können. Die Erfahrung zeigt, dass die Aufbereitung der Daten ganz wesentlich die Qualität des Ergebnisses beeinflusst. Die Daten müssen vorverarbeitet werden. Die Aufbereitung der Daten umfasst mehrere Schritte, die im Abschnitt 6.4.1 vorgestellt werden. Daran schließt sich im Abschnitt 6.4.2 eine Diskussion verschiedener Codierungen anhand eines Beispiels an. Die Ausführungen des gesamten Abschnittes 6.4 können auf die Arbeit mit beliebigen neuronalen Netzen und darüber hinaus mit anderen Data-Mining-Verfahren verallgemeinert werden.

6.4.1 Verarbeitungsschritte

Selektion und Integration

Es werden diejenigen Daten ausgewählt, die für Lösung der Aufgabe notwendig erscheinen: Selektion. Gegebenfalls sind diese aus unterschiedlichen Quellen zusammenzuführen: **Integration**. Als Teil einer **Selektion** kann auch der Prozess der Merkmalsreduktion angesehen werden: Ein Primärschlüssel wird ebenso entfernt, wie ein Merkmal, dessen Wert für alle Datensätze identisch ist. Inhaltlich irrelevante Daten können ebenso weggelassen werden. Hierbei ist Vorsicht geboten, da nicht immer eine Relevanz offensichtlich ist. Im Data Mining versucht man ja gerade, verdeckte inhaltliche Beziehungen in den Daten aufzudecken.

Vervollständigung und Säuberung

Nicht immer liegen alle Daten vollständig vor. Der Umgang mit fehlenden Werten ist kritisch. Falls möglich, ignoriert man ein entsprechendes Merkmal oder die betroffenen Datensätze generell. Häufig jedoch müssen die fehlenden Werte ergänzt werden. Eine manuelle Vervollständigung aller Datensätze ist aufgrund der meist vorhandenen Massendaten selten geeignet. Für eine automatische Vervollständigung kommen mehrere Ansätze in Frage:

- Eine globale Konstante „fehlender Wert“ wird anstelle der fehlenden Werte eingesetzt. Damit wird der Wertebereich des Merkmals erweitert. Es entsteht möglicherweise ein neuer ungewollter Zusammenhang zwischen allen Datensätzen, die diesen fehlenden Wert aufweisen.
- Der Durchschnittswert wird verwendet.
- Der wahrscheinlichste Wert wird anstelle fehlender Werte eingesetzt.
- Es wird der ähnlichste Datensatz ermittelt und die Werte entsprechend ergänzt.

Neben der Vervollständigung kann auch eine Säuberung der verfügbaren Daten von inkonsistenten Daten erforderlich sein.

Transformation

Alle Daten sind in einen oder mehrere Werte aus dem Wertebereich der Aktivierungsfunktion abzubilden. Ordinale oder reellwertige Daten können durch Normierung auf den Wertebereich, z.B. (0,1) oder (–1,+1) abgebildet werden. Durch eine vorherige Intervallbildung können reelle Werte auch wie ordinale oder auch nominale Werte behandelt werden.

Nominale Werte werden durch eine Menge von 0-1-Werten codiert. Dabei sind so viele Neuronen notwendig, wie es verschiedene Werte für das Merkmal gibt. Der Nachteil dieser Codierung besteht darin, dass eine Netzeingabe, bestehend aus mehreren nominalen Merkmalen, dann aus einer hohen Anzahl von Nullen und nur wenigen Einsen besteht. Alternativ kann eine Codierung auf der Basis der Binomialkoeffizienten benutzt werden. Man wählt zwei natürliche Zahlen k und n so, dass der Binomialkoeffzient größer als die Anzahl der Werte des Merkmals ist. Dann werden für jeden Merkmalswert k Zahlen aus diesen n Zahlen ausgewählt. Die Neuronen mit einer gewählten Zahl werden mit 1 belegt, alle anderen mit einer null. Das ergibt eine weitgehend gleiche Anzahl von Einsen und Nullen für jeden Merkmalswert. Ein neuer Merkmalswert führt bei dieser Codierung nicht automatisch zu einem weiteren Neuron.

Beispiel 6.3 Codierung des nominalen Merkmals Farbe

Für das Merkmal Farbe seien in einer Menge von Daten die Werte weiß, gelb, rot, grün, blau, schwarz.

Farbe = {weiß, gelb, rot, grün, blau, schwarz}

Eine Codierung erfolgt nun durch sechs 0-1-Werte, wobei die Wertesequenz nur genau eine 1 und somit 5 Nullen aufweist:

gelb = (0,1,0,0,0,0),

rot = (0,0,1,0,0,0) usw.

Greift man auf einen Binomialkoeffizienten zurück, so bilden $k = 2$ und $n = 4$ ein geeignetes Wertepaar.

$$\binom{n}{k} = \binom{4}{2} = \frac{4!}{2!(4-2)!} = 6$$

Es gibt 6 verschiedene Möglichkeiten 2 Zahlen aus 4 Zahlen auszuwählen. Statt vorher 6 sind nun nur 4 Neuronen für die Darstellung des Merkmals notwendig:

- weiß = (1,1,0,0),
- gelb = (1,0,1,0),
- rot = (1,0,0,1),
- grün = (0,1,1,0),
- blau = (0,1,0,1),
- schwarz = (0,0,1,1)

Bei ordinalen Werten kann zum einen analog zur Codierung von nominalen Werten vorgegangen werden. Darüber hinaus ist eine Codierung sinnvoll, bei der die Anzahl der Einsen die Ordnung des ordinalen Merkmals widerspiegelt. Dazu sind für die Abbildung von *n* verschiedenen Werten *n*–1 Neuronen notwendig. Das Minimum wird mit einer Sequenz von Nullen codiert, jedes weitere Element enthält gemäß Ordnungsreihenfolge genau eine Null mehr. Das Maximum wird dann durch eine Sequenz aus eins dargestellt.

Beispiel 6.4 Codierung des ordinalen Merkmals Einkommen

Ein Merkmal Einkommen liegt bereits klassifiziert vor. Es gibt ein niedriges, mittleres oder hohes Einkommen. Analog zum Beispiel Farbe kann dieses Merkmal nun durch 3 Werte, von denen nur jeweils einer eine Eins darstellt, realisiert werden:

- niedrig = (1,0,0),
- mittel = (0,1,0),
- hoch = (0,0,1)

Um die Ordnung auch in der Codierung auszudrücken, ist auch folgende Vorgehensweise denkbar:

- niedrig = (1,0,0),
- mittel = (1,1,0),
- hoch = (1,1,1)

Da hierbei der erste Wert stets 1 ist, verzichten wir auf diesen und erhalten als Codierung:

- niedrig = (0,0),
- mittel = (1,0),
- hoch = (1,1)

Neben der Codierung sind auch Transformationen sinnvoll. So kann zum Beispiel durch den Einsatz einer Fourier-Transformation die Analyse zeitabhängiger Daten verbessert werden [WiClLä05].

6.4.2 Daten des Kreditvergabe-Beispiels

In der KI-Literatur wird immer wieder die Einschätzung der Kreditwürdigkeit von Bankkunden als Beispiel herangezogen. Einige Probleme bei der Bereitstellung geeigneter Eingabedaten werden im Folgenden anhand dieses Beispiels diskutiert.

Aus [Lackes98] stammen die konkreten Datensätze. Die Aufgabenlösung kann mit dem SNNS oder dem JavaNNS durchgeführt werden. Ein Datensatz charakterisiert einen Kunden mittels der Merkmale: Kreditvergangenheit, Höhe der Schulden, vorhandene Sicherheiten sowie Höhe des Einkommens. Nicht alle Merkmale können wertmäßig angegeben werden. Auch werden wertmäßige Angaben mitunter nur in Kategorien erfasst, wie beispielsweise das Einkommen:

- Niedriges Einkommen unter 1.500 Euro
- Mittleres Einkommen zwischen 1.500 Euro und 3.000 Euro
- Hohes Einkommen über 3.000 Euro

Die genannten Merkmale lassen sich durch die folgenden Wertemengen repräsentieren:

- Kreditvergangenheit = {schlecht, unbekannt, gut}
- Schuldenhöhe = {hoch, gering }
- Sicherheiten = {nicht vorhanden, angemessen}
- Einkommen = {niedrig, mittel, hoch}

Ein neuronales Netz wird anhand von Beispieldaten trainiert, einen entsprechend charakterisierten Kunden zu bewerten und als schlechten, durchschnittlichen oder guten Kunden einzustufen. Im Ergebnis wird eine Einteilung in drei Gruppen erwartet:

- schlechter Kunde
- durchschnittlicher Kunde
- guter Kunde.

Die Tabelle 6.6 zeigt Datensätze, Eingabewerte sowie gewünschte Ausgabewerte.

Tabelle 6.6 Datensätze für das Training des Netzes

Nr.	Kreditgeschichte	Schulden	Sicherheit	Einkommen	Kunde
1	schlecht	hoch	keine	niedrig	schlecht
2	unbekannt	hoch	keine	mittleres	schlecht
3	unbekannt	niedrig	keine	mittleres	normal
4	unbekannt	niedrig	keine	niedriges	schlecht
5	unbekannt	niedrig	keine	hohes	gut
6	unbekannt	niedrig	vorhanden	hohes	gut
7	schlecht	niedrig	keine	niedriges	schlecht
8	schlecht	niedrig	vorhanden	hohes	normal
9	gut	niedrig	keine	hohes	gut
10	gut	hoch	vorhanden	hohes	gut
11	gut	hoch	keine	niedriges	schlecht
12	gut	hoch	keine	mittleres	normal
13	gut	hoch	keine	hohes	gut
14	schlecht	hoch	keine	mittleres	schlecht

Man darf im Folgenden nicht aus dem Auge verlieren, dass das Lernen der Beispieldaten nicht im Vordergrund steht. Für diese ist schließlich ein Ergebnis bekannt. Vielmehr gilt es, die Generalisierungsfähigkeit des Netzes auszubilden. Das Netz muss aufgrund des antrainierten Verhaltens neue, bis dahin unbekannte Eingaben richtig klassifizieren können.

Um die Aufgabe mittels eines Netzes zu lösen, ist eine Codierung der gegebenen Werte notwendig. Häufig werden derartige nominale Werte durch natürliche Zahlen codiert:

- Kreditvergangenheit = { 0, 1, 2 } entspricht { schlecht, unbekannt ,gut }
- Schuldenhöhe = { 0, 1 } entspricht { hoch, niedrig }
- Sicherheiten = { 0, 1 } entspricht { keine, vorhanden }
- Einkommen = { 0, 1, 2 } entspricht { niedrig, mittleres, hohes }
- Kunde = { 0, 1, 2 } entspricht { schlecht, normal, gut }

Für die Aufgabenlösung wird nun ein vorwärtsgerichtetes Netz mit vier Eingabeneuronen, zwei inneren Neuronen und einem Ausgabe-Neuron benutzt (Bild 6.18).

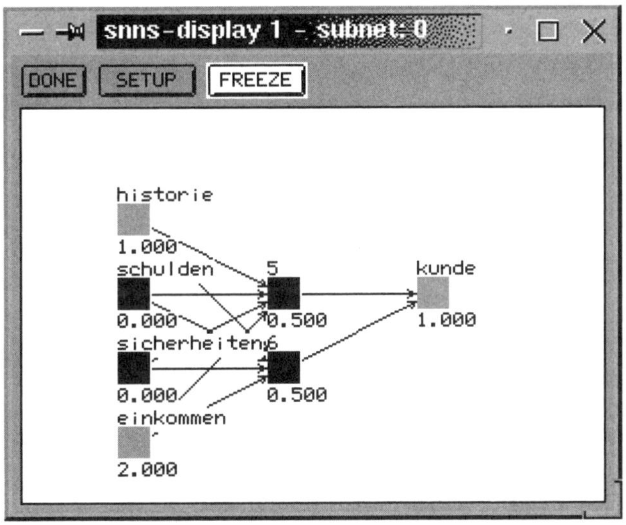

Abbildung 6.32 Vorwärtsgerichtetes Netz für die Bewertung der Kreditwürdigkeit

Nach 300 Trainingszyklen wurden die in der Tabelle 6.7 dargestellten Ergebnisse ermittelt.

Tabelle 6.7 Klassifikation der Bankkunden-Daten

Datensatz	Gewünschtes	Ergebnis	Ausgabe
1	schlecht	0	0.019
2	schlecht	0	0.127
3	normal	1	0.952
4	schlecht	0	0.144
5	gut	2	0.996
6	gut	2	0.997
7	schlecht	0	0.037
8	normal	1	0.993
9	gut	2	0.996

Datensatz	Gewünschtes	Ergebnis	Ausgabe
10	gut	2	0.996
11	schlecht	0	0.095
12	normal	1	0.925
13	gut	2	0.995
14	schlecht	0	0.032

Aus der Tabelle 6.7 wird ein Problem deutlich: Da die Aktivierung eines Neurons bei der Verwendung der logistischen Funktion nur zwischen 0 und 1 liegen kann, ist die gewünschte Klassifizierung 0, 1, 2 nicht möglich. Erkennbar wird, dass durchschnittliche Kunden ebenso wie gute Kunden einen Wert zwischen 0.92 und 0.99 erhalten.

Die Daten, zumindest die der Trainingsausgabe, sind auf den Bereich 0..1 abzubilden. Der nächste Versuch zeigt die Codierung sowie die Ergebnisse:

- Kreditvergangenheit = { schlecht 0, unbekannt 0.5, gut 1 }
- Schuldenhöhe = { hoch-0, niedrig-1 }
- Sicherheiten = { nicht vorhanden- 0, angemessen-1 }
- Einkommen = { gering 0, mittel 0.5, hoch 1 }
- Kunde = { schlecht 0, normal 0.5, gut 1 }

Tabelle 6.8 Klassifikation der Bankkunden-Daten

Datensatz	Gewünschtes	Ergebnis	Ausgabe NN	Fehler
1	schlecht	0.0	0.08	0,0064
2	schlecht	0.0	0.15	0,0225
3	normal	0.5	0.48	0,0004
4	schlecht	0.0	0.07	0,0049
5	gut	1.0	0.88	0,0144
6	gut	1.0	0.89	0,0121
7	schlecht	0.0	0.03	0,0009
8	**normal**	**0.5**	**0.79**	**0,0841**
9	gut	1.0	0.93	0,0049
10	gut	1.0	0.83	0,0289
11	schlecht	0.0	0.09	0,0081
12	normal	0.5	0.51	0,0001
13	gut	1.0	0.89	0,0121
14	schlecht	0.0	0.05	0,0025

Nach dem Training ist eine auffallende Abweichung beim Datensatz 8 zu erkennen. Mehrere Versuche zeigen, dass es diesem Netz schwer fällt, den Datensatz 8 richtig zu lernen. Die Ausgabe tendiert stets in Richtung eines guten Kunden.

Das kann ein Anhaltspunkt dafür sein, dass die Trainingsdaten möglicherweise überarbeitet werden müssen. In unserem Beispiel lautet die entsprechende Frage: Ist ein Kunde mit zwar schlechter Kreditvergangenheit aber niedrigen Schulden, vorhandenen Sicherheiten und einem hohen Einkommen wirklich nur ein durchschnittlicher Kunde?

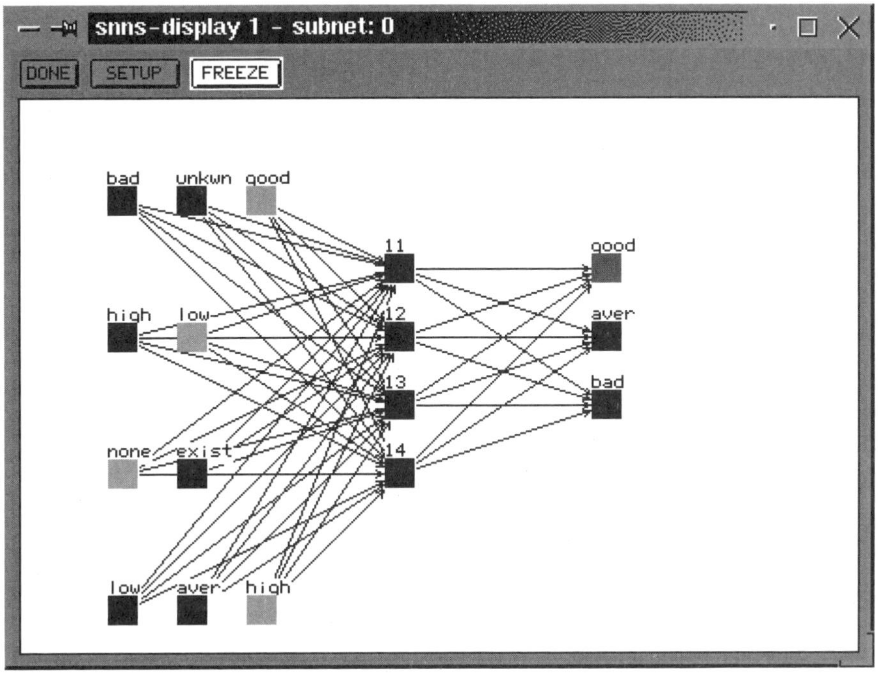

Abbildung 6.33 10-4-3-Netz für die Bewertung der Kreditwürdigkeit

Besteht man auf der ursprünglichen Einschätzung, so kann diese Menge von Lerndatensätzen nicht gelernt werden. Helfen kann dann eine andere Codierung. Die Abbildung von verbal formulierten Eigenschaften auf eine binäre Codierung bringt bessere Ergebnisse, da eine klarere Trennung der Daten sichtbar wird.

Für jedes Merkmal werden so viele binäre Eingabe-Neuronen benutzt, wie dieses Merkmal unterschiedliche Werte annehmen kann. Jeder Wert des Merkmals führt zu genau einem aktivierten Neuron, siehe Abbildung 6.33.

Das entsprechende Netz besteht aus $3 + 2 + 2 + 3 = 10$ Eingabeneuronen und drei Ausgabe-Neuronen. Nachteilig bei einer derartigen Codierung ist, dass nicht nur ein neues Merkmal, sondern bereits ein neuer Merkmalswert eine Änderung der Netz-Architektur erforderlich macht. Vorteilhaft ist, dass jeder Merkmalswert gleich deutlich abgebildet werden kann.

Tabelle 6.9 Binäre Codierung der Kundenmerkmale

Merkmal	Codierung
Kreditvergangenheit	schlecht (1,0,0), unbekannt (0,1,0), gut (0,0,1)
Schuldenhöhe	hoch (1,0), niedrig (0,1)
Sicherheiten	keine (1,0), angemessene (0,1)
Einkommen	niedriges (1,0,0), mittleres (0,1,0), hohes (0,0,1)
Kunde	gut (1,0,0), normal (0,1,0), schlecht (0,0,1)

Im Test wird mit einer inneren Schicht aus vier Neuronen gearbeitet. In hundert Lernzyklen kann mit einem Lernfaktor von 0.8 die Menge der Trainingsdatensätze gelernt werden, wie die Abbildung 6.34 zeigt.

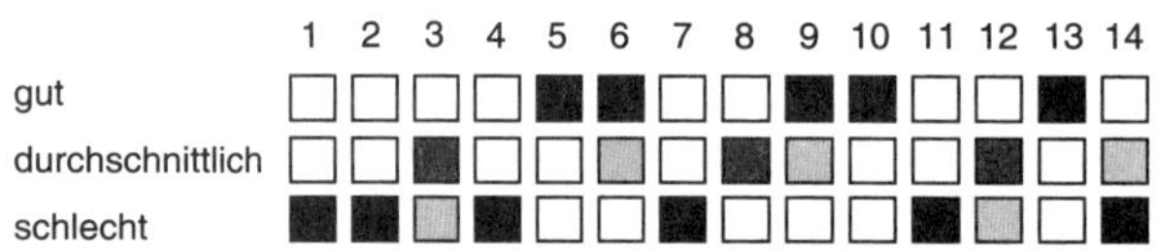

Abbildung 6.34 Ergebnis nach 100 Trainingszyklen

Im Bild wird das Ergebnis durch den Grauwert des Feldes dargestellt. Ein dunkles Feld entspricht einer Erregung nahe 1.0, ein helles Feld steht für einen Ausgabewert nahe 0.0. Es ist erkennbar, dass alle Datensätze korrekt gelernt wurden. Auch der als problematisch eingestufte achte Datensatz wird bei dieser Art der Codierung problemlos gelernt. Interessant ist nun die Reaktion des Netzes auf bisher nicht eingesetzte Daten. Wie wird beispielsweise ein Kunde mit unbekannter Kreditvergangenheit, hohen Schulden, vorhandenen Sicherheiten und niedrigem Einkommen bewertet?

Erwartungsgemäß wird dieser Fall als schlechter Kunde eingestuft.

6.4.3 Übungen

Fragen

6.31 Warum ist eine Codierung nominaler Werte mittel natürlicher Zahlen ungeeignet?

Aufgaben

6.32 Welche Codierung schlagen Sie für folgende Merkmale vor: Lebensalter, Körpergröße, Postleitzahl, Nationalität, Schulnoten, Prüfungsbewertungen gemäß der Skala 1,0; 1,3; 1,7; 2,0; 2,3; 2,7; 3,0; 3,3; 3,7; 4,0; 5,0?

Referate

6.33 Geben Sie einen Überblick über die Vorverarbeitung von Daten, damit diese mittels neuronaler Netze verarbeitet werden können.

6.5 Netzgröße und Optimierungen

Kernaufgabe eines neuronalen Netzes ist eine gewünschte Reaktion auf vorher nicht gelernte Muster. Diese Fähigkeit, die **Generalisierungsfähigkeit**, gilt es zu maximieren, konkret, der Generalisierungsfehler ist zu minimieren.

Um einen **Generalisierungsfehler** ermitteln zu können, ist die vorhandene Datenmenge in eine Trainingsmenge und eine Testmenge aufzuteilen. Der Fehler des Netzes bei der Bearbeitung der Muster der Testmenge wird als Generalisierungsfehler bezeichnet.

Eine für Test- und Lernzwecke ausreichende Testmenge erhält man leicht, indem die Muster der Trainingsmenge verrauscht werden. Vom **Verrauschen** spricht man, wenn eine bestimmte Zahl zufällig gewählter Eingabewerte geändert werden, wie dies für binäre Zeichenmuster im Abschnitt 6.3.1 angesprochen wurde.

Der Generalisierungsfehler eines Netzes wird beeinflusst durch

- die **Netzgröße**, insbesondere durch die Zahl der Neuronen in den inneren Schichten in Abhängigkeit von der Zahl der zu lernenden unterschiedlichen Kategorien,
- die Anzahl und Art der Verbindungen und deren Gewichte,
- das **Training** des Netzes. Hier beeinflussen das **Lernverfahren**, die **Lernparameter** und die Zahl der Lernschritte das Ergebnis.

Es wäre von großem Vorteil, ein Verfahren anwenden zu können, mit dem diese mehr oder weniger frei wählbaren Größen optimal eingestellt werden könnten. Informationen aus der Literatur, dass ein neuronales Netz einer bestimmten Bauart unter Nutzung des einen oder anderen Lernverfahrens hervorragende Ergebnisse zeigte, sind sehr interessant, nützen meist für das eigene Problem jedoch wenig. Eine andere, leicht abgewandelte Problemstellung erfordert häufig ein neues Herangehen und insbesondere eine Neubestimmung der Netzgröße sowie der Parameter.

Stellt sich das Problem der Optimierung eines Netzes prinzipiell für jede Netzarchitektur, so werden hier einige Vorgehensweisen anhand der vorwärtsgerichteten Netze diskutiert.

6.5.1 Die Größe der inneren Schicht

In den folgenden Ausführungen wird über neuronale Netze sehr stark personifiziert gesprochen. Dies dient lediglich der Anschauung. Man sei sich stets bewusst, dass hier mathematisch begründete Adaptionen von Kantengewichten vonstatten gehen, die eine gewisse Funktionalität eines Netzes erzeugen. Ein neuronales Netz ist kein handelndes Individuum.

Neuronale Netze können Muster speichern, die antrainiert wurden. Mathematisch lässt sich diese **Speicherkapazität** leider nicht berechnen. Sie hängt wesentlich von der Anzahl der Verbindungen zwischen den Neuronen ab. Da die Zahl der Eingabe-Neuronen sowie die Zahl der Ausgabe-Neuronen durch die zu lösende Aufgabe mehr oder weniger fest vorgegeben sind, gilt es, die Größe der inneren Schicht(en) zu bestimmen.

„Viel hilft viel!“ mag anderenorts zu gewünschten Ergebnissen führen, für die Entwicklung eines vorwärtsgerichteten Netzes taugt dieses Motto nicht. Ist die innere Schicht zu groß gewählt, kann sich das Netz jedes einzelne Trainingsmuster mit zugehörigem Ausgabewert merken. Die Speicherkapazität des Netzes ist zu groß. Die Trainingsmenge wird auswendig gelernt. Auswendig gelerntes Faktenwissen lässt sich jedoch schlecht oder gar nicht auf neue Problemsituationen anwenden.

Ein entsprechend trainiertes neuronales Netz liefert den Beweis dafür. Ein derartiges Netz kann das antrainierte Verhalten nur auf die bekannten Trainingsmuster anwenden. Damit ist ein solches Netz kaum generalisierungsfähig. Man spricht dann vom **Overfitting.**

Erst wenn die Zwischenschicht so klein gehalten wird, dass eine Reproduktion des Verhaltens für die Trainingsmuster nicht mehr möglich ist, kann man hoffen, dass die **Generalisierungsfähigkeit** einsetzt. Diese ist unmittelbarer Ausdruck dafür, dass das Netz beginnt, Regeln zu erarbeiten und anzuwenden. Das Netz beginnt zu abstrahieren.

„Je weniger, desto besser!“ ist somit der klügere Ansatz, der aber nicht auf die Spitze getrieben werden darf. Auch das Speichern von Regeln benötigt einige Neuronen.

Grobe Regel: Ist der Fehler gleich null, werden alle Muster gemerkt; wird der Fehler groß, ist das Netz überfordert und kann die Vielzahl der Muster nicht mehr unterscheiden.

Die Größe der Zwischenschicht kann näherungsweise bestimmt werden. Dazu werden Musterdatenmengen benutzt, die für Eingabe- und Ausgabemuster nur zufälliges Rauschen enthalten. Nun wird das Netz mehrfach mit diesen zufälligen Mustern trainiert, wobei mit jedem neuen Training die Zahl der Muster erhöht wird.

Dies wird durchgeführt, bis der Trainingsfehler nicht mehr null ist. An diesem Punkt ist die Grenze der Speicherkapazität des Netzes erreicht und es muss zu abstrahieren beginnen. Da in den zufälligen Mustern keine Zusammenhänge erkennbar sind, steigt der Trainingsfehler stark an.

Beispiel 6.5 Speicherkapazität eines neuronalen Netzes

Als Beispiel-Netz wird das Netz letters.net aus der Menge der Beispiele des SNNS herausgegriffen. Dieses Netz kann Großbuchstaben erkennen, die als binäre 5 x 7 große Eingaben präsentiert werden. Das Netz besteht aus 35 Eingabe-Neuronen, 10 Neuronen in einer inneren Schicht und 26 Ausgabe-Neuronen für die Buchstabenklassifikation.

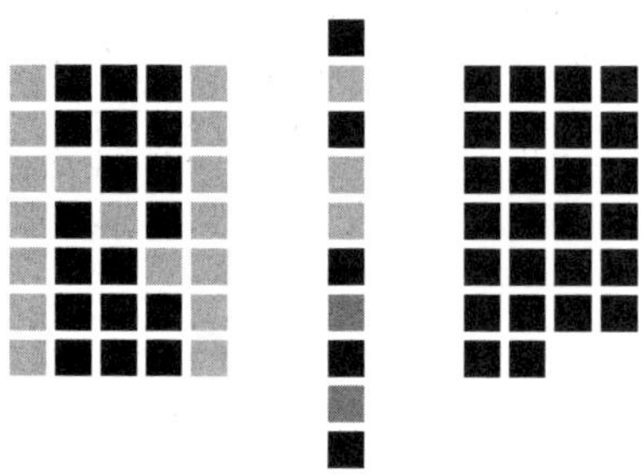

Abbildung 6.35 Das Netz letters.net zur Erkennung von Buchstaben

Nun werden Trainingsmengen mit zufälligen Belegungen für die Eingabe- und Ausgabe-Neuronen erzeugt. Diese Mengen enthalten unterschiedlich viele Muster. Mit diesen Mengen wird das Netz immer wieder neu trainiert, der Trainingsfehler wird beobachtet. Das *letters.net* Netz wurde mit dem resilient Backpropagation-Algorithmus trainiert, da dieser Algorithmus zu einer sehr schnellen Anpassung des Netzes führt.

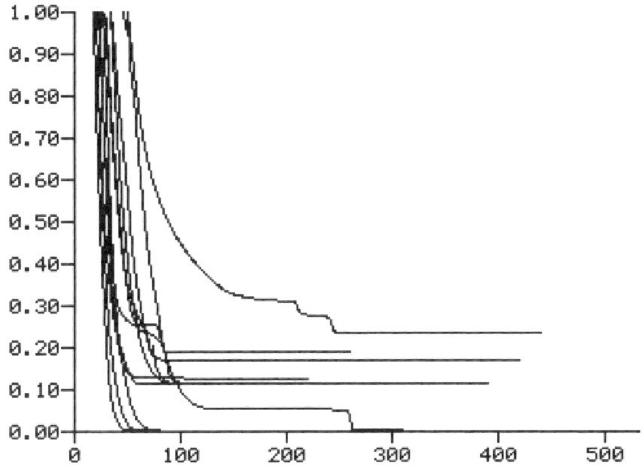

Abbildung 6.36 Trainingsfehler für unterschiedliche Mustermengen

In der Abbildung 6.36 sind die Kurvenverläufe des Trainingsfehlers für die Mustermengen, bestehend aus 15, 16, 18, 20 sowie 22, 24 und 26 Mustern, zu sehen. Dieses Netz kann bis zu 20 Muster speichern. Man erkennt das aus der Fehlerkurve für zwanzig zufällige Muster, die bei ca. 260 Trainingszyklen den Fehlerwert 0.0 erreicht.

Mehr als 20 Muster kann das Netz nicht mehr fehlerfrei speichern. Werden keine zufälligen Muster verwendet, sondern Muster, die gewissen Regeln genügen, kann man erwarten, dass das Netz sich diese Regeln erarbeitet. Es setzt eine Abstraktion ein. Da in den zufälligen Mustern keine Regeln erkennbar sind, steigt der Trainingsfehler an. Erst für eine Menge mit mehr als 20 Mustern ist somit eine Generalisierungsfähigkeit des Netzes zu erwarten.

Aus der beschriebenen Vorgehensweise kann die Speicherkapazität einer Netzarchitektur bestimmt und die Größe der inneren Schicht abgeschätzt werden.

Definition 6.2 Speicherkapazität

Die Speicherkapazität eines Netzes wird durch die Anzahl der Muster bestimmt, für die eine fehlerlose Zuordnung der zufälligen Eingabe-Muster zu den zufällig gesetzten Ausgabe-Mustern fehlerfrei möglich ist.

Die Speicherkapazität eines Netzes ist deutlich niedriger als die Anzahl unterschiedlich zu klassifizierender Muster gewählt werden, um eine Generalisierungsfähigkeit erreichen zu können.

6.5.2 Das Entfernen von Verbindungen

Für die Optimierung neuronaler Netze können sowohl statistische Verfahren als auch genetische Verfahren zur Anwendung gebracht werden. In diesem Abschnitt werden weniger aufwendige statistische Verfahren beschrieben. Bei statistischen Verfahren werden plausible Überlegungen durch einfache statistische Vorgehensweisen realisiert. Mögliche Ansätze für Optimierungen finden sich durch folgende Überlegungen.

- Gewichte, die über längere Zeit während des Trainings stets nahe dem Wert null liegen, tragen offensichtlich wenig zum Ergebnis bei, weder zur Ausgabe noch zum Netzfehler. Diese Gewichte, beziehungsweise die entsprechenden Verbindungen, können entfernt werden.
- In den Eingabemustern gibt es immer Regionen mit unterschiedlich starkem Bezug zum Erkennungsprozess. Man kann jeder Region der Eingabe eine eigene kleine innere Schicht zuordnen. Bei diesem Ansatz spricht man von rezeptiven Feldern.

Bei Experimenten [Lowitsch97] zur Optimierung von Netzen für die Zeichenerkennung zeigte sich, dass das einfache Herauslösen von Verbindungen zu einem Ausdünnen der Netztopologie und damit zu einem Verlust an Speicherkapazität führt. Bessere Resultate wurden mit einer Umverteilung von Verbindungen erzielt.

Man beginne mit einem Netz, das nicht mehr vollständig ebenenweise vernetzt ist. Damit wird die Speicherkapazität des Netzes von vornherein etwas eingeschränkt, die Tendenz zur Regelausbildung dagegen verstärkt.

Im Verlauf der Optimierung werden Verbindungen entfernt, deren Gewichte längere Zeit einen Wert nahe null angenommen haben. Für jede gelöschte Verbindung wird jedoch in derselben Ebene eine neue Verbindung zufällig eingebaut. Nimmt man beispielsweise einen Grad der Vernetzung von 75 % an, so gibt es für diese neuen Verbindungen stets Wahlmöglichkeiten.

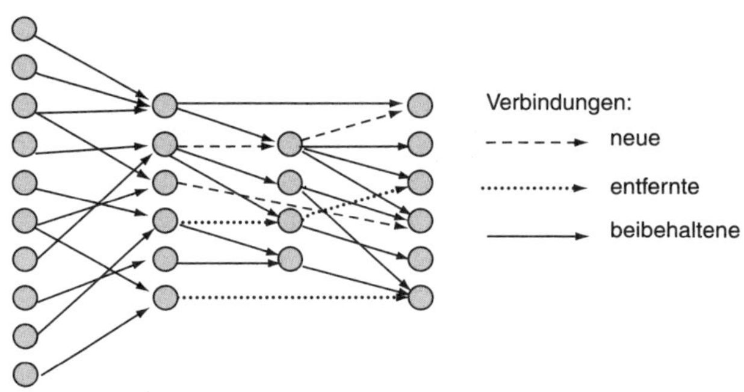

Abbildung 6.37 Umverteilung von Neuronen-Verbindungen

Wird dieses Verfahren auf ein Netz mit rezeptiven Feldern angewendet, so kann diese Art der Optimierung die Gestalt der rezeptiven Felder verändern und an die tatsächlich relevanten Gebiete anpassen. Unter Umständen haben einige Eingabeneuronen danach keine

Verbindungen mehr zum Netz. Diese Eingaben sind demzufolge für die Ermittlung des Ergebnisses überflüssig und können entfernt werden.

6.5.3 Genetische Algorithmen

Mit den neuronalen Netzen verbinden die genetischen Algorithmen erst einmal nur das gemeinsame Vorbild, beide Methoden sind der lebenden Natur entliehen. Genetische Algorithmen können prinzipiell für beliebige Optimierungsaufgaben eingesetzt werden. Gerade der sehr schwierige Prozess der Wahl günstiger Netzparameter kann durch genetische Algorithmen unterstützt werden.

Das Prinzip **genetischer Algorithmen** ist einfach, die Umsetzung gestaltet sich dagegen schwieriger. Genau wie sich die lebende Natur über viele Generationen hinweg schrittweise an die jeweiligen Verhältnisse angepasst hat, wird in einem Simulationsprozess über viele Generationen von Software-Individuen die Anpassung an ein gewünschtes Ziel erreicht.

Der Algorithmus führt dabei die folgenden Schritte durch. Auszugehen ist von einer geeigneten Codierung des zu optimierenden Sachverhaltes, zumindest der die Situation charakterisierenden Werte. Meist werden dabei die zu optimierenden Größen in einen einzigen Bitstring umgewandelt.

Nun kann eine erste Generation von Individuen, z. B. verschiedene Lernparameter, erzeugt werden. Konkret wird eine Menge aus zufällig erzeugten Bitstrings aufgebaut. Jeder Bitstring kann interpretiert werden und steht für eine bestimmte Lösung des ursprünglichen Problems. Die Güte dieser Lösung wird durch eine Funktion, die so genannte **Fitness-Funktion**, bestimmt. Für ein neuronales Netz kann die Güte durch den Netzfehler bei der Bearbeitung der Testmuster- oder Validierungsmuster-Menge ausgedrückt werden.

Listing 6.4 Algorithmus einer genetischen Optimierung

```
PROCEDURE GenetischeOptimierung
  t:=0;
  Bilde Generation(t) aus n zufälligen Mustern;
  Wähle nSel und nKreuz;
  REPEAT
    Generation(t+1):={};
    FOR i:=1 TO nSel DO // Selektion
      P:=Wähle zufällig k Muster aus Generation(t) aus;
      Bestimme Gewinner g aus P mittels Fitness-Funktion f;
      Generation(t+1):=Generation(t+1) ∪ {g};
    END FOR
    FOR i:=1 TO nKreuz DO // Kreuzung
      P:= Wähle zufällig k Muster aus Generation(t) aus;
      Bestimme Gewinner v aus P mittels f;
      P:= Wähle zufällig k Muster aus Generation(t) aus;
      Bestimme Gewinner m aus P mittels f;
      {a,b} := Kreuzung von v und m;
      Generation(t+1):=Generation(t+1) ∪ {a,b};
    END FOR i
```

```
    FOR i:=1 TO nMut DO //Mutation
      Wähle x zufällig aus Generation(t+1) aus;
      Mutiere ein zufällig gewähltes Bit aus x zufällig;
    END
    t:=t+1;
    Bestimme s: f(s) = max f(x) , x∈Generation(t)
  UNTIL s erfüllt gewünschte Bedingung
END GenetischeOptimierung
```

Die Fitness-Funktion spielt bei der Erzeugung der nachfolgenden Generation die entscheidende Rolle. Anhand dieser Funktion wird eine **Selektion** vorgenommen. Einige per Zufall und Selektion anhand der Fitness-Funktion aus der Generation ausgewählte Exemplare werden ohne Änderung in die neue Generation übernommen. Die überwiegende Mehrzahl der Individuen der neuen Generation entsteht durch **Kreuzung** zweier Vorfahren. Auch dabei werden mittels Selektion die Eltern-Individuen ausgewählt. Mittels **Mutation**, die allerdings sehr zurückhaltend eingesetzt werden sollte, werden einige Individuen der neuen Generation verändert.

Die genannten Schritte werden wiederholt ausgeführt, bis in der aktuellen Generation ein Exemplar mit einer gewünschten Eigenschaft vorhanden ist. Auch dieser Algorithmus wird wiederum durch Parameter gesteuert. Die Anzahl *nSel* der Elemente, die durch Selektion übernommen werden, die Zahl k der bei der Selektion betrachteten Individuen, die Wahl und Häufigkeit der Kreuzung bis hin zur Mutationsrate *nMut* sind frei wählbare Parameter.

Die Operationen zur Erzeugung eines neuen Individuums für die nächste Generation sind im Einzelnen:

- **Selektion**
  Unter Nutzung der Fitness-Funktion werden gute Individuen herausgefiltert. Da eine Generation sehr viele Elemente enthält, kann die Wettbewerb-Selektion eingesetzt werden. Aus einer festen Anzahl von zufällig gewählten Elementen (z. B. sieben) wird der Gewinner in die neue Generation übernommen.
- **Kreuzung**
  Zwei Eltern-Individuen werden selektiv ermittelt. Diese werden so gekreuzt, dass zwei Kinder entstehen. Die 2-Punkte-Kreuzung kann auch verallgemeinert werden zu einer n-Punkte-Kreuzung, bei der die Abschnitte entsprechend abwechselnd ausgetauscht werden. Die uniforme Kreuzung betrachtet jede Komponente (Bit), wobei entweder eine Kreuzungsmaske den Tausch anzeigt, oder ein Zufallsprinzip benutzt wird.
- Die **Mutation** kann als Bit-Inversion eines zufällig gewählten Bits eines zufällig gewählten Individuums realisiert werden.

Ein recht anschauliches Beispiel für die Erzeugung eines gewünschten Programms mittels genetischer Optimierung ist in [Nilsson98] zu finden. Eine Reihe von Büchern, die sich mit neuronalen Netzen befassen, gehen ebenso auf den Einsatz genetischer Algorithmen für die Ermittlung geeigneter Lernparameter ein.

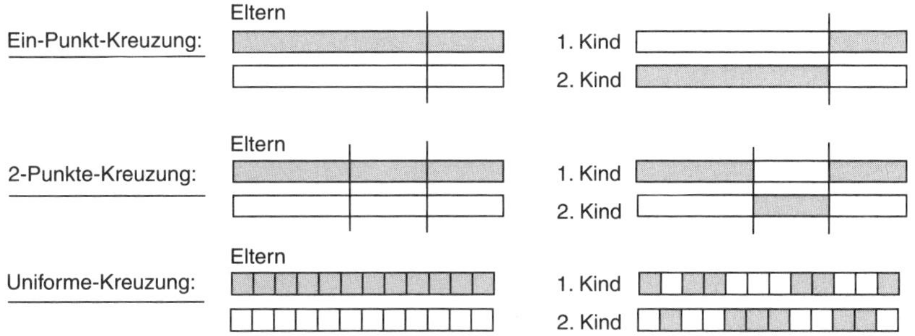

Abbildung 6.38 Kreuzungsarten

6.5.4 Übungen

Fragen

6.34 Was versteht man unter der Speicherkapazität eines Netzes?

6.35 Wie kann die Speicherkapazität eines Netzes bestimmt werden?

6.36 Mit welchem Ziel werden neuronale Netze optimiert?

6.37 Wie können genetische Algorithmen für die Optimierung neuronaler Netze eingesetzt werden?

Aufgaben

6.38 Bestimmen Sie die Speicherkapazität eines Netzes mit 20 Eingabe-Neuronen, einer inneren Schicht von 5 Neuronen und einer Ausgabe-Schicht von 4 Neuronen.

6.39 Wie hoch ist die Speicherkapazität des Netzes zur Klassifikation der Bankkunden?

6.40 Ergänzen Sie Ihren bereits implementierten Lernalgorithmus um eine Komponente, die das Netz mittels Optimierung durch Umverteilung modifiziert.

Referate

6.41 Genetische Algorithmen in der Praxis.
Stellen Sie Anwendungen genetischer Algorithmen zusammen.

6.42 Bitstring-Codierungen.
Legen Sie ausführlich dar, wie ganze (reelle) Zahlen für den Einsatz genetischer Algorithmen codiert werden können.

6.6 Partiell rückgekoppelte Netze

Ein rein vorwärtsgerichtetes Netz produziert nach Abschluss der Trainingsphase für ein Eingabemuster stets dieselbe Ausgabe. Dies gilt auch, falls ihm dieses Eingabemuster mehrfach und in unterschiedlichen präsentiert wird. Diese Netze sind nicht in der Lage,

Kontext-Informationen zu berücksichtigen. Anhand einer stark vereinfachten Aufgabe wird das Problem deutlich:

Beispiel 6.6 Kurvenverlauf

Nehmen wir an, es soll anhand der Koordinaten einer Kurve der nächste Punkt des Kurvenverlaufs vorausgesagt werden. Weiterhin seien in einem Beobachtungszeitraum t=0, t=1, t=2 ... nacheinander diese Werte ermittelt worden:

2, 6, 9, 11, 12, 12, 11, 9, 6, 2, 4 ...

Lässt sich der nachfolgende Wert aus der Kenntnis des aktuellen Wertes vorhersagen?

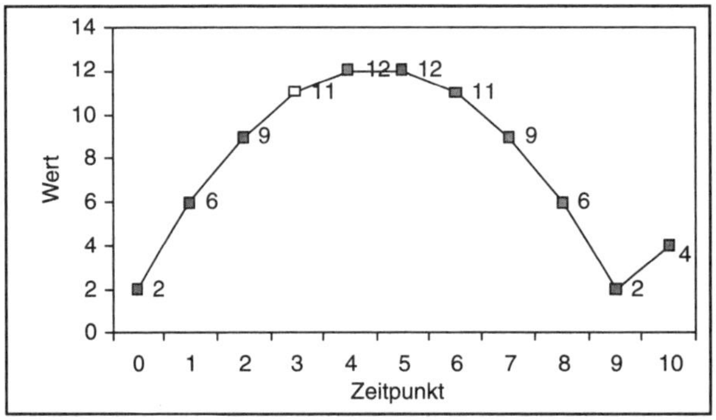

Abbildung 6.39 Einfacher Kurvenverlauf

Aus Abbildung 6.39 ist leicht zu erkennen, dass nur die Kenntnis des aktuellen Wertes, z. B. 9, nicht ausreicht, den darauf folgenden Wert zu prognostizieren. Sowohl 11 als auch 6 sind in unserem Beispiel möglich.

Selbstverständlich bietet sich die Möglichkeit, die Zahl der Eingangswerte zu erhöhen. Unter Berücksichtigung des jeweils vorherigen Wertes ergeben sich Wertepaare: (6,9), (9,11), (11,12) ... (11,9), (9,6) ... Für jedes dieser Paare kann jeweils der nächste Wert sicher prognostiziert werden.

Je nach Problemstellung können durch eine geeignete Wahl eines solchen „Eingabefensters" zufrieden stellende Resultate für eine Prognose erreicht werden. Biologisch motiviert wäre ein **Erinnerungsvermögen** eines Netzes. Das Netz greift bei der Bearbeitung einer Eingabe auf die vorher abgeleiteten Ergebnisse zurück.

Diese Möglichkeit bieten partiell rückgekoppelte Netze. Die Architektur dieser Netze ist so angelegt, dass die zeitliche Aufeinanderfolge der Eingabedaten einen Einfluss auf das Ergebnis hat. Dazu werden Informationen aus einem Verarbeitungsschritt zeitverzögert in die Bearbeitung des nachfolgenden Musters übernommen.

Die im Folgenden vorgestellten Jordan-Netze und Elman-Netze sind immer dann einsetzbar, wenn die zu ermittelnde Netzausgabe nicht nur von der aktuellen Eingabe, sondern auch von der Geschichte der Arbeit des Netzes abhängt.

6.6.1 Jordan-Netze

Im Beispiel 6.6 ist es ausreichend, jeweils einen Vorgänger zu betrachten, um den Nachfolger sicher prognostizieren zu können. Um entscheiden zu können, ob auf eine 9 die 11 oder eine 6 folgt, reicht es aus, allein den direkten Vorgänger zu betrachten. Im Jordan-Netz wird dazu die Ausgabe im Zeitschritt t rückgekoppelt und im Zeitschritt t + 1 wieder als der Teil der Eingabe betrachtet. **Jordan-Netze** benutzen für diese **Rückkopplung** so genannte **Kontext-Neuronen**, deren Anzahl genau der Anzahl der Ausgabe-Neuronen entspricht.

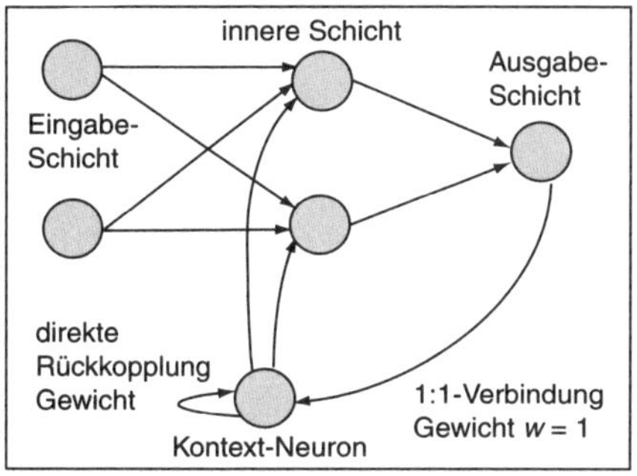

Abbildung 6.40 Jordan-Netz bestehend aus zwei Eingabe-, zwei verdeckten, einem Ausgabe-Neuron und einem Kontext-Neuron

Aus der Abbildung ist die Architektur eines Jordan-Netzes ersichtlich. Ein- und Ausgabeschicht sowie die innere Schicht können frei gewählt werden. Die Zahl der Kontext-Neuronen jedoch ist festgelegt und ist gleich der Anzahl der Ausgabe-Neuronen. Die Eingabe-Schicht ist voll mit der inneren Schicht, diese wiederum voll mit der Ausgabe-Schicht vernetzt. Dazu besteht je eine Verbindung von einem Ausgabe-Neuron zu einem zugehörigen Kontext-Neuron.

Eine Verbindung von einem Ausgabe-Neuron zu einem Kontext-Neuron ist mit einem festen Gewicht $w = 1$ versehen und kann nicht trainiert werden. Die Kontextzellen sind wiederum voll mit der inneren Schicht verbunden. Diese Verbindungen werden wie normale vorwärtsgerichtete Verbindungen betrachtet und entsprechend auch trainiert.

Da die einzigen rückwärtsgerichteten Verbindungen feste Gewichte besitzen, sind alle trainierbaren Verbindungen vorwärtsgerichtet, so dass zum Trainieren von Jordan-Netzen der **Backpropagation-Lernalgorithmus** angewendet werden kann.

Die Kontext-Neuronen können zusätzlich direkte Rückkopplungen aufweisen. Damit kann der Einfluss „älterer" Muster gesteuert werden. Die Stärke des Erinnerungsvermögens wird durch einen vorgegebenen, festen Faktor λ gesteuert.

Im SNNS findet sich ein einfaches und anschauliches Beispiel. Aus Koordinaten (Wertepaaren) soll das Netz die jeweils nachfolgende Koordinate prognostizieren, so dass im Ergebnis eine liegende Acht entsteht.

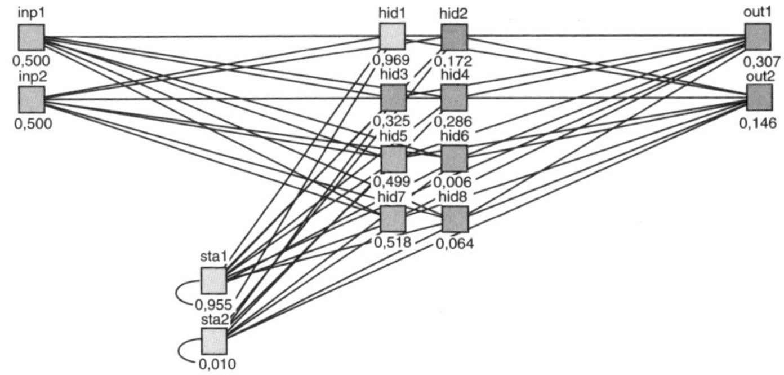

Abbildung 6.41 Das Jordan-Netz aus dem SNNS für das Problem der liegenden Acht

Die Abbildung 6.42 basiert auf der Visualisierung der Koordinaten. Aufeinanderfolgende Punkte sind durch eine Linie verbunden. Daneben liegt die durch das SNNS-Netz ermittelte Acht, die sich aus der Folge der prognostizierten Werte ergibt.

Das **Erinnerungsvermögen** ist notwendig, um im Kreuzungsbereich $(x, y) = (0.5; 0.5)$ die jeweilig richtige Voraussage treffen zu können. Hierzu wurde das Netz mit den Koordinaten-Paaren trainiert. Die Trainingsausgabe zum Zeitschritt t wird zur Trainingseingabe zum Zeitschritt $t + 1$.

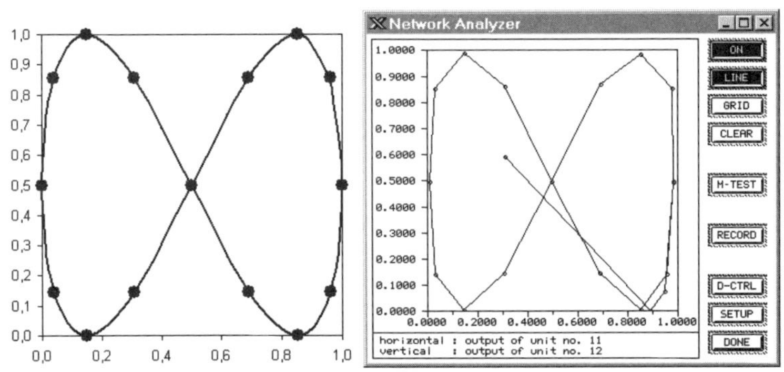

Abbildung 6.42 Bilder einer liegenden Acht, links Trainingsdaten rechts Netzausgabe

Diesem Beispiel liegt eine weitere Vereinfachung zugrunde. Die Prognosefehler werden durch die jeweils korrekte Eingabe im nächsten Zeitschritt zum Teil ausgeglichen. Interessant wäre es, aus den Prognosedaten des Netzes einen komplett neuen Eingabedatensatz zu erstellen und diesen zum Testen zu verwenden. Noch realistischer ist es, die Ausgabe direkt an die Eingabe weiterzureichen. Dabei ist zu erwarten, dass sich ein Fehler selbst verstärkt und zu größeren Abweichungen führt.

6.6.2 Elman-Netz

Da die Zahl der Ausgabe-Neuronen durch das zu lösende Problem bestimmt ist, liegt damit in einem Jordan-Netz auch die Zahl der Kontext-Neuronen fest. Dies kann zu Einschränkungen in den Rückkopplungen führen. Um hier etwas flexibler vorgehen zu können, hat Elman vorgeschlagen, die Rückkopplungen von der inneren Schicht und nicht von der Ausgabeschicht aus zu steuern. Ein **Elman-Netz** benutzt damit so viele Kontext-Neuronen, wie Neuronen in der inneren Schicht vorhanden sind.

Die Größe der inneren Schicht kann leichter variiert werden, da diese nicht direkt aus der Problemstellung heraus festgelegt ist. In unserem Eingangsbeispiel könnte man versuchen, mit zwei Kontext-Neuronen und zwei inneren Neuronen bessere Voraussagen zu erzielen. Diese Variabilität führt dazu, dass die Zahl der Kontext-Neuronen leichter als bei Jordan-Netzen geändert werden kann. Daraus resultierend lassen sich mit Elman-Netzen häufig bessere Resultate für eine Anwendung erzielen.

Ob Elman-Netze direkte Rückkopplungen aufweisen, wird in der Literatur unterschiedlich gesehen. Man kann Elman-Netze ohne Rückkopplungen natürlich stets als einen Spezialfall betrachten, bei dem der Rückkopplungsfaktor $\lambda=0$ gesetzt wird.

Mit dem Elman-Netz können dieselben Aufgaben wie mit dem Jordan-Netz bearbeitet werden.

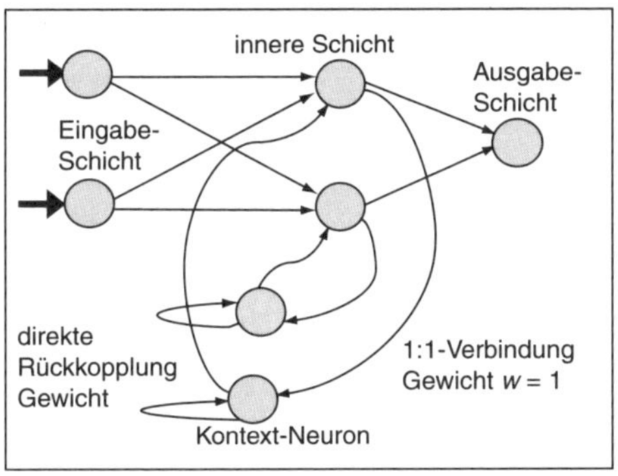

Abbildung 6.43 Ein 2-2-1-Elman-Netz

6.6.3 Übungen

Fragen

6.43 Vergleichen Sie den Aufbau eines Jordan-Netzes mit dem Aufbau eines Elman-Netzes.

6.44 Welche Änderungen im Backpropagation-Algorithmus müssen für das Lernen partiell rekursiver Netze vorgenommen werden?

Aufgaben

6.45 Benutzen Sie den SNNS und machen Sie sich mit dem Beispiel der Koordinaten-Prognose der Punkte, die eine liegende Acht ergeben, vertraut.

6.46 Vergleichen Sie das Verhalten des Jordan-Netzes mit dem Verhalten des Elman-Netzes.

6.47 Versuchen Sie mittels eines rückgekoppelten Netzes, den Kurvenverlauf einer Sinus-Funktion zu „prognostizieren". Unter Eingabe eines Wertes soll der nächste Sinus-Wert vorhergesagt werden.

6.48 Erweitern Sie Ihre Implementation eines vorwärtsgerichteten Netzes um die Möglichkeit einer partiellen Rückkopplung. Passen Sie den Lernalgorithmus entsprechend an.

Referate

6.49 Geben Sie einen Überblick über Anwendungen partiell rückgekoppelter Netze.

7

Wettbewerbslernen

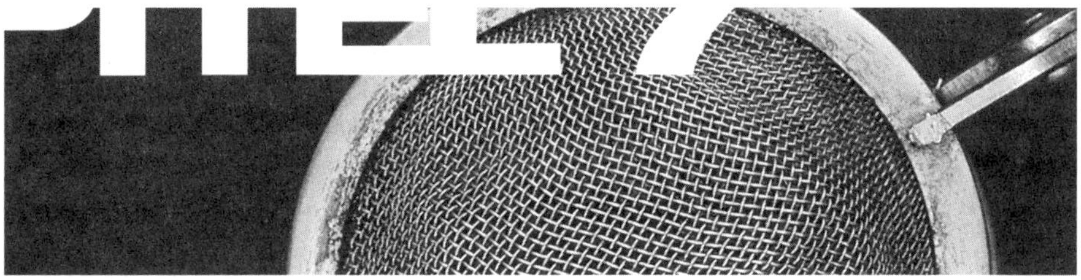

7 Wettbewerbslernen

Man spricht vom Wettbewerbslernen, wenn die Aktivierung eines Neurons nicht nur von der eigenen Netzeingabe abhängt sondern erst ein Vergleich der Netzeingaben mehrerer (aller) Neuronen über die endgültige Aktivierung entscheidet.

Nur der Sieger des „*Wettbewerbs*" wird aktiviert, alle anderen Neuronen werden inaktiv. Dieses auch **winner takes all** genannte Vorgehen wird von allen in diesem Kapitel vorgestellten Netz-Architekturen genutzt.

Eine selbstorganisierende Karte bestimmt ein Gewinner-Neuron und nimmt somit eine Klassifizierung der Eingabe vor. Die Erkennungsschicht eines ART-Netzes ermittelt ebenfalls einen Gewinner. Unterschiedlich ist die Art und Weise der Ermittlung des Gewinners. Die neuronalen Gase umfassen mehrere im Detail unterschiedliche Formen des Wettbewerbslernens zur Anpassung von Neuronen an einen Eingaberaum.

Es werden nach der Art der Gewichtsadaption zwei Formen des Wettbewerbslernens unterschieden:

- Bei einem **harten Wettbewerbslernen** werden nur die Gewichte im Zusammenhang mit dem Gewinner-Neuron angepasst.
- **Weiches Wettbewerbslernen** verändert nicht nur die Parameter des Gewinners, sondern auch Parameter anderer Neuronen, meist Neuronen in der Nachbarschaft des Gewinner-Neurons.

Für alle Formen des Wettbewerbslernens kann ein allgemeiner Lernprozess durch folgenden Algorithmus beschrieben werden:

Listing 7.1 Algorithmus Wettbewerbslernen

```
PROCEDURE Wettbewerbslernen
  REPEAT
    Wähle zufällig Muster aus und lege dies an das Netz;
    Bestimme Gewinner-Neuron für das Muster;
    Bestimme Nachbarschaft des Gewinner-Neurons; (1)
    Verändere Gewichte der Verbindungen von:
      - Eingabe -Neuron zu Gewinner-Neuronen
      - Eingabe -Neuronen zu  Nachbarschaft -Neuronen
    Verändere die Netz-Struktur   (2)
    Verändere die Parameter,
      z.B. Verringerung Lernparameter und Nachbarschaftsweite
  UNTIL gewünschte Anpassung erreicht;
END Wettbewerbslernen
```

Für ein hartes Wettbewerbslernen entfällt die Aktion (1). Dies kann auch durch eine Nachbarschaftsweite von null ausgedrückt werden. Für Netze mit festen Strukturen, wie dem neuronalen Gas, entfällt die Aktion (2).

7.1 Selbstorganisierende Karte

Nicht immer können für vorliegende Eingabedaten zugehörige, wünschenswerte Ausgabewerte angeben werden, um das Netz überwacht zu trainieren. Darüber hinaus ist die Angabe eines Ausgabewertes während einer Trainingsphase, aus dem sich dann direkt eine quantitative Veränderung des Verhaltens ableiten lässt, im biologischen neuronalen Netz nicht gegeben. Der Mensch ist in der Lage, viele Dinge zu unterscheiden oder auch zusammenzufassen, ohne dass ihm vorher explizit gesagt wurde, was richtig ist: Wir sind in der Lage zu *klassifizieren*.

Die **selbstorganisierenden Karten**, **Self-Organizing Maps** (**SOM**), nach ihrem Entwickler auch **Kohonen-Karten** oder **Kohonen Feature Map** genannt, sind eine Form neuronaler Netze, die in der Lage ist, ein klassifizierendes Verhalten ohne vorgegebene Trainingsausgaben zu erlernen.

Selbstorganisierende Karten nutzen die räumliche Anordnung der Neuronen und die Nachbarschaftsbeziehungen der Neuronen aus. Auch im menschlichen neuronalen Netz hat die räumliche Anordnung der Neuronen Einfluss auf die Arbeitsweise eines einzelnen Neurons.

Damit wurden die beiden charakterisierenden Merkmale selbstorganisierender Karten angesprochen:

- **Nicht überwachtes Lernen**: Ohne Vorgabe von gewünschten Ergebnissen für Trainingsdaten wird ein klassifizierendes Verhalten erlernt.
- Ausnutzung der **räumlichen Anordnung** der Neuronen: Neuronen beeinflussen das Verhalten benachbarter Neuronen.

Aus diesen Merkmalen lassen sich die typischen Anwendungen einer selbstorganisierenden Karte ableiten. In Datenmengen können Klassifizierungen erkannt werden, die bisher nicht bekannt waren. Diese Aufgabe stellt sich besonders im Rahmen des **Data Mining**. Selbstorganisierende Karten wurden darüber hinaus auch für Prognose-Aufgaben eingesetzt. Dabei erhofft man sich aufgrund der Eingabe des historischen Geschehens eine Unterteilung in Klassen, wie „stark fallend“, „schwach fallend“, „neutral“, „steigend“ sowie „stark steigend“. Auf eine untypische, aber erfolgreiche Anwendung selbstorganisierender Karten zur Optimierung wird im Abschnitt 7.1.4 eingegangen.

7.1.1 Architektur und Arbeitsweise

Eine SOM besteht aus zwei Schichten, einer **Eingabeschicht** und einer **Karten-Schicht**, wie das Bild 7.1 zeigt. Die Karten-Schicht wird meist zweidimensional dargestellt. Häufig wird eine quadratische Karten-Schicht benutzt. Nicht-quadratische Schichten sind möglich, führen mitunter sogar zu besseren Resultaten. Ebenso möglich ist eine dreidimensionale Aufteilung der Karten-Schicht. In diesem Buch wird der häufig angewendete zweidimensionale Fall betrachtet. Die Beispiele beschränken sich zudem auf eine quadratische Anordnung der Karten-Schicht.

Die Neuronen der Eingabeschicht sind mit den Neuronen der Karten-Schicht voll vernetzt. Jedes Eingabe-Neuron hat je eine Verbindung zu jedem Neuron der Karten-Schicht. Die Neuronen der Karten-Schicht sind untereinander vollständig verbunden. Direkte Rückkopplungen gibt es jedoch nicht. Die Vielzahl von Verbindungen macht es unmöglich, ein SOM komplett mit allen Neuronen und allen Verbindungen anschaulich darzustellen. Im Architektur-Bild einer SOM wurde deshalb auf die Darstellung der Verbindungen verzichtet.

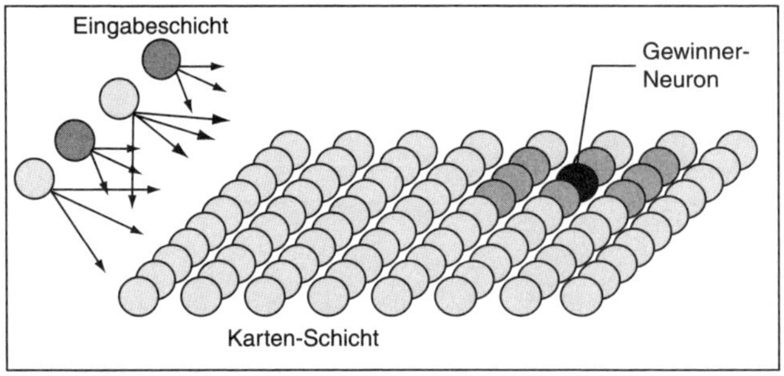

Abbildung 7.1 Architektur einer SOM

Während des Trainings werden die Daten in ungeordneter Reihenfolge dem Netz immer und immer wieder präsentiert. Die Adaption eines Netzes erfolgt dann so, dass sich für die Musterklassen zugehörige Erregungszentren herausbilden.

Definition 7.1 Erregungszentrum

Ein Erregungszentrum ist ein Neuron der Karten-Schicht, das für alle Eingabe-Muster erregt oder aktiv ist, die einander in einem gewissen Sinne ähnlich sind. Ein Erregungszentrum ist der Repräsentant einer Klasse von Daten.

In einer Menge von Kundendaten, die deren Kaufverhalten widerspiegeln, wird man ohne eine Analyse kaum erkennen, welche Zusammenhänge zwischen einzelnen Kaufentscheidungen bestehen. Die Untersuchungen gestalten sich umso schwieriger, je weniger Vermutungen über die Beziehungen zwischen einzelnen Datenwerten bestehen. Hier können neuronale Netze in Form der selbstorganisierenden Karten erfolgreich eingesetzt werden, da sie eigenständig Gruppierungen vornehmen können.

Beispiel 7.1 Klassifikation von Kundendaten

Das Beispiel der Bankkunden-Daten wird hier unter diesem Gesichtspunkt betrachtet. Hierzu wird erneut auf die Datensätze für Bankkunden zurückgegriffen, wie diese im Abschnitt 6.4.2 mit Hilfe eines vorwärtsgerichteten Netzes bearbeitet wurden. Für diese Daten ist zwar die Klassifikation in schlechte, normale und gute Kunden bekannt, umso interessanter ist daher das Ergebnis des nicht überwachten Lernens einer selbstorganisierenden Karte. Dazu wird die vorgegebene Klassifikation einmal außer acht gelassen und auf der

Klassifikationsvorschlag betrachtet, wie dieser von einer selbstorganisierenden Karte entwickelt wurde.

Tabelle 7.1 Gewünschte Klassifizierung der Datensätze im Bankkunden-Beispiel

Schlechter Kunde	Normaler Kunde	Guter Kunde
1, 2, 4, 7, 11, 14	3, 8, 12	5, 6, 9, 10, 13

Es wird eine Unterteilung der Datensätze in die drei Klassen erwartet: schlechte, normale sowie gute Kunden. Zum besseren Verständnis sind die Datensätze mit ihrer Nummer und der vorgegebenen Ergebnis-Klasse benannt. Die Bezeichnung #11:2 steht somit für den Datensatz 11, der einen guten Kunden (Klasse 2) beschreibt. Die folgende Verteilung im Bild 7.2 wurde mit der PASCAL-Toolbox [Kruse91] erzielt. Drei Klassen sind in der erzielten Verteilung der Erregungszentren für die Datensätze auf der Karte im Bild 7.2 schwer auszumachen.

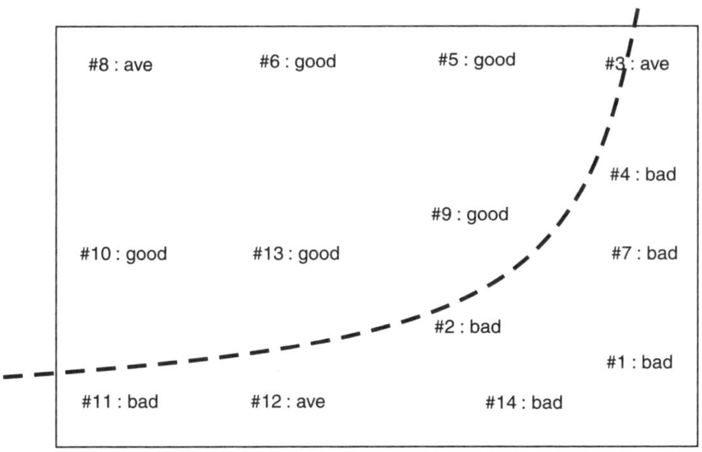

Abbildung 7.2 Verteilung der Bankkunden-Datensätze

Im Bild 7.2 sind die Datensätze gemäß einer durch das Netz „erkannten" Ähnlichkeit durch die selbstorganisierende Karte angeordnet worden. Eine nachträglich gezogene gepunktete Linie gibt eine mögliche Trennung in zwei Gruppen.

Die vom neuronalen Netz vorgenommene Klassifikation kann in zwei Richtungen interpretiert werden:

1. Die Daten sind nicht so klar in drei Klassen unterteilbar wie ursprünglich angenommen. Insbesondere die Charakterisierung normaler Kunden ist zweifelhaft. Der normale Kunde mit dem Datensatz 8 ist wohl eher ein guter Kunde, der normale Kunde 12 muss eher den schlechten Kunden zugeordnet werden. Einzig der Kunde 3 ist nicht eindeutig zuzuordnen.

Es stellt sich die Frage, ob die vorliegenden Beispieldaten charakteristisch genug sind, um eine gewünschte Klassifikation vornehmen zu können.

2. Möglicherweise spiegelt die Codierung der Daten nicht die unterschiedliche Bedeutung der Kunden-Merkmale wider. Auch für eine selbstorganisierende Karte spielt die Datencodierung, wie bereits im Abschnitt 6.2.3 diskutiert, eine Rolle. Binarisierte Eingaben geben keine Information darüber, ob einem speziellen Eingabewert wie beispielsweise dem monatlichen Einkommen eine größere Bedeutung bei der Klassifikation zukommt als anderen.

Wie kann nun eine derartige Klassifikation erzielt werden? Wie lange muss eine selbstorganisierende Karte trainiert werden, um eine entsprechende Klassifizierung zu erhalten? Kann es vorkommen, dass eine Karte zu kurz oder zu lange trainiert wird?

All diese Fragen sind leider nicht einfach und nicht endgültig zu beantworten. Für eine zielgerichtete Beeinflussung des Ergebnisses sind Kenntnisse des Trainingsprozesses einer selbstorganisierenden Karte notwendig, wie sie im folgenden Abschnitt vermittelt werden.

7.1.2 Das Training

Wie eingangs erwähnt werden die Trainingsmuster dem Netz wieder und immer wieder in zufälliger Reihenfolge präsentiert. Wird ein Muster an die Eingabe-Schicht angelegt, so wird für dieses Muster ein **Gewinner-Neuron** aus der Karten-Schicht ermittelt.

Definition 7.2 Gewinner-Neuron

Das **Gewinner-Neuron**, das **Erregungszentrum** z, ist das Neuron mit der maximalen durch die konkrete Eingabe hervorgerufenen Erregung.

Zur Bestimmung des Gewinner-Neurons wird ein Abstand zwischen dem Eingabe-Muster und einem Neuron bestimmt. Der Abstand kann als Abstand zweier Vektoren berechnet werden.

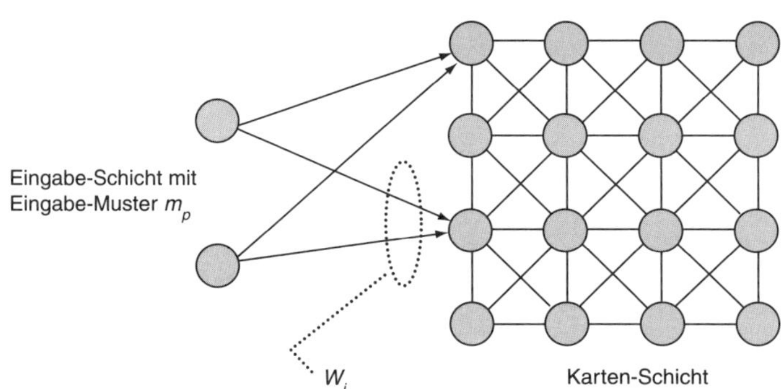

Abbildung 7.3 Verbindungen zwischen Eingabe- und Kohonen-Schicht

Das Eingabemuster, gebildet aus den Aktivierungen der Neuronen der Eingabeschicht, bildet einen Vektor:

$$m_p = (m_{p1}, m_{p2}, \ldots, m_{pk}) \qquad = (o_1, o_2, \ldots, o_k)$$

Der Vektor eines Neurons j der Karten-Schicht wird durch die Gewichte der Verbindungen w_{ij} von der Eingabeschicht zu diesem Neuron j gebildet:

$$W_j = (w_{1j}, w_{2j}, \ldots, w_{\mathrm{kj}}).$$

Für die Bestimmung eines Gewinner-Neurons werden zwei Verfahren eingesetzt, wobei in beiden Verfahren die Gewichte der Verbindungen mit Zufallswerten initialisiert werden.

- Maximales Skalarprodukt
- Minimum des euklidischen Abstandes

Maximales Skalarprodukt

Für jedes Neuron der Karten-Schicht wird das Skalarprodukt aus dem Vektor der Verbindungsgewichte zur Eingabe-Schicht und dem Eingabevektor (Ausgabe der Eingabe-Neuronen) gebildet und aus dieser Menge wird das Maximum bestimmt.

$$\sum_i o_i \cdot w_{iz} = \max_j \sum_i o_i \cdot w_{ij}$$

Das Neuron z hat von allen Neuronen die maximale Netzeingabe.

Minimaler euklidischer Abstand

Hierbei gilt für das Gewinner-Neuron z, dass der Gewichtsvektor der Verbindungen von den Eingabe-Neuronen zum Neuron z, dem Eingabevektor m_p im Sinne der euklidischen Norm am ähnlichsten ist.

$$\| m_p - W_z \| = \min_j \| m_p - W_j \|$$

Das entspricht im Einzelnen der Formel:

$$\sum_i (m_{pi} - w_{iz})^2 = \min_j \sum_i (m_{pi} - w_{ij})^2$$

Die euklidische Norm ist für viele Anwendungen plausibler. Das Gewinner-Neuron z ist dann am „dichtesten" an der Eingabe. Der Gewichtsvektor, gebildet aus den Verbindungsgewichten von der Eingabe zum Neuron z, ist dem Eingabemuster $m_p = (m_{p1}, m_{p2}, \ldots, m_{pk})$, repräsentiert durch die Ausgabe o_i der Eingabe-Neuronen, am ähnlichsten. Das Minimum der Differenz, die minimale Abweichung wird gesucht.

Nachdem das Gewinner-Neuron, das Erregungszentrum bestimmt wurde, werden im Trainingsprozess die Gewichte zur Eingabe und zu den benachbarten Neuronen modifiziert. Die räumliche Nähe beeinflusst auch den Grad der Gewichtsanpassung.

Die Gewichte der Verbindungen werden derart modifiziert, dass das Erregungszentrum für das anliegende Muster „deutlicher als zuvor" zutage tritt. Dazu werden die Gewichte der Verbindungen zu den benachbarten Neuronen erhöht, Verbindungsgewichte zu weiter entfernten Neuronen verringert bzw. nicht mehr verändert.

Ursprünglich ging man davon aus, dass Neuronen, die außerhalb der Nachbarschaft liegen, sogar „abgestoßen“ werden. Die Kurve, die den Grad der Beeinflussung der Gewichtsveränderung widerspiegelt, wird **Mexican-Hat-Funktion** genannt

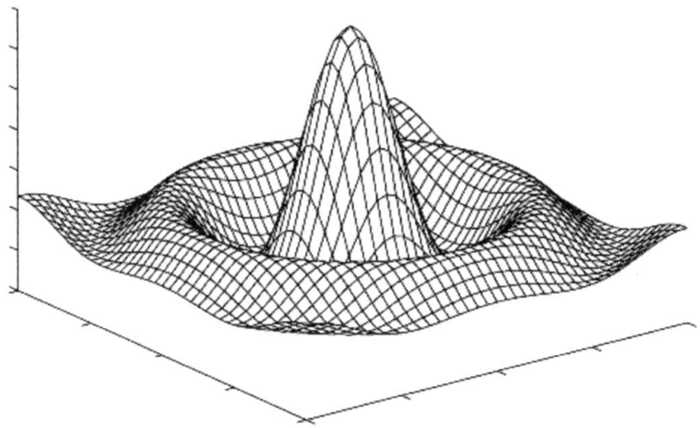

Abbildung 7.4 Mexican-Hat-Funktion

In der Praxis kann jedoch auf die Abstoßung verzichtet werden. In der Literatur wird sogar berichtet, dass Gewichtsänderungen, die eine Abstoßung zum Erregungszentrum erzielen, zum Divergieren des Netzes führen können.

Den Grad der Beeinflussung der Nachbarschaft lässt sich effektiv mittels der aus der Statistik bekannten Gauß'schen Glockenkurve oder mittels einer Kegel-Funktion berechnen.

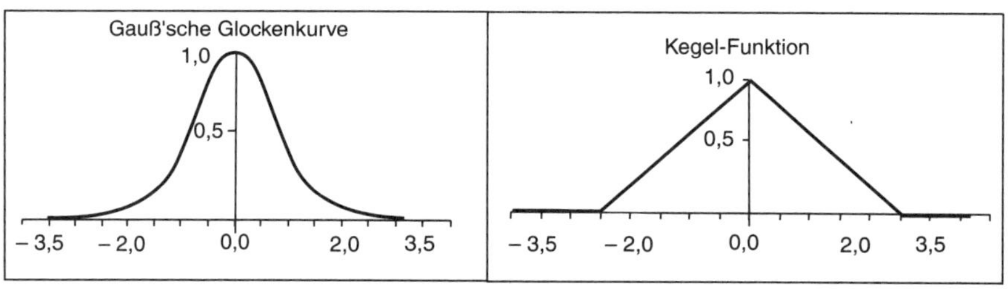

Abbildung 7.5 Gauß'sche Glockenkurve und Kegel-Funktion

Die Gewichtsänderung erfolgt nur für die Neuronen, die innerhalb eines gewissen Radius r des Gewinner-Neurons z liegen.

$$w'_{ij} = \begin{cases} w_{ij} + \lambda \cdot h_{jz} \cdot (m_i - w_{ij}), & \text{falls } dist(j,z) \leq r \\ w_{ij}, & \text{sonst} \end{cases}$$

Mittels des Lernfaktors λ kann die Stärke der Modifikation gesteuert werden. Im Faktor h wird der Einfluss des Abstandes des Neurons j vom Erregungszentrum z mittels der Gauß'schen Glockenkurve ausgedrückt.

$$h_{jz} = e^{-\frac{dist(j,z)^2}{2 \cdot r^2}}$$

Dabei ist *dist*(*j*, *z*) der Abstand des Neurons *j* vom Gewinner-Neuron *z*. Der Radius *r* steuert die Form der Glockenkurve. Für große *r* ist die Kurve flach und breit und es werden auch weiter entfernt liegende Neuronen beeinflusst. Kleine Werte für *r* erzeugen eine spitze, steile Kurve und nur die unmittelbare Nachbarschaft erfährt noch eine Veränderung.

Aus dem Einfluss des Parameters *r* auf den Faktor *h* kann leicht die Veränderung des Radius *r* während der Lernphase motiviert werden. Man beginnt mit großen Werten für den Radius, so dass alle Neuronen der Kohonen-Karte innerhalb der Nachbarschaft eines möglichen Gewinner-Neurons liegen und einer Anpassung unterworfen werden. Während der Lernphase wird der Radius verkleinert. Damit verringern sich die räumlichen Auswirkungen einer Gewichtsveränderung. Nach der groben Orientierung in der ersten Phase werden Schritt für Schritt die Feinabstimmungen vorgenommen.

Analog wird mit dem Lernfaktor verfahren. Man beginnt mit einem relativ hohen Wert λ, der im Zuge des Trainings verringert wird. Nach einer „kräftigen“ Modifikation am Beginn wird mehr und mehr auf die feine Abstimmung der Gewichte eingeschwenkt. Somit erfolgt das Lernen in einer SOM gemäß dem Algorithmus im Listing 7.2. Als Faktoren dec_r, dec_λ für die Verringerung des Radius *r* und des Lernfaktors λ werden typischer Weise Werte nahe 1.0 gewählt:

$$0.99 < dec_r, < 1.0 \text{ sowie } 0.99 < dec_\lambda < 1.0$$

Somit berechnet sich der Lernfaktor λ im Lernschritt *t*+1 aus dem Lernfaktor im Lernschritt *t*:

$$\eta\,(t+1) = dec_\lambda \cdot \lambda\,(t).$$

Der Radius *r*(*t*+1) wird auf analoge Weise bestimmt.

Listing 7.2 Lernalgorithmus einer SOM

```
PROCEDURE Kohonen-Lernen
  Initialisiere alle Gewichte
  REPEAT
    Wähle zufällig ein Muster m aus
    Bestimme Gewinner-Neuron z für Muster m
    FOR alle Neuronen j der Karten-Schicht DO
      IF dist(j,z)≤r THEN
        hjz:= exp(-dist(j,z)²/(2·r))
        wij:= wij + λ · hjz · (mi-wij)
      END IF
    END FOR
    Verkleinere Lernfaktor λ und Radius r
  UNTIL λ=0 ∨ r=0 ∨ Anzahl Iterationen erreicht
END Kohonen-Lernen
```

Ein sehr anschauliches, wenn auch stark konstruiertes Beispiel ist in [Kruse91] zu finden. Anhand von binarisierten Tiermerkmalen werden Tiere unterschieden. Interessanter als das jeweilige Erregungszentrum ist die Verteilung aller Erregungszentren, die im Laufe des Lernens entsteht. Ähnliche Tiere werden meist auf benachbarte Gebiete der SOM abgebildet.

Das Bild des Tierbeispiels ergibt sich, indem man für jeden Datensatz an der Position des zugehörigen Gewinner-Neurons innerhalb der Karten-Schicht den Namen des Datensatzes, hier den Tiernamen, platziert.

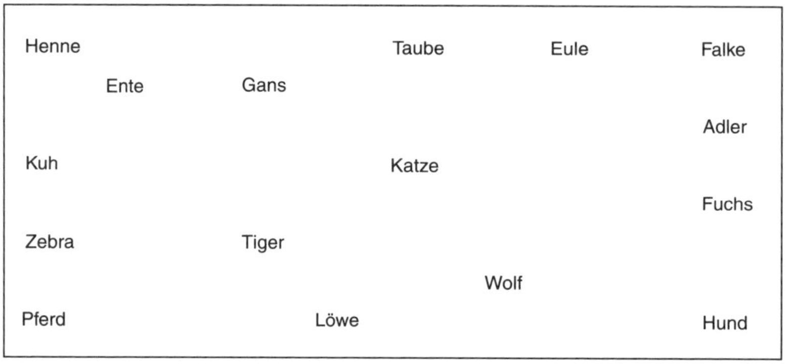

Abbildung 7.6 Verteilung der Erregungszentren für Tierdaten

7.1.3 Visualisierung einer Karte und deren Verhalten

Für die anschauliche Darstellung des Verhaltens einer SOM gibt es mehrere Möglichkeiten:

- In einer dreidimensionalen Darstellung werden über der aus den Karten-Neuronen gebildeten Ebene die Aktivierungen der Neuronen als Höhenpunkte dargestellt. Im Ergebnis stellt sich ein Zustand einer SOM als Gebirge dar. Der „Berg" steht an der Stelle des Gewinner-Neurons.
- In einer zweidimensionalen Darstellung wird die Aktivierung der Neuronen farblich abgestuft. Je nach verwendeter Farbskala hebt sich das Erregungszentrum deutlich ab.
- Für den speziellen Fall zweidimensionaler Eingaben kann ein Karten-Neuron als Punkt in der Ebene dargestellt werden. Zieht man dazu Linien zu den benachbarten Neuronen ergibt sich ein Gitternetz.

Auf den Fall einer zweidimensionalen Eingabe gehen wir hier etwas genauer ein. In einem Netz mit genau zwei Eingabe-Neuronen, können deren Aktivierungen als xy-Koordinate interpretiert und somit die Eingaben als Punkte in der Ebene visualisiert werden.

Jedes Neuron der Karten-Schicht besitzt gewichtete Verbindungen zu den beiden Eingabe-Neuronen. Dieses Wertepaar der Gewichte der Verbindungen zu den Eingabe-Neuronen wird wiederum als xy-Koordinate interpretiert. Damit kann auch jedes Karten-Neuron als Punkt in der Ebene visualisiert werden.

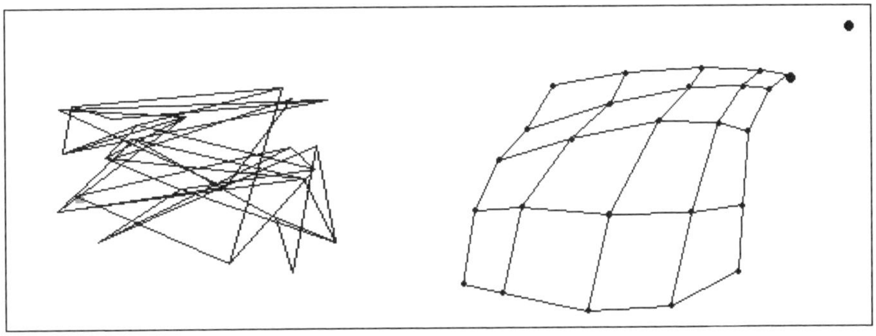

Abbildung 7.7 SOM mit 5x5-Neuronen im Ausgangszustand und nach 200 Lernschritten

Der Abstand zwischen Eingabe und Erregungszentrum kann grafisch als Abstand der beiden Punkte in der Ebene deutlich gemacht werden. Der einzelne Punkt rechts oben im Bild 7.7 ist die aktuelle Eingabe, der Punkt rechts oben im Gitternetz das aktuelle Gewinner-Neuron. Wählt man als Eingabemuster zufällige Punkte aus einem ebenen Bereich aus, so kann verfolgt werden, wie sich die Karte entfaltet. Nach entsprechend vielen Lernschritten sind die Punkte, d. h. die Neuronen, so über dem Eingaberaum verteilt, dass das Gitter diesen Raum gleichmäßig ausfüllt.

7.1.4 Eine Lösung des Rundreiseproblems

Neben der klassischen Anwendung der selbstorganisierenden Karten für die Klassifizierung von Daten hat sich eine auf den ersten Blick exotische Einsatzmöglichkeit ergeben: Eine SOM kann zur Lösung des aus dem **Operations Research** bekannten Problems des Handlungsreisenden eingesetzt werden.

Das Problem des Handlungsreisenden wurde bereits im Abschnitt 3.3 diskutiert:

Gegeben ist eine feste Anzahl von Orten, die während einer Rundreise alle einmal besucht werden müssen. Nachdem alle Orte erreicht wurden, muss zum Anfangsort der Reise zurückgekehrt werden. Gesucht ist nun die kürzeste Rundreise.

Im Abschnitt 3.3 wurden verschiedene Suchstrategien für die Lösung dieses exponentiell aufwendigen Problems vorgestellt. Insbesondere wurde motiviert, dass die optimale Rundreise durch die kreisfreien Städte (6) des Bundeslandes Mecklenburg-Vorpommern noch ohne Probleme gefunden werden kann. Die Bestimmung der optimalen Tour durch alle Kreisstädte (12) des Landes ist noch realistisch, eine Reise durch alle Kreis- und kreisfreien Städte (18) ist dagegen durch Ausprobieren aller möglicher Routen nicht mehr in einer vernünftigen Zeit lösbar.

Im Gegensatz zum Einsatz unterschiedlich intelligenter Suchverfahren wird hier der Einsatz einer selbstorganisierenden Karte zur Bestimmung einer zumindest suboptimalen Lösung vorgestellt. Als Netzeingabe fungieren die Koordinaten der zu besuchenden Orte.

Jedes Neuron der Karten-Schicht besitzt somit zwei Verbindungen zur Eingabeschicht, eine Verbindung zum Neuron der x-Koordinate und eine Verbindung zur y-Koordinate des

Ortes. Die Gewichte dieser Verbindungen können nun als xy-Koordinaten des Neurons interpretiert werden.

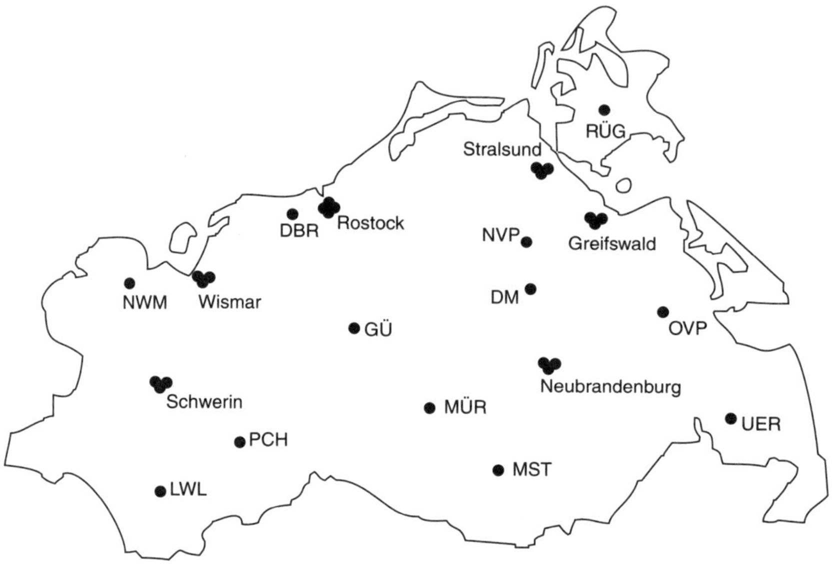

Abbildung 7.8 Kreisstädte und kreisfreie Städte in Mecklenburg-Vorpommern (MVP)

Mit dieser Interpretation der Verbindungsgewichte ergibt sich leicht eine grafische Darstellung der Neuronen der Karten-Schicht. Man geht davon aus, dass die Neuronen der Kohonen-Karte durchnummeriert sind. Anhand dieser Nummerierung werden das Vorgänger-Neuron sowie das Nachfolger-Neuron bestimmt. Stellt man die Neuronen der Karte wie erläutert grafisch dar und verbindet man jedes Neuron mit seinem Nachfolger, so ergibt sich eine „Rundreise" durch alle Neuronen der Karte.

Diese Kurve stellt natürlich noch in keiner Weise eine optimale Variante dar. Würde man die bei SOM übliche Initialisierung der Verbindungen mit zufälligen Gewichten wählen, ergäbe sich auch eine willkürliche und wenig optimale Rundreise.

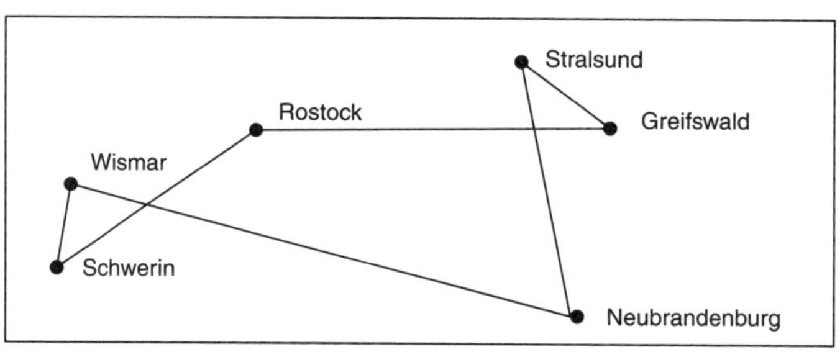

Abbildung 7.9 Zufällige Rundreise durch die sechs kreisfreien Städte von MVP

Man geht stattdessen von einer idealen Kurve aus. Ideal wäre es, wenn alle Orte auf einem Kreis mit einem möglichst kleinen Radius liegen würden. Auch wenn das in der Praxis nicht vorkommt, werden die Neuronen der Kohonen-Karte entsprechend initialisiert. Die Ausgangssituation mit der erläuterten grafischen Darstellung zeigt das Bild 7.10.

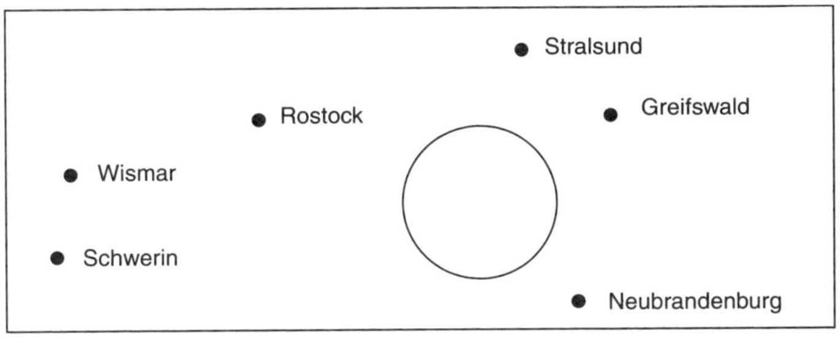

Abbildung 7.10 Grafische Darstellung einer Kohonen-Karte zur Lösung des TSP

Anfangs liegen alle Neuronen auf dem idealen Kreis. Das Lernverfahren funktioniert wie üblich. Die Koordinaten eines zu besuchenden Ortes werden angelegt. Das Neuron, welches den geringsten Abstand zum Eingabe-Neuron aufweist, ist das Gewinner-Neuron. Nun werden die Gewichte der Verbindungen zu diesem Neuron modifiziert. Die Gewichte der Verbindungen zu den Eingabe-Neuronen, die *xy*-Koordinaten des Neurons, werden so geändert, dass sich der Abstand zwischen Eingabeort und Neuron-Ort verringert. Das Gewinner-Neuron „nähert" sich dem Eingabeort.

Nach einer Reihe von Durchläufen existiert für jeden Ort ein Neuron der Kohonen-Karte, welches (fast) dieselben Koordinaten wie der Eingabe-Ort aufweist.

Ein Durchlauf durch alle Neuronen in der nummerierten Reihenfolge berührt dann auch alle Eingabe-Orte und stellt somit eine gültige Rundreise durch alle Orte dar. Grafisch lässt sich die Lösung dann sofort ablesen.

Für eine exakte Lösung ist nach dem Training in einem Durchlauf für jeden Ort das Gewinner-Neuron zu bestimmen. Sortiert man nun diese Paare aus Stadt und Gewinner-Neuron nach der Nummer der Neuronen, so erhält man für die zugeordneten Städte eine Lösung des Rundreiseproblems.

Auch wenn dieser letzte Schritt durchaus einigen Aufwand erfordert, steht dieser jedoch in keinem Verhältnis zum exponentiellen Verhalten einer vollständigen Suche. Mittels einer SOM kann innerhalb von Sekunden eine Rundreise durch mehrere hundert Orte bestimmt werden. Die Karte zur Bestimmung einer Rundreise durch 150 Orte im Bild 7.12 besteht aus 750 Neuronen und wurde innerhalb weniger Sekunden in 1900 Schritten trainiert. Aus den Bildern 7.11 und 7.12 ist ersichtlich, dass die gefundenen Lösungen recht plausibel sind. Allerdings kann nicht davon ausgegangen werden, dass stets die optimale Lösung erzielt wird.

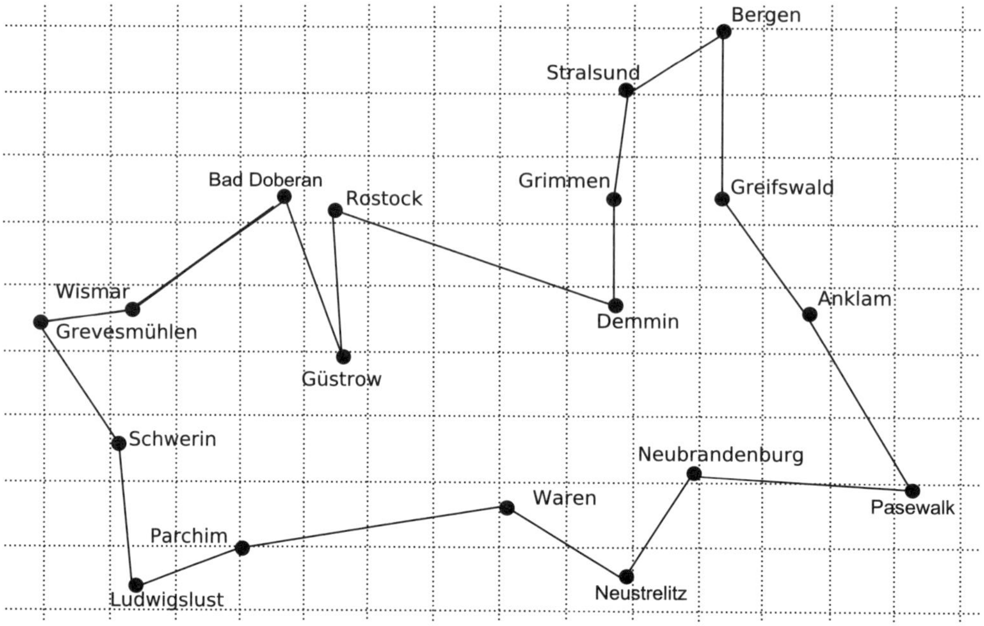

Abbildung 7.11 Rundreise durch alle 18 Kreisstädte und kreisfreien Städte von MVP

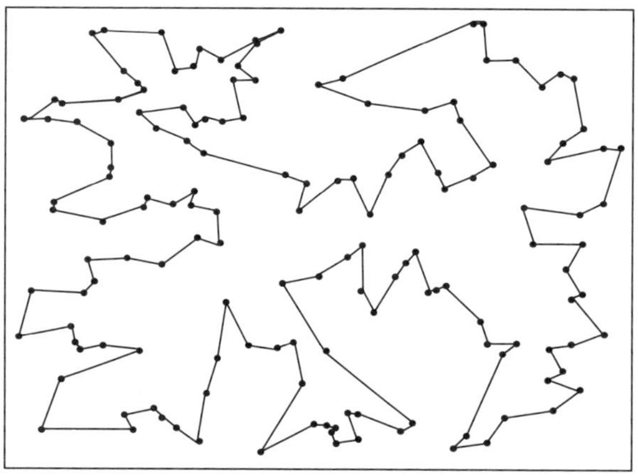

Abbildung 7.12 Eine Rundreise durch 150 Orte

Die Webseiten zum Buch enthalten die von Studenten entwickelte Software TSP. Mit ihr können verschiedene Algorithmen, darunter auch eine SOM, zur Bestimmung einer Rundreise getestet werden. Das Ergebnis im Bild 7.11 ist so entstanden.

Abschließend sei auf die Grenzen dieser Vorgehensweise hingewiesen: Das Verfahren ist nur anwendbar, wenn der Aufwand einer „Fahrt" von einem Ort zum nächsten Ort direkt der geometrischen Entfernung der Orte entspricht. Es muss stets gelten:

$$w_{A,B} = w_{B,A} = \sqrt{(x_A - x_B)^2 + (y_A - y_B)^2}$$

Bei einem allgemeinen Rundreiseproblem wird der Aufwand der Reise von einem Ort A zu einem Ort B als Wert in einer Kostenmatrix vorgegeben. In einer solchen Matrix ist $w_{A,B}$ nicht notwendigerweise gleich $w_{B,A}$. So können auch nicht gewollte Routen durch Angabe sehr hoher Kostenwerte von vornherein ausgeschlossen werden. Derartige Randbedingungen können bei der Anwendung einer SOM nicht berücksichtigt werden. Dies ist beispielsweise mit autoassoziativen Netzen möglich. Allerdings werden aus anderen Gründen nicht immer Ergebnisse in gewünschter Qualität erreicht. Autoassoziative Netze werden im Kapitel 8 behandelt.

7.1.5 Übungen

Fragen

7.1 Erläutern Sie die Architektur einer selbstorganisierenden Karte.

7.2 Was versteht man unter dem „winner-takes-all"-Verfahren?

7.3 Warum ist die Initialisierung der Gewichte mit zufälligen Werten notwendig?

7.4 Wie erfolgt die Anpassung der Gewichte einer SOM?

7.5 Auf welche Art und Weise können selbstorganisierende Karten visualisiert werden?

7.6 Wie kann das Rundreiseproblem mittels einer SOM gelöst werden und welche Randbedingungen gibt es?

7.7 Kann eine selbstorganisierende Karte zur Vorhersage von Börsenwerten verwendet werden? Begründen Sie Ihre Entscheidung.

Aufgaben

7.8 Klassifizieren Sie Tierdaten mit einer SOM. Erstellen Sie eine geeignete Codierung für die Eigenschaften der Tiere. Nutzen Sie den SNNS für die Arbeit mit der Karte.

7.9 Implementieren Sie eine Karte mit einer Eingabeschicht aus zwei Neuronen in einer Programmiersprache Ihrer Wahl und visualisieren Sie das Verhalten der Karte.

7.10 Lösen Sie das Rundreiseproblem für eine Rundreise durch alle Kreisstädte und kreisfreien Städte Ihres Bundeslandes.

Referate

7.11 Selbstorganisierende Karten in der Praxis.
Stellen Sie Anwendungen selbstorganisierender Karten zusammen.

7.2 Neuronales Gas

Die Architektur eines neuronalen Gases ist sehr einfach, besteht es doch im engeren Sinne nur aus einer Menge von Neuronen. Eine extra Eingabeschicht wird nur modelliert, um das Eingabemuster bereitzustellen, Bild 7.13.

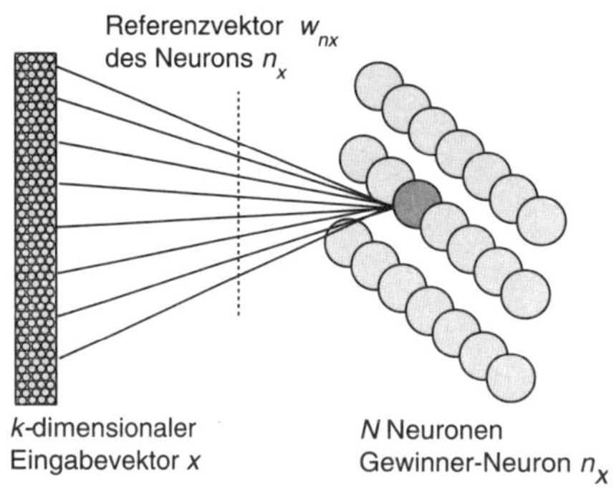

Abbildung 7.13 Neuronales Gas

7.2.1 Architektur und Arbeitsweise

Ein neuronales Gas ist im engeren Sinne gar kein Netz mehr, da die Neuronen nur Verbindungen zu den Eingabe-Neuronen besitzen. Die Neuronen sind untereinander nicht verbunden. Daher der Name: Wie in die Teilchen besitzen auch hier die Neuronen wenig Wechselwirkungen untereinander.

Ein neuronales Gas benutzt ein weiches Wettbewerbslernen zum Anpassen der Gewichte. Ähnlich wie in einer selbstorganisierenden Karte wird am Anfang sowohl von einem hohen Wert für den Lernparameter λ als auch von einer hohen Nachbarschaftsweite ε ausgegangen. Der Lernparameter bestimmt wesentlich den Grad der Veränderung eines Gewichtes. Die Nachbarschaftsweite legt fest, welche Neuronen bzw. welche Verbindungsgewichte aufgrund eines Trainingsmusters angepasst werden.

Häufig werden für die Demonstration zweidimensionale Eingaben betrachtet, die über ein bestimmtes Gebiet in der Ebene gleich verteilt sind. Man vergleiche hierzu die Arbeit von Fritzke [Fritzke98] und insbesondere die Demonstrationssoftware von Loose und Fritzke [LooFri98]. Dabei werden sowohl die Eingaben als auch die Neuronen als Punkte in der Ebene visualisiert. Der Anpassungsprozess ist damit anschaulich nachvollziehbar.

Wie die Experimente mit dem Dortmunder Demonstrations-Applet [LooFri98] zeigen, werden einige Tausend Lernschritte benötigt, bis das gewünschte Ergebnis erzielt wird. Aufgrund des hohen Abstandswertes ε zu Beginn, werden am Anfang alle Neuronen beeinflusst und wandern so dem jeweiligen Eingabesignal hinterher.

Listing 7.3 Algorithmus der Anpassung eines neuronalen Gases

```
PROCEDURE NeuroGas
  Initialisiere alle Neuronen der Gas-Schicht ni, 1 ≤ i ≤ N
  Initialisiere alle Verbindungen wi mit zufälligen Gewichten
     wi ist der Vektor der Verbindungsgewichte von den
     Eingabe-Neuronen zum Neuron i
  Initialisiere Lernparameter λ0, λtmax wobei gilt: λ0 > λtmax
    sowie Parameter zur Bestimmung der Nachbarschaftsweite ε0
    und εtmax mit derselben Bedingung: ε0 > εtmax
  FOR t := 0 TO  tmax DO
    Eingabe-Neuronen erhalten ein Eingabesignal xi, 1 ≤ i ≤ dimX
    FOR j:=1 TO N DO
      distj = ||X - wnj||   Abstand des Neurons j zur Eingabe X
    END FOR
    Sortiere die Neuronen j zu einer Folge f1, f2, ..., fN so,
      dass die zugehörigen Distanzen aufsteigend sortiert sind:
      distf1 ≤ distf2 ≤ ...  ≤ distfN
    Verändere die Gewichtsvektoren wfk wie folgt:
      Δwfk = λt λ h(t,k)·(X - wfk) für k = 1..N;
        Dabei berechnen sich die Komponenten wie folgt:
```

$$\lambda_t = \lambda \cdot \left(\frac{\lambda_{t\max}}{\lambda_0}\right)^{t/t\max} \qquad \varepsilon_t = \varepsilon_0 \cdot \left(\frac{\varepsilon_{t\max}}{\varepsilon_0}\right)^{t/t\max} \qquad h(t,k) = e^{\left(\frac{1-k}{\varepsilon_t}\right)}$$

```
  END FOR
END NeuroGas
```

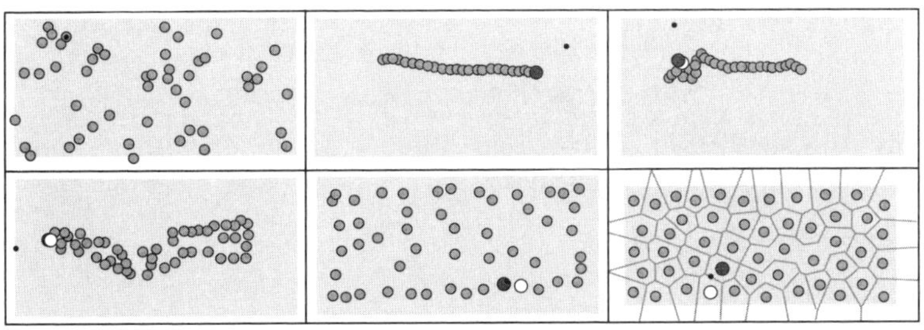

Abbildung 7.14 Verteilung der Neuronen im Verlaufe der Lernphase, erzeugt mittels [LooFri98]: Initialer Zustand, Zustand nach 200, 1.000, 5.000, 14.000 sowie 28.000 Schritten

Im Teilbild rechts unten ist die so genannte **Voronoi-Tesselation** eingezeichnet. Diese Aufteilung des Eingabegebietes zeigt für jedes Neuron auf, für welche Vektoren aus dem Eingaberaum dieses Neuron das Gewinner-Neuron ist. Alle Punkte einer solchen Kachel-Fläche werden somit auf das Neuron im Innern dieser Fläche abgebildet.

Definition 7.3 Voronoi-Gebiet

Das Voronoi-Gebiet G_i eines Neurons i mit dem Referenzvektor w_i umfasst die Menge aller Punkte p_j, für die w_i der „nächste" Vektor ist:

Es gibt somit kein $p \in G_i$ und kein k so dass gilt: $\|x_p - w_i\| > \|x_p - w_k\|$

Mit der Voronoi-Kachelung ist ein spezieller Graph unmittelbar verbunden, die Delaunay-Triangulation.

Definition 7.4 Delaunay-Triangulation

Verbindet man diejenigen Neuronen miteinander, deren zugehörige Voronoi-Gebiete eine gemeinsame Kante aufweisen, so entsteht die Delaunay-Triangulation.

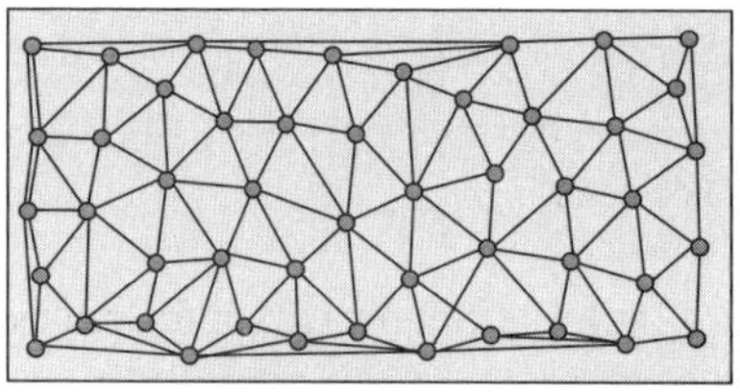

Abbildung 7.15 Delaunay-Triangulation der Neuronen eines neuronalen Gases (erzeugt mittels [LooFri98])

7.2.2 Wachsendes neuronales Gas

Für viele Anwendungen von neuronalen Netzen besteht ein Problem darin, die geeignete Anzahl von Neuronen zu finden. Zu viele Neuronen begünstigen das sogenannte **Overfitting**. Das neuronale Netz ist zu stark trainiert und verliert dabei seine **Generalisierungsfähigkeit**.

Ein Netz mit sehr wenigen Neuronen wird die geforderte Aufgabe nicht erfüllen können. Kennzeichnend dafür ist, dass der Netzfehler sich nicht verringern lässt.

Eine Idee [Fritzke98] geht nun davon aus, mit sehr wenigen Neuronen zu beginnen. Entsprechend der Aufgabenstellung und deren Erfüllung werden nach und nach weitere Neuronen hinzugefügt, bis ein gewünschtes Verhalten erreicht wird.

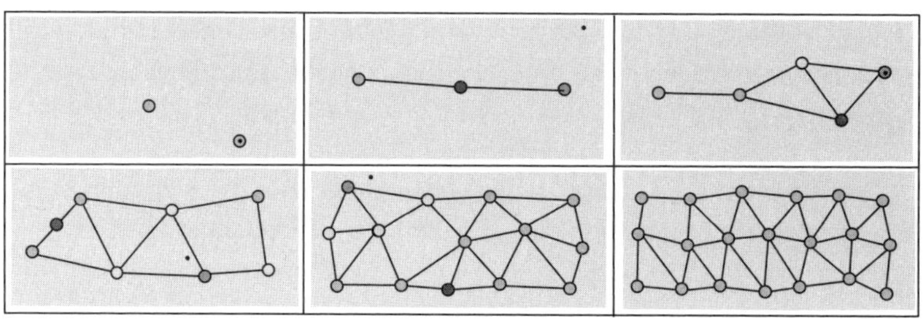

Abbildung 7.16 Ausschnitte aus dem Wachstumsprozess des neuronalen Gases, das bisauf maximal 20 Neuronen anwächst (mittels DemoGNG erzeugt)

Die Vorgehensweise kann wiederum sehr anschaulich mittels des Demonstration-Applet von Loos und Fritzke [LooFri98] nachvollzogen werden. Zum besseren Verständnis verlangsamt man die Simulation. Das Einschalten der Anzeige für die Eingabesignale und die Markierungen der vom Lernschritt betroffenen Neuronen erhöht die Anschaulichkeit ebenso.

Entsprechend der gewählten maximalen Zahl von Neuronen und einer Eingabemenge passt sich die Menge der Referenzvektoren der Neuronen so an, dass eine „gleichmäßige" Verteilung der Neuronen über dem Eingaberaum entsteht.

Im zweidimensionalen Fall und einer Gleichverteilung der Eingabesignale über einer Fläche, wird sich das neuronale Gas so verteilen, dass eine gleichmäßige Aufteilung der Fläche erfolgt. Diese ist anhand der Voronoi-Tesselation besonders anschaulich.

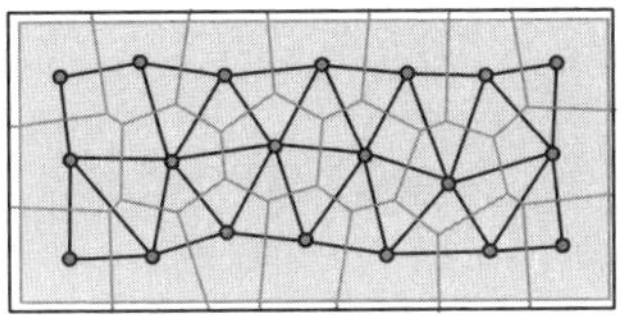

Abbildung 7.17 Aufteilung der Eingabefläche, angezeigt durch die Voronoi-Tesselation

Das Hinzufügen eines weiteren Neurons erfolgt nicht zufällig. Stattdessen wird ein neues Neuron zwischen dem „schlechtesten" Neuron und dem „schlechtesten" Nachbarn dieses Verlierers platziert.

Listing 7.4 Algorithmus zum Einsetzen eines neuen Neurons

```
PROCEDURE ErzeugeNeuron
  Bestimme das "schlechteste" Neuron q,
    das Neuron mit dem größten akkumulierten Fehler
  Bestimme den "schlechtesten" Nachbarn p von q
  Erzeuge neues Neuron r und
          initialisiere den Referenzvektor: w_r := 1/2·(w_q+w_p)
  Erzeuge Kante (r,p) und (r,q); Entferne Kante (p,q)
  Aktualisiere die lokalen Fehlerwerte: E_q:= (1 – α) · E_q; E_p:= (1 – α) · E_p
  Setze den Fehlerwert des neuen Neurons r: E_r:= 1/2 · (E_q + E_f)
  FORALL Neuron i DO E_i:= (1 – β) · E_i
END ErzeugeNeuron
```

Als lokaler Fehlerwert dieser neuen Einheit wird ein Mittel aus den beteiligten „alten" Neuronen-Fehlerwerten unter Beachtung einer kleinen angenommenen Verbesserung α gewählt.

Gleichzeitig wird die Verbindung zwischen den beiden „alten" Neuronen entfernt und durch je eine Verbindung zum neu hinzugefügten Neuron ersetzt. Nach einer vorher definierten Zahl von Lernschritten wird dann das nächste Neuron eingefügt.

Die Lebensdauer einer Verbindung wird grundsätzlich begrenzt. Entstehen durch die Entfernung vorhandener Kanten Neuronen ohne Verbindung, so wird dieses Neuron ebenfalls entfernt.

Listing 7.5 Algorithmus zur Anpassung eines wachsenden neuronalen Gases an einen Eingaberaum

```
PROCEDURE GrowingNeuralGas
  Initialisiere die Gas-Schicht mit zwei Neuronen n1 und n2
  Initialisiere die Referenzvektoren w1 und w2 (zufällig)
  Initialisiere die Menge der Verbindungen als leere Menge
```

```
    ende   := FALSE;
    schritt := 0;
    WHILE NOT ende DO
      schritt++;
      Eingabe-Neuronen erhalten ein Eingabesignal x: xi, 1 ≤ i ≤ dimX
      Ermittle das Sieger-Neuron s1
      Ermittle den Zweitplatzierten s2
      IF NOT Verbindung (s1,s2) THEN Erzeuge Verbindung(s1,s2)
      Verbindung(s1,s2).alter:=0
      Aktualisiere den lokalen Fehlerwert:      ΔEs1  := ||x -  ws1||²
      Aktualisiere die Referenzvektoren von s1: Δws1  := λ · (x - ws1)
      FORALL Nachbar i von s1 DO
        Adaption der Gewichte der Nachbarn:     Δwi  := λ · (x - wi)
        Erhöhe das Alter der Kanten von s1 zum Nachbarn i:
          Verbindung(s1,i).alter ++
      FORALL Verbindung(i,j) DO
        IF verbindung(i,j).alter>maxa THEN Entferne Verbindung(i,j)
      FORALL Neuroni DO
        IF Neuroni.anzahlVerbindungen=0 THEN Entferne Neuron i
      IF (schritt MOD lambda)=0 THEN  ErzeugeNeuron
      ende:= Haltekriterium ist erfüllt
    END WHILE
  END GrowingNeuralGas
```

Die Kanten werden hierbei nicht im üblichen Sinne neuronaler Netze gesehen. Sie besitzen weder Gewichte noch werden sie in irgendeiner Weise zur Bestimmung einer Neuronenaktivität herangezogen. Jede Kante, die gemäß dem obigen Algorithmus erzeugt wird, ist Bestandteil der so genannten Delaunay-Triangulation. Sie werden benutzt, um die Ähnlichkeitsbeziehungen besser ermitteln zu können.

7.2.3 Übungen

Fragen

7.12 Was versteht man unter Wettbewerbslernen? Wodurch unterscheiden sich die beiden genannten Formen?

7.13 Geben Sie den Aufbau eines neuronalen Gases wider.

7.14 Wodurch unterscheidet sich die Bestimmung des Gewinner-Neurons in einer selbstorganisierenden Karte von dem Vorgehen in einem neuronalen Gas?

7.15 Wie wird ein neuronales Gas trainiert?

7.16 Wie funktioniert der Wachstumsprozess in einem wachsenden neuronalen Gas?

7.17 Was ist das Ziel bei der Anwendung von neuronalen Gasen?

Aufgaben

7.18 Spielen Sie mit dem DemoGNG-System die hier gezeigten Beispiele nach. Das erste Beispiel ist ein einfaches neuronales Gas mit 50 Neuronen und einem Rechteck als Eingabefläche. Das zweite Beispiel benutzt dieselbe Fläche, ist ein wachsendes neuronales Netz mit maximal 20 Neuronen.

7.19 Vergleichen Sie das Verhalten eines wachsenden neuronalen Netzes mit einer selbstorganisierenden Karte (bei gleicher Neuronenzahl und gleicher Eingabefläche). Beurteilen Sie die Ergebnisse nach 10.000, 20.000 sowie 40.000 Lernschritten.

Referat

7.20 Anwendungen neuronaler Gase

Stellen Sie mittels einer Literatur- sowie Internet-Recherche Anwendungen neuronaler Gase zusammen. Betrachten Sie die Anwendungen kritisch und versuchen Sie alternative Netzarchitekturen vorzuschlagen.

7.3 Adaptive Resonanz-Theorie

7.3.1 Das Plastizitäts-Stabilitäts-Dilemma

Eine große Herausforderung für Systeme, die ein intelligentes Verhalten zeigen sollen, ist das selbstständige, autonome Reagieren auf bis dato unbekannte Situationen. Alle bisher betrachteten Netze können so trainiert bzw. entwickelt werden, dass sie in der Lage sind, auf neue, unbekannte Eingaben zu reagieren. Allerdings ist die mögliche Reaktion auf die vorher antrainierten Reaktionen beschränkt. Die Adaptive Resonanz Theorie (ART) kann für eine Klassenbildung (Clusterung) als auch für die Klassifikation eingesetzt werden. Für die Ermittlung eines Neurons als Vertreter einer Klasse von Eingabedaten kommt eine Form des Wettbewerbslernens zur Anwendung.

Beispiel 7.2 Ziffern-Erkennung

Nehmen wir an, ein vorwärts gerichtetes Netz sei in der Lage, die Ziffern von **0** bis **9** zu klassifizieren. Nun soll die Anwendung von Dezimalzahlen auf Hexadezimalzahlen umgestellt werden. Das Netz muss dazu auch die Buchstaben **A** bis **F** erkennen.

Ein Trainieren des Buchstabens A führt dazu, dass die bisher gelernten Ziffern nicht mehr erkannt werden. Das Netz "vergisst" das vorher gelernte Verhalten. Eine Erweiterung der vorzunehmenden Klassifizierung kann nur durch ein komplett neues Training unter Verwendung des entsprechend neuen, erweiterten Trainingsdatensatzes der Zeichen:
0 ... **9**, **A** ... **F** erfolgen.

Anzustreben ist es, dass ein Netz autonom erkennt, wenn ein Muster anliegt, welches nicht den bekannten Klassen zuzuordnen ist. Dieses neue Muster sollte dann zusätzlich zu den bereits gelernten Mustern „gemerkt“ werden. Diese wünschenswerte Eigenschaft eines Netzes wird **Plastizität** genannt.

Selbstverständlich wird erwartet, dass alle vorher bekannten Muster auch weiterhin ordnungsgemäß behandelt werden. Diese Eigenschaft wird als **Stabilität** bezeichnet.

Beide Forderungen widersprechen sich: Man spricht vom **Plastitzitäts-Stabilitäts-Dilemma**. Eine Kernfrage ist, ob ein Muster tatsächlich ein neues Muster, somit eine neue Klasse repräsentiert, oder ob dieses Muster ein etwas verrauschtes Exemplar aus einer bereits bekannten Klasse darstellt.

Ist das Würfel-Muster mit fünf Punkten eine verrauschte Vier oder eine neue Klasse? Diese Frage kann nur unter Beachtung eines Maßes für die Ähnlichkeit von Mustern, einem **Ähnlichkeitsmaß** beantwortet werden.

Abbildung 7.18 Ähnlichkeit von Würfelmustern

Die **Adaptive-Resonanz-Theorie** (**ART**) bietet einen Ansatz, das Plastizitäts-Stabilitäts-Dilemma aufzulösen. Neue Muster werden bearbeitet und in das Gedächtnis aufgenommen, ohne dass vorher gelernte Muster „vergessen" werden. Alle Muster, deren Abstand zueinander kleiner ist als der Ähnlichkeitsparameter vorgibt, werden einer gemeinsamen Klasse zugeordnet. Dabei gibt es ein ausgezeichnetes Muster, welches als Vertreter dieser Klasse fungiert.

Zur Lösung des Ähnlichkeitsproblems wird dabei ein **Ähnlichkeitsparameter** eingeführt. Im dreidimensionalen Fall kann die von einem ART-Netz vorgenommene Klassifizierung wie im Bild 7.19 veranschaulicht werden.

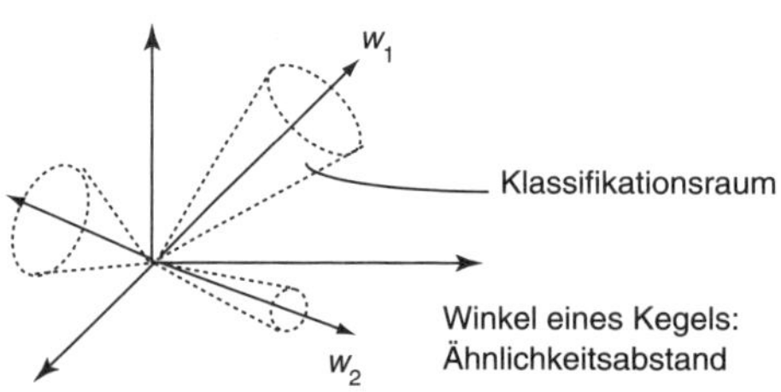

Abbildung 7.19 Klassifizierungen in einem ART-Netz (nach [Zell97])

Alle Punkte, die innerhalb eines Trichters liegen, sind dem Referenzvektor unter Beachtung des Ähnlichkeitsmaßes ähnlich. Sie gehören zu ein und derselben Klasse und produzieren somit dieselbe Ausgabe des Netzes. Der Radius eines Trichters im Bild 7.19 wird durch den Ähnlichkeitsparameter bestimmt.

Beispiel 7.3 Ähnlichkeit

Im folgenden Beispiel wird der Eingabevektor X mit dem Referenzvektor W einer Klasse verglichen:

$$X = (0,1,1) \qquad W = (1,1,0) \qquad sim = |X \wedge Y| \,/\, |X| = |(0,1,0)| \,/\, |(0,1,1)| = 0.71$$

Nimmt man einen Ähnlichkeitsparameter von 0.7 an, so werden beide Vektoren als ähnlich, als derselben Klasse zugehörig, eingestuft. Ein Parameterwert von 0.8 würde beide Muster als Vertreter unterschiedlicher Klassen einordnen.

Die Ausgabe eines ART-Netzes besteht in der Klassifizierung einer Eingabe. Die vorgenommene Klassifizierung wird durch das Gewinner-Neuron einer Erkennungsschicht deutlich.

7.3.2 Struktur eines ART-Netzes

Die Struktur und damit verbunden die Arbeitsweise eines ART-Netzes (siehe Bild 7.20) ist um einiges komplizierter als bei den bisher betrachteten Architekturen Neuronaler Netze.

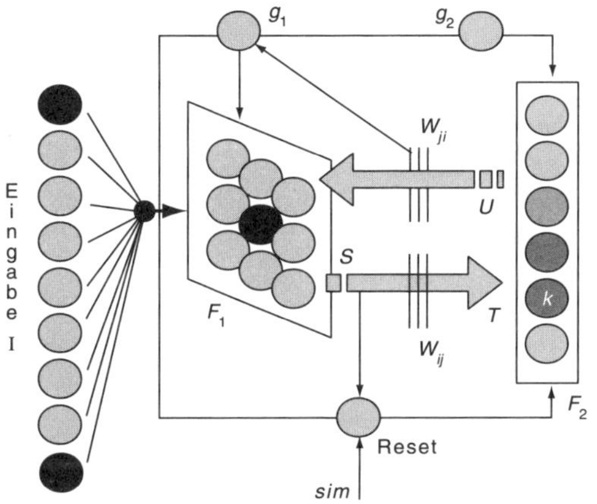

Abbildung 7.20 Struktur eines ART1-Netzes

Bild 7.20 übernimmt die Bezeichnungen aus [Zell97], wie sie auch in anderen Büchern [Scherer97] aufgegriffen werden.

Kern eines ART-Netzes sind zwei Schichten von Neuronen. Die **Vergleichsschicht** F_1 (feature representation field) speichert für jede Klasse das Referenzmuster der Klasse. Die **Erkennungsschicht** F_2 (category representation field) besteht aus Neuronen, die die Erkennung einer Klasse signalisieren. Die Größe der Erkennungsschicht bestimmt die Zahl der erkennbaren Klassen.

Tabelle 7.2 Komponenten eines ART1-Netzes

Bez.	Bedeutung
F_1	Vergleichsschicht
F_2	Erkennungsschicht
W_{ij}	Matrix der Verbindungsgewichte von F_1 nach F_2; reellwertig
W_{ji}	Verbindungsgewichte von F_2 nach F_1; binär
S	Ergebnis der Verknüpfung der Eingabe I mit dem Vektor V und g_1 nach der 2/3-Regel
T	Ergebnis der Anwendung von S auf W_{ij}
U	binärer Vektor mit genau einer 1: $u_k = 1$, für k ist Gewinner-Neuron aus F_2
V	Verknüpfung von U mit binärer Gewichtsmatrix W_{ji}
g_1	Verstärkungsneuron (gain) für F_1-Schicht

Bez.	Bedeutung
g_2	Verstärkungsneuron für F_2-Schicht
Reset	Überwachung der Ähnlichkeit
sim	Ähnlichkeitsparameter
k	Gewinner-Neuron

Die Arbeitsweise kann grob skizziert werden, die Vorgehensweise im Einzelnen erfordert weitergehende Klärung. Wird ein Muster dem Netz angelegt, so wird die Eingabe an die Erkennungsschicht F_2 durchgereicht. Aus der Verknüpfung der Eingabe mit der Gewichtsmatrix wird das Neuron mit der höchsten Aktivierung, das **Gewinner-Neuron** (winner takes all), in der Erkennungsschicht bestimmt. Dies ist wieder eine Anwendung des Wettbewerbslernens. Anschließend wird die Ähnlichkeit zwischen Eingabemuster I und dem der Gewinner-Neuron-Klasse zugeordneten Referenzmuster ermittelt. Dieses ist in der Vergleichsschicht F_1 gespeichert. Nun treten drei Fälle auf:

1. Ist die Eingabe dem Referenzmuster ähnlich, ist das Eingabemuster als Vertreter dieser Klasse erkannt. Das Netz hat die Klassifikation abgeschlossen.
2. Falls keine hinreichende Ähnlichkeit bestimmt werden kann, wird das zweitbeste Neuron der Erkennungsschicht nebst zugehörigem Vergleichsmuster betrachtet.
3. Lässt sich für kein Vergleichsmuster eine Ähnlichkeit mit der Eingabe entdecken, wird eine neue Klasse mit dem Eingabemuster als Referenzmuster gespeichert. Das funktioniert nur so lange, wie noch freie Neuronen aus der Erkennungsschicht zur Verfügung stehen.

Bevor wir die Arbeitsweise im Detail erläutern, wird ein Beispiel die Vorgehensweise und Möglichkeiten eines ART-Netzes demonstrieren.

7.3.3 Das Beispiel Würfelmuster

Ein neuronales Netz soll Würfelmuster erkennen. Dabei stehen zwei Ziele im Mittelpunkt der Experimente: Zum einen werden die Würfelmuster in zwei Etappen antrainiert. Nachdem das Netz die ersten vier Muster gelernt hat, wird es zu einem späteren Zeitpunkt die beiden letzten Muster hinzulernen. Zum anderen kann durch Veränderung des Ähnlichkeitsparameters die Einteilung von Mustern in Klassen gesteuert werden.

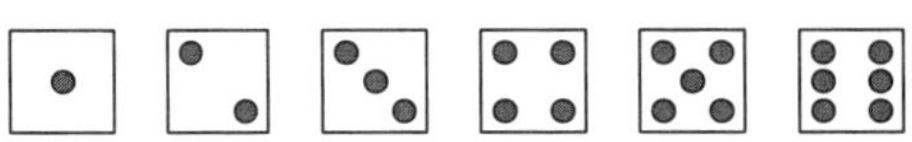

Abbildung 7.21 Würfelmuster als Eingabe für ein ART-Netz

Für die Durchführung der Experimente wird wieder der **Stuttgarter Neuronale Netze Simulator** benutzt. Das Vorgehen kann in vier Phasen unterteilt werden:

1. Aufbau des Netzes
2. Anpassung der Parameter

3. Aufbau der Musterdateien
4. Arbeit mit dem Netz

Phase: Aufbau des Netzes

Mittels des Menüpunktes BIGNET des Hauptfensters wird ein ART1-Netz aufgebaut. Die F_1-Schicht wird mit 9 Neuronen bei 3 Reihen festgelegt. Damit entsteht sowohl die Eingabeschicht als auch die Vergleichsschicht in einer quadratischen Darstellung.

Die Erkennungsschicht F_2 erhält 6 Neuronen, für jedes Würfelmuster eins. Die Anordnung in einer Spalte ist günstig und wird durch die Angabe von 6 Zeilen erreicht. Im display-Fenster ist dann das erzeugte Netz zu sehen.

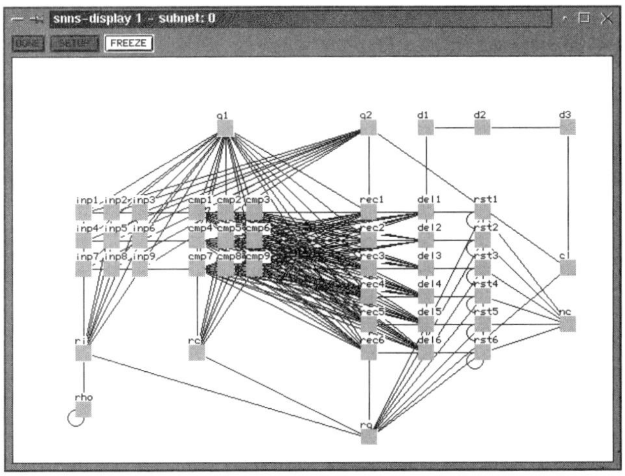

Abbildung 7.22 Das ART-Netz im display-Fenster des SNNS

Anpassungen an diese Darstellung können im SETUP vorgenommen werden. Das SNNS-ART1-Netz unterscheidet sich von der vorher diskutierten Struktur, da die Wirkung der ursprünglich externen Komponenten ebenfalls durch Neuronen realisiert wird.

Phase: Anpassung und Einstellungen

Eine Reihe von Anpassungen ist vorzunehmen, um ein arbeitsfähiges Netz zu erhalten. Nachdem das CONTROL -Fenster geöffnet wurde, können die Funktionen eingestellt werden. Man wähle die entsprechenden ART1-Varianten der Lernfunktion, der Propagierungsfunktion sowie der Initialisierungsfunktion aus.

Man beginne mit der ART1-STABLE-Funktion als Propagierungsfunktion. Die zwei Parameter der Initialisierungsfunktion sind beide auf 1.0 zu setzen. Details zur Wirkungsweise der Funktionen können der SNNS-Hilfe entnommen werden.

Die Schwellwerte der Neuronen der Eingabeschicht inp sind auf einen Wert größer 0 zu setzen, z. B. 0.9 oder 1.0. In Abschnitt 9.1.2 wird auf die Nutzung des Netzeditors eingegangen. Die Vorgehensweise lautet kurz skizziert: Im info-Fenster den Wert des Schwellwertes (Bias) des Target-Neurons auf den gewünschten Wert setzen. Danach im display-Fenster alle Eingabeneuronen markieren. Die Tastenfolge U–S–B (Unit Set Bias) veranlasst die Übernahme des Wertes in die markierten Neuronen.

Phase: Aufbau der Musterdateien

Für die Experimente zum Nachweis der Plastizität und Stabilität des Netzes ist es vorteilhaft, mehrere Musterdateien zu erstellen. Man erstelle jeweils eine Datei mit den binären Darstellungen der Würfelmuster 1 bis 4, 5 und 6, sowie eine Datei mit allen sechs Würfelmustern:

Listing 7.6 Muster-Datei für das ART-Würfel-Beispiel

```
SNNS pattern definition file V3.2
generated at Mon Apr 17 17:54:03 2000

No. of patterns : 6
No. of input units : 9

# Input pattern 1:
0 0 0
0 1 0
0 0 0

# Input pattern 2:
1 0 0
0 0 0
0 0 1
# Input pattern 3:
...
```

Phase: Arbeit mit dem Netz

Nachdem die Musterdatei geladen wurde und das Netz mit INIT initialisiert wurde, kann mittels TEST die Reaktion des „unerfahrenen" Netzes erlebt werden: Auf die Eingaben erfolgt keinerlei Reaktion. Kein Neuron der F_2-Schicht zeigt eine Erregung.

Nun wird das Netz trainiert. Wichtig ist die Festlegung des Ähnlichkeitsparameters, der als Parameter der Lernfunktion angegeben wird. Die Funktion ALL trainiert alle Muster. Mittels TEST kann dann die vom Netz vorgenommene Klassifizierung veranschaulicht werden. Tabelle 7.3 zeigt einige mögliche Ergebnisse.

Tabelle 7.3 Einfluss des Ähnlichkeitsparameters auf die Klassifizierung

Ähnlichkeitsparameter	Klassifizierung
0.5	3 Klassen: { {1}, {2,3}, {4, 5, 6} }
0.8	5 Klassen: { ({1}), {2}, {3}, {4, 5}, {6} }
0.9	Jedes Muster wird in eigene Klasse eingeordnet.

Je dichter der Wert an 1.0 heranrückt, umso geringer fällt die tolerierte Abweichung aus. Im Gegensatz dazu werden bei einem Wert nahe 0 alle Muster in ein und dieselbe Klasse eingeordnet.

7.3.4 Arbeitsweise

Nachdem erste Erfahrungen im Umgang mit einem ART-Netz gesammelt wurden, kann die Arbeitsweise im Einzelnen dargestellt werden. Es lassen sich mehrere Phasen unterscheiden:

In der **Initialisierungsphase** werden alle Gewichte der Verbindungen von der Erkennungsschicht F_2 zur Vergleichsschicht F_1 auf 1 gesetzt. Alle Verbindungen von der Vergleichsschicht F_1 zur Erkennungsschicht F_2 werden mit einem reellen Wert belegt, der unter Nutzung der Dimension der Eingabe m sowie einer Konstanten L, $L > 1$, berechnet wird. In der Literatur wird $L = 2$ benutzt.

$$w_{ij} < \frac{L}{L-1+m}$$

Da im SNNS auch die algorithmischen Komponenten eines ART-Netzes mittels der Möglichkeiten neuronaler Netze modelliert werden, erfolgt eine differenzierte Belegung. Gewichte der Verbindungen von F_1 nach F_2 werden mit steigendem Index kleiner. Zur Berechnung können im control-Fenster zwei Parameter für die Initialisierungsfunktion angegeben werden. Diese können beide mit 1.0 festgelegt werden.

Der **Aufmerksamkeitsparameter** (vigilance) liegt zwischen 0 und 1 und regelt die Toleranz, die das System aufweist. Ein Wert von $sim = 0$ führt dazu, dass alle Eingaben als einander ähnlich betrachtet werden. Alle Eingaben werden in eine Klasse abgebildet. Das andere Extrem ist ein Wert von 1.0, der dafür sorgt, dass jedes Eingabemuster nur zu sich selbst ähnlich ist. Im SNNS wird der Aufmerksamkeits- oder Toleranzparameter als Parameter der Lernfunktion angegeben. Werte von 0.9 bis 0.99 führen für die Beispiele zu den gewünschten Ergebnissen.

In der **Erkennungsphase** wird für das anliegende Eingabe-Muster ein zugehöriges Neuron in der Erkennungsschicht ermittelt. Die Vergleichsschicht leitet in einem ersten Schritt nur die Eingabe weiter: Der Vektor S ist identisch zur Eingabe I. Im Vorfeld wird dazu vom Nullvektor als Eingabe ausgegangen $I = (0,0,...,0)$, damit ist $g_2 = 0$ und auch der Vektor V ist der Nullvektor. Der Vektor S wird nach der 2/3-Regel als Erregung der Neuronen der Vergleichsschicht ermittelt.

Definition 7.5 2/3-Regel

Man spricht von der **2/3-Regel**, wenn das Ergebnis genau dann 1 ist, wenn mindestens 2 der 3 binären Eingaben 1 sind:

$$f(a,b,c) = \begin{cases} 1, & \text{falls } (a+b+c) \geq 2 \\ 0, & \text{sonst} \end{cases}$$

Ist nun V der Nullvektor und $g_1 = 1$, entscheidet die Eingabe I darüber, welches Neuron der F_2-Schicht aktiviert wird. S wird zur Kopie von I. Nun wird nach der **winner-takes-all**-Strategie das Gewinner-Neuron der Erkennungsschicht ermittelt: Das Neuron k der F_2-Schicht gewinnt, falls:

$$n_k = \begin{cases} 1, & \text{falls } \max\limits_j (W_j \cdot S) = W_k \cdot S \\ 0, & \text{sonst} \end{cases}$$

Damit ist nur das Gewinner-Neuron k aktiviert. Dieses Neuron k besitzt den zur Eingabe I ähnlichsten Gewichtsvektor W_k. Alle anderen Neuronen sind 0.

In der **Vergleichsphase** wird das dem Gewinner-Neuron zugeordnete Muster mit der aktuellen Eingabe verglichen. Der Vektor U enthält nur an der Stelle k eine 1, alle anderen Komponenten sind 0. Der Vektor W_k, das ist der Teil der binären Gewichtsmatrix, der dem Neuron k zugeordnet ist, speichert das Referenzmuster für die Klasse k.

Da U nun verschieden vom Nullvektor ist, wird $g_1 = 0$. Damit feuern wieder die Neuronen der Vergleichsschicht F_1 nach der 2/3-Regel und liefern wiederum S. Es sind nun ausschließlich die Komponenten von S aktiv, deren entsprechende Positionen sowohl in der Eingabe I als auch im Vektors $V = W_{ji} \cdot U$ aktiv sind:

$$S = I \wedge V = I \wedge W_k$$

Nun wird dieses S, welches die Ähnlichkeit des Referenzmusters W_k mit der Eingabe I verkörpert, mit der Eingabe verglichen. Sind die Unterschiede zu stark $|S| / |I| < sim$ feuert die Reset-Komponente:

$$\frac{|S|}{|I|} = \frac{|W_k \wedge I|}{|I|} < sim$$

Ist der Wert größer oder gleich dem *sim*-Parameter, ist die Eingabe als zur Klasse des Neurons k zugehörig identifiziert worden. Die Gewichte des Referenzvektors werden angepasst.

Ist keine Ähnlichkeit erkannt worden, beginnt eine **Suchphase**, in der nach weiteren Gewinner-Neuronen gesucht wird. Dazu wird in S wieder ein Abbild der Eingabe erzeugt. Dies geschieht, da $Reset = 1$ und U somit wieder der Nullvektor und $g_1 = 1$ ist.

Das Neuron k wird aus der Liste der möglichen Gewinner gestrichen und ein nächstes Gewinner-Neuron wird bestimmt (vgl. Erkennungsphase). Ist das zugehörige Referenzmuster hinreichend ähnlich, stoppt die Suche, ansonsten beginnt eine neue Suchphase.

Kann kein Neuron mit hinreichend ähnlichem Referenzmuster gefunden werden, wird eine neue Klasse angelegt, indem das Eingabemuster als Referenzmuster eines bisher noch nicht benutzten Neurons gespeichert wird. Steht kein Neuron mehr zur Verfügung, kann das Muster nicht klassifiziert werden.

Während des Trainingsprozesses erfolgt die **Gewichtsanpassung**. Dazu wird üblicherweise ein Muster so lange angelegt, bis die reellwertigen Gewichte stabile Werte angenommen haben. Nach [Zell97] wird folgende Formel zum Setzen der Werte verwendet:

$$w_{ik} = \frac{L \cdot s_i}{L - 1 + \sum_l s_l}$$

Dabei ist L der bereits in der Initialisierungsphase genannte Parameter, der oft mit 2 belegt wird. k ist wieder der Index des Gewinner-Neurons und s_i sind die Komponenten des Vektors S.

Training bedeutet hierbei, dass das Referenzmuster einer Klasse angepasst wird, falls ein weiteres Muster in diese Klasse eingeordnet wurde. Das Referenzmuster soll alle bis dahin in diese Klasse eingeordneten Muster möglichst gut repräsentieren. Daher kommt es zu Anpassungen des Referenzmusters während der Trainingsphase.

Neben den binären ART-Netzen gibt es auch eine Erweiterung auf Netze mit reellwertigen Eingaben. Auf diese Netzform wird an dieser Stelle nicht eingegangen. Der interessierte Leser sei zum Beispiel auf [Zell97] verwiesen.

7.3.5 Übungen

Fragen

7.21 Was wird unter dem Plastizitäts-Stabilitäts-Dilemma verstanden?

7.22 Geben Sie in groben Zügen die Arbeitsweise eines ART1-Netzes wieder.

7.23 Welche Rolle kommt dem Ähnlichkeitsparameter zu?

7.24 Wie groß sind die beiden Neuronen-Schichten eins ART1-Netzes zu wählen?

Aufgaben

7.25 Entwickeln Sie mit Hilfe des SNNS ein ART-Netz zur Erkennung von Ziffern, die als 5x7-Muster gegeben sind. Um auch die nächste Aufgabe erfüllen zu können, legen Sie gleich eine Erkennungsschicht mit 16 Neuronen an. In wie viele Klassen zerfallen die Muster **0.9** bei einem Ähnlichkeitsfaktor *sim* = 0.8?

7.26 Erstellen Sie eine zweite Musterdatei mit den restlichen Hexadezimalziffern (**A**..**F**), und trainieren Sie das ART-Netz. Wechseln Sie erneut die Musterdatei und überprüfen Sie auf diese Weise die am Anfang des Kapitels getroffenen Aussagen über ein ART-Netz.

7.27 Machen Sie sich mit dem SNNS-Beispiel eines ART1-Netzes vertraut. Dieses soll die Großbuchstaben klassifizieren. Prüfen Sie die Klassifizierungen für verschiedene Ähnlichkeitsparameter: $sim \in (0.5, 0.7, 0.8, 0.9, 0.95)$.

7.28 Entwickeln Sie ein ART1-Netz für die Klassifikation der Bankkunden. Greifen Sie auf die Daten aus dem Abschnitt 6.2.3 zurück. Die dort vorgenommene Codierung ist für dieses Netz ungeeignet. Erarbeiten Sie eine für das ART-Netz geeignete Codierung. In welche Klassen werden die Datensätze bei einem Ähnlichkeitsparameter von *sim* = 0.5 eingeordnet?

Referate

7.29 ART in der Praxis
Stellen Sie praktische Anwendungen für ART Netze zusammen.

8

Autoassoziative Netze

8 Autoassoziative Netze

Wie im vorherigen Kapitel beschrieben, kann das Rundreiseproblem nur mit einer SOM erfolgreich bearbeitet werden, falls die Kosten einer Verbindung zweier Städte exakt dem geometrischen Abstand entsprechen; dann aber sehr effektiv.

Es drängt sich die Frage auf, ob nicht anders organisierte Netze geeignet sind, Optimierungsprobleme ebenso oder gar besser zu lösen.

Es gibt ein neuronales Netz, das eine Rundreise optimieren kann, falls die Kosten in Form einer Kostenmatrix gegeben sind. In einer Kostenmatrix können beliebige Kosten für die Fahrt von einem Ort A zum Ort B festgelegt werden. Insbesondere sind auch nicht symmetrische Angaben $w_{AB} \neq w_{BA}$ möglich.

Die geometrische Entfernung zwischen den Städten Rostock und Schwerin beträgt ca. 70 km, realistische Entfernungsangaben für Straßenverbindungen zwischen beiden Städten bewegen sich jedoch zwischen 85 und 90 Kilometern. Eine Netzform, die beliebige Kosten für den Abstand zweier Städte berücksichtigen kann, stellen die **autoassoziativen Netze** dar.

Streng genommen sind autoassoziative Netze nicht als neuronale Netze zu bezeichnen. Ihre Struktur und Arbeitsweise wird mit dem **Teilchenverhalten** insbesondere in Metallen erklärt. Werden Stoffe erhitzt und danach abgekühlt, sinkt das Energie-Niveau des Stoffes bis ein stabiler Zustand, ein Minimum erreicht wird. Dieses Verhalten wurde zuerst von Hopfield auf neuronale Netze übertragen. Die Elemente des Netzes, Neuronen, werden hierbei wie Teilchen betrachtet.

8.1 Hopfield-Netze

In einem Hopfield-Netz sind alle Neuronen vollständig untereinander verknüpft. Eine direkte Rückkopplung gibt es jedoch nicht. Weiterhin gibt es keine Unterteilung in verschiedene Schichten, somit existieren weder eine Eingabe- noch eine Ausgabeschicht.

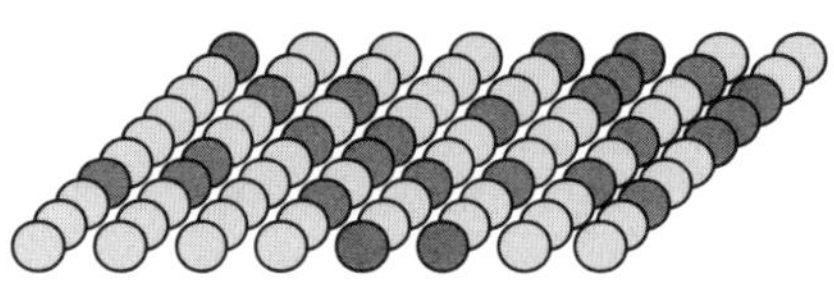

Abbildung 8.1 Hopfield-Netz

Eine Eingabe wird an das Netz angelegt, in dem die Neuronen diese Werte als initiale Aktivierungen erhalten. Das Netz arbeitet dann so lange, bis keine Änderungen in den Aktivierungen der Neuronen mehr auftreten. Die dann vorhandenen Aktivierungen der Neuronen stellen die Netzausgabe dar.

Der Endzustand eines Netzes hängt von der Netzeingabe und selbstverständlich maßgeblich von den Gewichten der Verbindungen ab. Aus dem bisher Gesagten kann man vermuten, dass es keinen Lernprozess für die Gewichte gibt.

8.1.1 Arbeitsweise

Bevor die Anwendung autoassoziativer Netze auf Optimierungsaufgaben betrachtet wird, sei die Wirkungsweise dieser Netze anhand einfacher Aufgaben zur Wiedererkennung von Mustern erläutert. Dabei besteht ein Muster aus einer Anzahl von schwarzen und weißen Pixeln.

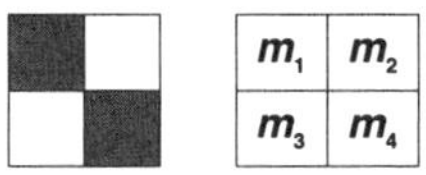

Abbildung 8.2 Pixel-Muster und Pixel-Bezeichnung

Zur Wiedererkennung des Musters werden so viele Neuronen in das Hopfield-Netz aufgenommen, wie Pixel im Bild enthalten sind. Für ein Muster wie im Bild 8.2 wird ein Netz aus vier Neuronen benötigt.

Anders als bei den bisher vorgestellten Netzen werden in einem Hopfield-Netz die **Verbindungsgewichte** w_{ij} nicht trainiert, sondern aus dem Muster heraus bestimmt. Soll das Netz genau ein Muster speichern und anschließend wieder erkennen können, werden die Gewichte nach dieser Formel berechnet:

$$w_{ij} = w_{ji} = \begin{cases} m_i \cdot m_j, & i \neq j \\ 0, & i = j \end{cases}$$

Damit ergibt sich für das obige einfache Pixel-Muster folgende symmetrische Gewichtsmatrix, deren Hauptdiagonale stets null ist, Bild 8.3:

w	1	2	3	4
1	0	0	0	1
2	0	0	0	0
3	0	0	0	0
4	1	0	0	0

Abbildung 8.3 Gewichtsmatrix für das 2x2-Pixel-Muster

Die **Architektur eines Hopfield-Netzes** kann aus einer Gewichtsmatrix abgeleitet werden. In einem Hopfield-Netz sind alle Neuronen vollständig miteinander verbunden. Direkte Rückkopplungen gibt es nicht. Eine Unterteilung in Neuronen-Schichten ist gleichfalls nicht gegeben.

Netzeingabe, Netzverarbeitung und Netzausgabe finden in ein und derselben Neuronen-Schicht statt. Die Netzeingabe wird als Anfangsaktivierung an die Neuronen gegeben, die Netzausgabe besteht aus den Aktivierungen der Neuronen nach dem Verarbeitungsprozess.

Das Netz für ein verrauschtes Eingabe-Muster $x = (1,0,1,1)$ hat zum Beginn der Verarbeitung folgendes Aussehen. Man beachte, dass sich die Gewichte der Verbindungen nicht mehr ändern.

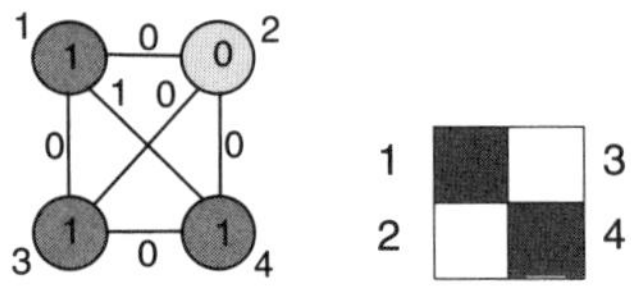

Abbildung 8.4 Das Hopfield-Netz im Ausgangszustand für das Muster (1,0,1,1)

Die Werte des Eingabemusters werden als initiale Aktivierungen der Neuronen eingesetzt. Danach arbeitet das Hopfield-Netz gemäß dem nachfolgend skizzierten Verfahren.

Listing 8.1 Synchrone Arbeitsweise eines Hopfield-Netzes

```
PROCEDURE HopfieldArbeitsweise_synchron
  REPEAT
    FORALL Neuron i DO
      Bestimme Netzeingabe: net[i] = ∑w_ij·o_j
      Ausgabe gemäß Schwellwertfunktion:
        IF net[i] > bias THEN o[i]:= 1
        ELSE IF net[i] < bias THEN o[i]:=0
        ELSE keine Änderung
    END FOR
  UNTIL keine Zustandsänderung mehr im Netz
END HopfieldArbeitsweise_synchron
```

In einem Neuron i eines Hopfield-Netzes wird eine Schwellwertfunktion für die Bestimmung der Aktivierung benutzt:

$$o_i(t+1) = act_i(t+1) = \begin{cases} 1, & \text{falls } net_i > \theta \\ 0, & \text{falls } net_i < \theta \\ o_i(t), & \text{falls } net_i = \theta \end{cases}$$

Bei dieser Form der Aktivierungsfunktion erfolgt keine Änderung der Aktivierung, falls die Netzeingabe exakt dem Schwellwert entspricht. Die Netzeingabe wird dabei wie üblich als Summe der Produkte aus Vorgänger-Aktivierung und Verbindungsgewicht berechnet.

Die Aktivierung wird anhand der üblichen Netzeingabe unter Nutzung der Schwellwert-Funktion berechnet. Die Neuberechnung der Aktivierung wird so lange wiederholt bis keine Änderung in den Aktivierungen mehr vorkommt. Der Algorithmus im Listing 8.1 beschreibt die **synchrone Änderung**: Alle Neuronen berechnen ihre neue Aktivierung aufgrund der vorherigen Werte, bevor ein neuer Verarbeitungsschritt beginnt. Wird ein Neuron zufällig ausgewählt, seine neue Aktivierung berechnet und diese neue Aktivierung bei den weiteren Berechnungen sofort berücksichtigt, wird diese Form der Änderung als **asynchron** bezeichnet, Listing 9.2. Die Netz-Ausgabe ergibt sich dann aus der Aktivierung der Neuronen, nachdem keine Veränderungen der Aktivierungen mehr auftreten und somit der Einschwingvorgang beendet wurde.

Listing 8.2 Asynchrone Arbeitsweise eines Hopfield-Netzes

```
PROCEDURE HopfieldArbeitsweise_synchron
  REPEAT
    Wähle zufällig Neuron i aus
    Bestimme Netzeingabe: net[i] = ∑wij·oj
    Ausgabe gemäß Schwellwertfunktion:
      IF net[i] > bias THEN o[i]:= 1
     ELSE IF net[i] < bias THEN o[i]:=0
     ELSE keine Änderung
  UNTIL keine Zustandsänderung mehr im Netz
END HopfieldArbeitsweise_synchron
```

8.1.2 Wiedererkennung von Mustern

Das Muster $m_S = (1,0,0,1)$ ist in dem einfachen Hopfield-Netz gespeichert, indem die Verbindungsgewichte gemäß der bereits genannten Formel gesetzt werden:

$$w_{ij} = w_{ji} = \begin{cases} m_i \cdot m_j, & i \neq j \\ 0, & i = j \end{cases}$$

Die Gewichtsmatrix für das Netz hat somit das folgende Aussehen.

w	1	2	3	4
1	0	0	0	1
2	0	0	0	0
3	0	0	0	0
4	1	0	0	0

Für die Eingabe $m = (1,0,1,1)$ gemäß Bild 8.5 erhält man, nachdem jedes Neuron einmal neu berechnet wurde, das Aktivierungsmuster $m = (1,0,0,1)$

Abbildung 8.5 Eingabe m = (1,0,1,1)

$net_1 =$		$0 \cdot 0$	$+ 0 \cdot 1$	$+ 1 \cdot 1$	$= 1$	$act_1' = 1$
$net_2 =$	$0 \cdot 1$		$+ 0 \cdot 1$	$+ 0 \cdot 1$	$= 0$	$act_2' = 0$
$net_3 =$	$0 \cdot 1$	$+ 0 \cdot 0$		$+ 0 \cdot 1$	$= 0$	$act_3' = 0$
$net_4 =$	$1 \cdot 1$	$+ 0 \cdot 0$	$+ 0 \cdot 1$		$= 1$	$act_4' = 1$

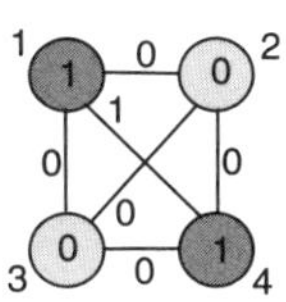

Abbildung 8.6 Zustand des Hopfield-Netzes nach einem synchronen Hopfield-Schritt

Die Aktivierung nach einem Hopfield-Schritt entspricht bereits dem gespeicherten Muster. Allerdings muss noch ein weiterer Schritt ablaufen, um feststellen zu können, dass keine Zustandsänderung mehr erfolgt:

$net_1 =$		$0 \cdot 0$	$+ 0 \cdot 0$	$+ 1 \cdot 1$	$= 1$	$act_1'' = 1$
$net_2 =$	$0 \cdot 1$		$+ 0 \cdot 0$	$+ 0 \cdot 1$	$= 0$	$act_2'' = 0$
$net_3 =$	$0 \cdot 1$	$+ 0 \cdot 0$		$+ 0 \cdot 1$	$= 0$	$act_3'' = 0$
$net_4 =$	$1 \cdot 1$	$+ 0 \cdot 0$	$+ 0 \cdot 0$		$= 1$	$act_4'' = 1$

Es können drei mögliche Ergebnisse entstehen:

- Ein *gespeichertes* Muster wurde erkannt.
- Ein zu einem Speichermuster *inverses* Muster wurde erkannt.
- Es konnte *kein* Muster erkannt werden.

Ein Endzustand ist erreicht, falls keine Änderung des Energie-Niveaus mehr stattfindet. Im Fall eines nicht erkannten Musters kann als Reaktion des Netzes auch ein Oszillieren zwischen zwei Mustern auftreten, wie das folgende Beispiel zeigt.

Als zweites Beispiel bearbeiten wir nun die Eingabe $x = (1,0,0,0)$:

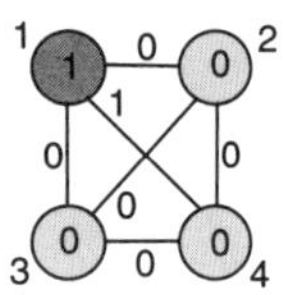

Abbildung 8.7 Hopfield-Netz im Anfangszustand x = (1,0,0,0)

$net_1 =$		$0 \cdot 0$	$+ 0 \cdot 0$	$+ 1 \cdot 0$	$= 0$	$act_1' = 0$
$net_2 =$	$0 \cdot 1$		$+ 0 \cdot 0$	$+ 0 \cdot 0$	$= 0$	$act_2' = 0$
$net_3 =$	$0 \cdot 1$	$+ 0 \cdot 0$		$+ 0 \cdot 0$	$= 0$	$act_3' = 0$
$net_4 =$	$1 \cdot 1$	$+ 0 \cdot 0$	$+ 0 \cdot 0$		$= 1$	$act_4' = 1$

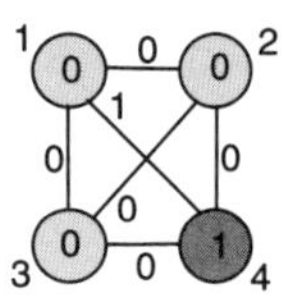

Abbildung 8.8 Hopfield-Netz nach einem Verarbeitungsschritt

Im zweiten Verarbeitungsschritt tritt das Problem deutlich zu Tage. Das System oszilliert. Die Aktivierung act" entspricht der ursprünglichen Aktivierung act.

$net_1 =$		$0 \cdot \mathbf{0}$	$+ 0 \cdot \mathbf{0}$	$+ 1 \cdot \mathbf{1}$	$= 1$	$act_1'' = \mathbf{1}$
$net_2 =$	$0 \cdot \mathbf{0}$		$+ 0 \cdot \mathbf{0}$	$+ 0 \cdot \mathbf{1}$	$= 0$	$act_2'' = \mathbf{0}$
$net_3 =$	$0 \cdot \mathbf{0}$	$+ 0 \cdot \mathbf{0}$		$+ 0 \cdot \mathbf{1}$	$= 0$	$act_3'' = \mathbf{0}$
$net_4 =$	$1 \cdot \mathbf{0}$	$+ 0 \cdot \mathbf{0}$	$+ 0 \cdot \mathbf{0}$		$= 0$	$act_4'' = \mathbf{0}$

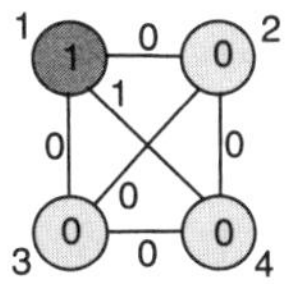

Abbildung 8.9 Zustand nach zwei synchronen Hopfield-Schritten

Eine *asynchrone* Bearbeitung kann helfen, derartige Probleme zu vermeiden:

Die Auswahl eines der Neuronen 2 oder 3 führt zu keiner Zustandsänderung. Wird Neuron 4 neu berechnet, ergibt sich die Aktivierung 1 und das Netz hat seinen Endzustand erreicht. Wird stattdessen das Neuron 1 gewählt, ergibt sich die Null-Aktivierung (0,0,0,0) aus der es kein Entrinnen gibt. Das Muster kann dann natürlich nicht erkannt werden.

Bessere Ergebnisse lassen sich mit einer anderen Binarisierung erreichen. Statt der Werte (0,1) werden die Werte (–1,+1) benutzt. Damit werden Merkmale deutlicher in den Verbindungsgewichten gespeichert, wie die folgende Gewichtsmatrix zeigt:

w	**1**	**2**	**3**	**4**
1	0	–1	–1	1
2	–1	0	1	–1
3	–1	1	0	–1
4	1	–1	–1	0

Abbildung 8.10 (–1,+1)-Gewichtsmatrix für das 2x2-Pixel-Muster

Für unser kritisches Muster $x = (1,-1,-1,-1)$ wird das gespeichert Muster nun bereits nach einem synchronen Verarbeitungsschritt erreicht.

$$
\begin{array}{llllllll}
net_1 = & & -1\cdot\mathbf{-1} & +(-1)\cdot\mathbf{-1} & +1\cdot\mathbf{-1} & = 1 & act_1' = \mathbf{1} \\
net_2 = & -1\cdot\mathbf{1} & & +1\cdot(\mathbf{-1}) & +(-1)\cdot\mathbf{-1} & = 0 & act_2' = \mathbf{1} \\
net_3 = & -1\cdot\mathbf{1} & +0\cdot\mathbf{-1} & & +(-1)\cdot\mathbf{-1} & = 0 & act_3' = \mathbf{1} \\
net_4 = & 1\cdot\mathbf{1} & +(-1)\cdot\mathbf{-1} & +(-1)\cdot\mathbf{-1} & & = 0 & act_4' = \mathbf{1}
\end{array}
$$

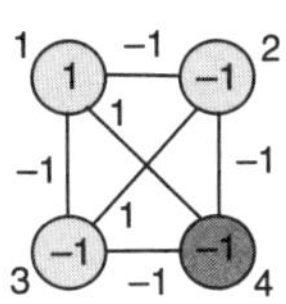

Abbildung 8.11 Zustand des Hopfield-Netzes nach synchronen Hopfield-Schritten

Derartig einfache Hopfield-Netze lassen sich sehr leicht unter Nutzung eines Tabellenkalkulationsprogramms aufbauen und testen. Ein synchroner Verarbeitungsschritt ist als Makro schnell definiert. Der Einschwingvorgang nimmt hierbei nur wenige synchrone Schritte in Anspruch, so dass die Arbeitsweise sehr gut beobachtet werden kann.

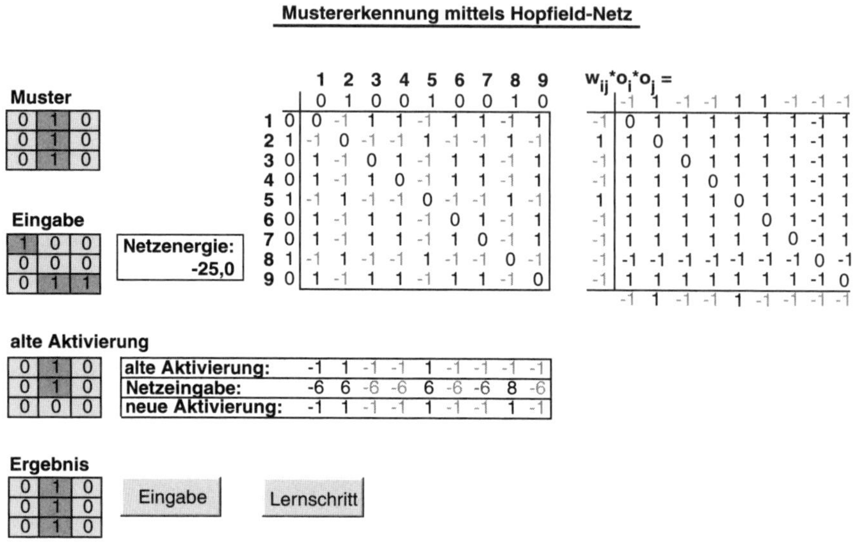

Abbildung 8.12 Tabellenblatt eines Hopfield-Netzes zur Mustererkennung

Das Bild 8.12 zeigt ein Tabellenblatt für ein Netz zur Wiedererkennung eines 3x3-Musters, hier eines senkrechten Balkens. Man sieht das gespeicherte Muster, die Eingabe sowie alte und neue Aktivierung. Wenn im Zuge der Verarbeitung alte und neue Aktivierung übereinstimmen, ist das Ende erreicht. Nicht in jedem Fall stimmen dann Ergebnis und Speichermuster überein.

Ein Hopfield-Netz ist im Allgemeinen in der Lage, mehr als nur ein Muster zu speichern und wieder zu erkennen. Das Berechnen der Gewichte für die Speicherung mehrerer Muster erfolgt durch das Aufsummieren der für jeweils ein Muster p berechneten Gewichte:

$$w_{ij} = w_{ji} = \begin{cases} \sum_p m_{pi} \cdot m_{pj}, & i \neq j \\ 0, & i = j \end{cases}$$

Für die Arbeit mit Hopfield-Musterassoziatoren gelten folgende Aussagen:

- Die Zahl der Muster, die in einem Netz sinnvoll gespeichert werden kann, beträgt ungefähr ein Siebentel der Zahl der Neuronen: $anz_{\text{Muster}} = 0{,}14 \cdot anz_{Neuronen}$.
- Ein Netz aus 4x4-Neuronen sollte zwei Muster gleichzeitig speichern können.
- Die gespeicherten Muster sollten nahezu gleich viele weiße wie schwarze Pixel aufweisen. Falls ein Ungleichgewicht existiert, kann dies bei der Wahl des Schwellwertes berücksichtigt werden. Kleine Schwellwerte unterstützen das Entstehen von aktiven Neuronen (schwarze Pixel), analog wird durch hohe Schwellwerte das Abschalten von Neuronen (weiße Pixel) gefördert.
- Die gespeicherten Muster dürfen sich nicht zu ähnlich sein. So unterscheiden sich beispielsweise die Ziffern 5 und 6 nicht deutlich genug, um bei der Wiedererkennung verrauschter Eingaben sicher unterschieden werden zu können.

8.1.3 Energie-Niveau eines Netzes

Das Netz nimmt für seine gespeicherten Muster ein Energie-Minimum an. Mit jedem Verarbeitungsschritt wird ein geringeres Energie-Niveau des Hopfield-Netzes erreicht. Zumindest steigt es nicht wieder an. Die Wiedererkennung eines Musters wird somit zu einer Art Optimierung, das Energie-Niveau muss minimiert werden.

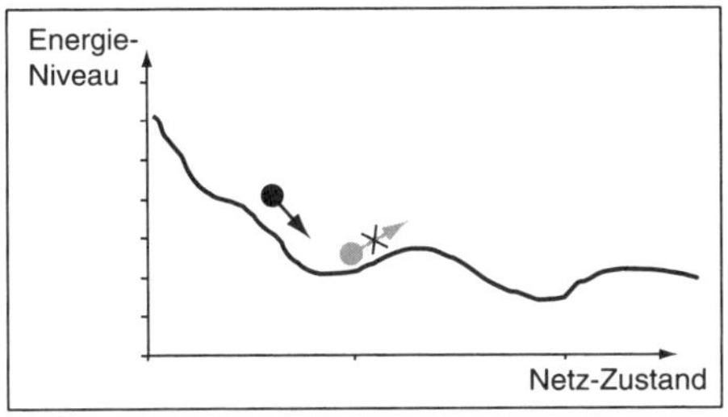

Abbildung 8.13 Veränderung des Energie-Niveaus

Anhand der aktuellen Aktivierungen der Neuronen wird das Energie-Niveau nach folgender Formel bestimmt:

$$E = -\frac{1}{2} \cdot \sum_i \sum_j w_{ij} \cdot o_i \cdot o_j \quad + \sum_i \theta_i \cdot o_i$$

Der Faktor ½ wird benutzt, da alle Summanden aufgrund der symmetrischen Gewichtsmatrix doppelt aufsummiert werden. Häufig verzichtet man auch auf diesen Faktor, da weniger der absolute Wert des Energie-Niveaus gefragt ist, als die relative Veränderung: größer, kleiner.

Der Nachweis, dass ein Hopfield-Netz tatsächlich mit jeder Veränderung der Aktivierung eines Neurons seinen Energie-Zustand zumindest nicht vergrößert, ist gar nicht schwer zu führen.

Sei E' die Netzenergie nach einem Verarbeitungsschritt, dann ist die Energieveränderung ΔE:

$$\Delta E = E' - E$$

$$\Delta E = -\frac{1}{2} \cdot \sum_i \sum_j w_{ij} \cdot o'_i \cdot o'_j \quad + \sum_i \theta_i \cdot o'_i$$

$$- \left(-\frac{1}{2} \cdot \sum_i \sum_j w_{ij} \cdot o_i \cdot o_j \quad + \sum_i \theta_i \cdot o_i \right)$$

Angenommen das Neuron z hat seine Aktivierung geändert, alle anderen Neuronen sind unverändert geblieben. Damit bleiben nur die Summanden übrig, die sich auf das Neuron z beziehen. Der Faktor ½ kann entfallen, da auf die doppelte Aufsummierung ij und ji nun verzichtet wird, der Index i nur einmal über alle Neuronen ungleich z variiert.

$$\Delta E = E' - E$$

$$\Delta E = -\sum_{i \neq z} w_{iz} \cdot o'_i \cdot o'_z \quad + \theta_z \cdot o'_z$$

$$-\left(-\sum_{i \neq z} w_{iz} \cdot o_i \cdot o_z \quad + \theta_z \cdot o_z \right)$$

Wird $o'_z - o_z$ zu Δo_z zusammengefasst erhält man:

$$\Delta E = -\left(\sum_{i \neq z} w_{iz} \cdot o_i \right) \Delta o_z + \theta_z \cdot \Delta o_z = \left(-\sum_{i \neq z} w_{iz} \cdot o_i + \theta_z \right) \cdot \Delta o_z$$

Nun kann ΔE in Abhängigkeit von Δo_z und der Netzeingabe net_z des Neurons z dargestellt werden:

Mit $net_z = \sum_i w_{iz} \cdot o_i$ erreicht man die Formel:

$$\Delta E = (-\,net_z + \theta_z) \cdot \Delta o_z$$

Anhand dieser Formel ist erkennbar, dass die Energie-Differenz stets negativ ist:

- $\Delta o_z > 0$ Das Neuron wurde von 0 auf 1 geschaltet. Das kann nur vonstatten gehen, falls $net_z > \theta_z$ ist, damit ist $\theta_z - net_z < 0$ und somit $\Delta E < 0$.
- $\Delta o_z < 0$ Das Neuron wurde von 1 auf 0 geschaltet. Damit war $net_z < \theta_z$, und somit ist $\theta_z - net_z > 0$ und wiederum $\Delta E < 0$.
- $\Delta o_z = 0$ Das verursacht keine Änderung des Energie-Niveaus.

Es gibt stets endlich viele Neuronen in einem Netz. Deren Aktivierung ist entweder 0 oder 1. Es sind somit nur endlich viele Netzzustände möglich. Damit ist plausibel, dass ein Hopfield-Netz im Laufe der Verarbeitung einen Endzustand erreichen muss. Leider ist es nicht immer ein Zustand mit dem globalen Energie-Minimum; ein Einpegeln auf ein lokales Energie-Minimum ist ebenso möglich.

Hopfield-Netze können prinzipiell zur Lösung von Optimierungsaufgaben genutzt werden. Neben dem Problem, dass nicht immer das globale Energie-Minimum erreicht wird, gibt es weitere Hindernisse für den Einsatz eines Hopfield-Netzes in der Optimierung:

- Die Voraussetzung einer symmetrischen Gewichtsmatrix $w_{ij} = w_{ji}$, ist nicht immer gegeben.
- Da die optimale Lösung nicht bekannt ist, können die Gewichte nicht wie vorher beschrieben aus einem Muster heraus ermittelt werden. Die Anfangsgewichte müssen auf anderem Wege bestimmt werden.

8.2 Lösung von Optimierungsproblemen

Viele Literaturquellen berichten vom Einsatz autoassoziativer Netze für die Lösung von Problemen des **Operations Research**. Dabei steht naturgemäß das **Problem des Handlungsreisenden** (TSP) an vorderer Stelle. Weiterhin wird häufig auf das so genannte **N-Damen-Problem** zurückgegriffen.

N-Damen-Problem

Bei einem N-Damen-Problem gilt es, N Dame-Schachfiguren auf einem $N \times N$-Felder großen Schachbrett so zu verteilen, dass die Dame-Figuren sich nicht gegenseitig bedrohen.

Obwohl ein Algorithmus bekannt ist, der in linearer Zeit eine mögliche Lösung liefert, bleibt die Suche nach einer Lösung nach wie vor ein Problem von exponentieller Komplexität. Es ist somit genauso schwer wie das Problem des Handlungsreisenden.

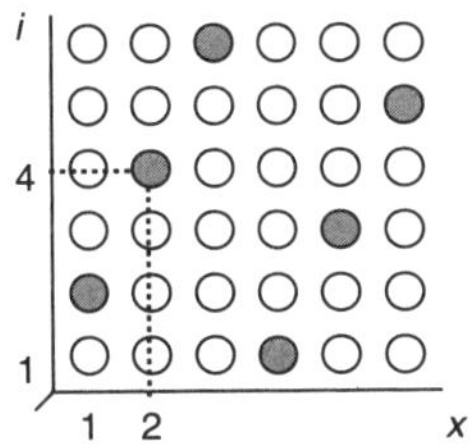

Abbildung 8.14 Netz zur Lösung des Sechs-Damen- oder des TSP-Problems mit sechs Orten

Beide Aufgaben werden in ähnlicher Weise auf ein neuronales Netz abgebildet. Ist ein Problem der Größe N gegeben, es sind N Städte zu besuchen bzw. es sind N-Damefiguren zu verteilen, so ist eine Schicht aus $N \times N$-Neuronen notwendig.

Ist das Neuron mit den Koordinaten x und i der Schicht aktiv, so ist dies wie folgt zu interpretieren: Der Ort x ist an i-ter Position in der Rundreise zu besuchen. Dabei seien alle Orte von 1 beginnend aufsteigend durchnummeriert.

Eine gültige Lösung, eine echte Rundreise, ist dadurch charakterisiert, dass in jeder Zeile und in jeder Spalte genau ein Neuron aktiv ist. Mehrere aktive Neuronen in einer Spalte x hätten zur Folge, dass die Stadt x mehrmals zu besuchen wäre. Mehrere aktive Neuronen in einer Zeile i sind so zu interpretieren, dass mehrere Städte gleichzeitig an i-ter Position zu besuchen wären.

Das Bild 8.14 zeigt eine gültige Lösung sowohl für das Rundreiseproblem als auch für das Sechs-Damen-Problem. Allerdings ist nicht erkennbar, ob diese Lösung für das Rundreiseproblem optimal ist.

Nur ein aktives Neuron je Zeile und Spalte ist die hinreichende Bedingung für eine gültige Rundreise. Für die Lösung der eigentlichen Fragestellung sind die Entfernungen zwischen den Orten mit zu berücksichtigen. Diese werden in einer Entfernungsmatrix abgelegt.

Vom Hopfield-Netz her ist bekannt, dass einem derartigen Netz ein Energie-Niveau zugeordnet werden kann, das sich wie folgt berechnet:

$$E = \frac{1}{2} \cdot \sum_x \sum_i \sum_y \sum_j w_{xi,yj} \cdot o_{xi} \cdot o_{yj}$$

Man geht davon aus, dass ein Neuron entsprechend seiner Position in der quadratischen $N \times N$-Schicht doppelt indiziert ist. Es wäre nun sehr angenehm, wenn man wie bei einem binären Hopfield-Netz mit einem zufälligen Eingabemuster durch analoge Verarbeitungsschritte zu einem Muster gelangen könnte, das einer optimalen Lösung entspricht.

Leider ist dies nicht so einfach wie bei der Mustererkennung. Dort ist klar vorgegeben, wie die Gewichte für ein wieder zu erkennendes Muster zu bestimmen sind. Für Optimierungsaufgaben müssen die Gewichte anderweitig problembezogen bestimmt werden, da das Muster einer optimalen Lösung nicht bekannt ist.

Eine Vorgehensweise besteht darin, eine **problembezogene Energie-Funktion** zu Hilfe zu nehmen. Diese muss alle Randbedingungen des Problems angemessen berücksichtigen. Das Verletzen einer Randbedingung muss zu einem deutlich schlechteren, d. h. höheren Energie-Niveau des Netzes führen.

Die Energie-Funktion muss das Minimum für eine optimale Lösung des Problems annehmen. Für das Rundreiseproblem wird in der Literatur folgende Funktion angegeben, vergleiche z. B. [Zell97], [LaMa98]:

$$\begin{aligned} E_{\mathrm{TSP}} = {} & A \cdot \sum_x \sum_i \sum_j o_{xi} \cdot o_{xj} \\ & + B \cdot \sum_i \sum_x \sum_y o_{xi} \cdot o_{yj} \\ & + C \cdot \sum_x \sum_i (o_{xi} - N)^2 \\ & + D \cdot \sum_i \sum_x \sum_y dist_{xy} \cdot o_{xi} \cdot (o_{y(i+1)} + o_{y(i-1)}) \end{aligned}$$

Jeder Term hat dabei eine spezifische Aufgabe:

- $A \cdot \sum_x \sum_i \sum_j o_{xi} \cdot o_{xj}$

  Dieser Summand ist stets nichtnegativ und nur dann minimal (=0), falls in jeder Spalte höchstens ein Neuron aktiv ist

- $B \cdot \sum_i \sum_x \sum_y o_{xi} \cdot o_{yj}$

  Der Term ist in analoger Weise nur dann null, falls in jeder Zeile höchstens ein Neuron aktiv ist.

- $C \cdot \sum_x \sum_i (o_{xi} - N)^2$

  Damit als Ergebnis nicht die Null-Lösung entsteht, bei der kein Neuron aktiv ist, bestraft dieser Term jede Situation, in der nicht genau N Neuronen aktiv sind.

- $D \cdot \sum_i \sum_x \sum_y dist_{xy} \cdot o_{xi} \cdot (o_{y(i+1)} + o_{y(i-1)})$

  Hiermit wird der optimale Rundweg favorisiert. $dist_{\mathrm{xy}}$ ist die Entfernung zwischen dem Ort x und dem Ort y entsprechend der Entfernungsmatrix. Damit tatsächlich die aufeinanderfolgenden Orte betrachtet werden, sind die Indizes der Angaben innerhalb der Klammern modulo N zu sehen. Falls $i = N$ ist $i + 1$ als Index 1 zu verstehen. Der gesamte Term nimmt sein Minimum genau für eine minimale Rundreise an.

Um nun die initialen Gewichte für das Hopfield-Netz bestimmen zu können, wird die allgemeine Energie-Funktion eines Hopfield-Netzes mit der problemspezifischen Energie-Funktion gleichgesetzt.

$E = E_{\mathrm{TSP}}$ mit E_{TSP} wie oben und

$$E = -\frac{1}{2} \cdot \sum_i \sum_j w_{ij} \cdot o_i \cdot o_j \quad + \sum_i \theta_i \cdot o_i$$

Daraus werden die Gewichte ermittelt. Das Bestimmen der Gewichte stellt sich dabei als weit schwieriger heraus, als auf den ersten Blick zu vermuten ist.

In [Zell97] werden die Gewichte $w_{\mathrm{xi},\mathrm{yj}}$ wie folgt angegeben:

$$w_{xi,yj} = -A \cdot \delta_{x,y} \cdot (1 - \delta_{i,j}) - B \cdot \delta_{i,j} \cdot (1 - \delta_{x,y}) - C - D \cdot dist_{xy}(\delta_{j,i+1} + \delta_{j,i-1})$$

Dabei ist $\delta_{i,j} = 1$, falls $x = y$, sonst ist $\delta_{x,y} = 0$.

Die Gewichte der Verbindungen werden gemäß obiger Formel initialisiert. Es gilt, geeignete Werte für die vier Parameter der problembezogenen Energie-Funktion A, B, C sowie D zu finden. Ist noch leicht einsehbar, dass $A = B$ eine gute Wahl darstellt, so ist das Verhältnis zu C und das Verhältnis von A, B, C zu D nicht einfach erkennbar. Hier helfen nur Experimente.

Danach arbeitet das Netz in der vorher beschriebenen Weise. Um unterschiedliches Verhalten zu erzielen, sollte unbedingt die asynchrone Form der Verarbeitung (Listing 8.2) gewählt werden: Ein zufällig ausgewähltes Neuron ändert seinen Zustand.

Die Ergebnisse sind aus unserer Erfahrung nicht sehr ermutigend. Selten sind gültige Rundreisen zu erkennen und noch seltener sind diese nahe der minimalen Route. Das liegt unter anderem daran, dass ein Hopfield-Netz ein eingenommenes lokales Energie-Minimum nicht wieder verlassen kann. Dazu müsste im Zuge der Bearbeitung auch ein energiereicheres Niveau angenommen werden können. Die Boltzmann-Maschine ermöglicht ein derartiges Vorgehen.

8.3 Die Boltzmann-Maschine

Die Architektur einer Boltzmann-Maschine unterscheidet sich nicht von einem Hopfield-Netz. Wir haben wieder eine einzige Schicht von Neuronen, die untereinander vollständig miteinander verbunden sind. Direkte Rückkopplungen sind auch bei der Boltzmann-Maschine nicht vorhanden.

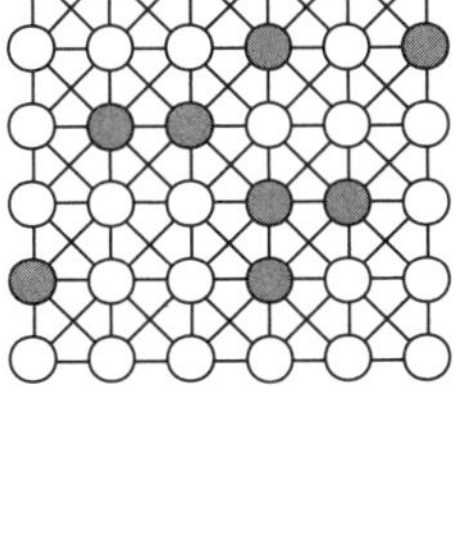

Abbildung 8.15 Vollvernetzte Neuronenschicht einer Boltzmann-Maschine

Ein **Hopfield-Netz** nimmt mit jedem Verarbeitungsschritt einen Zustand ein, dessen Energie-Niveau keinesfalls höher als das vorherige ist. Das führt häufig zu lokalen Energie-Minima, die nicht wieder verlassen werden können. Hier setzt die Boltzmann-Maschine an. Es wird zugelassen, ja geradezu gewünscht, dass ein Netz hin und wieder auch energiereichere Zustände einnehmen kann. Damit wird die Chance erhöht, ein lokales Energie-Minimum wieder verlassen zu können.

Als Vorbild dient auch hier wieder das Teilchenverhalten in Metallen. Konkreter ist es die Art und Weise der Metallbearbeitung, um ein stabileres Material zu erhalten. Beim Tempern werden Stoffe erhitzt und in Stufen wieder abgekühlt. Als Charakterisierung des Energie-Niveaus dient in diesem Fall die Temperatur des Materials.

Das Erhitzen und anschließende Abkühlen wird auf das künstliche Teilchen-Netz übertragen. Man spricht daher bei der Boltzmann-Maschine auch vom **simulierten Abkühlen**, dem **Simulated Annealing**.

Wie kann nun das zwischenzeitliche Erwärmen erreicht werden? In einem Verarbeitungsschritt wird nicht immer die Aktivierung eines Neurons geändert. Die Änderung der Aktivierung erfolgt zufällig und wird dabei von einem so genannten **Temperatur-Parameter** T mit beeinflusst. Im Einzelnen beruht die Berechnung der Aktivierung auf folgenden Überlegungen.

Sei act'_k die neue Aktivierung des Neurons k und act_k die bisherige Aktivierung. Mit E' sei das Energie-Niveau des Netzes bezeichnet, der nur durch die Änderung der Aktivierung des Neurons k entsteht. E ist die alte Netz-Energie.

$$E = -\frac{1}{2} \cdot \sum_i \sum_j w_{ij} \cdot o_i \cdot o_j + \sum \theta_i \cdot o_i \tag{8.1}$$

Die Netz-Energie E' wird nach derselben Funktion bestimmt, unterscheidet sich nur in der Aktivierung des Neurons k. Wir bezeichnen nun die ursprüngliche Aktivierung des Neurons k mit o_k die neue Aktivierung mit p_k. Alle Summanden, in denen die Aktivierung des Neurons k nicht enthalten ist, sind in gleicher Weise in E' und in E enthalten. Diese liefern somit keinen Beitrag zur Energie-Änderung. Damit ergibt sich ohne die Summanden, die weder o_k noch p_k enthalten, die Formel:

$$\Delta E = E' - E = -\sum_i w_{ik} \cdot o_i \cdot (p_k - o_k) + \theta_k \cdot (p_k - o_k) \tag{8.2}$$

Somit erhält man für die Änderung der Energie eine Formel, die der Netzeingabe des Neurons k entspricht. Dabei können nun zwei Fälle unterschieden werden:

1. Neuron k wird angeschaltet: $o_k = 0$ und $p_k = 1$.

$$\Delta E = -\sum_i w_{ik} \cdot o_i \cdot (1-0) + \theta_k \cdot (1-0) = -\sum w_{ik} + \theta_k = -net_k \tag{8.3}$$

2. Neuron k wird ausgeschaltet: $o_k = 1$ und $p_k = 0$.

$$\Delta E = -\sum_i w_{ik} \cdot o_i \cdot (0-1) + \theta_k \cdot (0-1) = \sum w_{ik} - \theta_k = net_k \tag{8.4}$$

Das Neuron k ändert nun seine Aktivierung, falls:

- $E' < E$ oder $\Delta E < 0$ und somit sich das Energie-Niveau des Netzes verringert oder
- eine Energie-Erhöhung des Netzes mit einer gewissen Wahrscheinlichkeit akzeptiert wird.

Die zwei Fälle werden nun gemäß dem Vorzeichen der Energie-Differenz weiter unterschieden:

1.1 Neuron k wird angeschaltet: $o_k = 0$ und $p_k = 1$ und die Energie-Differenz ist negativ $\Delta E < 0$. Nach Formel (8.3) bedeutet das

$$-net_k < 0 \text{ und somit } net_k > 0$$

In diesem Falle sollte das Neuron k tatsächlich aktiviert werden!

1.2 Neuron k wird angeschaltet: $o_k = 0$ und $p_k = 1$ und die Energie-Differenz ist positiv $\Delta E < 0$. Nach Formel (8.3) bedeutet das

$$-net_k > 0 \text{ und somit } net_k < 0$$

Das Neuron k wird nur mit einer gewissen Wahrscheinlichkeit aktiviert.

2.1 Neuron k wird ausgeschaltet: $o_k = 1$ und $p_k = 0$ und die Energie-Differenz ist negativ $\Delta E < 0$. Nach Formel (8.4) bedeutet das

$net_k < 0$ Das Neuron k sollte tatsächlich ausgeschaltet werden.

2.2 Neuron k wird ausgeschaltet: $o_k = 1$ und $p_k = 0$ und die Energie-Differenz ist positiv $\Delta E > 0$. Nach Formel (8.4) gilt nun

$net_k > 0$

Das Neuron k wird mit einer gewissen Wahrscheinlichkeit dennoch aktiviert.

Für die neue Aktivierung gilt nun zusammenfassend, dass das Neuron angeschaltet wird, falls die Netzeingabe positiv ist oder eine gewisse Wahrscheinlichkeit für eine Aktivierung spricht. Dieses Vorgehen wird durch die folgende stochastische Aktivierungsfunktion erreicht:

$$act_k = \begin{cases} 1, & \text{falls } random() \leq \dfrac{1}{1+e^{-\frac{net_k}{T}}} \\ 0, & \text{sonst} \end{cases} \tag{8.5}$$

Man beachte, dass hier die logistische Funktion nicht die Aktivierung direkt berechnet, sondern nur die Wahrscheinlichkeit der Zustandsänderung beeinflusst.

Ist die Netzeingabe positiv, so ist das Neuron nach 1.1 anzuschalten, mit einer gewissen Wahrscheinlichkeit sollte es nach 2.2 jedoch ausgeschaltet werden. Positives net_k führt in Abhängigkeit von T zu einem Wert nahe 1 und somit zu einer hohen Wahrscheinlichkeit des Anschaltens. Analog überlege man sich das Verhalten für eine negative Netzeingabe.

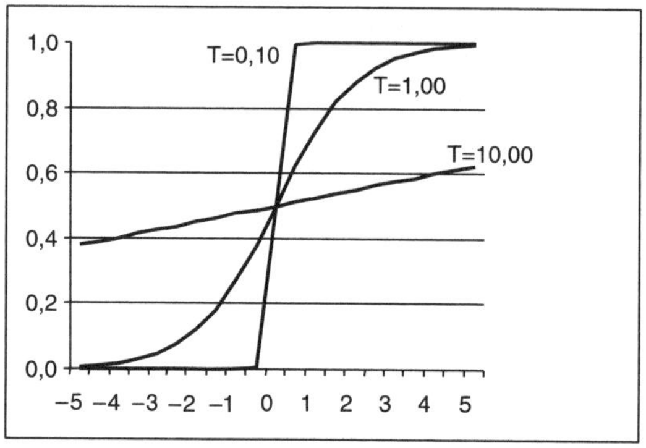

Abbildung 8.16 Funktionsverlauf für unterschiedliche Temperatur-Parameter

Mit dem Temperatur-Parameter *T* wird das Verhalten gesteuert. Ein sehr großes *T* führt zu einem gleich wahrscheinlichem An- bzw. Ausschalten des Neurons, wie das Bild 8.16 unterstreicht.

Für das Einschwingen einer Boltzmann-Maschine wird ein Abkühlungsplan aufgestellt, der den Temperatur-Parameter schrittweise verringert, so dass Aktivierungsänderungen von Neuronen immer seltener auftreten, falls damit eine Energie-Erhöhung verbunden ist. Eine Boltzmann-Maschine arbeitet gemäß dem Algorithmus im Listing 8.3:

Listing 8.3 Arbeitsweise einer Boltzmann-Maschine

```
PROCEDURE Boltzmann-Einschwingen
  Wähle genügend großen Temperatur-Parameter T
    REPEAT
      REPEAT
        Wähle zufällig Neuron k aus
        Bestimme neuen Ausgabewert ok gemäß Formel (5)
    UNTIL Energieniveau im Mittel konstant
    Verringere Temperatur (oft: T = 1/(Nr des Zeitschritts)
  UNTIL Stabiler Zustand
END Boltzmann-Einschwingen
```

Mitunter wird zwischen dem **Simulated Annealing** und der **Boltzmann-Maschine** unterschieden [NaKlKr94]. Der Unterschied ergibt sich aus der Behandlung des Temperatur-Parameters. Wird dieser während des Einschwingvorgangs verringert, spricht man vom simulierten Abkühlen, benutzt man während des Verfahrens einen konstanten Temperatur-Parameter T bezeichnet man das als Boltzmann-Maschine.

Einige Ansätze verzichten bei einer Boltzmann-Maschine ganz auf die Bestimmung von Gewichten. Als Konsequenz daraus lässt sich die Energie-Differenz nicht mehr als Netzeingabe eines Neurons berechnen. Die Änderung der Aktivierung eines Neurons wird direkt unter Nutzung der problembezogenen Energie-Funktion berechnet. Die aufwendige Energie-Funktion ist somit stets komplett neu zu berechnen, um daraus die Energie-Differenz bestimmen zu können.

Das Konzept der neuronalen Netze und insbesondere der Berechnung einer Netzeingabe wird hierbei zum Teil beiseite gelegt. Das Umsetzen dieser Vorgehensweise erscheint jedoch einfacher. So konnten einige Beispiele aus der Literatur erfolgreich nachvollzogen werden [Caudill87].

8.4 Übungen

Fragen

8.1 Erläutern Sie den Aufbau und die Arbeitsweise eines Hopfield-Netzes.

8.2 Wie werden die Gewichte eines Hopfield-Netzes für die Wiedererkennung von Mustern bestimmt?

8.3 Stellen Sie Gemeinsamkeiten und Unterschiede von Hopfield-Netz und Boltzmann-Maschine zusammen.

8.4 Können Sie einen Zusammenhang zwischen der Anzahl der gespeicherten Muster in einem Hopfield-Netz, dem Schwellwert der Neuronen und der Wiedererkennung ermitteln?

8.5 Wie kann ein autoassoziatives Netz zur Lösung einer Optimierungsaufgabe eingesetzt werden?

8.6 Wie könnte eine Energie-Funktion aussehen, mit der sich das N-Dame-Problem angehen lässt?

Aufgaben

8.7 Auf den zu diesem Buch gehörenden WWW-Seiten finden Sie ein Demonstration-Applet für ein Hopfield-Netz. Probieren Sie die Speicherung mehrerer selbst gezeichneter Muster und testen Sie verrauschte Eingaben.

8.8 Entwickeln Sie ein Hopfield-Netz der Größe 8x8 mit Hilfe einer Tabellenkalkulation oder in einer Programmiersprache. Speichern Sie mehrere Muster und testen Sie die Wiedererkennung anhand verrauschter Eingabe.

8.9 Implementieren Sie ein Hopfield-Netz, initialisieren Sie die Gewichte wie für das TSP notwendig und versuchen Sie für beispielsweise fünf Städte eine optimale Rundreise zu ermitteln.

Referat

8.10 Optimieren mit autoassoziativen Netzen.
Suchen Sie nach erfolgreichen Beispielen für die Anwendung des Simulated Annealing sowie einer Boltzmann-Maschine auf Optimierungsprobleme und stellen Sie diese in einem Vortrag zusammen.

9

Entwicklung neuronaler Netze

9 Entwicklung neuronaler Netze

Wie lassen sich nun künstliche neuronale Netze entwickeln? Zum einen kann entsprechende Software zum Einsatz kommen, zum anderen können neuronale Netze selbst implementiert werden. Das Kapitel behandelt die Arbeit mit der Oberfläche des Stuttgarter Neuronale Netze Simulators (SNNS) sowie die Benutzungsoberfläche JavaNNS und geht am Ende auf eine eigene Implementierung neuronaler Netze ein. Damit wird dem Leser ganz konkrete Unterstützung für den Aufbau und das Trainieren von neuronalen Netzen gegeben. Aufgaben, wie sie zum Beispiel im Rahmen des deutschen Data Mining Cups gestellt werden, können mittels der in den folgenden Abschnitten beschriebenen Vorgehensweisen gelöst werden.

9.1 Der Stuttgarter Neuronale Netze Simulator

Der Stuttgarter Neuronale Netze Simulator (SNNS) stellt eine sehr gute Entwicklungsumgebung für neuronale Netze zur Verfügung. Über eine grafische Oberfläche werden viele Hilfsmittel zum Aufbau, zum Trainieren und insbesondere zum Veranschaulichen eines Netzes und seines Verhaltens angeboten. Der SNNS ist für UNIX-Betriebssysteme verfügbar und kann mittels einer speziellen Ablaufumgebung auch unter Windows-Betriebssystemen eingesetzt werden. Die Simulator-Software wurde an der Universität Stuttgart entwickelt und wird an der Universität Tübingen weiter gepflegt:

www-ra.informatik.uni-tuebingen.de/SNNS/

Im Mittelpunkt dieses Abschnitts steht eine Anleitung für die Arbeit mit der Oberfläche des SNNS. Die Erfahrungen im Umgang mit der SNNS-Benutzungsoberfläche haben gezeigt, dass eine autodidaktische Erarbeitung eher schwierig und zeitraubend ist. Die Oberfläche entspricht in ihrem Aufbau und ihrer Erscheinung nicht den gängigen Vorstellungen und ist daher etwas gewöhnungsbedürftig.

Wir gehen davon aus, dass Sie den Hinweisen zur Installation des Systems gefolgt sind und das System erfolgreich installiert wurde. Nach dem Systemstart ist der SNNS-Manager aktiv, Abbildung 9.1.

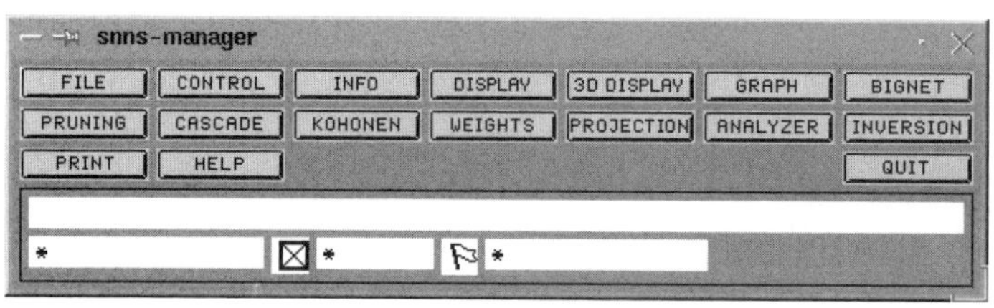

Abbildung 9.1 Das Hauptfenster – der SNNS-Manager

Die Schaltflächen werden im Folgenden stets eingerahmt und der Text wie im SNNS groß geschrieben: SCHALTER. Mit Kleinbuchstaben werden die Fenster des SNNS bezeichnet, wobei im Gegensatz zur Software hier auf den Präfix „snns" verzichtete wird. Das Hauptfenster des SNNS wird somit als manager-Fenster bezeichnet. Wird XXX-Fenster verwendet, ist das eine Aufforderung zum Öffnen des xxx-Fensters unter Nutzung der Schaltfläche XXX.

Die Arbeit im SNNS erfolgt unter Nutzung mehrerer Fenster. Jedes Fenster ist stets nur mittels des DONE-Schalters zu verlassen. Ein anderweitiges Schließen eines Fensters (x-Schaltfläche) führt leider zum kommentarlosen Beenden des gesamten Simulator-Programms.

Wichtige Komponenten für den Anfang zum Aufbau eines einfachen Netzes sind: DISPLAY, FILE, INFO. Zum Trainieren eines Netzes sind die Komponenten CONTROL und GRAPH von besonderer Bedeutung.

Die Funktion HELP ist nicht sonderlich empfehlenswert. Man benutze stattdessen die HTML-Dokumentation des SNNS. Diese enthält über die Beschreibung der Funktionalität der grafischen Oberfläche hinaus Beschreibungen der Netzarchitekturen und Lernverfahren im Allgemeinen.

Als Beispiel werden der Aufbau und das Training eines Netzes für die XOR-Funktion beschrieben. Dieses Netz wurde im Kapitel 6 über vorwärtsgerichtete Netze bereits ausführlich diskutiert, so dass an dieser Stelle ausschließlich der Umgang mit dem System behandelt werden kann. Ein XOR-Netz ist in der Menge der SNNS-Beispiele enthalten. Ein selbst erstelltes Netz My-XOR kann somit gut mit dem vorgegebenen Beispiel-Netz verglichen werden.

9.1.1 Ein erstes Beispiel

Man beginne mit dem Aufbau eines neuen Netzes im display-Fenster (DISPLAY im manager-Fenster). Der Netz-Editor (display-Fenster) funktioniert in einer Mischung aus Text-Befehlen, die durch Tasten aktiviert werden, und einer grafischen Darstellung.

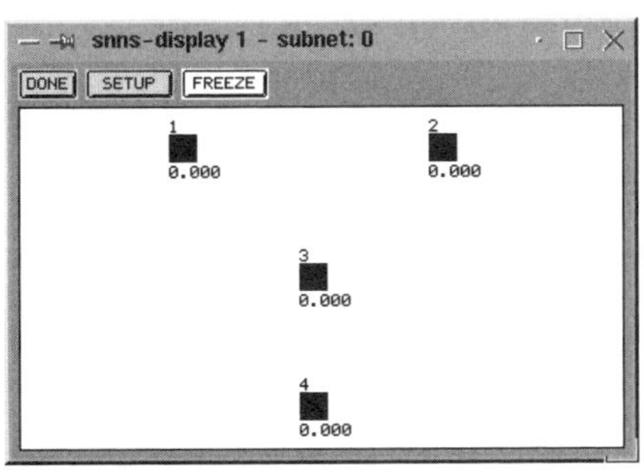

Abbildung 9.2 Der Netzeditor – das Display-Fenster

Neue Neuronen (Units):

Ein Neuron wird im SNNS als Unit, eine Verbindung als Link bezeichnet. Es werden nun die vier für das XOR-Netz notwendigen Neuronen eingefügt. Die Tastenfolge U-I-D entspricht dem Kommando: Unit Insert Default und setzt ein Neuron an die aktuelle Position des Mauszeigers. Mittels U-I-D eingefügte Neuronen sind standardmäßig vom Typ HIDDEN.

Neue Verbindungen (Links):

Nachdem die Neuronen erzeugt wurden, können Verbindungen definiert werden. Bevor die nachfolgenden Aktionen zum Erzeugen von Verbindungen durchgeführt werden, sind einige Einstellungen im SETUP des display-Fensters zu verändern. Im setup-Fenster wird festgelegt, welche Informationen angezeigt werden. Gemäß der Voreinstellung werden die Nummer und die Aktivierung eines Neurons angezeigt, Verbindungen zwischen den Neuronen werden standardmäßig NICHT angezeigt. Daher ist es wichtig, die Anzeige der Verbindungen sowie der Verbindungsrichtung einzuschalten. Für unser kleines Beispiel empfiehlt es sich, die Gewichtswerte der Verbindungen sich ebenso anzeigen zu lassen. Das setup-Fenster ist wie alle Fenster des SNNS nur über DONE zu verlassen.

Zum Aufbau einer Verbindung ist ein Neuron zu markieren. Die gelbe Farbe signalisiert die Markierung. Der Mauszeiger wird nun auf ein weiteres Neuron gestellt. Dieses Neuron darf jedoch nicht markiert werden. Die Tastenfolge L-M-T (Links Make Target) stellt die Verbindung vom ersten (markierten) Neuron zum zweiten (Mauszeiger) Neuron her.

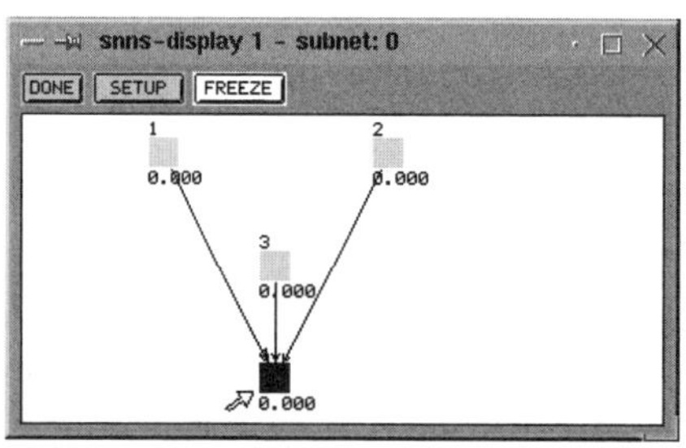

Abbildung 9.3 Der Mauszeiger steht auf dem Ziel-Neuron (L-M-T)

Spätestens jetzt sollte man das Netz speichern: Das FILE-Fenster wird aus dem manager-Fenster heraus aktiviert.

Verändern der Eigenschaften von Neuronen:

Zur Fertigstellung des Ausgangszustandes eines Netzes gehört die Festlegung der Eigenschaften der Neuronen. Zumindest der so genannte io-Type (Eingabe-, Ausgabe-, verborgenes Neuron) eines Neurons muss fixiert werden. Hierzu markiere man beide Eingabe-Neuronen und benutze das Kommando U-S-T (Unit Set Type). Es erscheint darauf das Typ-Auswahlfenster. Man wähle den Typ input. Analog verfahre man mit dem Ausgabe-Neuron.

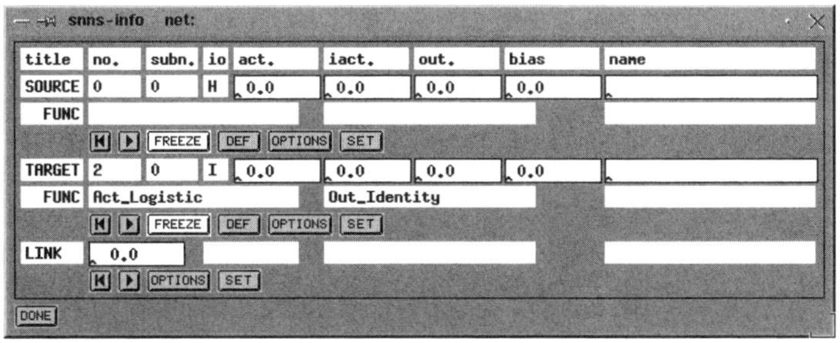

Abbildung 9.4 Verändern der Neuron-Eigenschaften im info-Fenster

Sind die Neuronen 1, 2 und 4 mit dem richtigen io-Typ versehen worden, ist der Ausgangszustand des Netzes erreicht, Abbildung 9.5.

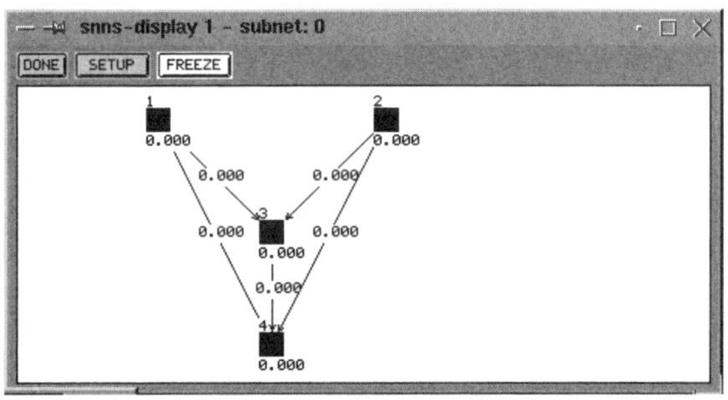

Abbildung 9.5 Das XOR-Netz

Zum Lernen benötigen wir eine Menge von Trainingsmuster.

Aufstellen von Trainingsmustern:

Diese Muster lassen sich auf verschieden Art und Weise produzieren. Zum einen kann die Oberfläche dazu benutzt werden, jedes einzelne Muster zu erstellen. Dies ist insbesondere für größere Mengen von Mustern zeitraubend. Schneller kommt man zum Ziel, indem man eine leere Musterdatei erzeugt und diese unter Nutzung eines Texteditors auf die Situation anpasst.

Hierzu öffne man das CONTROL-Fenster aus dem manager-Fenster heraus, ein Klick auf NEW in der PATTERN-Zeile und Sichern als Muster-Datei. Das Sichern erfolgt im FILE-Fenster als „.pat"-Datei. Nun steht eine Musterdatei zur Verfügung, die bereits korrekte Kopfzeilen sowie korrekte Einträge für die Neuronenanzahl enthält und in der mittels eines beliebigen Texteditors weitere Muster ergänzt werden können. Die Muster-Datei für unser XOR-Beispiel (My-XOR.pat) hat folgenden Inhalt:

```
SNNS pattern definition file V3.2
generated at Tue Jul 03 13:14:02 2007
```

```
No. of patterns : 5
No. of input units : 2
No. of output units : 1

# Input pattern 1:
1 1
# Output pattern 1:
0
# Input pattern 2:
0 0
# Output pattern 2:
0
# Input pattern 3:
0 1
# Output pattern 3:
1
# Input pattern 4:
1 0
# Output pattern 4:
1
```

Die Menge der Trainingsmuster wird nun in das System geladen (FILE -Fenster), das Lernen kann beginnen. Dazu wird das CONTROL -Fenster aktiviert und zusätzlich das GRAPH -Fenster geöffnet.

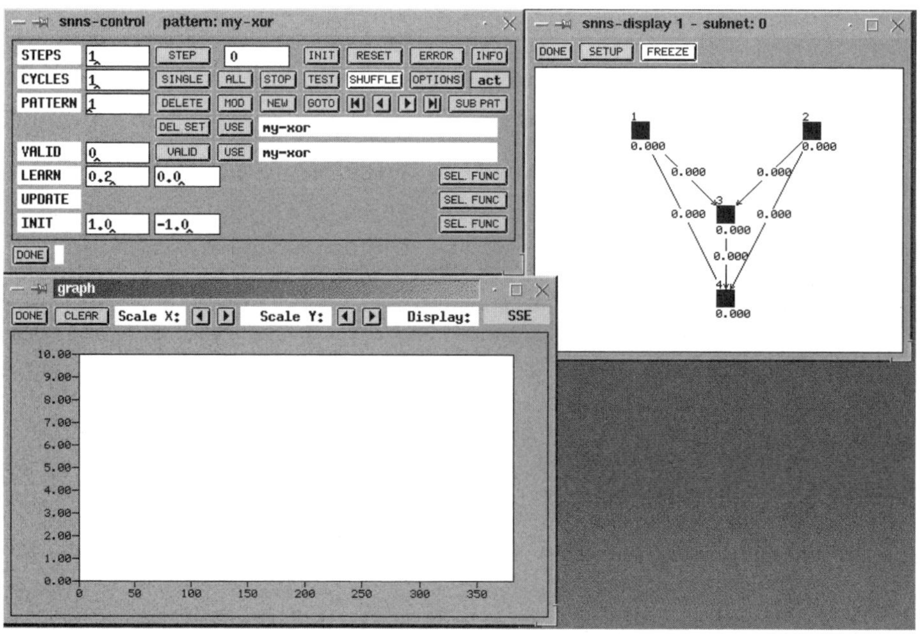

Abbildung 9.6 Die drei SNNS-Fenster während des Trainings

Für das Training des Netzes sind drei Funktionen im control-Fenster auszuwählen:

1. Das Lernverfahren: LEARN SEL.FUNC – Std_Backpropagation
2. Die Aktualisierung: UPDATE SEL.FUNC – Topological_Order
3. Die Initialisierungsfunktion: INIT SEL.FUNC – Randomize_Weights

Für einen ersten Versuch kann der Wert der Lernrate bei 0.2 belassen werden, schnellere Ergebnisse erzielt man im Fall des XOR-Netzes mit einer höheren Lernrate, z. B. 0.8. Man lege die Anzahl der Trainingszyklen CYCLES zum Beispiel mit 100 fest und trainiere wiederholt durch aktivieren von ALL. Nach mehreren derartigen Trainingsabschnitten sinkt der Netzfehler deutlich, wie das graph-Fenster im Abbildung 9.7 zeigt.

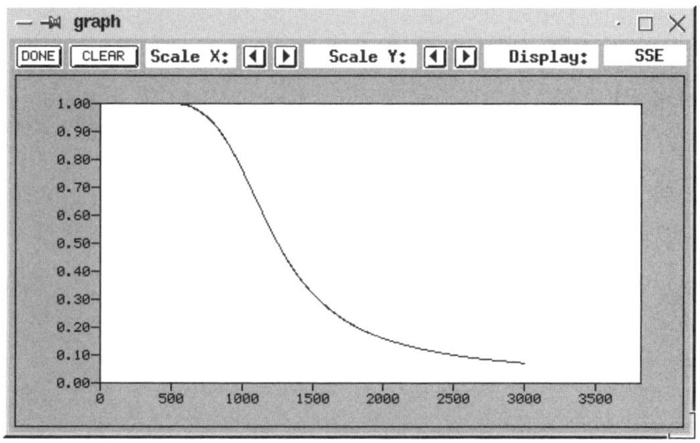

Abbildung 9.7 Die Fehlerkurve im Trainingsverlauf

Nach dem Training kann mittels TEST untersucht werden, wie das Netz auf jedes einzelne Muster reagiert. Im DISPLAY-Fenster ist die Reaktion leicht an der Farbe der Neuronen abzulesen. Unser Beispiel-Netz ist nach ungefähr 1.500 Trainingsschritten in der Lage, alle vier Muster korrekt zu erkennen.

Beim Sichern des Netzzustandes ist zu bedenken, dass nun ein trainiertes Netz vorliegt und beim Sichern der untrainierte Anfangszustand überschrieben wird. Es hat sich als zweckmäßig erwiesen, den untrainierten Anfangszustand eines Netzes extra zu speichern, um auf diese Weise neue Experimente einfach beginnen zu können.

9.1.2 Aufbau von Netzen – der Netzeditor

Neben dem grafischen Netzeditor stellt die grafische Oberfläche des SNNS das Werkzeug BIGNET bereit. BIGNET erleichtert den Aufbau spezieller Netze sowie die Generierung größerer Netze. Das Werkzeug BIGNET ist weitgehend selbsterklärend, so dass wir uns an dieser Stelle auf die Nutzung des Netzeditors DISPLAY konzentrieren. Modifikationen der Eigenschaften von Neuronen und Verbindungen werden im INFO-Fenster vorgenommen, dessen Nutzung am Ende des Abschnittes beschrieben wird.

Mit dem Netzeditor im Fenster DISPLAY können Netze aufgebaut und modifiziert werden. Die Arbeit erfolgt kommandogesteuert. Ein Kommando kann eingegeben werden, wenn das DISPLAY-Fenster aktiv ist. Für viele Kommandos ist die aktuelle Position des Mauszeigers ausschlaggebend. Die für die Erzeugung und Manipulation von Neuronen und Verbindung zur Verfügung stehenden Kommandos sind in den beiden Tabellen 9.1 sowie 9.2 aufgeführt und erläutert.

Der Fläche im display-Fenster liegt ein Raster zugrunde. Die aktuelle Position des Mauszeigers im Raster wird als x-y-Koordinate im manager-Fenster angezeigt. Die Rastergröße kann im SETUP-Fenster modifiziert werden. Ein kleineres Raster bietet sich für größere Netze an. Die aktivierten Neuronen lassen dann deutlicher ein Muster hervortreten, wie das Abbildung 9.8 zeigt.

Abbildung 9.8 Wirkung der Rastergröße auf die Netz-Darstellung

Tabelle 9.1 Editor-Befehle für die Arbeit mit Neuronen

Befehl	Wirkung
U-I-D	Unit Insert Default Ein Neuron wird an die aktuelle Position des Mauszeigers in die Rasterfläche eingefügt. Der Typ des Neurons ist hidden, die Aktivierung sowie der Schwellwert sind null.
U-I-T	Unit Insert Target Ein Neuron wird an die aktuelle Position des Mauszeigers eingefügt. Die Werte des Neurons entsprechen den im info-Fenster für das TARGET-Neuron festgelegten Werten. Das Kommando eignet sich für den Aufbau von Eingabe- und Ausgabeschicht eines Netzes. Man setze hierzu die gewünschten Werte, wie Typ und Schwellwert des Neurons, im info-Fenster und führe dann das Kommando U-I-T aus.
U-M	Unit Move Prinzipiell ist es möglich die markierten Neuronen zu verschieben. Praktisch funktioniert das in den seltensten Fällen, da Mauszeiger, markiertes Neuron und Verschiebe-Fokus nicht übereinstimmen. Sollte man nach Anwendung das Gefühl haben, dass Neuronen verschwunden sind, so muss das display-Fenster maximal vergrößert werden. Mitunter sieht man dann verloren geglaubte Neuronen. Löschen und neu Einfügen von Neuronen ist die sichere Art einer Neupositionierung.

Befehl	**Wirkung**
U-D	Unit Delete Die markierten Neuronen mit ihren Verbindungen werden gelöscht.
U-S-T	Unit Set Type Für die markierten Neuronen wird der Typ neu festgelegt. Nach der Eingabe des Kommandos wird das Auswahlfenster angezeigt und der Typ input, output oder hidden kann gesetzt werden.
U-S-B	Unit Set Bias Der Schwellwert (Bias) der markierten Neuronen wird auf den im info-Fenster für das TARGET-Neuron eingetragenen Wert gesetzt. Das Setzen eines Schwellwertes ist nur dann sinnvoll, falls der Schwellwert nicht durch den Lernalgorithmus mit trainiert wird.
U-S-F-A	Unit Set Function Activation Es kann die Aktivierungsfunktion neu festgelegt werden. Für eine mittels BIGNET erzeugte Kohonen-Karte ist es beispielsweise sinnvoll die Aktivierungsfunktion auf ACT_EUCLID zu setzen.
U-S-A	Unit Set Activation Für die markierten Neuronen wird die Aktivierung auf den im info-Fenster für das TARGET- Neuron eingetragenen Wert gesetzt. Dieses Kommando ist nur für das Gestalten neuer Eingabemuster im Dialog sinnvoll. Dazu werden die Neuronen markiert, die im gewünschten Muster aktiv sein sollen. Mittels U-S-A kann dann die Aktivierung gesetzt werden.

Tabelle 9.2 Editor-Befehle für die Manipulation von Verbindungen

Befehl	**Wirkung**
L-M-T	Links Make Target Zum Setzen von Verbindungen sind ein oder mehrere Neuronen zu markieren. Der Mauszeiger wird dann auf ein (meist nicht markiertes) Neuron gesetzt. Der Befehl erzeugt Verbindungen von allen markierten Neuronen zum Neuron, auf das der Mauszeiger aktuell verweist. Die Verbindungen sind auf das "Mauszeiger-Neuron" gerichtet. Die Gewichte der Verbindungen sind mit 0.0 initialisiert. Ein L M T Befehl kann somit Verbindungen von einer ganzen Neuronenschicht zu einem einzigen Neuron erzeugen.
L-M-S	Links Make Source Analog L M T werden durch den Befehl Verbindungen von den markierten Neuronen zum Neuron, auf das der Mauszeiger verweist, erzeugt. Die Verbindungen sind auf die markierten Neuronen gerichtet. Das ist entgegen der durch L M T erzeugten Richtung.
L-D-T	Links Delete Target Die Verbindungen von den markierten Neuronen zum "Mauszeiger-Neuron" werden gelöscht, falls die Verbindungen auf das "Mauszeiger-Neuron" gerichtet sind.
L-D-S	Links Delete Source Die Verbindungen von den markierten Neuronen zum "Mauszeiger-Neuron" werden gelöscht, falls die Verbindungen vom "Mauszeiger-Neuron" zu den markierten Neuronen gerichtet sind.

Mit dem info-Fenster lassen sich die Eigenschaften eines Neurons, wie Typ, Aktivierung, Aktivierungsfunktion, Schwellwert sowie die Ausgabe-Funktion, einsehen und modifizieren. Aus dem manager-Fenster heraus wird das INFO-Fenster geöffnet. Wird ein Neuron im DISPLAY-Fenster mit der mittleren Maustaste angeklickt, erscheinen die Informationen in der unteren Hälfte des info-Fensters im Bereich TARGET. Nun können Modifikationen vorgenommen werden. Unter OPTIONS kann unter anderem der Typ des Neurons geändert werden. Das endgültige Eintragen der neuen Werte wird erst mit SET erreicht. Bevor das nächste Neuron bearbeitet wird, ist somit unbedingt SET auszuführen.

9.1.3 Das Training von Netzen

Für das Trainieren und Testen eines Netzes steht im SNNS das CONTROL-Fenster zur Verfügung. Um die Ergebnisse eines Trainingsprozesses einschätzen zu können, ist der Netzfehler zu betrachten. Das graph-Fenster veranschaulicht verschiedene Fehlerwerte. Numerische Angaben zum Fehler werden durch den SNNS auf die Standard-Ausgabe, die Konsole geschrieben.

Um trainieren zu können, sind Trainingsdaten erforderlich. Trainingsmuster sind in Text-Dateien abgelegt. Der Aufbau einer Musterdatei kann dem folgenden Beispiel entnommen werden. Das Eingabe-Muster 1 im folgenden Text ist die 5×7-Pixeldarstellung des Buchstaben A, im Ausgabe-Muster ist das Neuron der A-Klasse aktiv.

```
SNNS pattern definition file V3.2
generated at Mon Jan 15 18:08:50 2001

No. of patterns : 26
No. of input units : 35
No. of output units : 26

# Input pattern 1:
0 1 1 1 0
1 0 0 0 1
1 0 0 1 1
0 1 1 1 1
1 0 0 0 1
1 0 0 0 1
1 0 0 0 1
# Output pattern 1:
1 0 0 0 0 0 0 0 0 0 0 0 0 0 0 0 0 0 0 0 0 0 0 0 0 0
# Input pattern 2:
...
```

Muster-Dateien können mit dem SNNS erzeugt werden. Allerdings ist es ratsam, nur eine kleine Musterdatei mit Hilfe der SNNS-Oberfläche zu generieren. Die Erweiterung lässt sich leichter und schneller mit Hilfe eines Texteditors oder durch eigene Transformationsprogramme erreichen. Das Erzeugen einer Musterdatei verläuft wie folgt:

4. Öffnen (FILE) oder Entwickeln (DISPLAY) des gewünschten Netzes.
5. Öffnen des CONTROL-Fensters.

6. NEW
7. Setzen der gewünschten Aktivierung in der Eingabeschicht und in der Ausgabeschicht. Das Setzen von Aktivierungen erfolgt mittels des info-Fensters. Nachdem die gewünschte Aktivierung im TARGET-Neuron gesetzt wurde, werden die Neuronen markiert und die Aktivierungen mittels U-S-A gesetzt.
8. Wiederholen der Punkte drei und vier für jedes weitere Muster.
9. Speichern der Musterdatei im FILE -Fenster.

Nachdem die Trainingsdaten und möglichst auch die Testdaten erstellt wurden, kann der Trainingsprozess selbst gestartet werden. Dieser wird durch sehr viele Größen beeinflusst. Ein Trainer eines Netzes hat viele Entscheidungen zu treffen. Wie im Sport sind die Erfahrungen eines Trainers sind äußerst wichtig, und nicht immer lässt sich prognostizieren, durch welche Maßnahmen sich die besten Leistungen erzielen lassen.

Die notwendigen Entscheidungen betreffen im Einzelnen:

1. Die Trainingsmuster sind auszuwählen. Es ist möglich, mehrere Trainingsmuster-Dateien zu öffnen (FILE). Im control-Fenster wird dann mittels USE die Menge ausgewählt, die aktuell zum Trainieren benutzt wird.
2. Nicht mehr benötigte Trainingsmuster-Mengen können über DELETE aus dem System entfernt werden.
3. Die Lernfunktion ist aus der Vielzahl der vom System bereitgestellten Funktionen gewählt zu wählen. Insbesondere für vorwärts gerichtete Netze stehen viele Varianten zur Verfügung. Die Auswahl erfolgt mittels SEL.FUNC in der LEARN-Zeile des Fensters.
4. Mittels SEL.FUNC in der UPDATE-Zeile wird die Aktualisierungsfunktion ausgewählt. Die UPDATE-Funktion legt die Reihenfolge fest, in der die Werte im Netz während des Trainings- und Verarbeitungsprozesses neu berechnet werden. Für einige Netze wie die autoassoziativen Netze kann die Funktion einen Einfluss auf das Netzergebnis haben.
   Bei Wahl der topologischen Reihenfolge wird die Nummerierung der Neuronen im Netz als Grundlage genommen.
5. In der INIT-Zeile erfolgt mittels SEL.FUNC die Wahl der Initialisierungsfunktion. Diese Funktion wird durch die Netzarchitektur vorgegeben. Für vorwärts gerichtete Netze ist die Initialisierung mit zufälligen Werten, meist aus dem Bereich [–1,+1], der Standardfall.
6. Je nach gewählter Lern- und Initialisierungsfunktion gilt es, die Parameterfelder in den entsprechenden Zeilen auszufüllen.
   In der Initialisierungszeile stehen meist die Werte 1.0 sowie –1.0, die den Wertebereich beschreiben, aus dem die Zufallswerte für die Anfangsbelegung der Gewichte und Schwellwerte entnommen werden.
   In der Zeile der Lernfunktion werden stets so viele Felder ausgewiesen, wie Parameter für die gewählte Lernfunktion angegeben werden können. Die Bedeutung sowie häufig

gewählte Werte sind der Online-Dokumentation zu entnehmen. Der erste Parameter ist bis auf wenige Ausnahmen stets der Lernfaktor, ein Wert zwischen 0.1 und 1.0.

Nachdem alle Parameter und Funktionen festgelegt wurden, beginnt das eigentliche Training. Für ein überwachtes Lernen vergewissere man sich, dass das graph-Fenster geöffnet ist, damit die Entwicklung des Netzfehlers verfolgt werden kann. Ein Training kann als Zyklus nachfolgender Aktivitäten beschrieben werden. Dabei wird ein überwachtes Lernen zugrunde gelegt. Für unüberwachtes Lernen ergeben sich Modifikationen, die leicht ableitbar sind.

1. Die Anzahl der Trainingszyklen (CYCLES) ist festzulegen, zum Beispiel 100.
2. Aktivierung von ALL bewirkt, dass alle Muster entsprechend der angegebenen Zyklenzahl dem Netz angelegt werden und die entsprechenden Anpassungen der Gewichte vorgenommen werden.
3. Die Entwicklung des Fehlerwerts des Netzes kann im graph-Fenster verfolgt werden. Es sollte sich eine deutlich fallende Kurve zeigen, damit ein gewünschtes Verhalten erwartet werden kann.
4. Gegebenenfalls wird nun 2. wiederholt, bis der Fehlerwert deutlich sinkt.
5. Das Resultat wird anhand der Trainingsdaten getestet. TEST testet Muster für Muster der Mustermenge. Das Resultat, sprich die Aktivierungen der Ausgabe-Neuronen, kann unmittelbar im display-Fenster abgelesen werden.
   Falls vorhanden, ist statt der Trainingsmenge die vorher extra festgelegte Testmenge von Mustern zu verwenden. Für größere Anwendungen sind die Netz-Ergebnisse in einer Resultatsdatei zu speichern und durch Auswerte-Algorithmen zu analysieren.

Die Schritte 1. bis 5. sind zu wiederholen, bis das gewünschte Netzverhalten erreicht wurde oder bis erkennbar wird, dass der Netzfehler sich nicht weiter verringern lässt. Gemäß Abbildung 9.9 kann man versuchen, ein besseres Ergebnis zu erzielen, indem man die Parameter ändert, ein anderes Lernverfahren auswählt oder die Netzstruktur insgesamt verändert. Danach muss das Training erneut begonnen werden.

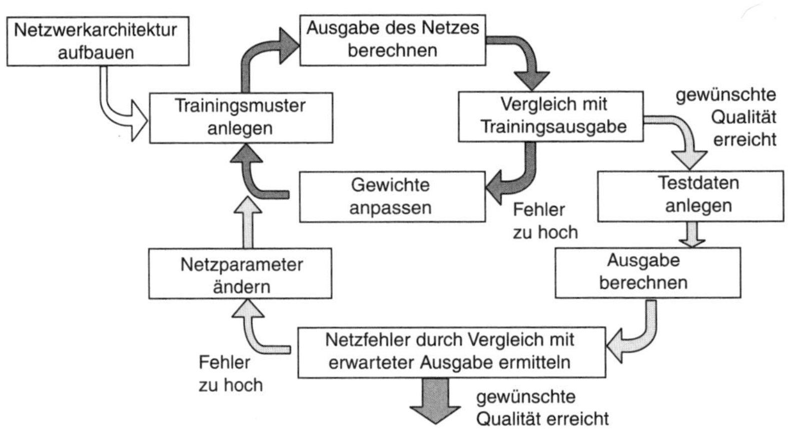

Abbildung 9.9 Prozess des Trainierens eines Netzes

Die folgende Tabelle 9.3 fasst die Funktionalität des control-Fensters als zentrales Werkzeug zum Trainieren eines Netzes zusammen.

Tabelle 9.3 Wichtige Funktionen des SNNS-control-Fensters

Schalter	Funktionalität
NEW	Neues Muster: Die aktuellen Daten aus Ein- und Ausgabeschicht werden als neues Muster abgelegt
USE	Festlegen der Musterdatei als Trainingsmenge
DELETE	Entfernen einer Musterdatei aus der Menge der Trainingsmuster
SEL.FUNC	Auswahl der entsprechenden Funktion: Lernfunktion, Aktivierungsfunktion, Initialisierungsfunktion
STEP	Es wird einmal die Aktivierungsfunktion aufgerufen.
SINGLE	Das Netz wird mit dem aktuellen Muster trainiert.
ALL	Alle Muster der aktiven Mustermenge werden so oft wie unter CYCLES angegeben dem Netz präsentiert.
SHUFFLE	Die Auswahl der Muster erfolgt zufällig.
TEST	Test des aktuellen Musters. Das Ergebnis kann dem display-Fenster entnommen werden.

9.1.4 Die Visualisierung von Ergebnissen

Um sich einen Überblick über den Zustand und das Verhalten eines Netzes zu verschaffen, sind folgende Fenster des SNNS von Interesse:

- die Standard-Ausgabe, meist die Konsole,
- das display-Fenster, sowie das dreidimensionale Fenster 3D-display,
- das graph-Fenster,
- das analyzer-Fenster,
- das kohonen-Fenster.

Alle Fenster werden aus dem manager-Fenster heraus über die Schaltfläche mit dem entsprechenden Namen aktiviert

Um ein neuronales Netz beurteilen zu können, ist für den Menschen eine schnell zu erfassende Darstellung gefragt, die das Netzverhalten als Eingabe-Ausgabe-Relation widerspiegelt. Die Art der Visualisierung kann den Trainingsprozess entscheidend beschleunigen.

Die Standard-Ausgabe

Fehlerwerte werden während des Trainings als numerische Werte auf die Standard-Ausgabe, die Konsole, geschrieben. Mittels der ERROR-Schaltfläche im control-Fenster werden die aktuellen Werte erneut auf die Standard-Ausgabe geschrieben. Die Ausgaben auf die Standard-Ausgabe sind für die nicht interaktive Arbeit mit einem Netz von großem

Interesse. Kann doch der Trainingsprozess so in eine andere Anwendung eingebettet werden, die dann auf diese Werte zugreift. Kommen beispielsweise genetische Algorithmen für die Netzentwicklung zum Einsatz, wird so die erreichte Netzqualität automatisch geprüft und über die Zukunft des Netzes entschieden.

Das display-Fenster

Die wohl wichtigste Komponente für die interaktive Arbeit stellt das bereits unter dem Gesichtspunkt des Netz-Aufbaus diskutierte display-Fenster dar. Das display-Fenster wird sowohl als grafischer Netz-Editor als auch zur grafischen Darstellung des Netz-Verhaltens benutzt. Für die grafische Darstellung spielt die Farbe eine entscheidende Rolle. Das voreingestellte Farbspektrum reicht von hellrot für stark negative Werte über tiefblau für betragsmäßig sehr kleine Werte oder null bis hin zu hellgrün, das eine stark positive Aktivierung eines Neurons anzeigt. Die Farbdarstellung gilt sinngemäß auch für die Verbindungsgewichte. Dies ist jedoch für die praktische Arbeit weniger von Bedeutung, da die Vielzahl von Verbindungen, die viele Netze aufweisen, die Netzdarstellung unübersichtlich werden lässt.

Auf die Anzeige der Aktivierungen der Neuronen kann aufgrund der Farbdarstellung meist verzichtet werden. Eine Verkleinerung des Gitternetzes führt im display-Fenster zu mehr Übersichtlichkeit und erhöht die Anschaulichkeit insbesondere für Beispiele aus der Mustererkennung.

Der SNNS bietet neben der zweidimensionalen Darstellung im display-Fenster auch eine dreidimensionale Darstellungsmöglichkeit an [3D DISPLAY]. Falls ein Netz oder eine Netzschicht wie beispielsweise die Kohonen-Karte selbst wiederum aus mehreren Schichten besteht, kann eine dreidimensionale Darstellung die Anschauung erleichtern. Die [3D DISPLAY]-Schaltfläche führt zu dieser Anzeige. Das zugehörige [SETUP] legt die Betrachtungsposition fest, die leicht geändert werden kann und so eine Bewegung des Netzes simuliert. Darüber hinaus kann die Aktivierung eines Neurons sowohl wie in der zweidimensionalen Darstellung über die Farbe als auch durch die Größe des Neuron-Würfels visualisiert werden, wie aus der Abbildung 9.10 hervorgeht.

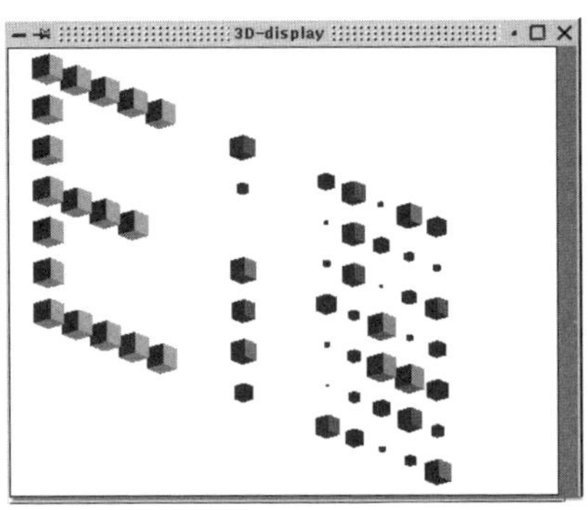

Abbildung 9.10 Dreidimensionale Darstellung eines Netzes

Das graph-Fenster

Im graph-Fenster kann die Entwicklung des Netzfehlers während des Trainings verfolgt werden. Natürlich hofft man, dass sich dieser Fehler schnell verringert. Aus einer kritischen Betrachtung der Fehlerkurve können Rückschlüsse gezogen werden, welche Ergebnisse sich noch erzielen lassen oder auch welche Ergebnisse nicht mehr erreicht werden können.

Typische Kurvenverläufe sind in Abbildung 9.11 zusammengestellt. Fällt der Fehlerwert sehr schnell und sehr weit nach unten, besteht die Gefahr des Übertrainierens. Rechtzeitiges Beenden des Trainings ist empfehlenswert. Eventuell kann auch eine Reduktion der Zahl der Neuronen oder der Netzverbindungen in Betracht gezogen werden.

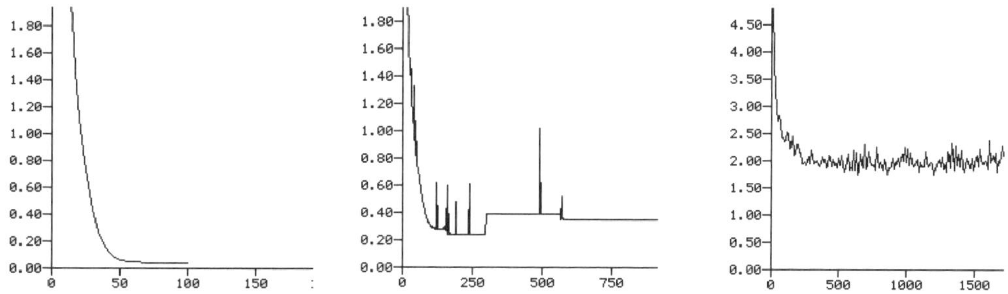

Abbildung 9.11 Verschiedene Entwicklungen des Netzfehlers

Starkes Oszillieren ist ein Zeichen dafür, dass während des Trainings vorgenommene Gewichtsänderungen, die durch ein Muster hervorgerufen wurden, zu einem deutlich höheren Netzfehler für ein anderes Muster führen. Das Netz ist nicht in der Lage, die Forderungen zu erfüllen. Eine Erhöhung der Zahl der Neuronen kann Abhilfe schaffen.

Im graph-Fenster kann zwischen dem mittleren Fehler, **Mean Squared Error (MSE)**, und dem aufsummierten Fehler, **Summed Squared Error (SSE)**, gewählt werden.

Das analyzer-Fenster

Im analyzer-Fenster lassen sich Ausgabe-Werte als Punkt in der Ebene darstellen. Im SETUP-Fenster werden die entsprechenden Voreinstellungen getroffen. Es werden der darzustellende Wertebereich sowie die Neuronen, deren Ausgabewerte als Koordinaten interpretiert werden, festgelegt.

Durch Einschalten der Verbindungslinien LINE kann die Ausgabenfolge als Polygonzug visualisiert werden. Die Schaltfläche M-TEST veranlasst das Verarbeiten von M Mustern und die sofortige Anzeige der M Ergebnisse in der Ebene.

Das analyzer-Fenster Abbildung 9.12 wird unter anderem für folgende Beispiele des SNNS eingesetzt:

- Im Jordan/Elman Beispiel der Prognose einer liegenden Acht wird diese liegende Acht dargestellt. Siehe hierzu den Abschnitt 6.6 über partiell rückgekoppelte Netze.

- Die Prognose des chaotischen Lasers wird ebenso im analyzer-Fenster visualisiert. Siehe hierzu den Abschnitt 6.3.3 über die Prognose als typische Anwendung vorwärts gerichteter neuronaler Netze.

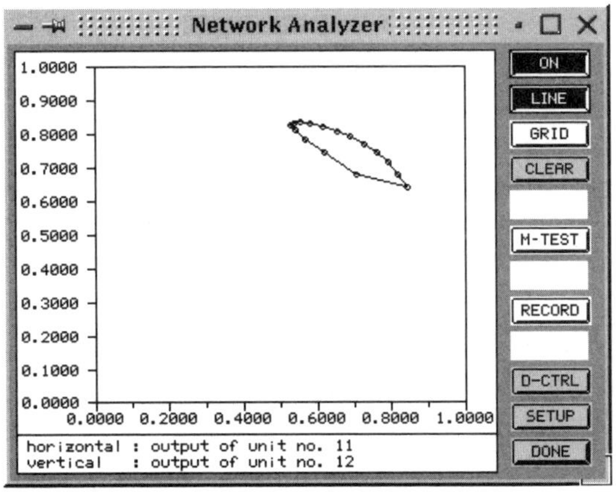

Abbildung 9.12 Das analyzer-Fenster: Die Ausgabe der Neuronen 11 und 12 werden als Punktkoordinaten interpretiert und miteinander verbunden

Das kohonen-Fenster

Wie aus dem Namen hervorgeht, wird das kohonen-Fenster für die Arbeit mit **selbstorganisierenden Karten** benötigt. Bei einer selbstorganisierenden Karte erfolgt die Klassifikation der Eingabemuster, indem ein Gewinner-Neuron ermittelt wird. Mittels des kohonen-Fensters können für alle Eingabemuster die Gewinner-Neuronen ermittelt und angezeigt werden. Die Anzeige erfolgt im display-Fenster. Für die Neuronen der Kartenschicht muss im setup-Fenster die Anzeige des Gewinners eingestellt werden. Es ist weiter darauf zu achten, dass das kohonen-Fenster erst nach dem control-Fenster geöffnet wird.

9.1.5 Übungen

Aufgaben

9.1 Machen Sie sich mit der Menge der Beispiele des SNNS vertraut. Spielen Sie diese Beispiele durch. Nutzen Sie hierzu den SNNS oder den JavaNNS.

9.2 Führen Sie die in den vorangegangenen Kapiteln diskutierten Experimente mit dem SNNS oder JavaNNS durch.

9.3 Entwickeln Sie mit dem Netzeditor ein Netz, das dem letters.net aus der Beispielmenge des SNNS entspricht.

9.4 Benutzen Sie das BIGNET-Werkzeug des SNNS beziehungsweise die Create-Tools des JavaNNS zum Aufbau eines vorwärts gerichteten Netzes mit 24×24 Eingabe-Neuronen, zwei Zwischenschichten aus je 60 Neuronen und einer Ausgabe-Schicht, die eine Klassifizierung aller Groß- und Kleinbuchstaben ermöglicht.

9.5 Nutzen Sie die Vielzahl der angebotenen Lernalgorithmen für vorwärts gerichtete Netze und vergleichen Sie diese an einem Netzbeispiel Ihrer Wahl.

9.2 JavaNNS

Der JavaNNS ist eine in Java entwickelte Benutzungsoberfläche für den SNNS-Kern, die im Gegensatz zur SNNS-Oberfläche eine wohlbekannte Gestaltung von Fenstern und Menü-Punkten aufweist. Die Software ist unter folgender WWW-Adresse für verschiedene Plattformen, darunter auch Linux und Windows, verfügbar:

www-ra.informatik.uni-tuebingen.de/software/JavaNNS/welcome_e.html

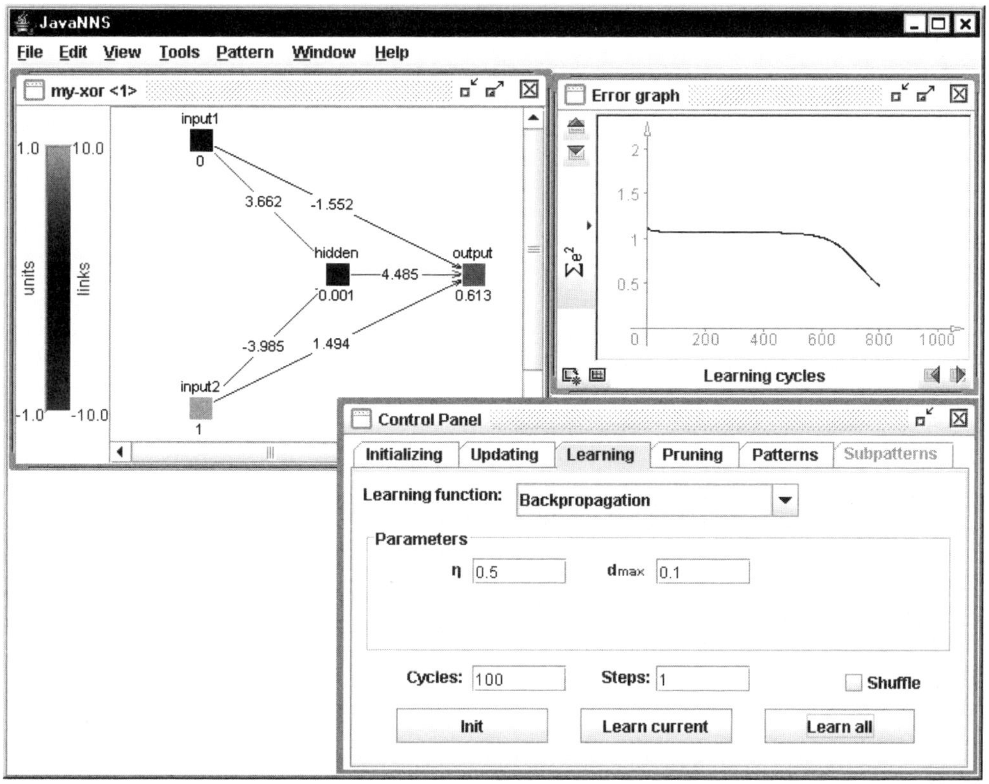

Abbildung 9.13 Das JavaNNS-Fenster

Die Benutzung ist sehr einfach und kann schnell erlernt werden. Die Abbildung 9.13 zeigt die typische Arbeitsumgebung im Trainingsprozess: Im View-Network-Fenster wird das Netz angezeigt, hier ein XOR-Netz. Unter dem Menüpunkt Tools findet sich das Control-Panel, mit dem der Trainingsprozess gesteuert wird. Der Fortschritt im Training wird im Error-graph-Fenster angezeigt.

Eigenschaften von Neuronen, wie Bezeichnungen oder Aktivierungsfunktion, können im View-Network-Fenster unter Verwendung der rechten Maustaste angezeigt und verändert werden. Werden in der Karteikarte Patterns des Control Panels unterschiedliche Mustermengen für das Training und das Testen eingestellt, so werden im Error-graph-Fenster beide Kurven gleichzeitig zum Vergleich dargestellt.

Der Aufbau neuer Netze erfolgt sehr schnell unter Nutzung der Create-Werkzeuge, die unter Tools>Create angeboten werden. Man beginnt mit den Schichten und generiert diese von der Eingabe- zur Ausgabeschicht von links nach rechts. Man beachte, dass der Typ des Neurons richtig eingestellt wird und dass erst mittels Create die Schichten erzeugt werden. Analog erfolgt die Erzeugung der Verbindungen erst durch den Button Create im Create-Links-Fenster.

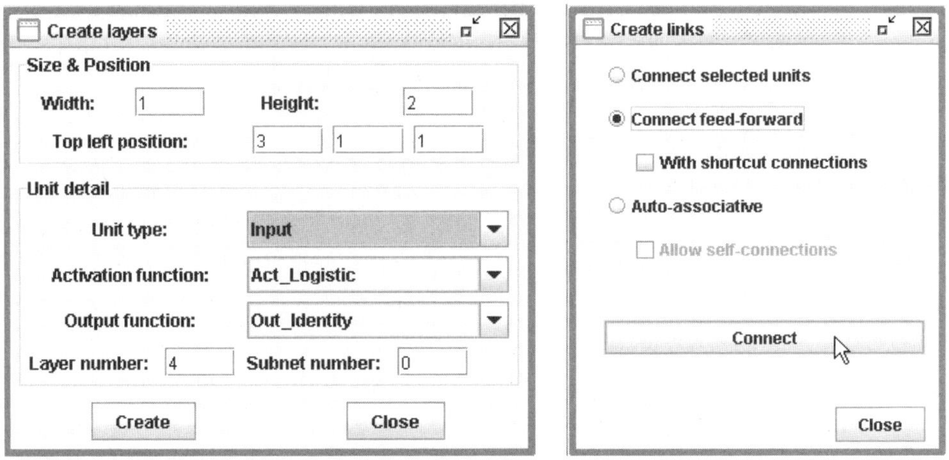

Abbildung 9.14 Die Create-Tools zum Aufbau von Neuronen-Schichten

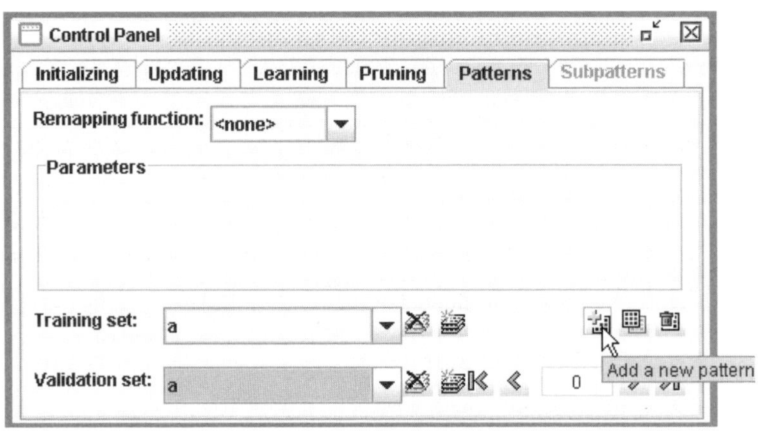

Abbildung 9.15 Der Aufbau einer neuen Muster-Menge

Muster-Dateien lassen sich analog zur Vorgehensweise im SNNS erzeugen: Interaktiv wird eine neue Muster-Datei angelegt (control panel > Karteikarte Patterns) und mittels „add a new pattern" ein neues Muster in die Datei aufgenommen.

Mittels File-Save > data können die Ergebnisse in eine Resultatsdatei gespeichert werden, die dann für weitere Analysen zur Verfügung steht. Für Auswertungen ist es sinnvoll, die Trainingsausgabe mit in die Resultatsdatei aufzunehmen (include output patterns).

9.3 Implementation neuronaler Netze

In diesem Abschnitt erhalten diejenigen, die (noch) keine professionellen Programmierer sind, Anregungen, wie neuronale Netze in einer Programmiersprache implementiert werden können. Im Mittelpunkt steht die Abbildung der Architekturen neuronaler Netze auf konkrete Datenstrukturen. Die Lernalgorithmen wurden im Zusammenhang mit den verschiedenen Netz-Architekturen in Form von Pseudocode vorgestellt und können dort nachgelesen werden. Die Umsetzung in konkreten Programmcode sollte ohne größere Schwierigkeiten zu bewältigen sein, wenn die Grundstrukturen, wie in diesem Kapitel vorgestellt, realisiert werden.

Für die Darstellung der objektorientierten Entwürfe wird auf die **Unified Modelling Language** (**UML**) zurückgegriffen. Eine Einführung in die UML findet man unter anderem in [Forbrig07].

Als Programmiersprache wird **Java** gewählt. Sie besitzt mehrere Vorteile:

- Java ist mehr als andere Sprachen unabhängig vom konkreten Betriebssystem und der zugrunde liegenden Hardware. Derselbe Quellcode funktioniert sowohl unter Windows- als auch unter Unix-Betriebssystemen.
- Java ist eine moderne objektorientierte Sprache, die zudem eine Reihe von Sicherheiten in der Programmierung bietet bzw. fordert. Sie ist anders als C++ oder ObjectPascal nicht nur eine objektorientierte Erweiterung, sondern eine konsequent objektorientierte Sprache. Die Modularisierung wird gefördert, Zeiger-Akrobatik, wie in der Sprache C, wird reduziert und einige häufig auftretende Fehler wie nicht initialisierte Variable werden bereits vom Compiler angemahnt.
- Die Objektorientierung erlaubt eine gute Modularisierung mit vielen Vorteilen für die Software-Entwicklung.
- Java bietet gute Möglichkeiten, die entwickelten Funktionalitäten mit einer grafischen Bedienoberfläche zu versehen. Für Demonstrationszwecke ist die Java-Applet-Technik gut geeignet, die den Zugriff aus dem WWW heraus erlaubt.

Nachteile sind dagegen:

- Die an C orientierte Notation, ist nur bedingt gut lesbar.
- Etwas schwerer als der vorherige Punkt wiegt die im Vergleich zu anderen Sprachen geringe Geschwindigkeit bei der Abarbeitung von Programmen. Das kann bei praktischen Anwendungen, insbesondere Echtzeit-Anwendung, von entscheidender Bedeu-

tung sein; dessen sind sich die Autoren durchaus bewusst. Für einen Einstieg in das Gebiet spielt dies jedoch eine untergeordnete Rolle.

Neuronale Netze sind aus mathematischer Sicht betrachtet *Graphen*. Die Neuronen sind gewichtete (Aktivierung) *Knoten*, die durch *gerichtete und gewichtete Kanten* miteinander verbunden sein können. Im Allgemeinen liegt ein zusammenhängender Graph vor. Eine Ausnahme bilden zum Beispiel die neuronalen Gase.

Für die Implementation neuronaler Netze kann somit auf Techniken zur Implementation von Graphen zurückgegriffen werden.

9.3.1 Einsatz von Array-Datenstrukturen

Array-Datenstrukturen stellen eine sehr einfache aber oft speicheraufwendige Realisierung der Verbindungen mit ihren Gewichten dar. Besteht ein Netz aus N Neuronen, so kann in einem zweidimensionalen Array die Gewichtsmatrix implementiert werden:

```
int        N      = 20;   // Anzahl der Neuronen
double[][] weight;        // Gewichtsmatrix Deklaration
...
weight = new double[N][N] // Matrix mit NxN-Elementen erzeugen
```

Die Neuronen können ebenso in einem Array abgespeichert werden. Im einfachsten Fall werden nur die Aktivierungswerte verwaltet, so dass wir es mit einem Array von reellen Werten zu tun haben:

```
double[] neuron;
...
neuron = new double[N];
```

Der Vorteil dieser Vorgehensweise liegt in den simplen Strukturen und in den sehr einfachen Zugriffen auf Aktivierungen und Verbindungsgewichte. Dagegen spricht, dass aus dem Array selbst nicht die Schichtenstruktur eines Netzes erkennbar ist. Darüber hinaus wird insbesondere bei mehrschichtigen vorwärtsgerichteten Netzen viel Speicherplatz in der Gewichtsmatrix vergeudet, da die Gewichtsmatrix dann sehr schwach besetzt ist.

Für ein einfaches Perzeptron kann die Matrix effektiver gestaltet werden. Dazu wird die eine Dimension durch die Eingabe-Neuronen, die andere durch die Ausgabe-Neuronen ausgefüllt:

```
double[]   inputNeuron;
double[]   outputneuron;
int        nInputNeuron;
int        nOutputNeuron;
double[][] weight;
...
weight = new double[nInputNeuron][nOutputNeuron];
```

Die **Datenstruktur Array** eignet sich auch für Netzarchitekturen, in denen Schichten mehrdimensional angeordnet werden, wie beispielsweise in der selbstorganisierenden Karte, dem Hopfield-Netz oder der Boltzmann-Maschine. In diesen Netzen sind die Koordinaten eines Neurons in einer Schicht von besonderem Interesse.

In der Tabelle 9.4 werden die Einsatzmöglichkeiten für die Datenstruktur Array zusammengesetzt.

Tabelle 9.4 Array-Datenstrukturen in neuronalen Netzen

Architektur	**Array Anwendung**
Perzeptron	• Eingabe- und Ausgabeschicht als je eindimensionales Array • zweidimensionales Array zur Speicherung der Verbindungsgewichte: `double weight[nInput][nOutput]`
Mehrschichtige vorwärts gerichtete Netze	• eindimensionales Array für jede Schicht: • Ein Element des Array ist ein Objekt vom Typ Neuron mit mehreren Komponenten: Aktivierung, Verbindungen zu Vorgänger-Neuronen • Eventuell je Neuron ein eindimensionales Array mit allen Verbindungen von den Vorgänger-Neuronen zum aktuellen Neuron

Selbstorganisierende Karte	• zweidimensionales Array für die Neuronen der Kartenschicht
	• Jedes Neuron enthält die Aktivierung, seinen Abstand zum Eingabemuster sowie einen Vektor in der Länge der Eingabe, zur Verwaltung der Verbindungsgewichte von jedem Eingabe-Neuron zu diesem Neuron.
	`double act;`
	`double dist;`
	`double[] weight;`

Hopfield-Netz, Boltzmann-Maschine	• mehrdimensionales Array zur Verwaltung der Neuronen, da wie bei der Kohonen-Karte die Position des Neurons eine Rolle spielt;
	`double[][] hopfield;`
	• Die Gewichte eines solchen Netzes sind dann in einem entsprechend doppelt dimensionierten Array zu realisieren:
	`double [][][][] weight;`
	Das Gewicht der Verbindung vom Neuron mit den Koordinaten (*i,j*) zum Neuron (*x,y*) ist somit: `weight[i][j][x][y]`

Neuronales Gas	• Einfaches Array für alle Neuronen. Verbindungsgewichte benutzt dieses Netz nicht.

9.3.2 Der objektorientierte Ansatz

Insbesondere für sich verändernde Netztopologien oder schwach besetzte Verbindungsmatrizen sind dynamische Datenstrukturen zu bevorzugen.

Die zwar schon etwas ältere, aber immer noch gut einsetzbare Turbo-Pascal-Toolbox für neuronale Netze [Kruse91] basiert vollständig auf dynamischen Datenstrukturen.

In Java werden derartige Strukturen unter Nutzung des Klassenkonzeptes aufgebaut. Eine Mischung aus Objektstrukturen und Arraystrukturen ist für viele Fälle eine sinnvolle Lösung.

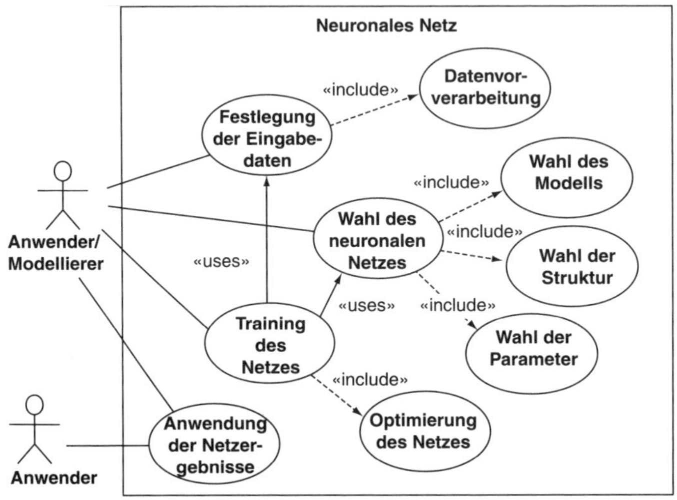

Abbildung 9.16 Use-Case-Diagramm für die Arbeit mit neuronalen Netzen

Betrachtet man die zu lösenden Aufgaben, so kann eine Unterteilung in mehrere Teilaufgaben vorgenommen werden:

6. neuronales Netz
7. Training eines Netzes
8. Anwendung

Eine Realisierung dieser Teilaufgaben als eigenständige Klassen ermöglicht eine flexible Verwendung der Komponenten. Die Netzkomponenten können nach erfolgtem Training direkt in eine Anwendung integriert werden, ohne dass das Training dann noch eine Rolle spielt. neuronale Netz-Komponente sowie auch die Trainingskomponente können in unterschiedliche Anwendungen integriert werden. Diese Strukturierung spiegelt sich im Klassenkonzept Abbildung 9.17 wider.

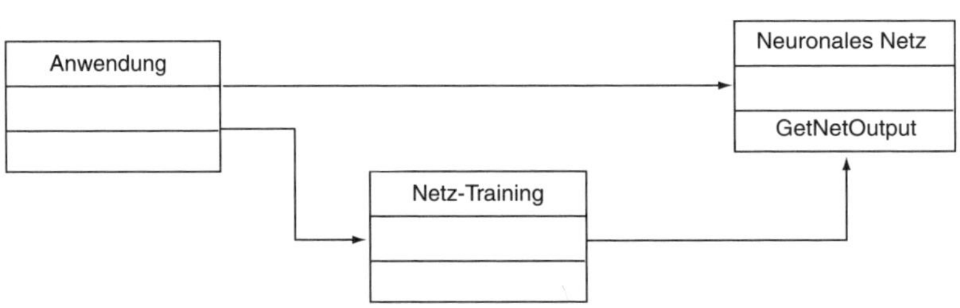

Abbildung 9.17 Klassenmodell einer Anwendung

Sinnvoll zeigt sich eine derartige Struktur zum Beispiel bei einer Applet-Entwicklung. Dabei ist es vorteilhaft, noch zwischen der eigentlichen Klasse zum Aufbau eines Applets und einer Klasse zur Darstellung des Netzes zu unterscheiden. Da eine selbstorganisierende Karte sich sehr gut visualisieren lässt, greifen wir auf dieses Beispiel zurück und geben die Klassenstruktur hier an:

```
public class SOMDemo
  extends    Applet
  implements ActionListener {
  SOMDraw    area;
  SOM        som;
  ...
}//SOMDemo

class SOMDraw
  extends Canvas {
  SOM som;
  ...
}//SOMDraw

class SOM {
  Neuron map[][];    // Die zweidimensionale Neuronen-Karte
  ...
}//SOM

class Neuron {
  float wx,wy;     // Gewichte des Neurons zur Eingabe
  float dist2inp; // Distanz zur Eingabe
  ...
}//Neuron
```

Da es sich hier um eine Demonstration der Anpassung einer Selbstorganisierenden Karte handelt, wurde der Trainingsprozess in die Klasse SOM integriert.

Für ein vorwärts gerichtetes mehrschichtiges neuronales Netz ist die Struktur der Schichten in einer Implementation mit zu realisieren. Ein derartiges Netz besteht aus zwei oder mehreren Schichten von Neuronen. Auch wenn mehr als vier Schichten in den seltensten Fällen wirklich notwendig sind. Jede Schicht kann prinzipiell beliebig viele Neuronen enthalten, die wiederum beliebig viele Verbindungen mit anderen Neuronen eingehen können. Ein Link ist dann eine Verbindung zu genau einem anderen Neuron.

Das UML-Klassendiagramm in Abbildung 9.18 zeigt einen möglichen Entwurf. Dabei werden einige wesentliche Attribute und Methoden angegeben, auf detaillierte Angabe von Parametern und Typen wird verzichtet.

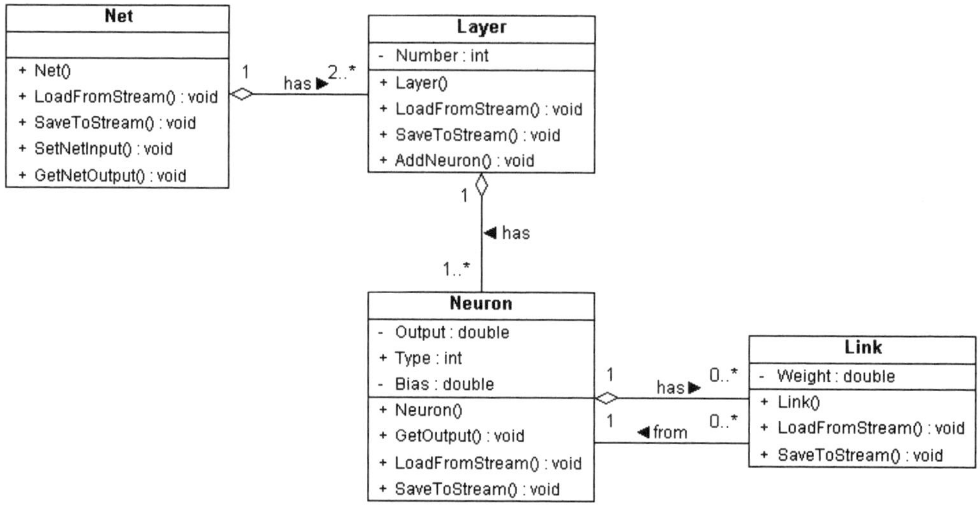

Abbildung 9.18 Klassendiagramm für ein mehrschichtiges vorwärts gerichtetes Netz

9.3.3 Ein einfaches Perzeptron

Zum Einstieg in die Implementation neuronaler Netze wird eine Implementation eines einfachen Perzeptrons gegeben. Es wird auf der angegebenen Klassenstruktur aufgebaut.

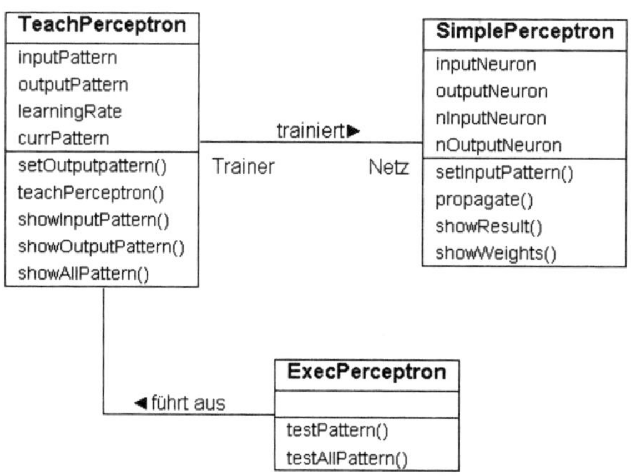

Abbildung 9.19 Das Klassenmodell einer Perzeptron-Anwendung

Das Klassenmodell Abbildung 9.19 ist ein Analysemodell und enthält noch keine genaueren Angaben über die Parameter der Methoden. Auch die Sichtbarkeitsattribute wie *public* oder *private* sind aus dem Modell noch nicht ersichtlich.

Die Klasse *SimplePerceptron* definiert den Aufbau und die Operationen, die für die Arbeit eines Perzeptrons notwendig sind. Die Komponenten eines Perzeptrons werden in einfache Weise mittels Array-Strukturen realisiert. Das ist für einfache Beispiele mit einer recht festen Struktur durchaus angemessen und ausreichend. Die Gewichtsmatrix ist bis auf die Diagonale voll besetzt, falls von einem üblichen Perzeptron mit voller Vernetzung der Eingabe- mit der Ausgabeschicht ausgegangen wird.

```
/**
 * Ein Perzeptron - sehr einfach implementiert
 *
 * benutzt von: TeachPerzeptron, ExecPerzeptron
 *
 * @author  Uwe Lämmel
 * @version 30.10.2007
 */
class SimplePerceptron {
  private int         nInputNeuron;   // Zahl der Eingabe-Neuronen
  private int         nOutputNeuron;  // Zahl der Ausgabe-Neuronen
  private int         nNeuron;        // Gesamtzahl der Neuronen
  private double[]    inputNeuron;    // Eingabe-Schicht
  private double[]    outputNeuron;   // Ausgabe-Schicht
  private double[][]  weight;         // Gewichtsmatrix
  private double      bias;           // Schwellwert

//-- Konstruktor mit Parametern -----------------------------
  /**
   * Konstruktor zum Aufbau eines Perzeptrons bestimmter Größe
   * @param  nInp     Anzahl Eingabe-Neuron
   * @param  nOut     Anzahl Ausgabe-Neuron
   * @param  actBias  Schwellwert
   */
  public SimplePerceptron(int nInp, int nOut, double actBias) {
    nInputNeuron  = nInp;
    nOutputNeuron = nOut;
    nNeuron       = nInputNeuron+nOutputNeuron;
    inputNeuron   = new double[nInputNeuron];
    outputNeuron  = new double[nOutputNeuron];
    weight        = new double[nOutputNeuron][nInputNeuron];
    bias          = actBias;

    for (int i=0;i<nOutputNeuron;i++)
      for (int j=0;j <nInputNeuron;j++) weight[i][j]=0.0;
  }//Perceptron

  // Konstruktoren mit Standardwerten:
  public SimplePerceptron(int nInp, int nOut) { this(nInp,nOut,0.5);}
  public SimplePerceptron()                   { this(4,10,0.5);}

//-- Zugriffsmethoden -------------------------------------------
  public int numberOfInputNeurons()      { return nInputNeuron;    }
  public int numberOfOutputNeurons()     { return nOutputNeuron;   }
  public double getOutputNeuron(int i)   { return outputNeuron[i];}
  public double getInputNeuron(int i)    { return inputNeuron[i]; }
  public double getWeight(int i, int j)  { return weight[i][j];    }

  public void setWeight(int i, int j, double value){
    weight[i][j] = value;
  }//setWeight

  public void setInputNeuron(int i, double value)  {
    inputNeuron[i]=value;
  }//setInputNeuron
```

```
  public void setOutputNeuron(int i, double value) {
    outputNeuron[i]=value;
  }//setOutputNeuron

//-- setInputPattern ----------------------------------------
  public void setInputPattern(double[] pat) {
    for (int i=0;i<nInputNeuron;i++) inputNeuron[i] = pat[i];
  }//setInputPattern

//-- propagate: Bestimmung des Ergebnisses -------------------
  public void propagate() {
    for (int i=0;i<nOutputNeuron;i++) {//für Ausgabe-Neuronen
      // bestimme Netz-Eingabe
      double netinp =0.0;
      for (int j=0;j<nInputNeuron;j++)
        netinp = netinp + weight[i][j] * inputNeuron[j];
      // bestimme Aktivierung=Ausgabe des Ausgabe-Neurons
      if (netinp>=bias) outputNeuron[i] = 1.0;
                   else outputNeuron[i] = 0.0;
    }//for
  }//propagate

  //-- Ausgabe-Methode --------------------------------------
  public void showOutput(){
    IntIO io = new IntIO(); // Klasse IntIO siehe WWW-Seiten
    io.write("{ ");
    for(int i=0;i<nOutputNeuron;i++){
      io.write(outputNeuron[i],5,2);
    }
    io.writeln("}");
  }//showOutput

}//SimplePerceptron
```

In der Klasse *TeachPerceptron* werden der Umgang mit den Trainingsmustern und der Trainingsprozess selbst, hier unter Nutzung der Delta-Regel, beschrieben. Stark vereinfacht wird in dem Beispiel die Menge der Trainingsmuster direkt als Array im Speicher vordefiniert. Nachdem erste Tests erfolgreich durchgeführt wurden, ist unbedingt die Verwaltung von Trainingsmustern auf Dateien zu integrieren.

```
/**
 * Ein Perzeptron - der Lernalgorithmus
 *
 * benoetigt:   SimplePerceptron
 * benutzt von: ExecPerceptron
 *
 * @author  Uwe Lämmel
 * @version 30.10.2007
 */
public class TeachPerceptron {

  private SimplePerceptron p;          // Perzeptron, das trainiert wird
  private double      learningRate;    // Lernfaktor
  private int         nPattern;        // Anzahl der Muster
  private double[][] inputPattern = {  // Eingabe-Muster vordefiniert
                                       {0,0,0,0},   // Ziffer 0
                                       {0,0,0,1},   // Ziffer 1
                                       {0,0,1,0},   // Ziffer 2
                                         ...
```

```
                                    {1,0,0,1}   // Ziffer 9
                                  };

  private double[][] outputPattern ={ // Ausgabe-Muster vordefieniert
                                    {1,0,0,0,0,0,0,0,0,0}, // Ziffer 0
                                    {0,1,0,0,0,0,0,0,0,0}, // Ziffer 1
                                    {0,0,1,0,0,0,0,0,0,0}, // Ziffer 2
                                      ...
                                    {0,0,0,0,0,0,0,0,0,1}  // Ziffer 9
                                   };

  /**
   * Konstruktor zum Aufbau eines Trainingsprozesses
   * @param  nInp     Anzahl Eingabe-Neuron
   * @param  nOut     Anzahl Ausgabe-Neuron
   * @param  bias     Schwellwert
   * @param  learn    Lernfaktor für das Training
   */
  public TeachPerceptron(int nInp, int nOut, double bias, double learn) {
    p            = new SimplePerceptron(nInp, nOut,bias);
    nPattern     = inputPattern.length;
    learningRate = learn;
    if (nPattern>outputPattern.length)
      System.out.println(" FEHLER: "+
      "Ungleiche Anzahl von Eingabe- und Ausgabe-Mustern!");
  }//TeachPerceptron

  //-- Konstruktoren für den Standardfall
  public TeachPerceptron(){ this(4,10,0.5,0.2);}



//-- setOutputPattern ---------------------------------------
  public void setOutputPattern(double[] pat) {
    for (int i=0;i<p.numberOfOutputNeurons();i++)
      p.setOutputNeuron(i,pat[i]);
  }//setOutputPattern

//-- numberOfPatterns ---------------------------------------
  public int numberOfPatterns(){ return nPattern; }

//-- getInputPattern ----------------------------------------
  public double[] getInputPattern(int i){
    double[] pat = new double[p.numberOfInputNeurons()];
    if (i>=0 && i<nPattern) {
      for(int j=0;j<p.numberOfInputNeurons();j++)
        pat[j] = inputPattern[i][j];
    }//if
    return pat;
  }//getInputPattern

//-- getTrainedPerceptron liefert das trainierte Perzeptron
  public SimplePerceptron getTrainedPerceptron(){ return p;}

//-- getOutputPattern ---------------------------------------
  public double[] getOutputPattern(int i){
    double[] pat = new double[p.numberOfOutputNeurons()];
    if (i>=0 && i<nPattern) {
      for(int j=0;j<p.numberOfOutputNeurons();j++){
       pat[j] = outputPattern[i][j];
      }//for
```

```
    }//if
    return pat;
  }//getOutputPattern

//-- teachPerceptron: N-maliges Trainieren aller Muster-------
  public void teachPerceptron(int N) {
    for (int k=0; k<N;k++) { // N-maliges Trainieren
      for (int m=0;m<nPattern;m++) {
        p.setInputPattern(inputPattern[m]);
        p.propagate();
        //-- Vergleiche Ausgabe von Perzeptron p mit Muster
        //-- Falls ungleich: Anpassen der Gewichte
        for (int j=0;j<p.numberOfOutputNeurons();j++)
           if (p.getOutputNeuron(j)!= outputPattern[m][j])
             // Delta-Regel: Für alle Input-Neuronen:
             // Anpassung der Gewichte von Input i zu Output j
             for (int i=0;i<p.numberOfInputNeurons();i++)  {

                p.setWeight(j,i, p.getWeight(j,i)
                                + learningRate
                                * p.getInputNeuron(i)
                                *(outputPattern[m][j]
                                  - p.getOutputNeuron(j)));
             }//for i
      }//for m
    }//for k
  }//teachPerceptron

  //-- Ausgabe-Methoden ------------------------------------------
  public void showAllPattern(){
    IntIO io = new IntIO();
    io.writeln("Alle Muster:");
    for(int i=0;i<nPattern;i++){showPattern(i);}
  }//showAllPattern

  public void showPattern(int i){
    IntIO io = new IntIO();         // Klasse IntIO siehe WWW-Seiten
    io.write((i+1)+". : { ");
    for(int j=0;j< p.numberOfInputNeurons();j++)
        io.write(inputPattern[i][j]+" ");
    io.write("}   -->  { ");
    for(int j=0;j< p.numberOfOutputNeurons();j++)
        io.write(outputPattern[i][j]+" ");
    io.writeln("} ");
  }//showPattern
}//TeachPerceptron
```

Die Klasse *ExecPercetron* dient als einfache Anwendungsklasse. Alle Muster werden angezeigt, die Reaktion des untrainierten Netzes getestet, das Netz trainiert und alle Muster erneut getestet.

```
/**
 * Ausführung und Test der Klasse TeachPerceptron
 *
 * @author  Uwe Lämmel
 * @version 30.10.2007
 */
public class ExecPerceptron {
```

```
  static double testPattern(TeachPerceptron t, int n){
    IntIO io = new IntIO();
    double sse = 0.0;
    double err;
    double[] teach = t.getOutputPattern(n);
    SimplePerceptron p = t.getTrainedPerceptron();
    p.setInputPattern(t.getInputPattern(n));
    p.propagate();
    t.showPattern(n);
    p.showOutput();
    for(int i=0;i<p.numberOfOutputNeurons();i++){
      err = teach[i]-p.getOutputNeuron(i);
      sse = sse+err*err;
    }//for
    io.writeln("    Fehler="+sse);
    return sse;
  }//testPattern

  static void testAllPattern(TeachPerceptron t){
    double sse=0.0;  // Aufsummierter quadratischer Fehler
    for(int i=0;i<t.numberOfPatterns();i++){
      sse=sse+testPattern(t,i);
    }
    System.out.println("Gesamtfehler = "+sse);
  }//testAllPattern

//-- Hauptprogramm MAIN ------------------------------------
  public static void main(String[] args) {
    TeachPerceptron t = new TeachPerceptron();
    t.showAllPattern();
    testAllPattern(t);
    t.teachPerceptron(8);
    testAllPattern(t);
  }//main
}//ExecPerceptron
```

Das Beispiel Perzeptron ist auf den WWW-Seiten zum Buch vorhanden und kann für eigene Versuche benutzt werden.

9.3.4 Übungen

Aufgaben

9.6 Entwickeln Sie einfache Varianten für die fehlenden Methoden zur Ausgabe der Werte. Die Ausgabe kann auf die Standard-Ausgabe erfolgen.

9.7 Erweitern Sie die Klasse *TeachPerceptron* um die Verwaltung von Trainingsdaten auf Textdateien.

9.8 Entwickeln Sie ein Applet zur Visualisierung des *Perzeptrons* unter weitgehender Nutzung der Klassen *SimplePerceptron* und *TeachPerceptron*.

9.9 Implementieren Sie ein neuronales Gas mit zum Beispiel 50 Neuronen, das einen zweidimensionalen rechteckigen Datenbereich abdecken soll, und trainieren Sie es entsprechend.

Literatur

[Altrock95a] von Altrock, Constantin: *Fuzzy-Logic, Band 1: Technologie.* – München: Oldenbourg, 1995

[Altrock95b] von Altrock, Constantin (Hrsg.): *Fuzzy-Logic, Band 3: Werkzeuge.* – München: Oldenbourg, 1995

[Baum00] Baum, Dave: *Definitive Guide to LEGO MINDSTORMS.* – New York: Apress, 2000

[BeKe06] Beierle, Christoph; Kern-Isberner, Gabriele: *Methoden wissensbasierter Systeme,* 3. Auflage. – Wiesbaden: Vieweg, 2006

[Besnard89] Besnard, Philippe: *An Introduction to Default Logic.* – Berlin-Heidelberg: Springer-Verlag, 1989

[BöChFu88] Böhringer, Bernhard; Chiopris, Carlo; Futo, Ivan: *Wissensbasierte Systeme mit PROLOG.* – Bonn: Addison-Wesley, 1988

[Bratko01] Bratko, Ivan: *Prolog. Programming for artificial intelligence,* 3rd ed. – Singapore: Addison-Wesley, 2001

[BRGroup06] Business Rules Group: *The Business Rule Manifesto,* www.businessrulesgroup.org/brmanifesto.htm, 2006, letzter Zugriff am 10.07.2007

[Brockhaus] Brockhaus, *Die Enzyklopädie, Band 9.* – Leipzig-Mannheim: F.A. Brockhaus, 1996–1999

[BrZaWi98] Brenner, Walter; Zarnekow, Rüdiger; Wittig, Hartmut: *Intelligente Softwareagenten.* – Berlin: Springer-Verlag, 1998

[CaHa98] Caglayan, A.K.; Harrison, C.G.*: Intelligente Software-Agenten.* – München-Wien: Hanser, 1998

[Callan02] Robert Callan: *The Essence of Neural Networks.* – Harlow [u.a.]: Pearson Education, 2002

[Caudill87] Caudill, Maureen: *AI Expert Neural Network, Demo-Disk.* – San Francisco: AI Expert, Miller Freeman Publications, 500 Howard St., San Francisco, CA 94105, 1987

[Cawsey03] Cawsey, Alison: *Künstliche Intelligenz.* – München: Pearson Studium, 2003

[ClMe03] Clocksin, William F.; Mellish, C.S.: *Programming in Prolog.* – Berlin: Springer, 2003

[Clocksin07] Clocksin, William F.: *Clause and Effect: Prolog Programming for the Working Programmer* – Berlin: Springer, 2007

[CoCo88] Coelho, H.; Cotta, C.: *Prolog by Example.* – Berlin: Springer, 1988

[DuGaHa76] Duda, R.O.; Hart, P.E.; Nilsson, N.J.: *Subjective Bayesian Methods for Rule-based Inference Systems.* In: Proc. of National Computer Conference, AFIPS, Vol. 45, 1075–1082, 1976

[DVZSN99] *Web-Inspektor.* www.Mvnet.de/webagent/, Datenverarbeitungszentrum Schwerin GmbH, 1999–2001

[EiVi07] Eichholz, Wolfgang; Vilkner, Eberhard: *Taschenbuch der Wirtschaftsmathematik.* 4. Auflage. – Leipzig: Fachbuchverlag, 2007

[FaHaMoVa95] Fagin, R. Y.; Halpern, J.; Moses, Y.; Vardi, M. Y.: *Reasoning about Knowledge.* Cambridge: MIT Press, 1995

[Foner97] Foner, Leonard N.: *Entertaining Agents: A sociological Case Study.* – In: Johnson, W. L; Hayes-Roth, B. (Hrsg.): Proceedings of First International Conference on Autonomous Agents (Agents'97), Marina del Rey, CA, USA, 1997, ACM Press. INFSYS RR, 1997 http://foner.www.media.mit.edu/people/foner/Julia/

[Forbrig07] Forbrig, Peter: *Objektorientierte Softwareentwicklung mit UML.* – 3. Auflage. – Leipzig: Fachbuchverlag, 2007

[FraGra96] Franklin, Stan; Graesser, Art: *Is it an Agent, or just a Program?* – Proc. 3rd Int. Workshop on Agent Theories, Architectures, and Languages, Lecture Notes in AI, 1193, Berlin: Springer, 1996

[Frege93] Frege, Gottlob: *Schriften zur Logik.* – Berlin: Akademie-Verlag, 1993

[Fritzke98] Fritzke, Bernd: *Vektorbasierte neuronale Netz.* – Aachen: Shaker, 1998

[Füser95] Füser, Karsten: *Neuronale Netze in der Finanzwirtschaft.* – Wiesbaden: Gabler, 1995

[Gates95] Gates, Bill: *Der Weg nach vorn.* – Hamburg: Hoffmann und Campe, 1995

[GeNi87] Genesereth, Michael R.; Nilsson, Nils J.: *Logical Foundations of Artificial Intelligence.* – Palo Alto: Morgan Kaufmann, 1987

[Ginsberg93] Ginsberg, Matt: *Essentials of Artificial Intelligence.* – San Francisco,1993

[GiRi04] Giarratano, Joseph; Riley, Gary: *Expert Systems – Principles and Programming*: 4th ed. – Boston: ITPS, 2004

[GöRoSc03] Görz, Günther; Rollinger, Claus-Rainer; Schneeberger, Josef (Hrsg.): *Handbuch der Künstlichen Intelligenz.* – München, Wien: Oldenbourg, 4. Auflage, 2003

[Görz03] Görz, Günther (Hrsg.): *Einführung in die Künstliche Intelligenz.* – München: Oldenbourg, 4. Auflage, 2003

[GrundLudwig98] Grund-Ludwig, Pia: *Eliza wurde von vielen Leuten immer wieder hartnäckig missverstanden.* – Computer-Zeitung, Nr 1-2, 8.1.98, 1998

[Haas07] Matthias Haas: *Methoden der künstlichen Intelligenz in betriebswirtschaftlichen Anwendungen.* Wismarer Schriften zu Management und Recht, Bremen: CT Salzwasser, 2007.

[Haberacker91] Haberacker, P.: *Digitale Bildverarbeitung*. – München: Hanser, 1991

[Haller90] Haller, M. (Hrsg.): *Weizenbaum contra Häfner: Sind Computer die besseren Menschen*. – Zürich: pendo, 1990

[Heinrichs97] Heinrichs, Georg: *Regeln mit Fuzzy*. – Stuttgart: Klett, 1997

[HeRo92] Heinrich, L.; Roithmayr, F.: *Wirtschaftsinformatik-Lexikon*. – München, 1992

[HeSoBo07] Heinsohn, Jochen; Socher-Ambrosius, Rolf; Boersch, Ingo: *Wissensverarbeitung*. – Heidelberg, Berlin: Spektrum, 2007

[Hofstadter99] Hofstadter, Douglas R.: *Gödel Escher Bach – ein endlos geflochtenes Band*. – München: dtv, 1999

[KaReWo91] Kaltenbach, T.; Reetz, U.; Woerrlein, H.: *Das große Computer Lexikon*. – Frankfurt: Fischer Taschenbuch, 1991.

[KaTe01] Karagiannis, D.; Telesko, R.: Wissensmanagement. – München: Oldenbourg, 2001

[Kinnebrock02] Kinnebrock, W.: *Neuronale Netze,* 2. Auflage. – München: Oldenbourg, 2002

[Kowalski79] Kowalski, R.: *Logic for Problem Solving*. – New York: North-Holland, 1979

[Kruse91] Kruse, H. u.a.: *Programmierung Neuronaler Netze – Eine Turbo PASCAL-Toolbox*. - Bonn: Addison-Wesley,1991

[Kurzweil93] Kurzweil, R.: *KI-Das Zeitalter der Künstlichen Intelligenz*. – München: Hanser, 1993

[LäClGr05] Lämmel, Uwe; Cleve, Jürgen; Greve, René: *Das Projekt ToMaHS: Ein Wissensnetz für die Hochschule*. – Wismarer Diskussionspapiere 19/2005, Hochschule Wismar, 2005

[LaMa98] Lackes, R.; Mack, D.: *Computer Based Training Program on Neural Networks*. – Berlin: Springer, 1998

[Lämmelua07] Lämmel, U. u.a.: *Business Rules – Die Wissensverarbeitung erreicht die Betriebswirtschaft, Einsatzmöglichkeiten und Marktübersicht*. – Wismarer Diskussionspapiere 05/2007, Hochschule Wismar, 2007

[Lenzen02] Lenzen, Manuela: *Natürliche und künstliche Intelligenz*. – Frankfurt a.M.: Campus Fachbuch, 2002

[Loebner97] *Home Page of The Loebner Prize*. – www.loebner.net/Prizef/loebner-prize.html, 1997-2008

[LooFri98] Loos, H.; Fritzke, B.: *DemoGNG*. – http://www.neuroinformatik.ruhr-uni-bochum.de/ini/VDM/research/gsn/DemoGNG/GNG.html, letzter Zugriff am 30.04.2008

[Lowitsch97] Lowitsch, C.: *Transformationen und Neuronale Netze zur Erkennung von KFZ-Kennzeichen und Datenfeldern*. – Hochschule Wismar, FB Wirtschaft, Diplomarbeit, 1997

[LPA] *LPA-PROLOG* – Logic Programming Associates Ltd. http://www.lpa.co.uk/

[Luger205] Luger, George F: *Artificial Intelligence.* – Addison Wesley, – 5. Auflage, 2005

[Lunze94] Lunze, Jan: *Künstliche Intelligenz für Ingenieure, Bd.1 Methodische Grundlagen und Softwaretechnologie.* – München: Oldenbourg, 1994

[Lunze95] Lunze, Jan: *Künstliche Intelligenz für Ingenieure, Bd.2 Technische Anwendungen.* – München: Oldenbourg, 1995

[Mauldin94] Mauldin, Michael: *Chatterbots, TinyMUDs, and the Turing Test: Entering the Loebner Prize Competition.* – Proc. of Twelfth National Conference on Artificial Intelligence (AAAI-94), Seattle, Washington, August 1994

[Minsky75] Minsky, Marvin: *A Framework for Representing Knowledge.* In: P.H. Winston (Hrsg.): The Psychology of Computer Vision. – New York: McGraw-Hill, 1975

[MNL93] *Meyers Neues Lexikon 10 Bde.* – Mannheim, 1993

[NaKlKr94] Nauck, Detlef; Klawonn, Frank; Kruse, Rudolf*: Neuro-Fuzzy-Systeme: Von den Grundlagen künstlicher Neuronaler Netze zur Kopplung mit Fuzzy-Systemene.* – Braunschweig: Vieweg, 2003

[Nilsson98] Nilsson, Nils J.: *Artificial Intelligence.* – San Francisco: Morgan Kaufmann Publ., 1998

[OxfDic98] *Illustrated Oxford Dictionary* – Oxford, 1998

[Patterson96] Patterson, Dan: *Künstliche Neuronale Netze.* – Haar bei München: Prentice Hall, 1996

[Perlovsky01] Perlovsky, Leonid I.: *Neural Networks and Intellect, Using Model-based Concepts.* – Oxford-New York: Oxford University Press, 2001

[PoMaGo98] Poole, David; Mackworth, Alan, Goebel, Randy: *Computational Intelligence, a logical approach.* – Oxford-New York: Oxford University Press, 1998

[PuGaPoBa96] Puppe, Frank; Gappa, Ute; Poeck, Karsten; Bamberger, Stefan: *Wissensbasierte Diagnose- und Informationssysteme.* – Berlin-Heidelberg-New York: Springer, 1996

[Quillian68] Quillian, M. R.: *Semantic Memory.* In: Semantic Information Processing, Marvin Minsky (Hrsg.), MIT Press, 227–270, 1968

[RiKn91] Rich, Elaine; Knight, Kevin: *Artificial Intelligence.* – New York: McGraw-Hill, 1991

[Rojas96] Rojas, R., *Theorie der neuronalen Netze.* – Berlin: Springer, 1996

[RuNo2003] Russell, Stuart; Norvig, Peter: *Artificial Intelligence.* – New Jersey: Prentice Hall, 2003

[SchaGrä06] Schacher, M.; Grässler, P.: *Agile Unternehmen durch Business Rules.* – Berlin, Heidelberg: Springer, 2006

[Scherer02] Scherer, Andreas*: Neuronale Netze – Grundlagen und Anwendungen.* – Braunschweig: Vieweg, 2002

[Schnupp87] Schnupp, Peter: *PROLOG – Einführung in die Programmierpraxis.* – München: Hanser, 1987

[ScNg87] Schnupp, Peter; Nguyen Huu, Chau Thuy: *Expertensystem-Praktikum.* – Berlin: Springer, 1987

[Shapiro92] Shapiro E.; Stuart C. (ed): *Encyclopedia of Artificial Intelligence.* – New York: Wiley, 1992

[Shareholder01] Shareholder-Programm: Werschmoeller, J.: *Kursprognose mit Hilfe von neuronalen Netzen* – www.shareholderweb.de, 2001-2004

[Simon94] Simon, H.: *Die Wissenschaften vom Künstlichen.* – Wien, New York: Springer 1994

[StSh94] Sterling, Leon; Shapiro, Ehud: *The art of Prolog;* 2nd ed. – Cambridge: MIT Press, 1994.

[VoLe97] Volmer, R.; Lehrbaß, F.B.: *Kohonen selbstorganisierende Karten und der Terminkontrakt auf dem DAX.* – Wirtschaftsinformatik 39(1997)4, 339–343, 1997

[WiClLä05] Wissuwa, S.; Cleve,J.; Lämmel,U.: Analyse zeitabhängiger Daten durch Data-Mining-Verfahren. – Wismarer Diskussionspapiere Heft 21/205, Hochschule Wismar, 2005

[Wielemaker07] Wielemaker, Jan: *SWI-PROLOG.* – www.swi-prolog.org , 1994-2008

[Zadeh78] Zadeh, Lotfi A.: *Fuzzy sets as a basis for a theory of possibility.* – Fuzzy Sets and Systems 1, 3-28, 1978

[Zell97] Zell, A.: *Simulation Neuronaler Netze.* – München: Oldenbourg, 1997

[Zimmerer98] Zimmerer, T.: *Statistische Künstliche Neuronale Netze: Neurometrie oder Ökometrie.* – WISU 8-9/1998, S. 882-886, 1998

[ZiWo94] Zimmerli, W.; Wolf, S. (Hrsg.): *Künstliche Intelligenz – Philosophische Probleme.* – Stuttgart: Reclam, 1994

Index

C

D

E

F

L

M

N